国家自然科学基金项目资助
中国博士后科学基金面上项目资助
河南省科技攻关项目资助
河南省高等学校青年骨干教师培养计划资助
新乡市科技攻关计划项目资助
河南师范大学学术专著出版基金资助
河南师范大学博士科研启动费支持课题资助

粒计算的不确定性分析与知识获取方法

孙 林 徐久成 著

科 学 出 版 社
北 京

内 容 简 介

粒计算是当前人工智能研究领域中模拟人类思维和解决复杂问题的新理论与新方法，它涵盖了所有有关粒度的理论、方法和技术，是研究大规模复杂问题求解、大数据分析与挖掘、不确定性智能信息处理的有力工具。经过十多年的发展，在与多学科交叉研究过程中，粒计算正逐步形成其特有的研究体系和内容。本书介绍了粒计算的不确定性分析与知识获取方法的最新进展，内容涉及粒计算的基本理论、粒计算的不确定性分析、粒计算的扩展模型、基于粒计算的知识获取方法。

本书可供计算机、模式识别与智能系统、自动化等相关专业的研究人员、教师、研究生、高年级本科生阅读，也可供相关领域工程技术人员参考。

图书在版编目(CIP)数据

粒计算的不确定性分析与知识获取方法 / 孙林，徐久成著.
— 北京：科学出版社，2018.1
ISBN 978-7-03-054337-0

Ⅰ. ①粒…　Ⅱ. ①孙…　②徐…　Ⅲ. ①人工智能－计算方法
Ⅳ. ①TP18

中国版本图书馆 CIP 数据核字(2017)第 215816 号

责任编辑：王　哲　纪四稳 / 责任校对：郭瑞芝
责任印制：张　伟 / 封面设计：迷底书装

科学出版社 出版
北京东黄城根北街 16 号
邮政编码：100717
http://www.sciencep.com

北京凌奇印刷有限责任公司 印刷

科学出版社发行　各地新华书店经销

*

2018 年 1 月第　一　版　　开本：720×1 000　B5
2018 年 1 月第一次印刷　　印张：18
字数：360 000

POD定价：　98.00元
(如有印装质量问题，我社负责调换)

前　言

作为知识表示和数据挖掘的重要工具，粒计算是模拟人类思考问题和解决大规模复杂问题自然模式的一种新的理论、技术与方法，是在问题求解过程中使用信息粒，从不同角度、不同层次对现实问题进行描述、推理与求解。尽管“粒计算”术语于 1997 年正式提出，但与之相关的研究自 1992 年起就已经出现在一些重要的国际学术会议上。到目前为止，研究者已经对粒计算理论及其应用做了大量有意义的探索，使得粒计算的研究范围非常广泛，所有与粒度相关的理论、方法、技术和工具都可归为粒计算的研究范畴。粒计算改变了传统的计算观念，在海量数据挖掘的研究中享有独特的优势，在智能系统的设计和实现中起着重要作用。目前，粒计算在智能信息处理领域中得到了众多专家学者的广泛关注。随着粒计算研究工作的不断深入，人们从不同的角度研究得到不同的粒计算理论模型。当前，这些理论与方法依靠各自的特点和优势已经广泛应用于对不确定、不精确、不完整信息的处理，以及对大规模海量数据的挖掘和对复杂问题的求解等。粒计算理论模型中的知识粒具有不确定性，它直接影响问题求解的效率和精度。不确定性人工智能的新时代已经到来，研究不确定性信息的表示、处理和模拟，让机器模拟人类认识客观世界和人类自身的认知过程，使机器具有不确定性智能，已经成为人工智能领域的一个重要课题。于是，探索有效的知识不确定性分析技术及粒计算的知识获取理论与方法是当前粒计算研究的一项重要任务。

近年来，粒计算研究已经取得了令人鼓舞的成果，国内外学者在粒计算理论、不确定性分析及知识获取等方面进行了较为深入的研究，开展了国际、国内学术研讨会和暑期研讨会等多种形式的粒计算学术交流。结合粒计算的相关专题，国内外华人学者相继出版了一系列著作：《问题求解理论及应用——商空间粒度计算理论及应用(第 2 版)》(清华大学出版社，2007 年)、《粒计算：过去、现在与展望》(科学出版社，2008 年)、《商空间与粒计算——结构化问题求解理论与方法》(科学出版社，2010 年)、《不确定性与粒计算》(科学出版社，2011 年)、《决策粗糙集理论及其研究进展》(科学出版社，2011 年)、《云模型与粒计算》(科学出版社，2012 年)、《多粒度知识获取与不确定性度量》(科学出版社，2013 年)、《三支决策与粒计算》(科学出版社，2013 年)、《粒计算及其不确定信息度量的理论与方法》(科学出版社，2013 年)、《基于包含度的粒计算方法与应用》(科学出版社，2015 年)、《大数据挖掘的原理与方法——基于粒计算与粗糙集的视角》(科学出版社，2016 年)等。这些学术成果不仅能为大规模复杂系统的数据挖掘及不确定性分析提供新的技术与方法，而且对推动决策管理、智能制造、故障诊断、工业机器人、无人驾驶、地震预报、采矿工程、空间数据分析、医疗诊断与预防等领域中大数据技术的发展具有重要的科学意义和应用价值，也进一步促进了粒计算理论、方法、模型及其应用在各个领域中的发展。

本书总结了粒计算研究组近年来在粒计算理论及其应用方面取得的最新研究成果和相关研究进展，旨在将粒计算与不确定性分析相结合，运用粒计算的理论与方法来度量和处理不确定信息，分析信息粒化与不确定性的关系，研究基于粒计算的不确定性度量的理论与方法。全书共 4 章，分为三部分内容，章节总体按照从理论到应用的思路进行编排。第一部分为粒计算的相关研究及基本理论概述，主要在第 1 章粒计算的基本理论中介绍。第二部分为粒计算的不确定性理论及模型研究，包括第 2 章粒计算的不确定性分析和第 3 章粒计算的扩展模型。第三部分为粒计算理论与方法的应用研究，主要是第 4 章基于粒计算的知识获取方法。各章之间内容相对独立，自成体系，但都紧密围绕粒计算的不确定性分析与知识获取方法的主题展开。本书的内容引用了粒计算领域相关专家学者及作者前期的一些研究成果，同时也包含作者部分最新的研究成果。因此本书既是对前期研究工作的总结，也是对未来研究的展望，可为读者进一步研究粒计算的理论与方法提供一些参考和帮助。

撰写本书时，引用和参考了国际、国内与粒计算有关的诸多研究成果，在这里对所涉及的专家、学者、研究人员表示深深的谢意。本书中所列的参考文献未能覆盖全部相关的研究成果，在此也对那些可能被遗漏文献的作者一并表示衷心的感谢。此外，孟慧丽、张灵均、施玉杰、李亚鸽等老师，以及硕士研究生张霄雨、孟新超、刘弱南、王云、王楠、徐战威等对书中的部分章节进行了整理和校对，在此同样表示感谢。同时，感谢科学出版社在本书的出版过程中给予的大力帮助和支持，也感谢国家自然科学基金项目(61772176、61402153、61370169、60873104、61040037)、中国博士后科学基金面上项目(2016M602247)、河南省科技攻关项目(142102210056、162102210261)、新乡市科技攻关计划项目(CXGG17002)、河南师范大学学术专著出版基金、河南师范大学博士科研启动费支持课题(QD15132)的资助。

由于作者自身知识水平有限，书中难免存在不妥之处，恳请读者朋友批评指正。

作　者

2017 年 3 月

目　录

第 1 章　粒计算的基本理论

1.1　引　　言

根据维基百科的定义，大数据是指无法在一定时间内用常规软件工具对其内容进行抓取、管理和处理的数据集合。大数据=海量数据+复杂类型的数据[1-4]。伴随着移动互联网、社交网络、电子商务、物联网、云计算等技术和应用的飞速发展，数据量呈几何倍数增长，加速了大数据时代的到来，致使数据从简单的处理对象开始转变为一种基础性资源[5-7]。这些数据来源广泛，其中最主要的有科学研究、社交、搜索、电商、微博、微信、传感器、智慧地球、车联网、GPS、医学影像、安全监控、金融(银行、股市、保险)、移动通信(通话、短信)等，如果这些大数据能够互通共享、融合分析，将会给人类带来巨大的经济与社会效益[8-14]。截至 2011 年年底，中国互联网行业持有的数据总量为 1.9EB[7]。截至 2015 年 12 月，我国网民规模达 6.88 亿人。其中，手机网民规模达 6.20 亿人，移动互联网流量呈现爆发式增长。工业和信息化部统计显示，2015 年仅移动互联网接入的流量超过 3.8EB，同比增长 103%。根据国际数据公司(IDC)的估计，未来全球数据总量年增长率将维持在 50%左右，到 2020 年，全球数据总量将达到 40ZB，其中，我国数据量将达到 8.6ZB[7,15-17]。大数据在现代信息社会中的数据资源主体地位已成为学术界与企业界的共识。由于对经济活动与社会发展具有可预见的重要推动作用，大数据已经进入世界主要经济体的战略研究计划中。正如美国政府启动的“Big Data Research and Development Initiative”计划指出的“将大力推进大数据的收集、访问、组织和开发利用等相关技术的发展，提高从海量复杂的数据中提炼信息和获取知识的能力与水平”。从大数据中进行数据挖掘与知识发现是大数据应用的战略问题之一。

从大数据的外在来看，大数据经常呈现出大规模性、多模态性与增长性等特征，使得传统的数据分析理论、方法与技术面临可计算性、有效性与时效性等严峻挑战。粒计算是专门研究基于粒结构的思维模式、问题求解方法、信息处理模式的理论、技术和工具的学科，是当前智能信息处理领域中一种新的计算范式。通过分析大数据的表现形态、大数据挖掘面临的挑战与粒计算核心理念的内在关系可知，大数据自身具有天然的多层次/多粒度特性，数据挖掘任务也经常呈现多层次/多粒度特性，而大数据挖掘算法本身也要求可计算性、有效性、高效近似求解特性。这表明大数据的分析需求和粒计算框架有很强的契合性。

粒计算(granular computing，GrC)是当前计算智能研究领域中模拟人类思维和解决复杂问题的新方法。它覆盖了所有有关粒度的理论、方法和技术，是复杂问题求解、海量数据挖掘、模糊信息处理的有效工具[18]。粒计算作为一种方法论，旨在求解问题的过程中，用合适的“粒”作为处理的对象，从而在保证求得满意解的前提下，提高解决问题的效率，其合适的粒度常常是由提出的问题及问题的环境来决定的，这一点对设计基于粒计算的数据处理框架有非常重要的意义。截至目前，国内外研究人员已经对粒计算理论和模型进行了深入的研究，同时也将这些理论和模型与其他计算智能、机器学习的技术相结合，取得了丰硕的研究成果[19-32]。

根据粒计算的本质和宗旨，粒计算模拟了人类的思维规律，从粒计算的角度来思考大数据处理，从数据源头和处理过程考虑数据的合适粒度，将会使大数据处理理论和方法具有重要的科学研究意义和价值[33]。粒计算在解决大规模复杂问题及问题求解过程中使用了信息粒和信息粒化，作为一种信息处理范式得到了快速发展和研究，已有学者认为粒计算技术是处理大数据的最有效方法之一[34,35]。目前，粒计算已成为智能信息处理领域中一个非常活跃的研究方向[36-76]。对于粒计算，大数据的处理会对其产生两个重要作用：其一，如张钹院士指出，在大数据背景下，需要重视概率论和统计学在粒计算中的应用；其二，在深度学习、贝叶斯网络等受到广泛关注的今天，数据的表示仅仅使用基于集合的形式已经不再足够，应该在粒化基础上进一步探索信息粒之间的结构关系。针对大数据的特性，王国胤等提出统一的大数据问题粒计算解决框架[33]。针对大数据的规模性、多模态性与增长性给传统的数据挖掘方法带来的挑战，梁吉业等从粒计算的视角分析了应对这些挑战的新思路和新策略[77]。

针对大数据中普遍存在的不确定性，目前的数据集成技术和粒化方法并不能完全消除这些不确定性，因此，不确定性处理和概率数据挖掘技术已经成为当前大数据技术要解决的一个重大问题[33,77,78]。从粒计算的观点来看，人们对问题的分析及获取知识的表示都具有粒度性，这既与认知主体的主观局限有关，也受观测工具的客观因素影响。因此，粒计算模型中的知识粒具有不确定性，它直接影响粒计算方法解决复杂问题的效率和精度[79]。迄今为止，各种粒计算模型中知识的不确定性分析引起了众多学者的关注和研究，不确定性分析的研究对粒计算的发展也具有很大的推动作用[80]。

为了更好地刻画这一客观世界，一种新的结构化思维方式——粒化思维方式应运而生，粒计算正是系统研究粒化思维方式及其方法的一门新兴学科。在过去的十几年中，人们看到了粒计算研究的快速发展以及研究者对其急速增长的研究兴趣，许多粒计算的模型和方法以及扩展的模型和方法被提出[81]。这些结果增强了人们对粒计算的理解。具体地，粒计算理论是模糊集理论、粗糙集理论、商空间理论、云模型理论等具体粒计算模型的超集[18,19,82]。粗略地讲，凡是在分析问题和求解问题中，应用了分组、分类、分治和聚类手段的一切理论与方法均属于粒计算的范畴。粒计算模型大体分为两大类：一类以处理不确定性问题为主要目标，如以模糊集理论为基础的词计算模型；另一类则以多粒计算为目标，如商空间理论、粗糙集理论和云模型等。这两类模型的侧重点有所不同，前者在粒化过程中侧重于计算对象的不确定性问题处理，后者多粒计算的目的是降低处理复杂问题的复杂性。随着粒计算研究工作的发展，粒计算模型的种类也层出不穷[36-41]。这里在文献[36]～[39]、[41]和[81]的粒计算理论基本研究内容的基础上，简单介绍粒计算模型中具有代表性的 4 个主要模型，即模糊集理论模型、粗糙集理论模型、商空间理论模型和云模型，以加深读者对粒计算相关理论和方法的理解。

1.2　模糊集理论

简单来说，Fuzzy 集(模糊集)就是用来表达模糊性概念的集合。模糊集理论是在经典集合论基础上发展起来的用以刻画模糊现象的一种理论方法。由于经典集合只能表现具有明确外延的概念，不能表现模糊概念，而在现实生活中，模糊现象是大量存在的。为了定量地刻画模糊概念和模糊现象，美国计算机与控制论专家 Zadeh 教授于 1965 年提出了模糊集这一重要概念，且目前在许多领域中都获得了卓有成效的应用。本节简单介绍模糊集的理论基础，包括模糊集的定义与表示、模糊集的运算和模糊性的度量。

1. 模糊集的定义与表示法

定义 1.1[37]　设 X 为一有限非空论域，x 为 X 中的元素，对于 $\forall x\in X$，给定映射 $x\to\mu_A(x)\in[0,1]$，则序偶组成的集合：

$$A=\{x\mid\mu_A(x)\},\ \forall x\in X$$

为 X 上的模糊集合。其中，$\mu_A(x)$ 为 x 对 A 的隶属度，μ 为隶属函数。

X 上的模糊集合的全体记做 $F(X)$，$\mu_A(x)$ 可简记为 $A(x)$，隶属度 $\mu_A(x)$ 表示 x 隶属于模糊集 A 的程度。

若 $\mu_A(x)=1$，则认为 x 完全属于 A；

若 $\mu_A(x)=0$，则认为 x 完全不属于 A；

若 $0<\mu_A(x)<1$，则认为 x 在 $\mu_A(x)$ 程度上属于 A。

设论域 $X=\{x_1,x_2,\cdots,x_n\}$，X 上的任一模糊集合 A，其隶属函数为 $A(x_i)$ $(i=1,2,\cdots,n)$，则模糊集合有如下三种表示方法。

(1) Zadeh 表示法：

$$A=\frac{A(x_1)}{x_1}+\frac{A(x_2)}{x_2}+\cdots+\frac{A(x_n)}{x_n}$$

其中，$\dfrac{A(x_i)}{x_i}$ 不表示“分数”，仅表示元素 x_i 隶属于 A 的程度为 $A(x_i)$；符号“+”也不表示“加号”，而是一种联系符号。

(2) 序偶表示法：

$$A=\{(x_1,A(x_1)),(x_2,A(x_2)),\cdots,(x_n,A(x_n))\}$$

(3) 向量表示法：

$$A=(A(x_1),A(x_2),\cdots,A(x_n))$$

向量表示法要求论域 X 中元素的先后顺序是确定的，把每个元素对应的隶属度按给定的顺序组成一个向量，该向量称为模糊向量[83]。在这里要注意，向量中如有 $A(x_i)=0$，则该项不能省略。

2. 模糊集的基本运算与性质

由于模糊集中没有点和集之间的绝对属于关系，所以其运算的定义只能以隶属函数间的关系来确定。

定义 1.2　设 X 为论域，A 和 B 是 U 上的两个模糊集合，若 $\forall x\in X, A(x)\leqslant B(x)$，则称 B 包含 A，或称 A 包含于 B，记作 $A\subseteq B$；若 $\forall x\in U$，$A(x)=B(x)$，则称 A 与 B 相等，记作 $A=B$；若 $A\subseteq B$，但 $A\neq B$，则称 B 真包含 A，或 A 真包含于 B，记为 $A\subset B$。

用 $\varnothing$ 表示其隶属函数恒为 0 的模糊集，U 表示其隶属函数恒为 1 的模糊集，则 Fuzzy(X) 具有下列性质。

定理 1.1　设 $A, B, C\in F(X)$，则

(1) 有界性：$\varnothing\subseteq A\subseteq X$；

(2) 自反性：$A\subseteq A$；

(3) 反对称性：$A\subseteq B$，$B\subseteq A\Rightarrow A=B$；

(4) 传递性：$A\subseteq B$，$B\subseteq C\Rightarrow A\subseteq C$。

由定理 1.1 易知，$\subseteq$ 是 $F(X)$ 上的一种偏序关系，从而 $(F(X),\subseteq)$ 是一个偏序集。

定义 1.3　设 $A, B\in F(X)$，A 与 B 的交、并运算分别定义为 $\cap$、$\cup$，A 的补集记为 A^{c}，$\forall x\in U$ 有

$$(A\cap B)(x)=\min\{A(x),B(x)\}=A(x)\wedge B(x)$$

$$(A\cup B)(x)=\max\{A(x),B(x)\}=A(x)\vee B(x)$$

$$(A^{c})(x)=1-A(x)$$

显然，$A\cap B, A\cup B, A^{c}\in F(X)$。

定理 1.2　设 $A, B, C\in F(X)$，则

(1) 幂等律：$A\cup A=A$，$A\cap A=A$；

(2) 交换律：$A\cup B=B\cup A$，$A\cap B=B\cap A$；

(3) 结合律：$A\cup(B\cup C)=(A\cup B)\cup C$，$A\cap(B\cap C)=(A\cap B)\cap C$；

(4) 分配律：$A\cup(B\cap C)=(A\cup B)\cap(A\cup C)$，$A\cap(B\cup C)=(A\cap B)\cup(A\cap C)$；

(5) 吸收律：$A\cup(A\cap B)=A$，$A\cap(A\cup B)=A$；

(6) 复原律：$(A^{c})^{c}=A$；

(7) 对偶律：$(A\cup B)^{c}=A^{c}\cap B^{c}$，$(A\cap B)^{c}=A^{c}\cup B^{c}$；

(8) 两级律：$A\cup\varnothing=A$，$A\cap\varnothing=\varnothing$，$A\cup U=U$，$A\cap U=A$。

证明过程详见文献[84]，此处证明从略。

3. 模糊集的其他运算

定义 1.4　映射 T：$[0,1]^2\to[0,1]$，如果对 $\forall a,b,c\in[0,1]$，满足条件：

(1) 交换律：$T(a,b)=T(b,a)$；

(2) 结合律：$T(T(a,b),c)=T(a,T(b,c))$；

(3) 单调性：若 $a_1\leqslant a_2, b_1\leqslant b_2, T(a_1,b_1)\leqslant T(a_2,b_2)$；

(4) 边界条件：$T(1,a)=a$。

则称为 t-三角模，也称为 T 范数。

定义 1.5　映射 S：$[0,1]^2\to[0,1]$，如果对 $\forall a,b,c\in[0,1]$，满足条件：

(1) 交换律：$S(a,b)=S(b,a)$；

(2) 结合律：$S(S(a,b),c)=S(a,S(b,c))$；

(3) 单调性：若 $a_1\leqslant a_2, b_1\leqslant b_2, S(a_1,b_1)\leqslant S(a_2,b_2)$；

(4) 边界条件：$S(a,0)=a$。

则称为 s-三角模，也称为 S 范数(T 余范)。

T 范数和 S 范数统称为三角算子。

显然，三角模 T 和反三角模 S 都是[0, 1]上的二元运算，通常将它们统称为三角模算子，记为 $\varDelta$。三角模算子的交换性表明其取值不依赖输入变量的顺序，单调性说明在输入变量增加时其值不应该减小；而利用结合性则可以把三角模算子的定义从二元函数扩展为 n 元函数：

$$\varDelta(x_1,x_2,\cdots,x_n)=\varDelta(x_1,\varDelta(x_2,\varDelta(\cdots,\Delta(x_n-1,x_n))))$$

即

$$T(x_1,x_2,\cdots,x_n)=T(x_1,T(x_2,T(\cdots,T(x_n-1,x_n))))$$

$$S(x_1,x_2,\cdots,x_n)=S(x_1,S(x_2,S(\cdots,S(x_n-1,x_n))))$$

定理 1.3　三角模算子 T 和 S 是对偶算子。

性质 1.1　设 T 是 T 范数，则 $\forall a,b\in[0,1]$ ，有

(1) $0\leqslant T(a,b)\leqslant a\wedge b$；

(2) $T(a,0)=0$。

性质 1.2　设 S 是 S 范数，则 $\forall a,b\in[0,1]$，有

(1) $a\vee b\leqslant S(a,b)\leqslant 1$；

(2) $S(a, 1) = 1$。

定义 1.6　设 $A,B \in F(X)$，对 $\forall u \in U$，规定：

$$(A \cup B)(u) = A(u) \vee^* B(u)$$

$$(A \cap B)(u) = A(u) \wedge^* B(u)$$

其中，$\vee^*$、$\wedge^*$是[0, 1]中的二元运算，简称模糊算子。令 $a = A(u), b = B(u)$，常用算子如下。

(1) Zadeh 算子 $\vee$、$\wedge$：

$$\begin{cases} a \vee b = \max(a, b) \\ a \wedge b = \min(a, b) \end{cases}$$

(2) 最大乘积算子 $\vee$、$\bullet$：

$$\begin{cases} a \vee b = \max(a, b) \\ a \bullet b = ab \end{cases}$$

(3) 代数算子 $\dot{+}$、$\bullet$：

$$\begin{cases} a \dot{+} b = a + b - ab \\ a \bullet b = ab \end{cases}$$

(4) 有界算子 $\oplus$、$\odot$：

$$\begin{cases} a \oplus b = \min(a + b, 1) \\ a \odot b = \max(0, a + b - 1) \end{cases}$$

另外还有强烈算子、Einstein 算子、Hamacher 算子等，这里不做一一介绍，读者如有兴趣，可参阅文献[84]以及其他模糊集研究相关文献。

4. 模糊性的度量

模糊集是实现定量刻画模糊性对象的概念，而不同的模糊性对象的模糊程度是不一样的，于是不同的模糊集的模糊程度是有区别的。模糊集的 Fuzzy 性度量可以从几个方面来度量，在这里仅介绍几种常用的 Fuzzy 性度量方法，具体可参看文献[84]。

1) 模糊集的 Fuzzy 度

一个 Fuzzy 集到底模糊到什么程度，又如何来度量这种程度，这都属于 Fuzzy 集的 Fuzzy 性范畴。

定义 1.7　若映射 d：$F(U) \to [0, 1]$满足条件：

(1) 当且仅当 $A \in F(X)$ 时，$d(A) = 0$；

(2) 当且仅当 $A(x) \equiv \frac{1}{2}$ 时，$d(A) = 1$；

(3) $x\in X$，当 $B(x)\leqslant A(x)\leqslant \frac{1}{2}$ 时，$d(B)\leqslant d(A)$；

(4) $A\in F(U)$，$d(A)=d(A^{c})$。

称映射 d 为 $F(X)$ 上的一个 Fuzzy 度或 Fuzzy 熵，$d(A)$ 为 Fuzzy 集 A 的 Fuzzy 度或 Fuzzy 熵。

2) 模糊集的贴近度

贴近度是对两个 Fuzzy 集接近程度的一种度量。

定义 1.8　设 $A, B, C\in F(X)$，且映射 N：$F(X)\times F(X)\to[0, 1]$满足条件：

(1) $N(A, B)=N(B, A)$；

(2) $N(A, A)=1$，而 $N(X, \varnothing)=0$；

(3) 若 $\forall x\in U$，恒有 $A(x)\leqslant B(x)\leqslant C(x)$，则 $N(A, C)\leqslant N(A, B)$。

称 N 为 $F(U)$ 上的贴近度函数，而 $N(A, B)$ 称为 A 与 B 的贴近度。

值得注意的是，上述定义只是原则性的，在实际应用中的贴近度都是具体到某一个，它们都满足这一原则性定义。常用的贴近度有 Hamming 贴近度 N_{H}、Euclid 贴近度 N_{E}、最大最小贴近度 N_{M}、最小平均贴近度等，这里不再详述。

3) 模糊集的格贴近度

格贴近度是采用模糊集的内积和外积相结合的方式来刻画两个 Fuzzy 集的贴近程度。

定义 1.9[85]　设 $A, B\in F(U)$，记

$$A\circ B=\bigvee_{x\in U}(A(x)\wedge B(x)) \tag{1-1}$$

$$A\overset{\wedge}{\circ}B=\bigvee_{x\in U}(A(x)\vee B(x)) \tag{1-2}$$

分别称 $A\circ B$、$A\overset{\wedge}{\circ}B$ 为模糊集 A、B 的内积与外积。设

$$N_{\mathrm{L}}(A, B)=(A\circ B)\wedge(A\overset{\wedge}{\circ}B) \tag{1-3}$$

称 $N_{\mathrm{L}}(A, B)$ 为 A、B 的格贴近度。

这里称 $\circ$ 为极大-极小 ($\wedge$-$\vee$) 复合运算，这种运算在模糊关系、模糊关系方程以及模糊神经网络等领域有着广泛的应用。

5. 模糊集的推广

下面简单介绍几种常用的模糊集的推广形式。

1) 凸模糊集[85]

凸模糊集是将一个向量空间作为论域 X 来讨论的一类模糊集。集合 $A\in P(X)$ 为 X 的凸模子集是指

$$\forall x_1, x_2 \in X, \forall \lambda \in [0, 1], \lambda x_1 + (1-\lambda) x_2 \in A$$

将上式用 A 的特征函数表达为$\forall x_1, x_2 \in X, \forall \lambda \in [0, 1]$，有

$$\chi_A(\lambda x_1 + (1-\lambda) x_2) \geqslant \chi_A(x_1) \wedge \lambda_A(x_2)$$

下面给出凸模糊集的定义。

定义 1.10 设 $A \in F(X)$，称 A 是凸模糊集，若$\forall x_1, x_2 \in X, \forall \lambda \in [0, 1]$，有

$$A(\lambda x_1 + (1-\lambda) x_2) \geqslant A(x_1) \wedge A(x_2)$$

若将"$\geqslant$"改为"$>$"，则称 A 是严格凸模糊集。

若视 $A \in F(X)$ 为 $X \to [0, 1]$上的函数，且 $A(\cdot)$是凸函数，则 A 必为凸模糊集；但是若 A 为凸模糊集，则 $A(\cdot)$：$X \to [0, 1]$并不一定是凸函数。

2)2 型模糊集

定义 1.11 称 A 为论域 X 上的 2 型模糊集，是指 A 为映射

$$A: X \to F([0, 1])$$

可以将 X 上的全体 2 型模糊集记为 $F_2(X)$。

2 型模糊集对于模糊现象的刻画更为深刻，也更加接近于实际情形，但对其的处理比一般的模糊集要复杂得多。关于 2 型模糊集的研究主要集中在其运算、推广和应用上，还可以考虑区间值的区间 2 型模糊集[84]。

3)直觉模糊集

Fuzzy 集给出了论域中一点的隶属度，直觉模糊集给出了论域中一点的隶属度与非隶属度。

定义 1.12 论域 X 上的一个直觉 Fuzzy 集是下列形式的一个对象：

$$A = \{(x, u_A(x), v_A(x)) \mid x \in X\}$$

其中，$u_A(x) \in [0, 1]$称为"x 属于 A 的隶属度"，$v_A(x) \in [0, 1]$称为"x 不属于 A 的隶属度"，并且其满足下列条件：

$$u_A(x) + v_A(x) \leqslant 1, \quad \forall x \in X$$

论域 X 上的所有直觉 Fuzzy 集记为 $\psi F(x)$。

1.3 粗糙集理论

当今社会，由于计算机科学的发展，特别是网络技术的飞速发展，各个领域的数据和信息量急剧增加，面对如此巨大的信息，人们往往希望从海量的信息中挖掘出潜在有用的信息。因此，近二十年来，知识发现和数据挖掘研究日益受到人工智能学界的广泛重视。波兰华沙理工大学 Pawlak 教授于 20 世纪 80 年代初提出的 Rough 集(粗糙集)理论就是一种新的处理知识发现和数据挖掘的方法，该理论能定量分析

处理不确定、不精确、不完整的信息与知识[19,86]。Rough 集理论以不可分辨关系为基础，建立在分类机制的基础上，它将分类理解为特定空间上的等价关系，而等价关系则构成了对该空间的划分。其主要思想是在保持信息系统分类能力不变的前提下，通过知识约简，删除其中的冗余知识，进一步导出问题的决策或分类规则。

粗糙集理论与其他处理不确定和不精确问题理论的最显著区别是它无需提供问题所需处理的数据集合之外的任何先验信息，可以从现有数据集中直接得出约简、导出决策规则，因而对问题的不确定性描述或处理比较客观，在机器学习与知识获取、数据挖掘、医疗数据分析、专家系统、决策分析、模式识别等方面得到了广泛应用，现已成为一个热门的研究领域[87]。由于该理论在处理不精确或不确定原始数据方面的欠缺性，所以其与概率论、模糊数学和证据理论等其他处理不确定或不精确问题的理论有很强的互补性。

1. 信息系统与决策信息系统

人之所以有智能行为，是因为人有知识，要让机器具有智能行为的能力，就必须让机器具有相应的知识。知识表示就是要研究用机器表示知识可行的、有效的、通用的原则和方法。近年来对知识表示的研究引起了人们的广泛关注。目前，常用的知识表示方法有逻辑模式、框架、语义网络、产生式规则、状态空间等。基于信息表的知识表示形式(即信息系统)，是粗糙集理论中对知识进行表示和处理的基本工具[88]，粗糙集理论研究的信息系统通常用一个数据表来表示。

定义 1.13　称 $S=\langle U, A, V, f\rangle$是一个信息系统，其中 U 是非空的对象集，即 $U=\{x_1, x_2,\cdots, x_n\}$称为论域，$U$ 中的每个 x_i $(1\leqslant i\leqslant n)$称为一个对象；$A$ 表示属性的非空有限集合；$V=\bigcup\{V_a\mid a\in A\}$，$V_a$ 为属性 a 的值域；f: $U\times A\rightarrow V$ 是一个信息函数，它为每个对象的每个属性赋予一个信息值，即$\forall a\in A$，$x\in U$，有 $f(x, a)\in V_a$。

信息系统 $S=\langle U, A, V, f\rangle$也称为知识表达系统，有时也简记为 $S=\langle U, A\rangle$。

定义 1.14　设 U 是对象集，令

$$U^2=U\times U=\{(x_i, x_j)\mid x_i, x_j\in U\}$$

则 $R\subseteq U^2$ 称为 U 上的一个等价关系，若 R 满足以下条件：

(1) 自反性，$(x_i, x_i)\in R$ $(1\leqslant i\leqslant n)$；

(2) 对称性，$(x_i, x_j)\in R\Rightarrow(x_j, x_i)\in R$ $(\forall i, j\leqslant n)$；

(3) 传递性，$(x_i, x_j)\in R$，$(x_j, x_k)\in R\Rightarrow(x_i, x_k)\in R(\forall i, j, k\leqslant n)$。

设 R 是 U 上的一个等价关系，记

$$[x_i]_R=\{x_j\in U\mid(x_j, x_i)\in R\}$$

则$[x_i]_R$ 称为包含 x_i 的等价类。

对于每个属性子集 $B\subseteq A$，定义一个二元不可分辨关系(indiscernibility relation) $\mathrm{IND}(B)$，即 $\mathrm{IND}(B)=\{(x, y)\in U\times U\mid\forall a\in B, a(x)=a(y)\}$。

显然，IND(B)是一个等价关系，它构成论域 U 上的一个划分 U/IND(B)，划分 U/IND(B)中等价类的个数用$|U/\mathrm{IND}(B)|$表示。在不发生混淆的情况下，也用 B 代替 IND(B)。

事实上，信息系统可直观地表示为一个二维表的形式，通常称该二维表为信息表，它是表达描述知识的数据表格。信息表的行对应要研究的对象，列对应对象的属性，对象的信息是通过指定对象的各属性值来表示的。容易看出，一个属性对应一个等价关系，一个表可以看成一族等价关系。所以以后提到的信息系统或信息表都是指同一个概念，可以混用。

例如，表 1.1 是一个关于患者的信息系统(信息表)：这里 $S = <U, A>$，其中 $U = \{1, 2, 3, 4, 5, 6\}$是患者编号的集合，A = {头疼，肌肉疼，体温}是属性的集合。

表 1.1　一个信息系统

对象编号	头疼	肌肉疼	体温
1	是	是	正常
2	是	是	高
3	是	是	很高
4	否	是	正常
5	否	否	高
6	否	是	很高

这种信息表的数据表格知识表达系统是对客观对象的描述和罗列，表达的是说明性的知识。当信息表包含的数据足以反映论域时，通过属性所对应的等价关系就可以体现论域中的过程知识，即概念之间的逻辑关系或规则知识。事实上，从信息表所表达的说明性知识中发现过程性知识(规则知识)就是知识发现的研究内容。

一个信息系统对应一个关系数据表；反过来，一个关系数据表也对应着一个信息系统[88]。因此，信息系统 $S = <U, A, V, f>$是关系数据表的一种抽象描述。

定义 1.15[88, 89]　一个决策信息系统 S 可以表示为 $S = <U, A, V, f>$。其中，U 是对象的集合，也称为论域，$U = \{x_1, x_2, \cdots, x_n\}$；$A = C \cup D$ 是属性集合，属性子集 C 和 D 分别称为条件属性集和决策属性集且 $C \cap D \neq \varnothing$；$V = \bigcup \{V_a | a \in A\}$是属性值的集合，$V_a$ 表示属性 a 的值域；f：$U \times A \to V$ 是一个信息函数，它指定 U 中每一个对象 x 的属性值。

决策信息系统又称决策表，它表示当满足某些条件时，决策(行为、操作、控制)应当如何进行，条件属性 C 和决策属性 D 的等价关系 IND(C)和 IND(D)的等价类分别称为条件类和决策类。决策信息系统是一类特殊而重要的信息系统，多数决策问题都可以用决策表来表示，这一工具在决策应用中起着重要的作用。

例如，表 1.2 是一个关于患者诊断的决策系统(决策表)，这里 $S = <U, A>$，其

中 $U = \{1, 2, 3, 4, 5, 6\}$是患者编号的集合，$A = \{$头疼，肌肉疼，体温，流感$\}$是属性的集合，$C = \{$头疼，肌肉疼，体温$\}$是条件属性集，$D = \{$流感$\}$是决策属性集。

表 1.2　流感诊断决策表

对象编号	头疼	肌肉疼	体温	流感
1	是	是	正常	否
2	是	是	高	轻度
3	是	是	很高	重
4	否	是	正常	否
5	否	否	高	否
6	否	是	很高	较重

2. 近似集及其性质

设 U 是一个非空有限论域，R 是 U 上的二元关系，R 称为不可分辨关系，$S = <U, R>$称为近似空间，$\forall (x, y) \in U \times U$，若$(x, y) \in R$，则称元素 x 与 y 在 S 中是不可分辨的。U/R 是 U 上由 R 生成的等价类全体，它构成 U 上的一个划分。U/R 中的集合称为基本集或原子集，任意有限个基本集的并和空集均称为可定义集，否则称为不可定义集。可定义集也称为精确集，不可定义集也称为 Rough 集[89]。

令$[x]_R = \{y \in U | (x, y) \in R\}$，称$[x]_R$为由 R 决定的 x 的 R 等价类，关系 R 的等价类称为 S 中的基本集(基本概念)或原子。

定义 1.16[39]　给定信息系统 $S = <U, A, V, f>$，对于每个子集 $X \subseteq U$ 和不可分辨关系 $B(B \subseteq R)$，X 的下近似集和上近似集分别可以由 B 的基本集定义如下：

$$\underline{B}(X) = \bigcup \{Y_i | (Y_i \in U/\mathrm{IND}(B) \wedge Y_i \subseteq X)\} \tag{1-4}$$

$$\overline{B}(X) = \bigcup \{Y_i | (Y_i \in U/\mathrm{IND}(B) \wedge Y_i \cap X \neq \varnothing)\} \tag{1-5}$$

其中，$U/\mathrm{IND}(B)$是不可分辨关系 B 对 U 的划分。

Rough 集的下近似集(lower approximation)和上近似集(upper approximation)也可通过集合来定义：

$$\underline{B}(X) = \{x \mid x \in U \wedge [x]_B \subseteq X\} \tag{1-6}$$

$$\overline{B}(X) = \{x \mid x \in U \wedge [x]_B \cap X \neq \varnothing\} \tag{1-7}$$

即当且仅当$[x]_B \subseteq X$时，$x \in \underline{B}(X)$；当且仅当$[x]_B \cap X \neq \varnothing$时，$x \in \overline{B}(X)$。

集合 $\mathrm{POS}_B(X) = \underline{B}(X)$称为 X 的 B 正域(positive region)，它可以解释为由那些根据现有知识 B，U 中所有肯定属于集合 X 的元素所组成的集合；$\overline{B}(X)$可以解释为由那些根据现有知识 B，U 中所有一定能和可能能归入集合 X 的元素所组成的集合；集合 $\mathrm{BN}_B(X) = \overline{B}(X) - \underline{B}(X)$称为 X 的 B 边界域(boundary region)，它可以解释为由那些根据现有知识 B，U 中所有判断出可能属于 X 但不能完全肯定是否一定属于 X

的元素所组成的集合；$\mathrm{NEG}_B(X)=U-\overline{B}(X)$称为$X$的$B$负域(negative region)，它可以解释为由那些根据现有知识B，判断出U中肯定不属于X的元素所组成的集合。

当且仅当$\underline{B}(X)=\overline{B}(X)$时，称$X$是$B$可定义的，即对于$B$，$X$为经典集；当且仅当$\underline{B}(X)\neq\overline{B}(X)$时，称$X$是$B$不可定义的，即对于$B$，$X$为Rough集。

也可将$\underline{B}(X)$看成X中的最大可定义集，将$\overline{B}(X)$看成含有X的最小可定义集。从近似集的定义，可以得到下近似和上近似的下列性质[88, 90-94]，证明过程详见文献[94]。

定理 1.4　$\underline{B}(X)$和$\overline{B}(X)$有下列性质：

(1) $\underline{B}(X)\subseteq X\subseteq\overline{B}(X)$；

(2) $\underline{B}(\varnothing)=\overline{B}(\varnothing)=\varnothing$，$\underline{B}(U)=\overline{B}(U)=U$；

(3) $\overline{B}(X\cup Y)=\overline{B}(X)\cup\overline{B}(Y)$；

(4) $\underline{B}(X\cap Y)=\underline{B}(X)\cap\underline{B}(Y)$；

(5) $X\subseteq Y\Rightarrow\underline{B}(X)\subseteq\underline{B}(Y)$；

(6) $X\subseteq Y\Rightarrow\overline{B}(X)\subseteq\overline{B}(Y)$；

(7) $\underline{B}(X\cup Y)\supseteq\underline{B}(X)\cup\underline{B}(Y)$；

(8) $\overline{B}(X\cap Y)\subseteq\overline{B}(X)\cap\overline{B}(Y)$；

(9) $\underline{B}(-X)=-\overline{B}(X)$；

(10) $\overline{B}(-X)=-\underline{B}(X)$；

(11) $\underline{B}(\underline{B}(X))=\overline{B}(\underline{B}(X))=\underline{B}(X)$；

(12) $\overline{B}(\overline{B}(X))=\underline{B}(\overline{B}(X))=\overline{B}(X)$。

3. 近似度量

在粗糙集理论中，定义了粗糙集意义下的粗糙隶属函数(rough membership function)。通过使用不可分辨关系B，定义元素x对集合X的粗糙隶属函数如下：

$$\mu_X^B(x)=\frac{\mathrm{card}(X\cap[x]_B)}{\mathrm{card}([x]_B)} \tag{1-8}$$

显然，$0\leqslant\mu_X^B(x)\leqslant 1$。

定理 1.5[95]　粗糙隶属函数满足以下性质:

(1) $\mu_X^B(x)=1$ 当且仅当 $x\in\underline{B}(X)$；

(2) $\mu_X^B(x)=0$ 当且仅当 $x\in-\overline{B}(X)$；

(3) $0<\mu_X^B(x)<1$ 当且仅当 $x\in\mathrm{BN}_B(X)$；

(4) 如果$B=\{(x,x):x\in U\}$，则$\mu_X^B(x)$是X的特征函数；

(5) 如果$(x,y)\in B$，则$\mu_X^B(x)=\mu_X^B(y)$；

(6) $\mu_{U-X}^B(x)=1-\mu_X^B(x),\forall x\in U$；

(7) $\mu_{X\cap Y}^{B}(x)\geqslant\max(\mu_{X}^{B}(x),\mu_{Y}^{B}(x))$, $\forall x\in U$;

(8) $\mu_{X\cap Y}^{B}(x)\leqslant\min(\mu_{X}^{B}(x),\mu_{Y}^{B}(x))$, $\forall x\in U$;

(9) 如果 $X=\{X_1,X_2,\cdots,X_n\}$是 U 的一族互不相交的子集，则 $\mu_{\cup X}^{B}(x)=\sum\limits_{X_i\in X}\mu_{X}^{B}(x)$, $\forall x\in U$。

在 Rough 集理论中，Rough 集 X 的不可定义性(不确定性)是由 Rough 集 X 的边界不确定引起的。集合 X 的边界区域越大，其确定性程度就越低。为了更准确地表达集合的精确性，可以用集合 X 的近似精度和 Rough 度这两个概念来描述 Rough 集 X 的不确定性程度。

定义 1.17　假定集合 X 是论域 U 上的一个关于知识 B(属性子集)的 Rough 集，定义其 B 精度(在不发生混淆的情况下，也简称精度)为

$$d_B(X)=\frac{\underline{B}(X)}{\overline{B}(X)} \tag{1-9}$$

其中，$X\neq\varnothing$；如果 $X=\varnothing$，此时可定义 $d_B(X)=1$。

显然，对每个 B 和 $X\subseteq U$ 有 $0\leqslant d_B(X)\leqslant 1$。

当 $d_B(X)=1$ 时，X 的 B 边界区域为空集，集合 X 为 B 可定义的；当 $d_B(X)<1$ 时，集合 X 有非空的 B 边界区域，集合 X 为 B 不可定义的，即粗糙的。集合 X 关于知识 B 的精度也称为近似精度。

在以后章节的讨论中，将等价关系、属性、知识等概念混用，不予分辨。

定义 1.18[39]　假定集合 X 是论域 U 上的一个关于知识 B(属性子集)的 Rough 集，定义其 B Rough 精度(在不发生混淆的情况下，也简称 Rough 度)为

$$\rho_B(X)=1-d_B(X) \tag{1-10}$$

Rough 集 X 的精度是一个区间[0,1]上的实数，它定义了 Rough 集 X 的可定义程度，即集合 X 的确定度。X 的 Rough 度与精度恰恰相反，它定义了集合 X 的知识的不完全程度。

除了用数值(B 精度)来表示 Rough 集的特征外，也可根据上近似和下近似的特征，对 Rough 集 X 的不确定性程度做如下定义：

(1) 如果 $\underline{B}(X)\neq\varnothing$且 $\overline{B}(X)\neq U$，则称 X 为 B 粗糙可定义的；

(2) 如果 $\underline{B}(X)=\varnothing$且 $\overline{B}(X)\neq U$，则称 X 为 B 内不可定义的；

(3) 如果 $\underline{B}(X)\neq\varnothing$且 $\overline{B}(X)=U$，则称 X 为 B 外不可定义的；

(4) 如果 $\underline{B}(X)=\varnothing$且 $\overline{B}(X)=U$，则称 X 为 B 全不可定义的。

可以对上述定义做如下直观理解：当 $\underline{B}(X)=\overline{B}(X)$时，集合 X 的边界域为空，即根据属性集 B 就可以完全肯定地判定任何元素是否属于集合 X，即 X 对应的概念是一个确定的概念。对于 Rough 集，边界域的存在，导致部分元素不能被确定地判

定。如果集合 X 为 B 粗糙可定义，则可以确定 U 中某些元素是否属于 X 或 $-X$；如果集合 X 为 B 内不可定义的，则意味着可以确定 U 中某些元素是否属于 $-X$，但不能确定 U 中任一元素是否属于 X；如果集合 X 为 B 外不可定义，则可以确定 U 中某些元素是否属于 X，但不能确定 U 中任一元素是否属于 $-X$；如果集合 X 为 B 全不可定义，则意味着不能确定 U 中任一元素是否属于 X 或 $-X$。

上面这两种刻画粗糙集不确定性程度的方法，其一为用近似精度来表示粗糙集的数字特征；其二为用粗糙集的上下近似分类表示粗糙集的拓扑特征。粗糙集的数字特征表示了集合边界区域的大小，但没有说明边界区域的结构；而粗糙集的拓扑特征没有给出边界区域大小的信息，它提供的是边界区域的结构。

在论域 U 中，如果知道由集合簇 $F=\{F_1, F_2,\cdots, F_m\}\left(U=\bigcup_{i=1}^{m}F_i\right)$ 定义的知识，也可以定义属性子集 B 描述这些知识的能力，即 B 对 F 完成分类的准确度。定义下面两个度量来对属性子集 B 的近似分类能力进行描述。

定义 1.19[92]　设集合簇 $F=\{F_1, F_2,\cdots, F_m\}\left(U=\bigcup_{i=1}^{m}F_i\right)$ 是论域 U 上定义的知识，B 是一个属性子集，定义 B 对 F 近似分类的精度为

$$d_B(F)=\frac{\sum_{i=1}^{m}\left|\underline{B}(F_i)\right|}{\sum_{i=1}^{m}\left|\overline{B}(F_i)\right|} \tag{1-11}$$

定义 1.20[92]　设集合簇 $F=\{F_1, F_2,\cdots, F_m\}\left(U=\bigcup_{i=1}^{m}F_i\right)$ 是论域 U 上定义的知识，B 是一个属性子集，定义 B 对 F 近似分类的质量为

$$r_B(F)=\frac{\sum_{i=1}^{m}\left|\underline{B}(F_i)\right|}{|U|} \tag{1-12}$$

B 对 F 近似分类的精度描述的是当使用知识 B(属性子集 B)对对象进行分类时，在所有可能的决策中确定决策所占的比例；B 对 F 近似分类的质量描述的是应用知识 B 对对象进行分类时，能够确定决策的对象在论域中所占的比例。

定理 1.6　设集合簇 $F=\{F_1, F_2,\cdots, F_m\}\left(U=\bigcup_{i=1}^{m}F_i\right)$ 是论域 U 上定义的知识，B 是一个属性子集。若存在 $i\in\{1, 2,\cdots, m\}$ 使得 $\underline{B}(F_i)\neq\varnothing$，则对于任意 $j\,(j\neq i, j\in\{1, 2,\cdots, m\})$ 都有 $\overline{B}(F_j)\neq U$。

定理 1.7[88]　设集合簇 $F=\{F_1, F_2,\cdots, F_m\}$（$U=\bigcup_{i=1}^{m}F_i$）是论域 U 上定义的知识，B 是一个属性子集。若存在 $i\in\{1, 2,\cdots, m\}$使得 $\overline{B}(F_i)=U$，则对于任意 $j(j\neq i, j\in\{1, 2,\cdots, m\})$都有 $\underline{B}(F_i)=\varnothing$。

定义 1.21[96]　设 $Q\subseteq C$，规则 $Q\to d$ 的近似质量 $r(Q\to d)$ 定义为

$$r(Q\to d)=\frac{\sum\left|Q(X):X\in U/\mathrm{IND}(d)\right|}{|U|} \tag{1-13}$$

近似质量 $r(Q\to d)$ 定义中的分子相当于等价关系 IND(d)的 Q 正域。

在式(1-12)中，若 $B\subseteq C$ 且 $F=\{F_1, F_2,\cdots, F_m\}$是论域 U 上由决策表 S 中 IND(d)得到的划分，则 B 对 F 近似分类的质量 $r_B(F)$和定义 1.21 中规则 $Q\to d$ 的近似质量 $r(Q\to d)$具有一致性。

4. 决策表的属性约简

1) 决策表属性约简与知识依赖性

基于 Rough 集理论的知识获取，主要是通过对原始决策表的约简，在保持决策表决策属性和条件属性之间的依赖关系不发生变化的前提下对决策表进行约简(简化)。知识约简是 Rough 集理论的重要内容之一。在决策表中，从形成对论域的划分不变这一角度来讲，并非所有的属性均是必不可少的。换句话说，在保持对论域分类能力不变的前提下，有些属性是多余的，删除冗余属性就是信息系统中的属性约简问题[89,91-93]。

定义 1.22[92]　设 $S=\langle U, A, V, F\rangle$是一个信息系统，令 $P\subseteq A$，对于 $a\in P$，如果 IND(P)= IND$(P-\{a\})$，则称属性 a 在 P 中是不必要的(多余的)，否则称 a 在 P 中是必要的。

不必要的属性在信息系统中是多余的，如果将它们从信息系统中去掉，不会改变信息系统的分类能力。相反，如果从信息系统中去掉一个必要的属性，则一定能改变信息系统的分类能力。

定义 1.23[92]　设 $S=\langle U, A, V, F\rangle$是一个信息系统，令 $P\subseteq A$，如果对$\forall a\in P$ 在 P 中都是必要的，则称属性集 P 是独立的，否则称 P 是相互依赖的。

对于相互依赖的属性集，其中必包含有冗余属性，可以对其约简；而对于独立的属性集，去掉其中任何一个属性都将破坏信息系统的分类能力。

定义 1.24[89]　设 $S=\langle U, A, V, F\rangle$是一个信息系统，若 $Q\subseteq A$，则称 Q 中所有必要属性组成的集合称为属性集 Q 的核(core)，记作 Core(Q)。

定义 1.25[88]　设 $S=\langle U, A, V, F\rangle$是一个信息系统，$P\subseteq A$。如果

(1) IND(P)= IND(A)；

(2) P 是独立的。

则称 P 是 A 的一个约简 (reduct)。

一般来讲，一个属性子集 $P\subseteq A$ 可以有多个约简，P 的所有约简组成的集合记为 $\text{Red}(P)$，一个属性子集 P 的所有必要的属性组成的集合称为它的核，记作 $\text{Core}(P)$。

对一个属性子集 $P\subseteq A$，有如下定理。

定理 1.8　$\text{Core}(P)=\bigcap \text{Red}(P)$。

该定理表明，一组属性的核是该组属性所表达的知识的不可消去的知识特征集合，它是信息系统中进行属性约简的基础。

设 P 和 Q 是论域 U 上的两个等价关系簇(属性集)，Q 的 P 正域记为 $\text{POS}_P(Q)$，定义如下：

$$\text{POS}_P(Q) \bigcup_{X\in U/Q} \underline{P}(X) \tag{1-14}$$

可以看出，Q 的 P 正域是 U 中所有根据分类 U/P 的信息可以准确地被划分到关系 Q 的等价类中去的对象的集合。

定义 1.26　设 $S=<U, A, V, F>$是一个决策表，其中 $A=C\cup D$，$C\cap D=\varnothing$，令 $P\subseteq C$，$Q\subseteq D$，$a\in P$，如果 $\text{POS}_P(Q)= POS_{P-\{a\}}(Q)$，则称 a 为 P 中 Q 不必要的，否则称 a 为 P 中 Q 必要的。

定义 1.27[93]　设 $S=<U, A, V, F>$是一个决策表，其中 $A=C\cup D$，$C\cap D=\varnothing$，令 $P\subseteq C$，$Q\subseteq D$，如果每个属性 $a\in P$ 为 P 中 Q 必要的，则称 P 为 Q 独立的(或 P 相对于 Q 独立)，否则称 P 为 Q 相依的。

在决策表 $S=<U, A, V, F>$中，C 中所有 D 必要的属性组成的集合称为 C 的 D 核，简称相对核(relative core)，记为 $\text{Core}_C(D)$。

定义 1.28　设 $S=<U, A, V, F>$是一个决策表，$A=C\cup D$，$C\cap D=\varnothing$，令 $P\subseteq C$。如果

(1) $\text{POS}_P(D)=\text{POS}_C(D)$；

(2) P 相对于 D 独立。

则称 P 是 C 的一个 D 约简，简称为相对约简(relative reduct)。

定理 1.9　C 的所有 D 约简记为 $\text{Red}_C(D)$，则有 $\text{Core}_C(D)=\bigcap \text{Red}_C(D)$。

一般来说，一个决策表的条件属性相对于决策属性的相对约简不是唯一的，即对同一个决策表可能存在多个相对约简。因为属性约简的目的是导出关于决策表的决策规则，约简中属性的多少直接影响着决策规则的繁简和性能。因此，人们期望找到具有最少条件属性的约简，即最小约简。然而，寻求所有约简或最小约简已被证明是 NP 难问题[5]，导致 NP 难问题的主要原因是属性的组合爆炸问题。

设 $S=<U, A, V, F>$是一个信息系统，$P, Q\subseteq A$。如果 $\text{IND}(P)\subseteq \text{IND}(Q)$，则知识 Q 依赖于知识 P(记作 $P\Rightarrow Q$)；如果 $P\Rightarrow Q$ 且 $Q\Rightarrow P$，则知识 P 与知识 Q 等价(记作

$P \equiv Q$)；如果 $P \Rightarrow Q$ 与 $Q \Rightarrow P$ 均不成立，则知识 P 与知识 Q 独立。

当知识 Q 依赖于知识 P 时，也可以说知识 Q 是由知识 P 导出的。

从上述定义可以看出，知识 P 与知识 Q 等价当且仅当 $\mathrm{IND}(P) = \mathrm{IND}(Q)$。

定理 1.10 给出了知识 P 与知识 Q 之间所具有的性质。

定理 1.10[88]　下列条件是等价的：

(1) $P \Rightarrow Q$；

(2) $\mathrm{IND}(P \cup Q) = \mathrm{IND}(P)$；

(3) $\mathrm{POS}_P(Q) = U$；

(4) 对于所有的 $X \in U/\mathrm{IND}(Q)$，有 $\underline{P}(X) = X$。

有时候知识的依赖性可能是部分的，这意味着知识 Q 仅有部分由知识 P 导出，部分导出可由知识的正域来定义。知识 Q 和知识 P 之间的依赖性度量定义为

$$k = \gamma_P(Q) = \frac{|\mathrm{POS}_P(Q)|}{|U|} \tag{1-15}$$

其中，$0 \leqslant k \leqslant 1$。

用 $P \Rightarrow_k Q$ 表示 Q 是 k 度依赖于 P 的。当 $k=1$ 时，称 Q 完全依赖于 P；当 $0<k<1$ 时，称 Q 部分依赖于 P；当 $k=0$ 时，称 Q 完全独立于 P[97, 98]。

2) 决策表属性约简的信息熵表示

由 Shannon 定义的一个系统的熵给出了系统结构的不确定性度量[99]，它可用来描述各种方式下的信息内容。在粗糙集理论中，文献[100]～[106]已经使用 Shannon 熵的概念和它的变形来度量不确定性，文献[96]讨论了粗糙集理论中知识粗糙性与信息熵的关系，文献[26]研究了粗糙集和粗糙关系数据库的不确定性的信息度量。这里对 Rough 集理论中的知识(属性集合，即属性集合对论域的划分)做新的理解，建立知识与信息熵的关系。

设 U 为一个论域，P、Q 为 U 上的两个等价关系簇(属性集)，可以认为 U 上任意等价关系簇是定义在 U 上的子集组成的 σ 代数上的一个随机变量，其概率分布可通过如下方法来确定，具体过程见文献[88]。

定义 1.29　设知识(属性集合) P、Q 在 U 上导出的划分分别为 X 和 Y，其中 $X=\{X_1, X_2, \cdots, X_{n_1}\}$，$Y=\{Y_1, Y_2, \cdots, Y_{n_2}\}$，则 P、Q 在 U 的子集组成的 σ 代数上的概率分布分别为

$$p(X_i) = \frac{|X_i|}{|U|}, \quad i = 1, 2, \cdots, n_1 \tag{1-16}$$

$$p(Y_j) = \frac{|Y_j|}{|U|}, \quad j = 1, 2, \cdots, n_2 \tag{1-17}$$

有了知识的概率分布以后，根据信息论就可以定义知识的熵与条件熵的概念。

定义 1.30 知识 P 的熵 $H(P)$ 定义为

$$H(P)=-\sum_{i=1}^{n_1} p(X_i)\log(p(X_i)) \tag{1-18}$$

定义 1.31 知识 Q 相对于知识 P 的条件熵 $H(Q\mid P)$ 定义为

$$H(Q\mid P)=-\sum_{i=1}^{n_1} p(X_i)\sum_{j=1}^{n_2} p(Y_j\mid X_i)\log(p(Y_j\mid X_i)) \tag{1-19}$$

其中，$p(Y_j\mid X_i)=\dfrac{|Y_j\cap X_i|}{|X_i|}$，$i=1,2,\cdots,n_1$，$j=1,2,\cdots,n_2$。

定理 1.11 设 U 为一个论域，P、Q 为 U 上的两个等价关系簇(属性集合)。若 $\mathrm{IND}(P)=\mathrm{IND}(Q)$，则 $H(P)=H(Q)$。

定理 1.12 设 U 为一个论域，P、Q 为 U 上的两个等价关系簇(属性集合)且 $P\subseteq Q$。若 $H(P)=H(Q)$，则 $\mathrm{IND}(P)=\mathrm{IND}(Q)$。

定理 1.13 设 U 为一个论域，P 是 U 上的一个等价关系簇(属性集合)，P 中的一个关系 R(属性)是绝对不必要的(多余的)，其充要条件为 $H(\{R\}\mid P-\{R\})=0$。

5. 不完备信息系统中粗糙集理论的扩充

由 Pawlak 用不分明关系(或称等价关系)引入的下近似和上近似的经典定义已经被成功地用于数据分类和数据约简，但在更一般关系的情况下，扩充这些概念是十分必要的，特别是考虑一个相似关系或相容关系，而不是不分明关系(即不可分辨关系)。如此的关系表达是一种比较弱的不分明形式，通常不是等价关系，而自反性对于表示任意一种不分明性或相似性的形式似乎都是相当必要的，其他对称性和传递性都是可以放宽的。基于传统不分明关系的 Rough 集理论是不能处理不完备信息系统的，但在实际中，不完备信息系统是普遍存在的[90,107-110]。因此，研究不完备信息系统下的 Rough 集理论(即广义 Rough 集理论)有着重要的意义。

在传统的 Rough 集理论中，存在一个明显的假设，即所有可以获取的个体对象由其属性集合给出其完全的描述。换句话说，用 $U=\{x_1,x_2,\cdots,x_n\}$ 表示个体对象集合，$C=\{c_1,c_2,\cdots,c_n\}$ 表示属性集合，则对于任意 $x_i\in U$，$c_j\in C$，属性值 $x_i(c_j)$ 总是存在的，即 $x_i(c_j)\neq\varnothing$。这个假设虽然是合理的，但与很多现实情况有差异。在这些情况下，由于不可能得到所有的属性值(例如，在医学信息系统中，可能存在这样一组患者，他们不能执行所有要求的检查[110])，或者有些对象的某个属性值是肯定不可能得到的，这就导致关于对象集合 U 的描述是不完全的，从而导致不完备信息系统的出现。

例如，表 1.3 是一个不完备的信息系统(即不完备的信息表)。

表 1.3　不完备信息系统

A	x_1	x_2	x_3	x_4	x_5	x_6	x_7	x_8	x_9	x_{10}	x_{11}	x_{12}
c_1	3	2	2	*	*	2	3	*	3	1	*	3
c_2	2	3	3	2	2	3	*	0	2	*	2	2
c_3	1	2	2	*	*	2	*	0	1	*	*	1
c_4	0	0	0	1	1	1	3	*	3	*	*	*
d	Ω	Ω	Ψ	Ω	Ψ	Ψ	Ω	Ψ	Ψ	Ω	Ψ	Ω

对于不完备信息系统的理解，存在两种语义解释：遗漏(missing)语义和缺席(absent)语义。遗漏语义下，认为遗漏值(未知值)将来总是可以得到的，并可以与任意值相比较(匹配、相等)；而缺席语义下，认为缺席值(未知值)是无法再得到的，不能与任意值相比较(匹配、相等)[93]。

1) 容差关系

在 Kryszkiewicz 提出的容差关系中，最主要的一个概念是赋予信息表中没有值的元素一个 Null 值，Null 值是一种任何值都有可能的值。

给定不完备信息系统 NS = $<U, A, V, f>$，对于具有遗漏属性值的属性子集 $B \subseteq A$，记遗漏值为“*”，引入容差关系的定义如下。

定义 1.32[39]　容差关系 T 的定义为

$$\forall_{x,y\in U}(T_B(x,y) \Leftrightarrow \forall_{c_j\in B}(c_j(x)=c_j(y) \vee c_j(x)=* \vee c_j(y)=*))$$

显然，容差关系 T 具有自反性、对称性，但不一定具有传递性。

定义 1.33[111]　限制容差关系 L 的定义为：设 $P_B(x)=\{b \mid b\in B \wedge b(x)\neq *\}$，则

$$\forall_{x,y\in U}(L_B(x,y) \Leftrightarrow \forall_{b\in B}(b(x)=b(y)=*) \vee ((p_B(x)\cap p_B(y)\neq\varnothing) \wedge$$

$$\forall_{b\in B}((b(x)\neq *) \wedge (b(y)\neq *) \rightarrow (b(x)=b(y)))))$$

显然，限制容差关系 L 具有自反性、对称性，但不具有传递性。

定义 1.34　限制容差类 $J_B^L(x)=\{y \mid y\in U \wedge L_B(x,y)\}$，$D\subseteq U$，集合 D 相应的上、下近似集定义为

$$D_L^B=\{x \mid x\in U \wedge J_B^L(x)\cap D\neq\varnothing\} \tag{1-20}$$

$$D_B^L=\{x \mid x\in U \wedge J_B^L(x)\subseteq D\} \tag{1-21}$$

以后为书写方便，把限制容差类 $J_B^L(x)$ 简写为 $J(x)$。

2) 非对称相似关系

定义 1.35　非对称相似关系 S 的定义为

$$\forall_{x,y\in U}(S_B(x,y) \Leftrightarrow \forall_{c_j\in B}(c_j(x)=c_j(y) \vee c_j(x)=*))$$

显然，非对称相似关系 S 不对称，但具有自反性、传递性。关系 S 是对象集合 U 上的偏序。实际上，非对称相似关系可以认为是包含关系的一个代表，因为只要对象 x 的描述包含于对象 y 的描述就认为 x 与 y 相似。对于任意个体 $x \in U$，可以定义两个非对称相似集合如下。

非对称相似于对象 x 的对象集合 $G(x)$ 以及 x 与之非对称相似的对象集合 $G^{-}(x)$ 的定义为

$$G(x) = \{y \in U \mid S(y, x)\} \tag{1-22}$$

$$G^{-}(x) = \{y \in U \mid S(x, y)\} \tag{1-23}$$

显然，$G(x)$ 与 $G^{-}(x)$ 是两个不相同的集合。在此基础上也可进一步定义对象集合 X 在非对称相似关系下的上近似和下近似，这里不再赘述。

1.4 商空间理论

在拓扑学及其相关数学领域，一个商空间(quotient space)直观上说是将一个给定空间的一些点等同或者黏合在一起，由一个等价关系确定哪些点是等同的，是从给定空间构造新空间的常见方法。张钹教授和张铃教授在多年从事时间规划和空间路径的基础上，提出了问题求解的商空间理论，并建立了商空间理论的粒计算模型[20]。商空间理论是用商集表示不同的粒度层次，借助拓扑对论域结构的讨论导出保假和保真原理，其在降低问题求解的复杂度方面具有极其重要的指导意义，而其他不考虑论域结构的模型很难揭示出这样的结论[100]。

1. 商空间模型的建立

以三元组 (X, f, T) 描述一个问题。其中，X 是论域；$f(\cdot)$ 表示论域上(元素)的属性，f: $X \to Y$，Y 可以是 n 维空间，也可以是一般的集合；T 是论域的结构，它表示论域中各元素之间的关系[103]。

求解问题 (X, f, T) 就是对论域 X 及其相关的结构、属性进行分析与研究。当 X 很复杂时，人们常从比较“粗”的粒度来考察问题。粒度就是将论域中的子集当做新的元素进行研究。当给出 X 的一个等价关系 R 后，得到商集 $[X]$，然后就 $[X]$ 进行研究，即研究 $([X], [f], [T])$，以及 $([X], [f], [T])$ 与 (X, f, T) 的关系，称 $([X], [f], [T])$ 是 (X, f, T) 对应于等价关系 R 的商空间(商问题)，其中：

(1) $[X]$ 对应于等价关系 R 的商集；

(2) $[T]$ 为由等价关系 R 与拓扑结构 T 在商集 $[X]$ 上产生的商拓扑 $[T]$：$\{u \mid p^{-1}(u) \in T, u \in [X], p: X \to [X]\}$；

(3) $[f]$ 为属性 f 在 $[X]$ 上产生的商属性。

在商空间模型的定义中，R 对应于一定的粒度。这里的一个很重要的概念就是粒度(granularity)，在求解具体问题时，如何选取适当的粒度，是一个与具体领域相关的问题。

2. 商空间粒度的获得

商空间理论的核心就是将问题放在各种不同粒度的空间(商空间)上进行分析研究，然后综合得出对原问题的解，于是如何选取适当的商空间，就成为该理论的一个重要组成部分。求商空间的方法，如果用粒计算的术语，就是颗粒化。

颗粒化问题可以从文献[103]中的三个角度来考虑：

(1) 直接对 X(论域)进行颗粒化，再通过不用粒度的合成产生新的粒度，即对论域取粒度。

从这个角度，可以按结构和功能进行划分，将结构或者功能上关系密切的元素划分为一类，也可以按约束条件 $C_i(i=1,2,\cdots,n)$ 进行划分。例如，由约束条件 C_1，将 X 分成满足 C_1 与不满足 C_1 的两大类，进而又按是否满足 C_2 条件分为两大类，如此下去，将 X 分成一个二叉树的结构。当然，对一个约束条件 C_1，也可以按照满足 C_1 条件的程度不同划分为几个大类，这样得到的是一般树的结构。

在实际问题中，上述划分方法的应用十分广泛，当讨论某个复杂问题时，通常忽略一些条件，只考虑简化的情况，然后再将忽略掉的条件加上去进行深入讨论，这种方法就本质而言，也是按约束条件进行划分的分析方法。

(2) 对属性 f 取不同的粒度，通过属性的粒度对论域进行划分，达到颗粒化的目的。

设 f：$X \to Y$ 是属性函数，若 f 是单值的，则可利用 f 来定义划分。一般来说，对 Y 的结构比较清楚，如 Y 是实数集或 $\mathbf{R}^n$ 欧氏空间，可以利用 Y 的分类(即对属性取不同的粒度)来定义 X 中对应的分类，方法如下。

设$\{Y_i\}$是 Y 的划分，定义 $X_i=\{x \mid f(x)\in Y_i\}$，则$\{X_i\}$是 X 的一个划分。

这里有两个因素，一个是取不同的属性，另一个是取属性值域的不同商空间。对属性的值域取不同的商空间，就是粗糙集方法中的“量化技术”[89]。

利用属性进行划分的方法在粗糙集理论中是最常用的。

假设有一组数据表(X,f)(在粗糙集中常记为(U,A))，其中 $f=(f_1,f_2,\cdots,f_n)$，设 Y_i 是 f_i 值域的某个商集，一般在属性的值域上取商集，就是通常所说的对属性进行量化。

定义 $X_i=f_i^{-1}(Y_i)$，$i=1,2,\cdots,n$，则 X_i 是 X 的商集。若取属性 f_1、f_2 同时进行划分，得到的商空间记为 X_{12}，则 X_{12} 是 X_1、X_2 的上确界，取属性的所有可能组合及其量化，并求其对应的商空间，则可以得到(利用属性的颗粒化方法得到)所有的商空间。粗糙集方法讨论的问题之一，就是从中选取适当的商空间，以便更有效地进行识别、分类等，下面引用文献[109]中的例子来说明这一点。

例 1.1 给定数据表(X, A)，如表 1.4 所示。

表 1.4 一个数据表

$X(A)$	f_1	f_2	f_3	f_4
1	5	1	3	2
2	3	1	2	1
3	3	1	3	1
4	2	1	3	0
5	2	0	1	0
6	3	0	3	0

利用属性f_i，得到的商空间分别为$X_1=\{(1), (2, 3, 6), (4, 5)\}$、$X_2=\{(1), (2, 3, 4), (5, 6)\}$、$X_3=\{(5), (2), (1, 3, 4, 6)\}$、$X_4=\{(4, 5, 6), (2, 3), (1)\}$，且有$X_{12}=X_1\wedge X_2=\{(1), (2, 3), (4), (5), (6)\}$，$X_{123}=X_1\wedge X_2\wedge X_3=X$，其中“$\wedge$”表示求上确界。

在粗糙集理论中讨论的问题是，在给定一个商空间的条件下，分析如何表示一个给定的集合 S。如果能用商空间中的元素的并完全表示，则认为 S 是清晰的，否则就认为是不分明的，然后用上、下近似来描述不分明集合 S。

(3) 对结构取不同的粒度，得到粗粒度的结构，再导出论域中对应的不同商空间。

对结构进行颗粒化，即通过不同粗细的结构对所研究问题进行求解。

给定(X, f, T)及 T_1，且 $T_1 < T$ 是 X 上的拓扑，R 为在 X 上的等价关系，$xRy \Leftrightarrow \forall u(x)$，有 $y\in u(x)$ 且$\forall u(y)$，$x\in u(y)$，其中 $u(x)$ $(u(y))$ 是 $x(y)$ 在 T_1 中的开邻域，由 R 确定的商集记为 X_1，则得到商空间(X_1, f_1, T_1)。因为结构 T_1 比 T 粗，所以空间(X_1, f_1, T_1)是(X, f, T)的商空间，这样，通过结构的粗颗粒化，也能得出粗粒度的商空间。(X_1, f_1, T_1)对论域没有改变，但是其构造变粗，因此它是对原问题的粗粒度分析。

3. 商空间方法的基本原理——保假和保真原理，商逼近

利用商空间模型进行问题求解，其主要方法是建立几个基本原理，然后利用商空间模型与这些基本原理进行推理和问题求解。下面依据文献[103]简单介绍商空间方法的基本原理。

保假原理：问题在商空间中无解，则在比它更细的任何空间上也一定无解。

保真原理 1：设问题在半序商空间(X_1, f_1, T_1)、(X_2, f_2, T_2)上均有解，则在其合成的商空间(X_3, f_3, T_3)上也有解。

保真原理 2：设问题在商空间(X_1, f_1, T_1)上有解，且$\forall[x]\in[X]$，将$[x]$看成 X 上的子集时，其是 X 上的连通集，则问题在 X 上也有解。

定义 1.36 设问题(X, f, T)，要研究其性质 P，取(X, f, T)的一个商空间序列$\{(X_i,$

$f_i, T_i), i=1, 2, \cdots\}$，对每个空间$(X_i, f_i, T_i)$进行研究，得出对应的性质 P_i，若在一定意义下有 $P_i \to P$，则称$\{(X_i, f_i, T_i), i=1, 2, \cdots\}$是问题$(X, f, T)$关于性质 P 的商逼近。

商逼近提供了一种研究复杂系统的方法。

1.5　云模型理论

人工智能对人类智能研究的切入点是建立在计算机基础上的，数学家把主客观世界的各种现象抽象成数和形进行数学分析，但是人脑的思维基本上不是纯数学的，自然语言才是思维的载体。认知科学家和脑科学家认为，客观世界涉及物理客体，主观世界从认知单元和它指向的课题开始，反映了主客观内外联系的特性，人脑将客观的物体分类表示，进一步抽象成概念，并通过语言值来表达。人脑进一步选取概念，并激发相应的词语，或者反过来，根据从另外一个人那里接收的词语抽象相应的概念，概念是人脑对客体的反映，而在自然语言处理中每个概念对应一个粒度，所以研究自然语言的处理就需要研究概念的表示。

概念是人类对客观世界的反映，其特点具有模糊性和随机性，因为人类器官的感觉往往是连续的，如温度、气味、声音等，而同一概念在不同时期、不同地方意义可能不同。因此，人们使用语言时，对词语的选择、句子的表达、语气的使用、句间的组织都会有不同的差异，但是这种差异似乎没有妨碍人与人之间的交流，反而能让人很欣然地接受，这说明人类智能对不确定性有很强的表达、处理和理解能力。

云模型是李德毅院士在概率论和模糊数学理论两者交互的基础之上，通过特定的结构算法所形成的定性概念与其定量表示之间的转换模型[37]。云端是一种能够反映事物随机性和模糊性的模型，其认知机理是：尽管概念蕴含不同的范畴，尽管不同人、不同时期对同 概念有不同的认识，定性概念转换成人量的定量云滴，云滴表现出不同的确定度，但是要形成普遍的共识，他们在不同人中反映出云滴确定度统计认知规律是一致的，用不同语言值表示的不同定性概念之间存在共同的认知机理。在云模型中，云是这样表示的，若论域中的任意定量值 x 对定性概念都有一个稳定的倾向随机数 $\mu(x)$，其数学表示为$\forall x \in U$，$x \to \mu(x)$ ($\mu(x) \in [0, 1]$表示一个随机数)，由此分布的就是云，而其中的每一个定量值就是云滴。

云具有以下特征：

(1) 论域 U 可以是一维的，也可以是多维的。

(2) 定义中提及的随机实现是概念意义下的实现；定义中提及的确定度是模糊集意义下的隶属度，同时又具有概念意义的分布。所有这些都体现了模糊性和随机性的关联性。

(3) 对于任意一个 $x \in U$ 到区间$[0, 1]$上的映射是一对多的变换，x 对 C 的确定度是一个概率分布，不是一个固定的数值。

(4) 云由许许多多的云滴组成，云滴之间无次序性，一个云滴是定性概念在数量上的一次实现，云滴越多，越能反映这个定性概念的整体特征。

(5) 哪个云滴出现的概率大，哪个云滴的确定度就大，则云滴对概念的贡献就大。

为了更好地理解云的概念，可以借助 (x, μ) 的联合分布表达定性概念 C。将 (x, μ) 的联合分布也记为 $C(x, \mu)$。

云是用语言值表示的某个定性概念与其定量之间的不确定性转换模型，用以反映自然语言中的不确定性，不但可以从经典的概率论和模糊数学给出解释，而且反映了随机性和模糊性之间的关联关系，尤其是用概率的方法研究模糊性，构成定性和定量之间的相互映射。下面给出三个数字特征期望 Ex、熵 En 和超熵 He 的相关介绍[105]。

期望 Ex：定性概念的基本确定性度量，是云滴在论域空间分布中的数学期望。通俗地说，期望就是最能够代表定性概念的点，或是这个概念量化的最基本的样本。

熵 En：定性概念的不确定性度量，由概念的随机性和模糊性共同决定。一方面，熵是定性概念随机性的度量，反映了能够代表这个定性概念的云滴的离散程度；另一方面，熵又是隶属于这个定性概念的度量，决定了论域空间中可被概念接受的云滴的确定度。用同一个数字特征来反映随机性和模糊性，还反映了它们之间的关联性。

超熵 He：是熵的不确定性度量，即熵的熵，也可以称为二级熵。对于一个常识性概念，被普遍接受的程度越高，超熵越小；对于一个在一定范围内能够被接受的概念，超熵较小；对于难以达成共识的概念，超熵较大，超熵的定义为常识知识的表示提供了手段。

基于这三个数字特征建立的云模型表示了自然语言的某个定性概念与其定量表示之间的不确定性。云中的基本单位云滴表示的是这个定性概念在数域空间中的一次具体实现，这种实现也是带有不确定性的，因为每个云滴的不同位置反映了它属于定性概念的强弱程度。云滴越靠近期望 Ex 的位置，那么它属于这个定性概念的程度就越强，云滴越接近云的边缘位置，那么它能够属于这个定性概念的程度就越弱。

如果从数学的角度延伸下去，还可以有三阶熵、四阶熵等，进而形成高阶云。

人们是借助语音进行思维的，通常并不涉及过多的数学运算。语音文字中的不确定性不妨碍人们正常理解其所表达的内容，也不妨碍思维推理的过程，相反，它给人们交流和理解带来更多的想象空间，这正是不确定性的魅力所在。云模型用三个数字特征表征概念的不确定性，和概念论中使用期望、方差、高阶矩等数字特征表示随机性相比，云模型考虑了模糊性；和模糊集中用隶属度表示模糊性相比，云模型考虑了随机性；和粗糙集用基于精确知识背景下的上近似、下近似两个集合度量不确定性相比，云模型又考虑了背景知识的不确定性。

云模型是云的具体实现方法，也是云运算、云聚类、云推理、云控制等方法的基础。由定性概念到定量表示的过程，就是由云的数字特征产生云滴的具体实现，称为正向云发生器；由定量表示到定性概念的过程，就是由云滴群得到的云的数字特征的具体实现，称为逆向云发生器。云模型的具体实现方法可以有多种，可构成不同类型的云。

当概念对应的论域是 N 维时，定性定量的不确定转换可以通过 N 维正向正态云发生器算法来实现，下面具体介绍一维高斯云模型的构建方法。

输入：数字特征(Ex, En, He)，生成云滴的个数为 n。

输出：n 个云滴 x 及其确定度 μ(也可以表示为 drop(x_i, p_i)，$i = 1, 2,\cdots, n$)。

算法步骤：

(1) 生成以En为期望值、He^2 为方差的一个高斯随机函数 $\mathrm{En}_i = \mathrm{NORM}(\mathrm{En}, \mathrm{He}^2)$；

(2) 生成以 Ex 为期望值、En_i 为方差的一个高斯随机函数 $x_i=\mathrm{NORM}(\mathrm{Ex}, \mathrm{En}_i)$；

(3) 计算 $\mu_i = \exp\left\{\begin{matrix}(x_i - \mathrm{Ex}')^2 \\ -2\mathrm{En}_i'^2\end{matrix}\right\}$；

(4) 具有确定度 μ_i 的 x_i 成为数域中的一个云滴；

(5) 重复步骤(1)～(4)，直至产生要求的 n 个云滴。

由上述五个步骤就可以产生一个高斯云模型。通过分析高斯云模型可以得到“3En 规则”，该规则说明；[Ex−3En, Ex+3En]区间之外的云滴对定性概念 A 的贡献可以忽略。通过上述五个步骤就可以产生一个云。通过分析可知，该正态云模型充分运用正态分布和正态隶属函数的普适性，进一步放宽了约束条件，简化函数，把随机性与模糊性通过熵统一表示，构成不确定性知识表示模型。

通过对高斯云模型的分析可知；位于区间[Ex−0.67En, Ex+0.67En]的云滴占全部定量值的 22.33%，它们对定性概念的贡献占总贡献的 50%，这部分云滴可称为“骨干元素”；位于区间[Ex−En, Ex+En]的云滴占全部元素的 33.33%，它们对定性概念的贡献占总贡献的 68.26%，这部分元素称为“基本元素”；位于区间[Ex−2En, Ex−En]和[Ex+En, Ex+2En]的云滴占全部元素的 33.33%，它们对定性概念的贡献占总贡献的 27.18%，这部分元素称为“外围元素”；位于区间[Ex−3En, Ex−2En]和[Ex+En, Ex+3En]的云滴占全部元素的 33.33%，它们对定性概念的贡献占总贡献的 4.3%，这部分云滴称为“弱外围元素”。因此，正向高斯云的“3En 规则”指出：[Ex−3En, Ex+3En]区间之外的云滴对定性概念 A 的贡献可以忽略。

通过对云模型观察可知，云模型不强调精确的函数表示，而是利用三个数字特征表示概念的不确定性，通过特定的计算方法实现定性概念和定量表示的不确定性转换，同时揭示了模糊性与随机性之间的关联关系。云模型勾勒出不确定性的轮廓，给出近似的、灵活性的结论。众所周知，适当的模糊反而“精确”，过分的精确反而“模糊”。这正是人们常常使用的不精确的、含糊的术语，但是并不妨碍人们正确理解所表达的内容，也不妨碍人们得到正确的结论。云模型仅用三个数字特征和这个特定算法将语言量化。

由于云模型是泛正态的，约束条件比正态分布还宽松，所以云模型可以在不同粒度层次上表示宏观和微观的概念，能够反映概念对应的客观事物的粒度。熵越大，对应的概念粒度越大，概念越宏观。而云模型的宽松模型也使其期望可以扩展为一个图形、一幅图像、一段声音等，扩展云模型可以给出这个图形、图像或声音任意数目的扩展图形，扩展图像或扩展声音，这种扩展带有不确定性。通过扩展，云可以表示更广泛、更复杂的不确定知识。

1.6　其他粒计算理论

词计算模型、粗糙集模型、商空间模型和云模型是几个主要的粒计算模型，在这些模型的基础上，人们提出了很多新的模型，如基于划分的粒计算模型、基于覆盖的粒计算模型、基于容差关系的粒计算模型和基于概念格的粒计算模型，下面依据文献[38]简单介绍这些模型的特点。

1. 基于划分的粒计算模型

Yao[112]在讨论了粒计算的基本原理和基本问题的基础上，从语义和算法两方面研究了粒计算方法中粒子的构建、描述和表达，以及利用粒子进行计算和推理的规划等问题，提出了基于集合论的划分粒计算模型。该模型对一个有限集进行划分得到相应的粒子，这些粒子互不相交，通过子集的包含关系，不同粒度上的粒子之间形成了格的层次结构。他构建了两个算子：Zooming-in 和 Zooming-out。利用这两个算子，不同粒层之间的粒子可以相互转化。

2. 基于覆盖的粒计算模型

Lin 等[113-120]以邻域系统为工具，研究了二元关系下的粒计算器模型，对粒计算的结构、表示和应用进行了系统的诠释。他研究的粒计算模型是一个典型的覆盖模型。Zhu 等[121, 122]从覆盖约简概念出发，讨论了两个覆盖生成相同覆盖广义粗糙集的判别条件，解决了覆盖的冗余问题，并设计了计算覆盖约简的算法，建立了覆盖下近似运算的公理化体系和上近似运算公理化体系。胡军等[123]研究了覆盖粒计算模型的不确定性。马建敏等[124]提出了基于集合论覆盖原理的粒计算模型，该模型是基于一个有限集合上的一个自反二元关系，并利用 Zooming-in 和 Zooming-out 两个算子来实现不同粒层上粒子的相互转化。

3. 基于容差关系的粒计算模型

粗糙集能有效地分析和处理不精确、不一致和不完备等多种不完备信息，并能从中揭示潜在的规律，在机器学习、数据挖掘等多个领域得到了广泛应用。在对粗糙集理论的研究中，对不完备信息系统的传统处理方法是先进行补齐，再用粗糙集的方法进行处理，补齐的过程导致原始系统信息的变化，所得到的结果不一定反映原始系统的真实情况。因此，有必要扩充不完备信息系统的理论与方法，直接从不完备信息系统获取知识。王国胤等以容差关系给出不完备信息系统的粒表示、粒运算规则和粒分解算法，同时结合粗糙集中的实行约简问题，提出了不完备信息系统在粒表示下属性必要性的判定条件，郑征根据人类具有依据具体的任务特性把相关数据和知识泛化或者例化成不同程度、不同大小的粒的能力，以及进一步依据这些粒和粒之间的关系进行问题求解的能力，提出了相容粒度空间模型[125, 126]。

4. 基于概念格的粒计算模型

概念格也称为形式概念分析，最早由 Wille[127]于 1982 年提出，它几乎与粗糙集理论一起被提出，并都为数据分析提供了有效的研究方法。它是根据二元关系提出的一种概念层次结构。从数据集中生成概念格的过程，实际上是一种概念聚类的过程，它的每个节点称为一个概念，概念的外延表示属于这个概念的所有对象的集合，而内涵则表示所有对象共有的属性的集合。概念格在本质上描述了对象和属性之间的联系，表明概念之间的泛化和例化关系，它的 Hasse 图则实现了对数据的可视化，作为数据分析和知识处理的形式化工具。概念格理论已被广泛应用于软件工程、知识工程、数据挖掘、信息检索等领域[128]。仇国芳等在概念格的基础上，提出了概念知识格以及概念信息粒格，讨论了概念信息粒之间的蕴含关系，以及概念信息粒生成的不确定规则的方法，扩充了概念格的研究内容。

张文修和仇国芳[129]认为：知识是人类认知的成果和结晶，包括经验知识和理论知识。经验知识可以理解为从大量现象中归纳的共同特征，数据库知识发现即这种思维方式的程序化；而理论知识是对事物因果的探索，是对经验知识的理性概括。但任何知识都不是孤立存在的，都存在于相互关联的知识系统中。对于知识的深层次认识有两种方法：一是例化(细分)，即知识的分解；二是泛化，即知识的综合。对于确定的知识，没有必要进行泛化和例化。结合包含度理论在不同的泛化和例化知识系统上发现知识，这种方法与粒计算的思路完全一致。因此，知识系统的泛化和例化是粒计算的一种特殊形式，它与 Yao[112]提出的基于划分的粒计算模型[采用逻辑决策语言(DL 语言)来描述集合的粒(用满足公式$\varnothing$元素的集合来定义等价类$m(\varnothing)$)，构建粒世界的逻辑框架，并应用于构建粒网络和分析相关规则、例外规则和特殊规则]非常相似。曲开社等[130]在概念信息粒格上建立了三个偏序集：G 偏序集、M 偏序集和 GM 偏序集，并将包含度的概念引入这三个编序集上，证实了概念信息系统中的内涵、外延和蕴含规则均可归结为编序集上的序表示及包含度表示。近些年来，人们对概念知识粒和概念信息粒的转化进行了进一步研究，加快了概念格粒计算模型的发展。

随着粒计算研究工作的飞速发展，粒计算模型的种类层出不穷，如基于神经网络的粒计算模型、基于进化计算的粒计算模型、随机粗糙集模型和云粗糙集模型等[131-133]。

1.7 小　结

粒计算是人工智能领域中迅速崛起的一个新方向，是计算智能领域中模拟人类思考和解决复杂不确定性问题的新理论与新方法，是研究大规模复杂问题求解、大数据分析与挖掘、不确定性智能信息处理的有力工具。其主要理论和方法有模糊集理论、粗糙集理论、商空间理论、云模型等，在这些经典理论模型的基础上，专家研究了很多新的模型与方法，本章主要介绍了这几种粒计算的基本理论。模糊集是一种用现代科学的方法研究和表示事物的模糊性的理论，它采用隶属函数来表示对象的模糊性。粗糙集是利用上、下近似来描述对象的不确定性，在一定程度上解决了模糊集隶属度定义的主观性问题。商空间理论通过引入“粒度”的概念，建立了不同粒度世界之间的保真、保假原理，是描述不确定性和模糊性的有效模型。云模型一方面展现了自然语言中概念的不确定性，另一方面也描述了随机性和模糊性之间的关系。由此可以看出，这些不同的粒计算理论虽然思考问题的出发点和解决问题的任务不尽相同、各有千秋，但它们都有一个共同的特点，即都考虑到人类智能中，有从不同粒度思考问题的这一特点。粒计算理论覆盖了有关粒度的理论、方法和技术，它为人类求解复杂问题提供了一个新视角，是复杂问题求解、海量数据挖掘、模糊信息处理的有效工具。

参 考 文 献

[1] Tenenbaum J B, Kemp C, Griffiths T L, et al. How to grow a mind: Statistics, structure, and abstraction. Science, 2011, 331(6022): 1279-1285.

[2] Hu Q H, Mi J S, Chen D G. Granular computing based machine learning in the era of big data. Information Sciences, 2017, 378: 242-243.

[3] 梁吉业, 钱宇华, 李德玉, 等. 大数据挖掘的粒计算理论与方法. 中国科学: 信息科学, 2015, 45(11): 1355-1369.

[4] 李天瑞, 罗川, 陈红梅, 等. 大数据挖掘的原理与方法——基于粒计算与粗糙集的视角. 北京: 科学出版社, 2016.

[5] Wu X D, Zhu X Q, Wu G Q, et al. Data mining with big data. IEEE Transactions on Knowledge and Data Engineering, 2014, 26(1): 97-107.

[6] Hsu C H, Tang C, Esteves R M. Cloud computing and big data. Journal of Internet Technology,

2014, 15(6): 995-997.

[7] 韩晶. 大数据服务若干关键技术研究. 北京: 北京邮电大学博士学位论文, 2013.

[8] Fung I C H, Tse Z T H , Fu K W. Converting big data into public health. Science, 2015, 347(6222): 620.

[9] Sejdic E. Education: Gear students up for big medical data. Nature, 2015, 518(7540): 483.

[10] Chen J H, Ma J H, Zhong N, et al. WaaS: Wisdom as a service. IEEE Intelligent Systems, 2014, 29(6): 40-47.

[11] Zhong N, Ma J H, Huang R H, et al. Research challenges and perspectives on Wisdom Web of Things (W2T). Journal of Supercomputing, 2013, 64(3): 862-882.

[12] Zhou E Z, Zhong N, Li Y F. Extracting news blog hot topics based on the W2T methodology. World Wide Web, 2014, 17(3): 377-404.

[13] 黄智生, 钟宁. 海量语义数据处理——平台、技术与应用. 北京: 高等教育出版社, 2012.

[14] 钟宁, 刘际明, 姚一豫. Web 智能进展. 北京: 高等教育出版社, 2011.

[15] John G, David R. Extracting value from chaos. IDC IView, 2011: 1-12.

[16] Lohr S. The age of big data. New York Times, 2012, 16(4): 10-15.

[17] Lu J G, Li D D. Bias correction in a small sample from big data. IEEE Transactions on Knowledge and Data Engineering, 2013, 25(11): 2658-2663.

[18] Zadeh L A. Probability measures of fuzzy events. Journal of Mathematical Analysis and Applications, 1968, 23(2): 421-427.

[19] Pawlak Z, Skowron A. Rough sets: Some extensions. Information Sciences, 2007, 177: 28-40.

[20] 张铃, 张钹. 问题求解理论及其应用——商空间粒度计算理论及应用. 北京: 清华大学出版社, 2007.

[21] Chen Y M, Zhang Z J, Zheng J Z, et al. Gene selection for tumor classification using neighborhood rough sets and entropy measures. Journal of Biomedical Informatics, 2017, DOI:10.1016/j.jbi.2017.02.007.

[22] Zhang X H, Miao D Q, Liu C H. Constructive methods of rough approximation operators and multigranulation rough sets. Knowledge-Based Systems, 2016, 91: 114-125.

[23] Wei L, Wan Q. Granular transformation and irreducible element judgment theory based on pictorial diagrams. IEEE Transactions on Cybernetics, 2016, 46(2): 380-387.

[24] Lin G P, Liang J Y, Qian Y H. A fuzzy multigranulation decision-theoretic approach to multi-source fuzzy information systems. Knowledge-Based Systems, 2016, 91: 102-113.

[25] Tan A H, Wu W Z, Li J J, et al. Evidence-theory-based numerical characterization of multigranulation rough sets in incomplete information systems. Fuzzy Sets and Systems, 2016, 294: 18-35.

[26] Sun B Z, Ma W M. Multigranulation rough set theory over two universes. Journal of Intelligent

and Fuzzy Systems, 2015, 28(3): 1251-1269.

[27] Zhan J M, Yaqoob N, Khan M. Roughness in non-associative po-semihypergroups based on pseudohyperorder relations. Journal of Multiple-Valued Logic and Soft Computing, 2017, 28(2-3): 153-177.

[28] Li Z W, Xie T S. Roughness of fuzzy soft sets and related results. International Journal of Computational Intelligence Systems, 2015, 8(2): 278-296.

[29] Ciucci D, Dubois D, Prade H. Structures of opposition in fuzzy rough sets. Fundamenta Informaticae, 2015, 142: 1-19.

[30] Yue X D, Chen Y F, Miao D Q, et al. Tri-partition neighborhood covering reduction for robust classification. International Journal of Approximate Reasoning, 2016, DOI: 10.1016/j.ijar.2016.11.010.

[31] Liu C H, Pedrycz W. Covering-based multi-granulation fuzzy rough sets. Journal of Intelligent and Fuzzy Systems, 2016, 30(1): 303-318.

[32] Kang X P, Miao D Q. A study on information granularity in formal concept analysis based on concept-bases. Knowledge-Based Systems, 2016, 105: 147-159.

[33] 徐计, 王国胤, 于洪. 基于粒计算的大数据处理. 计算机学报, 2015, 38(8): 1497-1517.

[34] Yao J T, Vasilakos A V, Pedrycz W. Granular computing: Perspectives and challenges. IEEE Transactions on Cybernetics, 2013, 43(6): 1977-1989.

[35] Chen C L P, Zhang C Y. Data-intensive applications, challenges, techniques and technologies: A survey on big data. Information Sciences, 2014, 275: 314-347.

[36] 苗夺谦, 李德毅, 姚一豫, 等. 不确定性与粒计算. 北京: 科学出版社, 2011.

[37] 王国胤, 李德毅, 姚一豫, 等. 云模型与粒计算. 北京: 科学出版社, 2012.

[38] 张清华, 王国胤, 胡军. 多粒度知识获取与不确定性度量. 北京: 科学出版社, 2013.

[39] 王国胤. Rough 集理论与知识获取. 西安: 西安交通大学出版社, 2001.

[40] 刘盾, 李天瑞, 苗夺谦, 等. 三支决策与粒计算. 北京: 科学出版社, 2013.

[41] 徐久成, 孙林, 张倩倩. 粒计算及其不确定信息度量的理论与方法. 北京: 科学出版社, 2013.

[42] Lin T Y, Liu Y, Huang W L. Unifying rough set theories via large scaled granular computing. Fundamenta Informaticae, 2013, 127: 413-428.

[43] Yao Y Y. Interpreting concept learning in cognitive informatics and granular computing. IEEE Transactions on Systems Man and Cybernetics Part B: Cybernetics, 2009, 39(4): 855-866.

[44] Yao Y Y, Zhang N, Miao D Q, et al. Set-theoretic approaches to granular computing. Fundamenta Informaticae, 2012, 115: 247-264.

[45] Wu W Z, Leung Y, Mi J S. Granular computing and knowledge reduction in formal contexts. IEEE Transactions on Knowledge and Data Engineering, 2009, 21(10): 1461-1474.

[46] Chen D G, Yang Y P, Wang H. Granular computing based on fuzzy similarity relations. Soft

Computing, 2011, 15(6): 1161-1172.

[47] Yan S, Lin Y, Wu J. Rough data-deduction based on the upper approximation. Information Sciences, 2016, 375: 308-320.

[48] Qian Y H, Zhang H, Li F J, et al. Set-based granular computing: A lattice model. International Journal of Approximate Reasoning, 2014, 55(3): 834-852.

[49] Qiu G F, Ma J M, Yang H Z, et al. A mathematical model for concept granular computing systems. Science China Information Sciences, 2010, 53(7): 1397-1408.

[50] Liu Y C, Li D Y, He W, et al. Granular computing based on gaussian cloud transformation. Fundamenta Informaticae, 2013, 127: 385-398.

[51] Zhang X Y, Miao D Q. Two basic double-quantitative rough set models of precision and grade and their investigation using granular computing. International Journal of Approximate Reasoning, 2013, 54(8): 1130-1148.

[52] Zhang X Y, Miao D Q. Quantitative information architecture, granular computing and rough set models in the double-quantitative approximation space of precision and grade. Information Sciences, 2014, 268: 147-168.

[53] Liu Y, Jiang Y L, Huang L C. Modeling complex architectures based on granular computing on ontology. IEEE Transactions on Fuzzy Systems, 2010, 18(3): 585-598.

[54] Hu J, Guan C. An emotional agent model based on granular computing. Mathematical Problems in Engineering, 2012, 601295.

[55] Qiu T R, Liu Q, Bai X M. Acquiring hierarchical concepts based on granular computing. Information: An International Interdisciplinary Journal, 2011, 14(3): 1005-1010.

[56] Sun L, Xu J C. A granular computing approach to gene selection. Bio-Medical Materials and Engineering, 2014, 24(1): 1307-1314.

[57] Pedrycz W, Lu W, Liu X D, et al. Human-centric analysis and interpretation of time series: A perspective of granular computing. Soft Computing, 2014, 18(12): 2397-2411.

[58] Pedrycz W. Allocation of information granularity in optimization and decision-making models: Towards building the foundations of granular computing. European Journal of Operational Research, 2014, 232(1): 137-145.

[59] Jiang F, Chen Y M. Outlier detection based on granular computing and rough set theory. Applied Intelligence, 2015, 42(2): 303-322.

[60] Chen M Y, Chen B T. A hybrid fuzzy time series model based on granular computing for stock price forecasting. Information Sciences, 2015, 294: 227-241.

[61] Livi L, Rizzi A, Sadeghian A. Granular modeling and computing approaches for intelligent analysis of non-geometric data. Applied Soft Computing, 2015, 27: 567-574.

[62] Gacek A. Signal processing and time series description: A perspective of computational

intelligence and granular computing. Applied Soft Computing, 2015, 27: 590-601.

[63] Wang X C, Liu X D, Zhang L S. A rapid fuzzy rule clustering method based on granular computing. Applied Soft Computing, 2014, 24: 534-542.

[64] Honko P. Upgrading a granular computing based data mining framework to a relational case. International Journal of Intelligent Systems, 2014, 29(5): 407-438.

[65] Bianchi F M, Livi L, Rizzi A, et al. A granular computing approach to the design of optimized graph classification systems. Soft Computing, 2014, 18(2): 393-412.

[66] Jankowski A, Skowron A, Swiniarski R. Perspectives on uncertainty and risk in rough sets and interactive rough-granular computing. Fundamenta Informaticae, 2014, 129: 69-84.

[67] Saberi M, Mirtalaie M S, Hussain F K, et al. A granular computing-based approach to credit scoring modeling. Neurocomputing, 2013, 122(SI): 100-115.

[68] Javier C F, Herrera V E, Pedrycz W. A method based on pso and granular computing of linguistic information to solve group decision making problems defined in heterogeneous contexts. European Journal of Operational Research, 2013, 230(3): 624-633.

[69] Honko P. Granular computing for relational data classification. Journal of Intelligent Information Systems, 2013, 41(2): 187-210.

[70] Solis A R, Panoutsos G. Granular computing neural-fuzzy modelling: A neutrosophic approach. Applied Soft Computing, 2013, 13(9): 4010-4021.

[71] Chen Z H, Lin T Y, Xie G. Knowledge approximations in binary relation: Granular computing approach. International Journal of Intelligent Systems, 2013, 28(9): 843-864.

[72] Honko P. Association discovery from relational data via granular computing. Information Sciences, 2013, 234: 136-149.

[73] Liu H B, Xiong S W, Wu C G. Hyperspherical granular computing classification algorithm based on fuzzy lattices. Mathematical and Computer Modelling, 2013, 57: 661-670.

[74] Sinh H N, Tuan T N, Szczuka M, et al. An approach to pattern recognition based on hierarchical granular computing. Fundamenta Informaticae, 2013, 127: 369-384.

[75] Panoutsos G, Mahfouf M. A neural-fuzzy modelling framework based on granular computing: Concepts and applications. Fuzzy Sets and Systems, 2010, 161(21): 2808-2830.

[76] Yao Y Y. Granular computing: Basic issues and possible solutions//The 5th Joint Conference on Information Sciences, Atlantic, 2000: 186-189.

[77] 梁吉业，钱宇华，李德玉，等. 面向大数据的粒计算理论与方法研究进展. 大数据，2016, 4: 13-23.

[78] Pei J. Some new progress in analyzing and mining uncertain and probabilistic data for big data analytics//International Workshop on Rough Sets, Fuzzy Sets, Data Mining, and Granular-Soft Computing, Lecture Notes in Computer Science, 2013, 8170: 38-45.

[79] 王国胤, 张清华, 马希骜, 等. 知识不确定性问题的粒计算模型. 软件学报, 2011, 22(4): 676-694.

[80] Huang B, Guo C X, Li H X, et al. Hierarchical structures and uncertainty measures for intuitionistic fuzzy approximation space. Information Sciences, 2016, 336: 92-114.

[81] 苗夺谦, 王国胤, 刘清, 等. 粒计算: 过去、现在与展望. 北京: 科学出版社, 2007.

[82] 王国胤, 张清华, 胡军. 粒计算研究综述. 智能系统学报, 2007, 2(6): 8-26.

[83] 朱靖. 基于粗糙集和模糊集理论的属性约简算法研究. 长沙: 湖南大学硕士学位论文, 2008.

[84] 胡宝清. 模糊理论基础. 武汉: 武汉大学出版社, 2004: 19-63.

[85] 刘普寅, 吴孟达. 模糊理论及其应用. 长沙: 国防科技大学出版社, 1998: 35-46.

[86] Pawlak Z. Rough set. International Journal of Computer and Information Sciences, 1982, 11: 341-356.

[87] 王珏, 苗夺谦, 周育健. 关于 Rough 集理论与应用的综述. 模式识别与人工智能, 1996, 9(4): 337-344.

[88] 阙夏. 连续属性离散化方法研究. 合肥: 合肥工业大学硕士学位论文, 2006.

[89] 焦瑞, 李祥生. 粗糙集理论在医学数据挖掘中的应用. 微计算机信息, 2011, 27(2): 223-225.

[90] 刘春亚. 基于粗集理论的数据预处理及应用研究. 重庆: 重庆大学硕士学位论文, 2003.

[91] 刘清. Rough 集及 Rough 推理. 北京: 科学出版社, 2001.

[92] 白敬华. 基于粗糙集理论的属性值约简的研究. 长春: 长春理工大学硕士学位论文, 2004.

[93] 哈斯巴干. 神经网络及其组合算法的遥感数据分类研究. 北京: 中国科学院研究生院遥感应用研究所博士学位论文, 2003.

[94] 张文修, 吴伟志, 梁吉业, 等. 粗糙集理论与方法. 北京: 科学出版社, 2001: 4-6.

[95] Pawlak Z, Skowron A. Rough Membership Function//Yaeger R R, et al. Advances in the Dempster Shafer Theory of Evidence. Singapore: John Wiley and Sons, 1994: 251-271.

[96] Ivo D, Gunther G. Simple data filtering in rough set systems. International Journal of Approximate Reasoning, 1998, 18: 93-106.

[97] 孟慧丽. 粗糙集的不确定度量理论及启发式属性约简算法研究. 郑州: 河南师范大学硕士学位论文, 2008.

[98] 梁吉业. 关于粗糙集度量与粗糙计算方法的研究. 西安: 西安交通大学博士学位论文, 2001.

[99] Shannon C E. A mathematical theory of communication. The Bell System Technical Journal, 1948, 27(3): 379-423.

[100] 穆葆宏. 基于商空间的构造性学习算法研究. 太原: 太原理工大学硕士学位论文, 2007.

[101] Theresa B, Frederick E P. Information-theoretic measures of uncertainty for rough sets and rough relational databases. Journal of Information Sciences, 1998, (109): 185-195.

[102] 苗夺谦, 王珏. 粗糙集理论中知识粗糙性与信息熵关系的讨论. 人工智能与模式识别, 1998, 11(1): 34-40.

[103] 赵姝. 计算智能及其在气象信息分析中的应用. 合肥: 安徽大学博士学位论文, 2007.

[104] 付斌, 李道国, 王慕快. 云模型研究的回顾与展望. 计算机应用研究, 2011, 28(2): 420-426.

[105] 司垒. 采煤机智能控制关键技术研究. 徐州: 中国矿业大学博士学位论文, 2015.

[106] Liang J Y, Xu Z B, Miao D Q. Reduction of knowledge in incomplete information systems// Proceedings of Conference on Intelligence Information in 16th World Computer Congress, Beijing, 2000: 528-532.

[107] Morrissey J M. Imprecise information and uncertainty in information systems. ACM Transactions on Information Systems, 1990, 8(2): 159-180.

[108] Morrissey J M. Representing and manipulating uncertainty data. International Journal of Man-Machine Studies, 1992, 36: 183-189.

[109] Parsons S. Current approaches to handing imperfect information in data and knowledge base. IEEE Transactions on Knowledge and Data Engineering, 1996, 8(3): 353-372.

[110] Slowinski R, Stefanowski J. Rough classification in incomplete information systems. Mathematics Computer and Modelling, 1989, 12(10-11): 1347-1357.

[111] 王国胤. Rough 集理论在不完备信息系统中的扩充. 计算机研究与发展, 2002, 39(10): 1238-1243.

[112] Yao Y Y. A partition model of granular computing. Transaction on Rough Sets, 2004, 1: 232-253.

[113] Lin T Y. Granular computing on binary relations I: Data mining and neighborhood systems. Rough Sets in Knowledge Discovery, 1998, 1: 107-121.

[114] Lin T Y, Liu Q, Huang K J, et al. Rough sets, neighborhood systems and approximation//The Fifth International Symposium on Methodologies of Intelligent Systems, New York, 1990: 130-141.

[115] Lin T Y. Data mining: Granular computing approach methodologies for knowledge discovery and data minning//The Pacific-Asia Conference on Knowledge Discovery and Data Mining, 1999: 24-33.

[116] Lin T Y. Granular computing: Fuzzy logic and rough sets. Information Intelligent Systems, 1999: 183-200.

[117] Lin T Y. Data mining and machine oriented modeling: A granular computing approach. Journal of Applied Intelligence, 2000, 13(2): 113-124.

[118] Lin T Y. Granular computing: Structures representations, applications and future dictions//The 9th International Confereenceon Rough Sets, Fuzzy Sets, Data Mining, and Granular Computing, 2003: 16-24.

[119] Lin T Y. Granular computing rough set perspective. The Newsletter of the IEEE Computational Intelligence Society, 2005, 2(4): 1543-4281.

[120] Lin T Y, Yao Y Y. Mining soft rules using rough sets and neighborhoods//The Symposium on

Modelling, Analysis and Simulation, Computational Engineering in Systems Applications, Lille, 1996: 1095-1100

[121] 祝峰, 何华灿. 粗集的公理化. 计算机学报, 2000, 23(3): 330-333.

[122] Zhu W, Wang F Y. Reduction and axiomization of covering generalized rough sets.Informations Sciences, 2003, 152: 217-230.

[123] 胡军, 王国胤. 覆盖粒计算的层次模型. 南京大学学报(自然科学版), 2008, 44(5): 551-558.

[124] Ma J M, Zhang W X, Li T J. A covering model of granular computing//The 4th International Conference on Machine Learning and Cybernetics, Guangzhou, 2005: 1625-1630.

[125] Zheng Z, Hu H, Shi Z Z. Tolerance relation based information granular space.Lecture Notes in Computer Science, 2005, 3641: 682-691.

[126] Zheng Z, Hu H, Shi Z. Tolerance granular space and its applications//IEEE International Conference on Granular Computing, Beijing, 2005: 367-372.

[127] Wille R. Restructuring Lattice Theory: An Approach Based on Hierarchies of Concepts. Netherlands: Springer, 1982: 445-470.

[128] 胡可云, 陆玉昌, 石纯一. 概念格及其应用进展. 清华大学学报(自然科学版), 2000, 40(9): 77-81.

[129] 张文修, 仇国芳. 基于粗糙集的不确定性决策. 北京: 清华大学出版社, 2005.

[130] 曲开杜, 瞿岩慧. 偏序集、包含度与形式概念分析. 计算机学报, 2006, 29(2): 219-226.

[131] Zhang Y Q, Fraser M D, Gagliano R A, et al.Granular neural networks for numerical linguistic date fusion and knowledge discovery. IEEE Transactions on Neural Networks, 2000, 11: 658-667.

[132] Zhang Y Q. Constructive granular systems with universal approximation and fast knowledge discovery. IEEE Transactions on Fuzzy Systems, 2005, 13(1): 48-57.

[133] 蒙祖强, 蔡自兴. 一种新的计算方法: 粒度进化计算. 计算机工程与运用, 2006, 42(1): 5-8.

第 2 章　粒计算的不确定性分析

2.1　引　　言

信息是人类认识世界和改造世界的知识源泉，由于现实世界是多样的、复杂的和运动变化的，所以人们对事物和信息的表达往往是不精确、不确定和模糊的。人们接触到的各种各样的信息有时是确定的，但更多的时候是不确定的。“不确定性”最早于 1836 年由詹姆斯·穆勒提出。进入 21 世纪以来，信息不确定性问题的研究工作受到学术界越来越多的关注，不确定性现象在很多领域中存在，无论是在物理学、数学、化学等自然科学领域，还是在哲学、社会学、心理学、认知学等社会科学领域，不确定性现象随处可见[1]。不确定性是数据的内在本质。数据的测量误差、抽样近似、更新延迟、概念与数据的定性定量转换等都会造成数据的不确定性。不确定性数据在传感器网络、基于位置的服务等应用中尤为突出。

不确定性大体分为两种类型：存在元组级不确定性和值属性级不确定性。近几年，不确定性数据的研究已经受到学术界的广泛关注。在研究中，可能使用了不确定、不精确、概率等词语表达不确定性数据[2-5]。不确定性数据的研究主要包括以下方面：不确定性数据的建模、不确定性数据的管理和不确定性数据的挖掘。不确定性问题具有以下特征：随机性、模糊性、不完全性和不稳定性等。其中，随机性和模糊性是不确定性的基本特征。随机性是由于条件不能决定结果而表现出来的不确定性，它反映了因果律的问题。模糊性是由于概念外延边界的不清晰而表现出来的不确定性，它反映了排中律的问题；是由于事物类属划分的不分明引起的不确定性；也是概念外延的不分明性、事物对概念归属的亦此亦彼性。模糊性不是由人的主观认识造成的，而是事物的一种客观属性。

从粒计算的观点来看，不确定性和确定性是信息在不同知识粒度层次上的不同表现形式，它们并非完全对立，在一定粒度层次上可以相互转化。某一层次上的不确定性问题可能是其他层次上的确定性问题，种种不确定现象中还可能隐藏着某些确定的规律[6,7]。不确定性人工智能学家的任务，就是研究如何形式化地表示不确定现象中的规律性，至少是某种程度的规律性，从而使计算机能够模拟人类认知客观世界的过程。从自然现象的角度来看，人们将自然现象分为确定性现象和不确定性现象。不确定性现象是不同粒度层次上的确定性现象的综合体，主要分为随机现象和模糊现象；而确定性现象是不确定性现象在某个粒度层次上的特殊情况。从数学的角度来看，建立不确定性理论的数学基础变得越来越重要，尤其是建立不确定性理论的公理化方法，形成一门不确定性理论的数学分支，从而促进不确定性理论的发展。随着概率论和模糊数学理论研究的逐渐深入，不确定性现象已逐渐被人们认识并应用到实际生活中。

粒计算方法论的关键是知识空间的粒化问题，知识空间中，知识粒的不确定性直接决定了用粒计算方法解决复杂问题的效率和精确程度[8,9]。因此，研究各种粒计算模型中知识粒的不确定性得到很多研究者的关注。目前，粒计算的三大基础理论包括：Zadeh 在 1965 年提出的模糊集理论、Pawlak 在 1982 年提出的粗糙集理论[10]和张钹、张铃在 1990 年提出的商空间理论。受香农信息熵的启发，Zadeh 以集合中每个成员的隶属函数作为香农信息熵的权重，定义了一种新的模糊集的概率熵[11]。香农信息熵是一种反映模糊集不确定性的概率熵，Deluca 和 Termini 发现香农信息熵并不适合用来反映模糊集的模糊性，他们研究了模糊集的非概率熵，并在 1972 年从公理化角度出发，提出了一种模糊度的公理化定义[12]。根据模糊度的公理化定义，Kaufmann 利用模糊集及其本身的 0.5 截集之间的距离，定义了一种新的模糊度，称为 Minkowski 模糊度，并给出了它的两个特例，即海明模糊度和欧几里得模糊度。对于粗糙集理论，不确定性主要来自两方面：一方面是由不可分辨关系引起的，另一方面是由粗糙集的近似域引起的。当近似域中的上、下近似不相等时，其边界域不为空，即存在不确定性。目前，关于粗糙集的不确定性度量方法主要有粗糙度、粗糙熵、模糊度和模糊熵等；在模糊集理论中，对不确定性复杂问题的处理与解决经常采用模糊度来度量其模糊性；商空间理论的不确定性主要是探讨粒度和信息熵序列。利用粗糙集的上、下近似，Pawlak 给出了近似精度与粗糙度的概念，用它们来刻画粗糙集的不确定性。Wierman 从公理化角度出发，提出了一种不确定性度量，称为粒度度量，它与香农信息熵和不确定性的 Hartley 度量之间有着内在的联系。后来，梁吉业等定义了一种知识粒度的度量方法，并在此基础上提出了一种知识粒度的公理化定义[13]。苗夺谦等讨论了知识粗糙性与信息熵之间的关系，证明了知识粗糙性的单调性[14]。钱宇华等引入了具有直观知识含量特征的组合熵和组合粒度来度量信息系统中的不确定性和粒度大小，并讨论了组合熵与组合粒度之间的关系[15]。

为了更好地度量粗糙集的不确定性，Chakrabarty 和 Biswas 通过对象的等价类与近似集合之间的关系导出一个粗糙集的模糊集，给出了粗糙集的两种模糊性度量。王国胤等从代数观和信息观两个方面研究了信息系统的不确定性，并讨论了粗糙集在不同知识粒度下的不确定性[16]。商空间理论认为，人类智能的特点是人们能够从极不相同的粒度上观察和分析同一问题。人们不仅能在不同粒度的世界上进行问题求解，而且能够快速地从一个粒度世界跳到另一个粒度世界。面对复杂的、难以准确把握的问题，人们通常不是采用系统的、精确的方法去追求问题的最佳解，而是通过逐步尝试的办法达到有限而合理的目标。人类就是这样采用分层递阶、由粗到细、不断求精的多粒度层次分析法来处理问题的。问题在不同层次上体现出不同的不确定性，随着粒度层次的逐渐转化，不确定性逐渐降低。张清华等[16]讨论了分层递阶商空间的信息熵序列随知识粒度变化的规律。人类在认知事物的过程中，对问题的分析都是在一定粒度条件下进行的。因此，在认知过程中获取的知识也是在一定粒度条件下的知识，对此进行的知识表示具有粒度性及不确定性。人的认知实质上是客观世界的一种映像，客观世界的不确定性决定了人类主观认知过程的不确定性。人类对这个世界的认知基本上都是不确定的，对同一对象，在不同的环境下会有不同的认知结果。认知的过程就是由不确定到逐步确定的过程。在粗粒度上往往是不确定的概念经过调整知识粒度，不断地对这些不确定的概念进行细化、更新，从而得到确定的概念，达到对事物的结构化认知。这个过程充分体现出人类认知的不确定性。以粒为单位的粒计算理论与人脑处理不确定问题的认知理论有相似之处，对于粒计算模型，知识不确定性的研究显得非常重要，它有助于粒计算理论和认知科学的进一步发展。

针对大数据中普遍存在的不确定性，目前的数据集成技术和粒化方法并不能完全消除这些不确定性。因此，不确定性处理和概率数据挖掘技术已经成为当前大规模复杂数据挖掘技术待解决的一个重大问题[17-19]。从粒计算的观点来看，人们对问题的分析及获取知识的表示都具有粒度性，这既与认知主体的主观局限有关，又受观测工具等客观因素的影响。因此，粒计算模型中的知识粒具有不确定性，它直接影响用粒计算方法解决复杂不确定性问题的效率和精度[20]。迄今为止，各种粒计算模型中知识的不确定性度量引起了众多学者的关注和研究，不确定性度量的研究对粒计算的发展具有很大的推动作用。

近年来，信息不确定性问题的研究工作得到了快速发展。目前，诸多学者已对粒计算在处理不确定性问题方面进行了深入研究[21-52]。基于各种粒计算模型提出的不确定性度量方法有很多种，这些方法依靠各自独特的性能和优势已被广泛地应用于对不完全、不可靠、不精确、不一致和不确定信息处理[43,50,51]。同时，这些粒计算方法之间存在着某些相通之处和一定的互补性，如果不同的粒计算模型彼此之间能有机地结合起来，取长补短，相互融合，则将能对不确定信息进行更为有效的处理。因此，寻求更有效的粒计算模型是当前粒计算研究的一个重要课题，其中，粗糙集理论是一种研究不完整、不确定知识和数据的表达学习归纳的理论方法，它在数据挖掘分类问题中有广泛的应用[53-68]。

目前，基于粗糙集粒计算理论的不确定性研究主要集中在以下三个方面：一是知识的不确定性，如知识熵和知识粒度等；二是粗糙集(概念)的不确定性，如粗糙集的粗糙度、粗糙熵、模糊度和模糊熵等；三是决策的不确定性，如近似分类精度和条件信息熵等。为了更好地刻画粗糙集的不确定性，Chakrabarty 等详细地讨论了粗糙集的模糊性度量问题[69]；苗夺谦等研究了知识的粒度、知识的粗糙度与信息熵之间的关系[70,71]；王国胤等从信息论观点出发，对粗糙集理论决策系统的不确定性进行了分析讨论，通过与粗糙集理论的代数观点下粗糙集的不确定性的异同进行比较分析，得到这两种观点下的一些等价性质和不同特性[72,73]；梁吉业等研究了信息熵、条件熵、互信息和知识粒度等信息系统中的不确定性度量之间的关系[74]；钱宇华等引入了具有直观知识含量特征的组合熵和组合粒度来度量信息系统中的不确定性和粒度大小，并讨论了组合熵与组合粒度之间的关系[75, 76]；孙林等在信息系统的粗糙熵基础上提出了适用于度量不完备决策系统不确定性的粗糙熵和条件熵[77]。但在不同知识粒度的近似空间下，上述这些度量及其他扩展的度量方法随知识粒度的变化是否符合人类的认知规律，有何优缺点，它们之间有何内在联系，是否存在相互融合的形式和度量方法等，相关的研究成果较少。将传统的粗糙目标近似由单粒度空间推广至多粒度空间，研究合理和有效的多粒度粗糙集模型及其扩展模型，发展并完善多粒度空间下的不确定性度量，对从多角度、多层次分析不确定性问题是非常有必要的，也是多粒度粗糙集进入实用化的必然要求。当前现有的不确定性度量大部分是针对特定二元关系，不具有普适性，且在某些情况下不能给出正确的度量结果，因此，在粗糙集理论中研究具有普适性和更加精确的不确定性度量，将会产生更加广泛的理论和应用价值[55,71]。此外，在众多应用领域，所获取的数据往往具有高维、动态更新的特性，其数据取值也不再是单一的数据类型，而是更多地呈现出混合型，甚至可能来自不同的信息源，那么，针对这些数据如何构建其基本信息粒度、知识粒度结构、不确定性度量方法，研究新的粒计算模型以及相应的知识获取方法，这些都是值得深入研究的问题。基于粒计算模型的不确定性度量理论与方法研究已取得大量的研究成果和有意义的重要结论[78]，但基于粒计算对不确定性问题的处理和研究在很多方面还有待进一步发展和完善。

2.2　粒计算的不确定性

在现实生活和实际应用中，客观世界本身所具有的复杂性、不稳定性和人们对其认识的不完备性，以及在数据采集、录入、编辑、处理、分析及表述过程中存在的各种误差、概念的定性与定量转换等，导致随机、模糊、未确知等不确定性数据普遍存在于金融、军事、经济、商业、工业控制、电信等诸多领域。数据的不确定性引起粒计算研究者探索人工智能中不确定性知识的表示、学习和推理问题[79]。因此，本节参照文献[80]的粒计算中的不确定性分析内容，通过对粒的概念、知识及推理的不确定性讨论，分析粒计算与不确定性之间的关系，讨论粒计算中的不确定性问题。

2.2.1 概念的不确定性

概念是反映事物本质与范围的思维形式，既包括客观事物，也包括人们对于客观事物的思想认识，即主观反映。一般来讲，一个概念同时具有内涵和外延，内涵是指符合此概念的对象的共有属性，外延是指符合此概念的对象的全体[81]。人们在研究问题时，往往把感兴趣的对象放在一起组成一个集合(即论域)，论域的任何子集构成一个概念。经典集合论是德国数学家 Cantor 于 19 世纪末创立的，对于论域上任何一个对象，它与集合之间的关系只能是属于或不属于的关系，即一个对象对于一个集合，它只能在{0, 1}中取值。若取 0，则表示该对象不属于该集合；若取 1，则表示该对象属于该集合。一个集合到底包含哪些对象，即集合的外延，必须是明确清晰的[82,83]。1904 年，德国数学家 Frege 就把这种含糊现象归结到边界区域，也就是说，在论域上存在一些个体既不能在其某个子集上被分类，也不能在该子集的补集上被分类。Zadeh 教授发现 Cantor 集合论实质上是摒弃了模糊性而抽象出来的，是把思维过程绝对化，从而达到精确和严格的目的。然而在现实生活中，复杂事物要想绝对精确是不可能的，于是他于 1965 年提出了描述模糊概念的数学方法——模糊集合论，其关键思想是承认由于客观事物具有的差异所引起的中间过渡的“不分明性”，允许“渐变的关系”，即承认一个集合可以有部分属于它的元素，一个命题也可能部分为真和部分为假等[82]。然而，模糊集中的隶属度一般是由专家直接给出或通过统计方法获取的，因此具有较强的主观性。1982 年，波兰科学家 Pawlak 针对 Frege 的边界区域思想提出了粗糙集，他把那些无法确认的个体全部归结到边界区域，而这种边界区域被定义为上、下近似集之差[71]。

粗糙集理论的主要优势之一是它不需要任何预备的或额外的有关数据信息[84]，如模糊集中的隶属度或概率值，直接基于原始数据之上，从而比较客观可信。集合边界区域的存在是导致概念存在不确定性的主要原因。一个集合的边界区域越大，其确定性程度就越小，反之，确定性程度就越大[83]。下面介绍文献[10]、[16]和[80]中对概念的不确定性进行度量的一些工具。

定义 2.1[85]　给定知识库 $K=(U, R)$，对于每个子集 $X\subseteq U$ 和 U 上的等价关系 R，U/R 表示 R 的所有等价类构成的集合，$[x]_R$ 表示 $X\in U$ 的等价类。集合 X 的 R 下近似和 R 上近似集分别为

$$\underline{R}(x)=\{x\in U\mid [x]_R\subseteq X\} \tag{2-1}$$

$$\overline{R}(X)=\{x\in U\mid [x]_R\cap X\neq\varnothing\} \tag{2-2}$$

集合 $\mathrm{BND}_R(X)=\overline{R}(x)-\underline{R}(x)$ 称为集合 X 的 R 边界区域。如果 $\underline{R}(x)\neq\overline{R}(x)$，则称集合 X 是关于论域 U 的相对知识 R 的 R-粗糙集，此时集合 X 对应的概念就是粗糙概念。

世界上存在的粗糙集是无穷无尽的，要了解每一个具体的粗糙集的不确定性程

度是一件非常困难且几乎不可能的事情。但是可以根据粗糙集自身的拓扑特征，将粗糙集的不确定性程度，即概念的不确定性程度，定性地分为以下四种基本类型[72]：

(1) 如果 $\underline{R}(X) \neq \varnothing$ 且 $\overline{R}(X) \neq U$，则称概念 X 为 R-粗糙可定义。

(2) 如果 $\underline{R}(X) = \varnothing$ 且 $\overline{R}(X) \neq U$，则称概念 X 为 R-内部不可定义。

(3) 如果 $\underline{R}(X) \neq \varnothing$ 且 $\overline{R}(X) = U$，则称概念 X 为 R-外部不可定义。

(4) 如果 $\underline{R}(X) = \varnothing$ 且 $\overline{R}(X) = U$，则称概念 X 为 R-完全不可定义。

如果集合 X 为 R-粗糙可定义，那么根据已有的知识完全可以确定在论域 U 中一定存在某些元素属于概念 X，即存在正例，同时也可以判断在论域 U 中一定存在某些元素肯定不属于概念 X，即存在反例。如果 X 为 R-内部不可定义，则意味着此时一个正例也没有。如果 X 为 R-外部不可定义，则意味着一个反例也找不到。如果 X 为 R-完全不可定义，则意味着不能确定论域 U 中任一元素是否属于概念 X[86]。

通过以上分类，人们对概念的不确定性程度就有了一个感性的定性认识。在现实世界中，要完全理解一个事物只停留在定性认识层面往往是不够的，还需要在定性认识基础上对事物进行定量的分析、解释，这样才能深刻理解该事物的本质。因此，还需对概念的不确定性程度的定量描述进行分析，下面介绍一些常用的概念不确定性程度的度量工具[5]。

在粗糙集理论中，Pawlak 最先提出使用粗糙度来度量概念的不确定性程度。

定义 2.2[10]　给定知识库 $K=(U, R)$，对于每个子集 $X \subseteq U$ 和 U 上的等价关系 R，X 的粗糙度定义为

$$\rho_R(X) = 1 - \frac{\underline{R}(X)}{\overline{R}(X)} = \frac{\mathrm{BND}(X)}{\overline{R}(X)} \tag{2-3}$$

从定义 2.2 很容易得到 $0 \leqslant \rho_R(X) \leqslant 1$，特别地，当 $\rho_R(X)=0$ 时，表示在已有知识 R 下，概念 X 是完全清晰的；当 $\rho_R(X)=1$ 时，表示根据知识 R，概念 X 完全不清楚[79]。

粗糙度在一定程度上能够反映概念 X 的不确定性程度，但是由于没有考虑到知识是有粒度的，而且知识的粒度会对概念的不确定性产生影响这一事实，所以有时使用粗糙度对概念的不确定性进行度量会产生一定的偏差。为了弥补这一缺陷，同时考虑到熵是一种度量不确定性的良好工具，苗夺谦[87]和 Beaubouef 等[88]借助熵这一工具给出了概念不确定性的几个度量方法。

定义 2.3[88]　给定知识库 $K=(U, R)$，$X \subseteq U$，$P \subseteq R$，$U/P = \{X_1, X_2, \cdots, X_n\}$，粗糙集 X 在知识 P 下的粗糙熵定义为

$$E_r(X) = -\rho_P(X)\sum_{i=1}^{n}\frac{|X_i|}{|U|}\log_2\frac{1}{|X_i|} \tag{2-4}$$

显然，$0 \leqslant E_r(X) \leqslant 1$。它在粗糙度的基础之上同时考虑到知识粒度对概念不确定性的影响，然而遗憾的是，Beaubouef 等给出的这个粗糙熵并不能称为真正意义

上的熵。因为严格来讲，一个熵应该能够反映事物变化的单调性，且要满足概率分布。而 Beaubouef 等定义的粗糙熵并不严格满足概率分布。此外还注意到，用熵来度量概念的不确定性程度，只需考虑知识粒度本身对概念的影响。基于以上讨论，下面给出概念熵的定义。

定义 2.4　设给定知识库 $K=(U, R)$，$X\subseteq U$，$P\subseteq R$，$U/P=\{X_1, X_2,\cdots, X_n\}$，粗糙集 X 在知识 P 下的粗糙熵定义为

$$E_r(X)=-\sum_{i=1}^{n}\frac{|X\cap X_i|}{|X|}\log_2\frac{|X\cap X_i|}{|X|} \tag{2-5}$$

显然，$0\leqslant E_r(X)\leqslant \log_2|X|$，其中，$|X|$表示 X 的元素个数。特别地，当 $E(X)=\log_2|X|$ 时，表示概念 X 在当前知识下是完全不清晰的，当 $E(X)=1$ 时，表示概念 X 在当前知识下是完全清晰的。

以上对概念的不确定性程度进行了定性和定量分析与讨论。在粒计算中除了概念由于外延有边界区域会引起不确定性，知识具有粒度，也会导致不确定性的存在。下面就知识的不确定性进行分析。

2.2.2　知识的不确定性

在粗糙集中，人们将知识看成一种分类能力，而分类能力通过等价关系进行刻画。一般来讲，等价关系与等价关系进行交运算后会产生新的知识，这里将要讨论的知识主要是指通过交运算产生的知识。不同的知识对论域会形成不同的划分，而划分的粒度有粗有细，因此导致知识也具有不确定性。目前，关于知识的不确定性程度度量方法有很多，下面从代数和信息论这两个角度讨论分析一些具有代表性的度量方法。

1. 代数角度

Pawlak 等认为知识是人类和其他生物所具有的分类能力[10,80]。因此，在粗糙集理论中，知识被看成对论域的一种划分，用等价关系和集合包含关系形式化地描述了知识的粒度。知识自身具有粒度，使得知识具有了不确定性。与其他方法（如统计方法、模糊集方法）相比，粗糙集方法以知识的颗粒状为主要特征来表示知识的不确定性，试图为不确定性知识的表示、度量和应用等奠定有效的数学基础[79]。

在粗糙集理论中，不可分辨关系、正域、核、约简等和知识相关的概念都是用代数形式描述的，因此称为代数表示。以下讨论基于代数表示的知识不确定性度量方法，这里重点介绍知识粒度度量法。在粗糙集理论中，知识是论域 U 上的等价关系。因此，一个拥有知识 R 的智能体（agent，如人、机器人等）不能将 $\mu\in U$ 与$[\mu]_R$（包含 μ 的等价关系）中的对象区分开来。可见，$[\mu]_R$ 表达了智能体对 μ 的认知程度，即

智能体只能区分表达不同颗粒状的等价类[79]。

定义 2.5[79,89,90]　设 $K=(U, \mathbf{R})$ 是一个知识库，$R\in\mathbf{R}$ 为论域 U 上的等价关系，称为知识。知识 $R\in\mathbf{R}$ 的粒度，记为 GD(R)，定义为

$$\mathrm{GD}(R)=\frac{|R|}{|U\times U|}=\frac{|R|}{|U|^2} \tag{2-6}$$

其中，$|R|$表示 $R\subseteq U\times U$ 的基数。

知识 R 的粒度可以表示它的分辨能力，对$\forall\mu,v\in U$，当 $u,v\in R$ 时，表明对象 u、v 在 R 下不可分辨，属于 R 的同一个等价类；否则，它们可分辨，属于不同的 R-等价类。因此，GD(R)表示在 U 中随机选择的两个对象的 R-不可分辨的可能性大小。可能性越大，即 GD(R)越大，表明 R 的分辨能力越弱，否则越强[79]。于是，在文献[89]和[90]的基础上给出如下定义。

定义 2.6　定义知识 R 的分辨度 Dis(R)为

$$\mathrm{Dis}(R)=1-\mathrm{GD}(R) \tag{2-7}$$

定理 2.1　设 R 为知识库 $K=(U, \mathbf{R})$ 中的知识，$U/R=\{X_1, X_2,\cdots, X_n\}$，则有 $\mathrm{GD}(R)=\sum_{i=1}^{n}\frac{|X_i|^2}{|U|^2}$。

根据定理 2.1，有 $\mathrm{Dis}(R)=1-\mathrm{GD}(R)=1-\sum_{i=1}^{n}\frac{|X_i|^2}{|U|^2}$。分辨度大小直接反映知识的分辨能力。

性质 2.1　设 R 为知识库 $K=(U,\mathbf{R})$ 中的知识，则有 $\frac{1}{|U|}\leqslant \mathrm{GD}(R)\leqslant 1$，当 R 为相等关系，即 $R=\sigma$ 时，R 的粒度达到最大值 1。

性质 2.1 表明，当 R 由最细的相等关系变为最粗的论域关系时，知识粒度由 $1/|U|$ 增大到 1[91]。

性质 2.2　设 P 和 Q 是论域 U 上的两个等价关系，且 $U/P=\{X_1, X_2,\cdots, X_n\}$，$U/Q=\{Y_1, Y_2,\cdots, Y_m\}$，如果 $P\prec Q$，则 $\mathrm{GD}(P)<\mathrm{GD}(Q)$。

性质 2.2 表明，知识粒度随知识颗粒变大、划分变粗而单调增加，或者随知识颗粒变小、划分变细而单调减小。

同样，由知识粒度的性质可以得到知识分辨度的一些相应的性质。

性质 2.3[83]　设 R 为知识库 $K=(U,\mathbf{R})$ 中的知识，则有 $0\leqslant \mathrm{Dis}(R)\leqslant 1-1/|U|$，且当 R 为相等关系，即 $R=\omega$ 时，R 的分辨度达到最大值 $1-1/|U|$。当 R 为论域关系，即 $R=\sigma$ 时，R 的分辨度达到最小值 0。

性质 2.3 表明，当 R 由最粗的论域关系变为最细的相等关系时，知识分辨度由 0 增大到 $1-1/|U|$。

性质 2.4　设 P 和 Q 是论域 U 上的两个等价关系，且 $U/P = \{X_1, X_2, \cdots, X_n\}$，$U/Q = \{Y_1, Y_2, \cdots, Y_m\}$，如果 $P \prec Q$，则 $\mathrm{Dis}(Q) < \mathrm{Dis}(P)$。

2. 信息论角度

Pawlak 利用粗糙集的上、下近似，给出了近似精度与粗糙集的概念，用它们来刻画粗糙集的不确定性。然而，这种定义表达虽然简单，但不易使人理解粗糙集中不确定性的本质。知识的不确定性，即知识的粗糙性，实质上与其所含的信息多少有关。鉴于熵是信息量的度量，国内外许多学者对知识不确定性的信息熵表示及相关问题进行了研究[87,92-98]，其中，苗夺谦等于 1997 年最先将信息论的测度概念，如信息熵、条件熵和互信息等引入粗糙集理论中[87]。王瑜等提出了知识含量度量的准则并证明了苗夺谦等提出的将信息熵作为知识含量度量的正确性[94]。2002 年，梁吉业等提出了一种度量粗糙集中的不确定性和模糊性的方法[98]。以下重点介绍苗夺谦等提出的信息熵概念，并在此基础上分析知识粗糙性与信息测度之间的关系，指出信息熵及互信息都是随着知识粗糙性的增加而单调下降的，针对相应逆命题一般不成立的事实，给出逆命题成立的条件。

定义 2.7[87]　设 $K_1=(U, P)$ 和 $K_2=(U, Q)$ 是两个知识库，如果

$$U/\mathrm{IND}(P) \subseteq U/\mathrm{IND}(Q) \tag{2-8}$$

则称知识 P 比 Q 较细，或 Q 比 P 较粗，记作 $P \prec Q$。易证较细或较粗关系是知识库上的一个偏序关系。

注意，这里 $U/\mathrm{IND}(P) \subseteq U/\mathrm{IND}(Q)$ 是指对任意的 $A \in U/\mathrm{IND}(P)$，总是存在 $B \in U/\mathrm{IND}(Q)$，使得 $A \subseteq B$ 成立。

1) 知识的信息熵、条件熵与互信息

为了研究知识粗糙性与信息熵之间的关系，需要先建立知识与信息熵之间的联系，苗夺谦等[87]引入知识的信息熵、条件熵与互信息的概念[99]。

设 U 是论域，P 是 U 上的一个等价关系，P 在 U 上导出的划分为 $A = \{X_1, X_2, \cdots, X_n\}$，则 P 在 U 的子集组成的 σ-代数上定义的概率分布为 $[A;p]=\begin{bmatrix} X_1 & X_2 & \cdots & X_n \\ p(X_1) & p(X_2) & \cdots & p(X_n) \end{bmatrix}$，其中，$p(X_i)=\dfrac{|X_i|}{|U|}$，$i=1,2,\cdots,n$，符号 $|X_i|$ 表示集合 X_i 的基数。

定义 2.8[87,100]　设 U 是论域，P 和 Q 为 U 上的两个等价关系，P 和 Q 在 U 上导出的划分分别为 A 和 B，其中 $A = \{X_1, X_2, \cdots, X_n\}$，$B = \{Y_1, Y_2, Y_3, \cdots, Y_m\}$，则 P 与 Q 的联合概率分布为

$$[AB;p]=\begin{bmatrix} X_1 \cap Y_1 & \cdots & X_i \cap Y_j & \cdots & X_n \cap Y_m \\ p(X_1Y_1) & \cdots & p(X_iY_j) & \cdots & p(X_nY_m) \end{bmatrix} \tag{2-9}$$

其中，$p(X_iY_j)=\dfrac{|X_i\cap Y_j|}{|U|}$，$i=1,2,\cdots,n$，$j=1,2,\cdots,m$。

有了知识的概率分布定义后，就可以定义知识的信息熵与互信息。记 P 在 U 上导出的划分为 $A=\{X_1,X_2,\cdots,X_n\}$，则知识 P 的熵 $H(P)$ 为 $H(P)=-\sum_{i=1}^{n}p(X_i)\log_2 p(X_i)$。

定义 2.9[87,100]　设 U 是论域，P 和 Q 为 U 上的两个等价关系，P 和 Q 在 U 上导出的划分分别为 A 和 B，其中 $A=\{X_1,X_2,\cdots,X_n\}$，$B=\{Y_1,Y_2,\cdots,Y_m\}$，知识 Q 相对于知识 P 的条件熵表示为

$$H(Q\,|\,P)=-\sum_{i=1}^{n}p(X_i)\sum_{j=1}^{m}p(Y_j\,|\,X_i)\log_2 p(Y_j\,|\,X_i) \tag{2-10}$$

定义 2.10[87]　知识 P 与 Q 的互信息为

$$I(P;Q)=H(Q)-H(Q\,|\,P) \tag{2-11}$$

由信息论知识可知，信息熵度量了信源提供的信息量的大小，而互信息度量了一个信源从另一个信源获取的信息量的大小。

本节把论域 U 上的任意一个等价关系(即划分)看成定义在 U 上的子集组成的 σ-代数上的一个随机变量，从而定义知识的信息熵即互信息的概念，所有这些概念都是下面展开讨论的基础[101]。

2) 知识粗糙性与信息熵的关系

下面分析知识粗糙性与信息熵之间的关系，关于决策情形有以下定理。

定理 2.2[87]　设 U 是论域，$K_1=(U,Q)$ 是关于 U 的两个知识库，并且 $P<Q$，则 $H(P)\geq H(Q)$。

定理 2.2 揭示了知识粗糙性与信息熵之间的关系，它表明信息熵随着知识粗糙性的增加而单调下降。定理 2.3 给出了在决策情形下知识粗糙性与互信息之间的关系。

定理 2.3[87]　设 U 是论域，$K_1=(U,P)$ 和 $K_2=(U,Q)$ 是关于 U 的两个知识库，D 是 U 上的决策。若 $P\prec Q$，则 $I(P;D)\geq I(Q;D)$。

定理 2.3 揭示了知识粗糙性与互信息的关系，它表明信息熵随着知识粗糙性的增加而单调下降[1]。也就是说，对于同一个决策，越细的知识为决策提供的信息越多。

那么定理 2.2 和定理 2.3 的结论反过来是否也成立呢，也就是说，是否只从信息熵即互信息的大小就能判断知识的粗糙性呢，事实上，这两个定理的逆命题一般是不成立的，反例请参考文献[87]和[92]。

那么什么情况下这两个定理(定理 2.2 和定理 2.3)的逆命题成立呢？通过分析可以发现，要使定理 2.2 和定理 2.3 的逆命题成立，不仅要考虑信息量的大小，而且

还需考虑两种知识之间的依赖关系。

定理 2.4[87] 设 U 是论域，$K_1=(U, P)$ 和 $K_2=(U, Q)$ 是关于 U 的两个知识库，如果 $H(P)>H(Q)$ 且 $H(Q\mid P)=0$，则 $P\prec Q$。

定理 2.4 表明，如果已知两种知识相依的条件下，由知识信息熵的大小可以获取知识的粗糙程度。关于互信息与知识粗糙性的关系有如下结论。

定理 2.5[87] 设 U 是论域，$K_1=(U, P)$ 和 $K_2=(U, Q)$ 是关于 U 的两个知识库，D 是 U 上的决策，如果 $I(P;D)\geqslant I(Q;D)$ 且 $H(Q\mid P)=0$，则 $P\prec Q$。

定理 2.5 表明在两种知识相依的条件下，从它们对同一决策的互信息大小可以得到知识的粗糙度。定理 2.4 和定理 2.5 将信息论的一些测度概念引入粒计算的模型中，详细论述了知识粗糙性与信息之间的关系，得到了一些结论，不难看出，这些结论与人们的直观认识是完全吻合的，同时这些结论也为人们深入了解知识粗糙性的本质提供了依据。

3) 知识粒度、知识分辨度与知识熵之间的关系

下面讨论知识粒度 $\mathrm{GD}(R)$、知识分辨度 $\mathrm{Dis}(R)$ 及知识熵 $H(R)$ 之间的关系。设 $K=(U, R)$ 是一个知识库，$R\in\mathbf{R}$ 为 $K=(U, R)$ 中的知识。在 R 对 U 形成均匀化分的情况下，R 的熵值 $H(R)$ 是一个知识库，$R\in\mathbf{R}$ 为 $K=(U, R)$ 中的知识。在 R 对 U 形成均匀化分的情况下，R 的熵值 $H(R)$ 较大，而此时，知识的粒度 $\mathrm{GD}(R)$ 较小(这相当于和一定的几个自然数)，当它们彼此接近时，平方和较小，分辨度 $\mathrm{Dis}(R)$ 较大。

当 R 由最粗的论域关系 σ 变为最细的相等关系 ω 时，$H(R)$、$G(D)$ 和 $\mathrm{Dis}(R)$ 值的变化情况如表 2.1 所示。从表中可以看出，当 R 由最粗的论域关系 σ 变为最细的相等关系 ω 时，熵值 $H(R)$ 由 0 增大到 $\log_2|U|$，粒度 $\mathrm{GD}(R)$ 由 1 减小到 $1/|U|$，$\mathrm{Dis}(R)$ 由 0 增大到 $1-1/|U|$。

表 2.1 $H(R)$、$\mathrm{GD}(R)$、$\mathrm{Dis}(R)$ 的比较

R	σ	ω	一般的 R
$H(R)$	0	$\log_2\|U\|$	$0\leqslant H(R)\leqslant \log_2\|U\|$
$\mathrm{GD}(R)$	1	$\frac{1}{\|U\|}$	$\frac{1}{\|U\|}\leqslant \mathrm{GD}(R)\leqslant 1$
$\mathrm{Dis}(R)$	0	$1-\frac{1}{\|U\|}$	$0\leqslant \mathrm{Dis}(R)\leqslant 1-\frac{1}{\|U\|}$

2.2.3 推理的不确定性

在现实生活中，不确定性推理过程是一种从不确定的初始证据出发，通过运用不确定性的知识，最终推出具有一定的不确定性但又是合理或基本合理的结论的思维过程。目前常采用的不确定性推理方法有基于概率论的概率推理方法、基

于证据理论的证据方法、基于模糊集理论的可能度方法以及基于粗糙集理论的规则提取方法等[102]。

1. 基于概率论的概率推理方法[103-105]

基于概率论的不确定性推理方法有很多种，本节仅讨论由 Duda 等[103]于 1976 年提出的主观 Bayes 方法。

利用主观 Bayes 方法进行不确定推理的基本思想是：对断言 H 的信任程度应该随着新信息的获取而改变，也就是根据证据 E 的概率 $P(E)$，利用规则(LS, LN)把断言 H 的先验概率 $P(H)$ 更新为后验概率 $P(H|E)$。

1) 证据的不确定性

在主观 Bayes 方法中，证据的不确定性是用概率表示的。由于根据观察 S 直接求出 $P(E|S)$ 非常困难，所以主观 Bayes 方法引进了可信度 $C(E|S)$ 的概念。可信度 $C(E|S)$ 与概率 $P(E|S)$ 的对应关系可表示为

$$P(E|S)=\begin{cases}\dfrac{C(E|S)+P(E)\times[5-C(E|S)]}{5}, & 0\leqslant C(E|S)\leqslant 5\\[2ex] \dfrac{P(E)\times[5+C(E|S)]}{5}, & -5\leqslant C(E|S)<0\end{cases}$$

特别地，若 $C(E|S)=-5$，则表示在观察 S 下证据 E 肯定不存在，即 $P(E|S)=0$；若 $C(E|S)=0$，则表示在观察 S 下与证据 E 无关，即 $P(E|S)=P(E)$；若 $C(E|S)=5$，则表示在观察 S 下证据 E 肯定存在，即 $P(E|S)=1$。这样，只要对证据 E 给出在观察 S 下的可信度 $C(E|S)$，即可求出相应的 $P(E|S)$。

2) 基于主观 Bayes 方法的不确定性推理

在主观 Bayes 方法中，知识是用产生式规则表示的，具体形式为

$$\text{if } E, \text{ then (LS, LN) } H(P(H))$$

其中，$P(H)$ 是专家给出的先验概率；$\mathrm{LS}=\dfrac{P(E|H)}{P(E|\neg H)}$ 是规则 $E\to H$ 成立的充分性度量，它表示证据 E 出现对 H 的支持程度，取值范围为[0, ∞]，由专家给出；$\mathrm{LN}=\dfrac{P(\neg E|H)}{P(\neg E|\neg H)}$ 是规则成立的必要性度量，它表示 $\neg E$（证据 E 不出现）对 H 的影响，即 E 对 H 为正的必要性程度，取值范围为[0, ∞]，也由专家凭经验给出。不确定性推理就是由 $P(H)$、$P(E)$、LS 和 LN 求出 $P(H|E)$ 或 $P(H|\neg E)$ 的过程。

主观 Bayes 方法是在概率论的基础上发展起来的，具有较完善的理论基础，且知识的输入变为对 LS 和 LN 的赋值，这避免了大量的数据统计工作，是一种比较实用且灵活的不确定性推理方法。但是，它在要求专家给出 LS 和 LN 的同时，还要求

给出先验概率 $P(H)$，而且要求事件间相互独立，这仍然比较困难，从而限制了它的应用范围。

2. 基于证据理论的证据方法

证据理论由Dempster首先提出，后经Shafer发扬光大，所以也称D-S理论[106,107]，在专家系统和模式识别系统的不确定推理中已得到广泛的应用，在证据理论中引入了信任函数，它满足概率论弱公理。在概率论中当先验概率很难获得，但又要被迫给出时，用证据理论能区分不确定性和不知道的差别，所以它比概率论更适合不确定推理。当概率值已知时，证据理论就退化为概率论。因此，概率论是证据理论的一个特例，有时也称证据理论为广义概率论。

1) D-S 理论中证据的不确定性度量[104]

辨别框概念：设 U 为 x 的所有可能的穷举集合，且 U 中的各元素间是互斥的，则称 U 为辨别框(frame of discernment)。设 U 的幂集元素个数为 N，则 U 的幂集元素个数为 2^N，幂集中的每个元素对应一个关于 x 取值情况的命题(子集)。

定义 2.11(基本概率分配函数) 任意一个属于 U 的子集 A(命题)，对应于一个数 $m\in[0, 1]$且满足 $m(\varnothing)=0$ 和 $\sum_{A\subseteq U} m(A)=1$，则称函数 m 为幂集 2^U 上的基本概率分配函数，$m(A)$称为 A 的基本概率数。

$m(A)$表示了证据对 U 的子集 A 成立的一种信任的度量，取值为[0, 1]，且 2^U 中各元素信任的总和为 1[108]。

①若 $A\subset U$，则 $A\neq U$，$m(A)$表示对 A 的信任程度；②若 $A=U$，则 $m(A)$表示这个数不知如何分配。

定义 2.12(信任函数(belif function)) 命题 A 的信任函数 Bella：$2^U\to[0,1]$为 $\mathrm{Bel}(A)=\sum_{B\subseteq A} m(B)$，$\forall A\subseteq U$，表示对 A 的总信任。即命题 A 的信任函数的值是 A 的所有子集的基本概率之和。

定义 2.13(似然函数(plausibility function))[100] 命题 A 的似然函数 Pl：$2^U\to[0,1]$为 $\mathrm{Pl}=1-\mathrm{Bel}(\sim A)=\sum_{B\cap A\neq\varnothing} m(B)$，$\forall A\subseteq U$，表示对于不否定 A 的信任度是所有与 A 相交子集的基本概率之和。

信任函数与似然函数有以下关系：$0\leqslant \mathrm{Bel}(A)\leqslant \mathrm{Pl}(A)\leqslant 1$。$\mathrm{Pl}(A)-\mathrm{Bel}(A)$表示既不信任 A 也不信任$\sim A$ 的一种度量，可表示对命题 A 是真是假不知道的度量。用记号 $A[\mathrm{Bel}(A), \mathrm{Pl}(A)]$来综合描述 A 的不确定性。其中，$\mathrm{Bel}(A)$和 $\mathrm{Pl}(A)$分别表示命题 A 的下限函数和上限函数。实际上，m、Bel、Pl 只要知其一，必可求得另两个，但三者含义不同[104]。

定义 2.14（证据的信任函数）[104]　对任何命题 $A \subseteq U$，其似然函数为

$$\mathrm{Bel}(A)=\sum_{B\subseteq A} m(B)=\sum_{a\subseteq A} m(\{a\}) \tag{2-12}$$

$$\mathrm{Bel}(U)=\sum_{B\subseteq A} m(B)=\sum_{a\subseteq A} m(\{a\})+m(U)=1 \tag{2-13}$$

定义 2.15（证据的似然函数）[100]　对任何命题 $A \subseteq U$，其似然函数为

$$\mathrm{Pl}(A)=1-\mathrm{Bel}(\sim A)=m(U)+\mathrm{Bel}(A) \tag{2-14}$$

根据以上定义，可以看出命题的信任函数和似然函数之间满足下列关系：

(1) $\mathrm{Pl}(A) \geqslant \mathrm{Bel}(A)$；

(2) $\mathrm{Pl}(A)-\mathrm{Bel}(A)=m(U)$。

除了以 $A[\mathrm{Bel}(A), \mathrm{Pl}(A)]$ 为证据 A 的不确定性度量外，还可用类概率函数来度量。

定义 2.16（类概率函数）[100]　设 U 为有限域，对任何命题 $A \subseteq U$，A 的类概率函数为

$$f_1(A)=\mathrm{Bel}(A)+\frac{|A|}{|U|}(\mathrm{Pl}(A)-\mathrm{Bel}(A)) \tag{2-15}$$

其中，$|\bullet|$表示集合所含元素个数。

2）证据的组合[108]

对于同样的证据，由于来源不同，会得到不同的概率分配函数。Dempster 提出用正交和来组合这些函数。

定义 2.17（正交和）　设 $m_1, m_2, \cdots, m_n$ 为 2^U 上的 n 个基本概率分配函数，则正交和定义如下：

$$m(A)=(m_1 \oplus m_2 \oplus \cdots \oplus m_n)(A)=\begin{cases} m(\varnothing)=0, & A=\varnothing \\ m(A)=k \cdot \displaystyle\sum_{\cap A_i - A}\prod_{1\leqslant i\leqslant n} m_i A_i, & A\neq\varnothing \end{cases} \tag{2-16}$$

其中，$k^{-1}=1-\sum_{\cap A_i=\varnothing}\prod_{1\leqslant i\leqslant n} m_i(A_i)=\sum_{\cap A_i=\varnothing}\prod_{1\leqslant i\leqslant n} m_i(A_i)$。若 $K^{-1}=0$，则 $m_i(i=1, 2, \cdots, n)$ 之间是矛盾的，没有联合基本概率分配函数；若 $K^{-1}\neq 0$，这样的 $m_i(i=1, 2, \cdots, n)$ 需对 2^U 的所有元素的基本概率分配之和为 1 来确定。

3）D-S 理论中的推理计算

(1) 当条件部分为命题的逻辑组合时，整个条件部分的计算公式为

$$f_1(A_1 \wedge A_2)=\min\{f_1(A_1), f_2(A_2)\},\quad f_1(A_1 \vee A_2)=\max\{f_1(A_1), f_2(A_2)\}$$

(2) 结论部分的计算，即已知 $f_1(A): A \to B(c_1, c_2, \cdots, c_k)$，计算 $f_1(B)$。

思路：根据前面介绍的方法，首先计算基本分配函数 $m(B)$，然后计算结论部

分命题 B 的信任函数 Bel(B)及似然函数 Pl(B)，最后计算类概率函数和确定性[100]。设 $B=\{b_1, b_2, \cdots, b_k\}$，且 $U=\{b_1, b_2, \cdots, b_k\}$，则 U 上的基本概率分配函数为 $m(\{b_1\}, \{b_2\}, \cdots, \{b_k\})=(\cdot c_k)$ 和 $m(U)=1-\sum_{i=1}^{k} f_1(A)\cdot c_i$，便可得 $f_1(B)$。

(3)独立性导出同一假设[100]。如果有 n 条规则支持同一命题时，根据 Dempster 组合规则，总的基本概率分配函数 m 为各规则结论得到的基本概率分配函数的正交和 $m=m_1\oplus m_2\oplus\cdots\oplus m_n$。如已知 $A_1\to B(c_1,c_2,\cdots,c_k)$，$A_2\to B(c_1',c_2',\cdots,c_k')$，以及 $f_1(A_1)$ 和 $f_1(A_2)$，如何计算 $f_1(B)$。首先计算总的基本概率分配函数 $m=m_1\oplus m_2$，然后计算命题 B 的信任函数、似然函数，进而可求出类概率函数 $f_1(B)$。

3. 基于模糊集的可能度方法

在概率论中，事件本身是清晰的，只是事件的发生与否表现出不确定性，这种不确定性是随机性的。在现实世界中还存在着概念本身没有明确外延的情形，这种由概念的外延模糊而造成的不确定性就是模糊性。Zadeh 提出的模糊集是专门处理模糊性的理论。模糊推理是按照给定的推理模式通过模糊集的合成来实现的[109,110]。

与自然演绎推理相对应，模糊推理也有对应的三种模式，即模糊语假言推理、模糊拒取式推理和模糊假言三段论推理[111]。

1)模糊语假言推理

设 F 和 G 分别是论域 U 和 V 的两个模糊集，且有知识 if x is F then y is G。若有 U 上的一个模糊集 F'，且 F 可以和 F' 匹配，则可以推出 y is G'，且 G'是 V 上的一个模糊集，在这种推理模式下，模糊知识 if x is F then y is G 表示在 F 和 G 之间存在着确定的因果关系，设此因果关系为 R，那么，当已知的模糊事实 F' 可以和 F 匹配时，则可通过 F' 与 R 的合成得到 G'，即 $G'=F'R$。

2)模糊拒取式推理

设 F 和 G 分别是论域 U 和 V 的两个模糊集，且有知识 if x is F then y is G，若有 V 上的一个模糊集 G'，且 G 可以和 G' 匹配，则可以推出 x is F'，且 F'是 U 上的一个模糊集，在这种推理模式下，模糊知识 if x is F then y is G 表示在 F 和 G 之间存在着确定的因果关系，设此因果关系为 R，那么，当已知的模糊事实 G' 可以和 G 匹配时，则可通过 G' 与 R 的合成得到 F'，即 $F'=G'R$。

3)模糊假言三段论推理

设 F、G、H 分别是论域 U、V、W 上的三个模糊集，且由知识 if x is F then y is G、if y is G then y is H，即可推出 if x is F then y is H。这种推理模式称为三段论理论推理，在这种推理模式下，模糊知识 if x is F then y is G 表示在 F 和 G 之间存在着确定的因果关系，设此因果关系为 R_1，模糊知识 if x is G then y is H 表示在 G 和

H 之间存在着确定的因果关系，设此因果关系为 R_2，若模糊假言三段论成立，则模糊关系 R_3 可由 R_1 与 R_2 的合成得到，即 $R_3 = R_1R_2$。

4. 基于粗糙集理论的规则提取方法

粗糙集理论的一个重要应用方向就是规则提取，决策表的每一行都描述了一条决策规则。由于决策规则是从决策表中得到的，所以决策表中包含的不确定性必然会引起决策规则的不确定性。决策规则的不确定性包括不一致性和随机性两个方面。规则的不一致性体现为规则集中前件相同的规则具有不同的后件，当新的对象与规则进行匹配时出现冲突，一般是由于条件等价类的粒度过大，对样本域的划分过粗而造成的。规则的随机性是根据条件属性和决策属性划分的规则等价类粒度过小，使得对象与规则的匹配随机性较大。度量规则的不确定性主要有规则的支持度、置信度和覆盖度三种。许多学者对单个规则的不确定性度量进行了研究，下面给出最基本的度量定义[104]。

定义 2.18　设决策表 $\mathrm{DT}=(U, C\cup D, V, f)$，$x\in U$，给定规则 $[x]\to D_i$，则对象 x 对应的规则 $[x]\to D_i$ 的支持度定义为

$$\mathrm{sup}_x([x]\to D_i)=\frac{|[x]\cap D_i|}{|U|} \tag{2-17}$$

规则支持度反映了决策表中匹配这条规则的对象在论域中所占的比例[104]。决策规则的支持度越高，表示这条规则的随机性越小。

定义 2.19　设决策表 $\mathrm{DT}=(U, C\cup D, V, f)$，$x\in U$，给定规则 $[x]\to D_i$，则对象 x 对应的规则 $[x]\to D_i$ 的置信度定义为

$$\mathrm{conf}_x([x]\to D_i)=\frac{|[x]\cap D_i|}{|x|} \tag{2-18}$$

规则的置信度反映了决策表中符合这条规则的对象数与符合规则前件的对象数之比，体现了匹配这条规则前件的对象能与此规则后件相匹配的比例[112]。

定义 2.20　设决策表 $\mathrm{DT}=(U, C\cup D, V, f)$，$x\in U$，给定规则 $[x]\to D_i$，则对象 x 对应的规则 $[x]\to D_i$ 的覆盖度定义为

$$\mathrm{cov}_x([x]\to \mathrm{D}_i)=\frac{|[x]\cap D_i|}{|D_i|} \tag{2-19}$$

规则的覆盖度反映了决策表中匹配这条规则的对象数与所有匹配这条规则前件的对象数之比[112]，根据支持度、置信度和覆盖度的定义，很容易就能得到三者之间的关系：

$$\mathrm{sup}_x([x]\to D_i)=\frac{|[x]\cap D_i|}{|U|}=\mathrm{conf}_x([x]\to D_i)\frac{|[x]|}{|U|}=\mathrm{cov}_x([x]\to D_i)\cdot\frac{|D_i|}{|U|}$$

以上分析了几种经典的推理不确定性处理方法，其中主观 Bayes 方法和 D-S 证据理论不确定推理方法主要针对条件不能决定结果表示出来的不确定性，即随机性；而基于模糊集和粗糙集的不确定性推理方法是针对由于概念外延边界的不清晰表现出来的不确定性，即模糊性[104]。

2.2.4 小结

粒计算是一种粒化的思维方式及方法论，可以看成一种独特的基于多层次与多视角的问题求解方法。它借助粒、层、序等概念，提供了一种描述方法论的通用语言。通过粒计算可以将问题进行粒化，从而获得多层次的描述与理解[113]。

2.3 粒计算的不确定性度量

度量自然现象的不确定性程度称为不确定性度量。在运筹学、管理科学、信息科学、系统科学、计算机科学以及工程技术等众多领域都存在着客观的知识不确定性度量问题。近年来，随着粒计算的诞生，很多研究人员开始讨论各种粒计算理论模型中的知识不确定性。从粒计算的观点来看，在人类认知过程中，人们对问题的分析及获取的知识表示都具有粒度性，这既与认知主体的主观局限有关，也受观测工具等很多客观因素影响。因此，粒计算理论模型中的知识粒具有不确定性，它直接决定问题求解的效率和精度[1]。本节参照文献[14]和[16]中粒计算的不确定性度量内容，通过对模糊集、Vague 集、粗糙集、覆盖粗糙集商空间、模糊粗糙集、粗糙模糊集和云模型的不确定性度量讨论，分析粒计算与不确定性度量之间的关系。

2.3.1 模糊集的不确定性度量

模糊集理论是由 Zadeh[114]于 1965 年提出的，它是一种处理模糊和不确定性知识的数学工具。模糊集模型是一种基于模糊集理论的“模糊”粒计算方法，主要讨论粒度的表示问题，认为知识的粒子可以用一个模糊子集来表示，不同程度的知识可以通过不同程度的模糊子集来描述；利用模糊逻辑进行推理和计算，根据实际需要得到近似的较优解。目前，它已被广泛应用于模糊控制、模式识别、模式决策和模糊聚类分析等领域[1]。

(1) 模糊熵[100]。设 A 是论域 X 上的一个模糊集，表示为 $A=\dfrac{\sum_{i=1}^{n}u_A(x_i)}{x_i}$，其中，$x_i\in X$，$u_A(x_i)$ 是 x_i 的隶属度函数，值域为[0, 1]。记论域 X 上的全体模糊集为 $F(X)$。

对 $\forall x_i\in X$，若 $\forall u_A(x_i)=1$ 或 $\forall u_A(x_i)=0$，则模糊集 A 退化为分明集。

熵作为一种信息度量方法，是信息论中最基本的概念。在模糊集中，熵是一个映射 $H: F(X)\to R^+$，其中，$R^+=[0,+\infty]$。它满足以下公理，$\forall A\in F(X)$ 有

① $H(A)=0 \Leftrightarrow u_A(x_i)=0$ 或 1，$\forall x_i\in X$；

② $H(A)$ 取最大值 $\Leftrightarrow u_A(x_i)=0.5$，$\forall x_i\in X$；

③ $H(A)\geqslant H(A^*)$，其中 A^* 为 A 的锐化；

④ $H(A)=H(\bar{A})$，其中 $\bar{A}$ 为 A 的补集，即 $u_{\bar{A}}(x_i)=1-u_A(x_i)$，$\forall x_i\in X$。

在条件③中，一个模糊集 A^* 是 A 的锐化，满足如下条件：若 $u_A(x)\leqslant 0.5$，则 $u_{A^*}(x)\leqslant u_A(x)$；若 $u_A(x)\geqslant 0.5$，则 $u_{A^*}(x)\geqslant u_A(x)$。

1968 年，Zadeh[11]首先提出了一种度量模糊不确定性的方法，即 $H(A)=-\sum_{i=1}^{n} p_i u_i(x_i)\log_2 p_i$，其中，$p_i$ 是 x_i 发生的概率。但是这一定义不满足模糊熵的公理化条件，于是意大利学者 Deluca 和 Termini[12]于 1972 年参照 Shannon 熵形式给出了另一种模糊熵度量：$H(A)=-\sum_{i=1}^{n}\{u_A(x_i)\log_2 u_A(x_i)+[1-u_A(x_i)]\log_2[1-u_A(x_i)]\}$，这一模糊熵形式上满足熵的公理化条件，也从此得到了广泛应用。

(2) 距离测度与相似测度。随着模糊信息论的诞生，不少学者又对模糊信息度量进行了进一步的研究[10,115]。其中，Liu[116]于 1992 年给出的模糊集的熵、距离测度、相似度的公理化定义，对模糊信息论的发展起到了良好的推动作用和促进作用。下面分别介绍距离测度和相似测度[117]。

模糊集上的距离测度是一个映射，即 $d: F(x)\times F(x)\to R^+$，它满足下面四条性质：

① 对任意的 $A, B\in F(x)$，有 $d(A,B)=d(B,A)$；

② 对任意的 $A\in F(x)$，有 $d(A,A)=0$；

③ 对任意的 $D\in F(x)$，有 $d(D,D^c)=\max\limits_{A,B\in F(x)} d(A,B)$；

④ 对任意的 $A, B, C\in F(x)$，如果满足 $A\subset B\subset C$，则有 $d(A,B)\leqslant (A,C)$ 且 $d(B,C)\leqslant (A,C)$。

模糊集上的相似测度是一个映射，即 $S: F(x)\times F(x)\to R^+$，它满足下面四条性质：

① 对任意的 $A, B\in F(x)$，有 $S(A,B)=S(B,A)$；

② 对任意的 $A\in F(x)$，有 $S(A,A)=0$；

③ 对任意的 $D\in F(x)$，有 $S(D,D^c)=\max\limits_{AB\in F(x)} S(A,B)$；

④ 对任意的 $A,B,C\in F(x)$，若满足 $A\subset B\subset C$，则有 $S(A,B)\leqslant S(A,C)$ 且 $d(B,C)\leqslant d(A,C)$。

(3) 模糊度。模糊集理论作为经典集合理论的扩展，利用隶属函数来表示对象与集合之间的隶属关系。在模糊集理论中，通过模糊度来处理不确定性问题，它刻画

了模糊概念的模糊程度[1]。关于模糊度的定义如下。

定义 2.21（(D-T)准则）[1,12] 若映射 d：$F(U)\to[0, 1]$满足如下条件：

① $d(A)=0$，当且仅当 $A\in P(U)$；

② $d(A)=1$，当且仅当$\forall x_i\in U$，有 $A(x_i)=\dfrac{1}{2}$；

③ $\forall x_i \in U\left(\left(B(x_i)\leqslant A(x_i)\leqslant\dfrac{1}{2}\right)\vee\left(\dfrac{1}{2}\leqslant A(x_i)\leqslant B(x_i)\right)\right)\to d(B)\leqslant d(A)$；

④ $A\in F(U)$，则 $d(A)=d(\sim A)$，其中$\sim A$ 是 A 的补集。

则称映射 d 是 $F(U)$上的一个模糊度[76]，$d(\cdot)$是模糊集的模糊度。定义 2.21 中模糊度的公理化定义的条件可以分别解释如下：

① 经典集是不模糊的；

② 模糊集的每个对象的隶属值为 0.5 时，该模糊集是最不确定的；

③ 模糊集的每个对象的隶属值越接近 0.5，它的不确定性值就越大；

④ 一个模糊集和它的补集有相同的模糊度。

闵可夫斯基模糊度[76]：

$$d_p(A)=2\sqrt[p]{\frac{\sum_{i=1}^{n}|A(u_i)-A_{0.5}(u_i)|^p}{n}}$$

不难验证，闵可夫斯基模糊度满足定义 2.21 中的四个条件。当 $p=1$ 时，$d_1(A)$称为海明模糊度，且有 $d_1(A)=\dfrac{2}{n}\sum_{i=1}^{n}|A(u_i)-A_{0.5}(u_i)|$；当 $p=2$ 时，$d_2(A)$称为欧几里得模糊度，且有 $d_2(A)=\dfrac{2}{n^{0.5}}\sqrt{\sum_{i=1}^{n}|A(u_i)-A_{0.5}(u_i)|^2}$。

香农模糊度：

$$H(A)=\frac{1}{n\ln 2}\sum_{i=1}^{n}s(A(u_i))$$

其中，$s(x)$为香农函数，且有

$$s(x)=\begin{cases}-x\ln x-(1-x)\ln(1-x), & x\in(0,1)\\ 0, & x=0\text{或}1\end{cases}$$

郭增晓和米据生[118]改进了模糊度的公理化定义，给出了一种新的度量方法[1]：

$$d(A)=\frac{4}{n}\sum_{i=1}^{n}A(x_i)[1-A(x_i)]$$

冯乃勤[119]提出了一种新的模糊度定义[1]：

$$d_F(A)=1-\mu_A^P(u)$$

其中，$\mu_A^P(u)$ 是 U 的平均隶属度，当论域 U 为有限时，有 $\mu_A^P(u)=\frac{1}{n}\sum_{i=1}^{n}\mu_A(u_i)$。

这些度量的方法从不同的角度给出了模糊集的不确定性度量思路，但也存在各自的弊端[76]。

2.3.2 Vague 集的不确定性度量

Vague 集是对模糊集的扩展，模糊集把隶属概念扩大到[0, 1]区间，而 Vague 集的思想则认为每个元素的隶属度都可以分成支持和对立两个方面，也就是由真隶属度 u 和假隶属度 f 构成。如果把任意一个元素 x 和一个 Vague 集概念看成一个映射，那么 Vague 集的真隶属度 u 就等价于同意度 a，假隶属度 f 就等价于对立度 c，而 $1-f-u$ 恰好对应于差异度 b，b 表示 x 对于 Vague 集的踌躇程度[120,121]。

虽然模糊集能较好地表示模糊性，但它采用单值的隶属度函数表示一定程度上的隶属关系，即单值的隶属度包含了支持和反对证据的程度，使它不能表示中立的证据，因此模糊集有很明显的缺陷。Vague 集在模糊性的表示和处理方面的优势逐渐受到重视。在理论方面 Vague 集不断地发展；在应用方面，Vague 集主要在模式识别、聚类分析、决策和医疗诊断等领域取得了较好的发展[117]。关于 Vague 集的定义和性质如下。

定义 2.22[122]　令 U 是一个点(对象)的空间，其中的任意一个元素用 x 表示。U 中的一个 Vague 集 V 用一个真隶属函数 t_v 和一个假隶属函数 f_v 表示，$t_v(x)$ 是支持 x 的证据所导出的 x 的隶属度下界，$f_v(x)$ 则是从反对 x 的证据所导出的 x 的否定隶属度下界，$t_v(x)$ 和 $f_v(x)$ 将区间[0, 1]中的实数与 U 中的每一个点联系起来，即 t_v: $U\to[0, 1]$，f_v: $U\to[0, 1]$，其中 $t_v(x)+f_v(x)\leqslant 1$。

Vague 集用 V 表示，当 U 为连续论域时，有 $V=\int_U[t_v(x),1-f_v(x)]/x, x\in U$；当 U 为离散论域时，有 $V=\sum_{i=1}^{n}[t_v(x_i),1-f_v(x_i)]/x_i, x_i\in U$。

定义 2.23　一个 Vague 集 A 的补集 $\overline{A}$ 定义为 $t_{\overline{A}}(u)=f_A(u)$；$1-f_{\overline{A}}(u)=1-t_A(u)$。为了讨论方便，将上面的形式分别写成 $t_{\overline{A}}=f_{\overline{A}}$，$1-f_{\overline{A}}=1-t_A$。

定义 2.24　两个 Vague 集 A 和 B 相等，即 $A=B$，当且仅当 $t_A=t_B$ 时，有 $1-f_{\overline{A}}=1-t_A$。

定义 2.25　两个 Vague 集 A 为 B 所包含，即 $A\subseteq B$，当且仅当 $t_A\leqslant t_B$ 时，有 $1-f_A=1-t_B$。

定义 2.26　两个 Vague 集 A 与 B 的交集是 Vague 集 C，即 $C=A\cap B$，其真/假

隶属函数分别为 $t_C = \min(t_A, t_B)$，$1 - f_C = \min(1 - f_A, f_B) = 1 - \max(f_A, f_B)$。

定义 2.27 两个 Vague 集 A 与 B 的并集是 Vague 集 C，即 $C = A \cup B$，其真/假隶属函数分别为 $t_C = \max(t_A, t_B)$，$1 - f_C = \max(1 - f_A, 1 - f_B) = 1 - \min(f_A, f_B)$。

Vague 集的几种不确定性度量方法表示如下。

(1) Vague 集的模糊熵。关于 Vague 集的模糊熵形式的度量，不少研究者提出了不同的方法。下面介绍几种经典的 Vague 集模糊熵度量方法。

定义 2.28 已知论域 $U = \{u_1, u_2, \cdots, u_n\}$，$U$ 上的一个 Vague 集 A 为$[t_A(u_i), 1-f_A(u_i)]$，其对应的模糊集为 A^F，其隶属函数 μ_{A^F}，则 Vague 集 A 的模糊熵为

$$H(A) = \frac{1}{n\ln 2}\sum S[u_{A^F}(x_i)] \tag{2-20}$$

其中，$S(y)$ 是定义在[0, 1]上的香农函数，$S(y) = -y\ln y - (1-y)\ln(1-y)$。

定义 2.29 当其满足如下条件时，称函数 $E{:}\mathrm{VS}_S(U) \to [0, 1]$为 Vague 集的模糊熵。

① $E(A) = 0$，当且仅当 $A \in \mathrm{FS}_S(U)$；

② $E(A) = 1$，当且仅当$\forall x \in U, t_A(x) = f_A(x) = 0$；

③ $E(A) = E(\bar{A})$，$\forall A \in \mathrm{FS}_S(U)$；

④ 若$\forall x \in U$, 有 $t_A(x) \leqslant t_B(x)$, $1-f_A(x) \geqslant 1-f_B(x)$, 则 $E(A) \geqslant E(B)$, $\forall A, B \in \mathrm{VS}_s(U)$。

要构造上述关系的模糊熵，应该考虑如下函数映射 F：$S \to [0, 1]$，其中 $S = \{(x, y) \mid x, y \in [0, 1];\ x+y \leqslant 1\}$，满足如下条件：

① $F(x, y) = 1$，当且仅当 $x + y = 1$；

② $F(x, y) = 0$，当且仅当 $x = y = 0$；

③ $F(x, y) = F(y, x)$；

④ 若 $x_1 \leqslant x_2$，$y_1 \leqslant y_2$，则 $F_S(x_1, y_1) = F_S(x_2, y_2)$。

由上述条件得到构造 Vague 集 A 模糊熵的函数如下：

① $E(A) = \sum_{i=1}^{n}\left\{1 - [t_A(x_i) + f_A(x_i)]^k\right\}$，$k = 1, 2, \cdots$；

② $E(A) = \sum_{i=0}^{n}\left\{1 - [t_A(x_i) + f_A(x_i)]\right\} \times \mathrm{e}^{1-(t_A(x_i)+f_A(x_i))}$。

(2) 基于香农熵的 Vague 集模糊熵。

定义 2.30 假定 $U = \{x_1, x_2, \cdots, x_n\}$，$A \in V(U)$，则称：

① $E_0 : V(U) \to [0,1], A \to E_0(A) = \frac{2}{n}\sum_{i=1}^{n} -t_A(x_i)\log_2 t_A(x_i)$ 为 Vague 集 A 模糊正熵；

② $E_N : V(U) \to [0,1], A \to E_N(A) = \frac{2}{n}\sum_{i=1}^{n} -f_A(x_i)\log_2 f_A(x_i)$ 为 Vague 集 A 模糊负熵；

③ $E_A:V(U)\to[0,1]$， $A\to E_N(A)=\frac{1}{2}(E_0(A)+E_N(A))=\frac{1}{n}\sum_{i=1}^{n}\{-t_A(x_i)\log_2 t_A(x_i)+$ $[-f_A(x_i)\log_2 f_A(x_i)]\}$ 为 Vague 集 A 的模糊熵。

(3) 基于概率的 Vague 集模糊熵[123]。概念的不确定性表现为随机性和（或）模糊性，当概念既有随机性又有模糊性时，则有 Vague 集概率模糊熵。

① 设离散论域 X，有概率空间 $\begin{pmatrix} X \\ P \end{pmatrix}=\begin{pmatrix} x_1 & \cdots & x_n \\ \vdots & & \vdots \\ p_1 & \cdots & p_n \end{pmatrix}$，则 Vague 集 A 概率模糊熵为

$$
\begin{aligned}
E(A)&=\sum_{i=1}^{n}p_i h_A(x_i)\\
&=\sum_{i=1}^{n}\frac{1}{2}[(1-t_A(x_i)-f_A(x_i))^2+(1-t_A(x_i)-f_A(x_i))^2]p_i
\end{aligned}
$$

② 设有连续论域 X、概率密度函数 $p(x)$，则 Vague 集 A 概率模糊熵为

$$
\begin{aligned}
E(A)&=\int_X h_A(x)p(x)\mathrm{d}x\\
&=\int_X \frac{1}{2}[(1-(t_A(x_i)-f_A(x_i))^2)+(1-t_A(x_i)-f_A(x_i))^2]p(x)\mathrm{d}x
\end{aligned}
$$

由此可见，Vague 集模糊熵是 Vague 集概率模糊熵的一种特殊情形，即论域 X 为等价概率分布时的情形[123]。

前面介绍了 Vague 集模糊熵的不确定性度量方法，下面介绍另一种 Vague 集的不确定性度量，即 Vague 集之间的相似度度量，表示 Vague 集之间的相似程度。关于 Vague 集的相似度度量方法有很多，下面介绍几种常见的方法。

Chen[124]给出两个 Vague 集（值）的相似度度量方法。具体如下：定义核函数 $S(x)=t_x-f_x$，Vague 值 x 和 y 之间的相似度度量公式为

$$
M(x,y)=1-\left|\frac{S(x)-S(y)}{2}\right| \tag{2-21}
$$

设 A 和 B 分别是 U 上的两个 Vague 集，令 $V_A(u_i)=[t_A(u_i),1-f_A(u_i)]$，$V_B(u_i)=[t_B(u_i),1-f_b(u_i)]$，则 Vague 集 A 和 B 之间的相似度度量公式定义为

$$
T(A,B)=\frac{1}{n}\sum_{i=1}^{n}M(V_A(\mu_i),V_B(\mu_i))=\frac{1}{n}\sum_{i=1}^{n}\left(1-\left|\frac{S(V_A(\mu_i))-S(V_B(\mu_i))}{2}\right|\right) \tag{2-22}
$$

Chen 认为 $M(x,y)$ 越大，则两个 Vague 值之间的相似程度 $T(A,B)$ 越大，两个 Vague 集之间的相似程度越大。为了方便叙述，Chen 的度量方法记为 M_C。

李凡和徐章艳[125]提出了两个 Vague 值 x 和 y 之间新的相似度度量方法，记为

$$M_{\mathrm{L}}(x,y)\equiv M(x,y)=1-\left|\frac{S(x)-S(y)}{4}\right|-\frac{|t_x-t_y|+|f_x-f_y|}{4} \tag{2-23}$$

在 M_{L} 的基础上，李艳红等[126]提出了一种新的基于距离公式的相似度度量公式，记为

$$M_{\mathrm{O}}(x,y)\equiv M(x,y)=1-\sqrt{\frac{(t_x-t_y)^2+(f_x-f_y)^2}{2}} \tag{2-24}$$

闫德勤[127]提出了基于欧氏距离的相似度度量方法，记为

$$M_{\mathrm{R}}(x,y)\equiv M(x,y)=1-\sqrt{\frac{(t_x-t_y)^2+(f_x-f_y)^2+(m_x-m_y)^2}{2}} \tag{2-25}$$

刘华文[128]考虑到弃权部分中有部分趋向投赞成票，也有部分趋向投反对票，因此弃权部分 m_x 进一步细化成三部分 (t_xm_x, f_xm_x, m_xm_x)，于是元素 x 的隶属情况用三维表示变为 $(t'_x,f'_x,m'_x)=(t_{x+}t_xm_x,f_{x+}f_xm_x,m_xm_x)$[129]。并给出新的度量公式 M_{W} 为

$$M_{\mathrm{W}}(x,y)=\frac{|(t'_x-f'_x)-(t'_y-f'_y)|+2|(t'_x+f'_x)-(t'_y+f'_y)|}{4} \tag{2-26}$$

距离测度是用来描述 Vague 集之间的差异程度的量。作为模糊集理论中的概念，距离测度在模式识别、人工智能、近似推理及市场预测等领域中发挥着重要的作用。许多学者在近些年提出了许多具体的距离测度方法。对论域 X 上的 Vague 集 A，称 $\pi_A(x)=1-t_A(x)-f_A(x)$ 为元素 Vague 集 A 的 Vague 度，它刻画了 x 相对于 A 的踌躇度，是 x 相对于 A 的未知信息的一种度量。$\pi_A(x)$ 值越大，说明 x 相对于 A 的未知信息越多。显然，$0\leqslant\pi_A(x)\leqslant 1$，$\forall x\in X$。$x$ 相对于 A 的隶属情况的三维表示为 $[t_A(x),f_A(x),\pi_4(x)]$。基于 Vague 集的几何解释，Szmidt 和 Kacprzyk[130]提出了下面四种距离测度[117]。

① 海明距离：

$$d_{\mathrm{IFS}}(A,B)=\frac{1}{2}\sum_{i=1}^{n}\left[|t_A(x_i)-t_B(x_i)|+|f_A(x_i)-f_B(x_i)|+|\pi_A(x_i)-\pi_B(x_i)|\right]$$

② 欧几里得距离：

$$e_{\mathrm{IFS}}(A,B)=\sqrt{\frac{1}{2}\sum_{i=1}^{n}\left[|(t_A(x_i)-t_B(x_i))^2|+|(f_A(x_i)-f_B(x_i))^2|+|(\pi_A(x_i)-\pi_B(x_i))^2|\right]}$$

③ 正则海明距离：

$$l_{\mathrm{IFS}}^2(A,B)=\frac{1}{2n}\sum_{i=1}^{n}\left[|t_A(x_i)-t_B(x_i)|+|f_A(x_i)-f_B(x_i)|+|\pi_A(x_i)-\pi_B(x_i)|\right]$$

④ 正则欧几里得距离：

$$q_{\mathrm{IFS}}^{l}(A,B)=\sqrt{\frac{1}{2}\sum_{i=1}^{n}\left[\left|(t_A(x_i)-t_B(x_i))^2\right|+\left|(f_A(x_i)-f_B(x_i))^2\right|+\left|(\pi_A(x_i)-\pi_B(x_i))^2\right|\right]}$$

2.3.3 粗糙集的不确定性度量

粗糙集理论是一种处理不精确和不确定性知识的数学工具[76]，已被广泛应用到人工智能、知识获取、决策分类和故障诊断等领域。下面将从完备信息系统的粗糙集模型[131]和不完备信息系统的粗糙集模型两方面介绍粗糙集的不确定性度量方法。

1. 完备信息系统的粗糙集不确定性度量[1]

在同一知识粒度近似的空间下，Chakrabarty 等较为详细地介绍了粗糙集的模糊性度量问题[69]；王国胤等从信息观的角度分析了决策信息不确定性，并讨论了代数观和信息观意义下粗糙集的不确定性差异[132-135]；梁吉业等从信息熵、条件熵、互信息和知识粒度的角度分析了粗糙集的不确定性，并定义了一种新的粗糙集的粗糙熵[98,136]；苗夺谦等从粒计算和信息角度研究了知识粒度、知识粗糙集与信息熵之间的关系[89,137,138]。下面简单介绍几种典型的粗糙集不确定性度量方法。

1) 信息熵

信息熵是一个非常广泛的概念，1948 年 Shannon 信息熵的提出为信息的不确定性度量奠定了理论基础。Klir 等基于 Shannon 信息熵提出了一种度量不确定性的信息熵[139]：

$$H(F_X^B)=-\frac{2}{n}\sum_{i=1}^{2}\mu_X^B(x_i)\log_2\mu_X^B(x_i) \tag{2-27}$$

2) 粗糙度

Pawlak 在研究粗糙集长度近似精度和近似质量时提出了粗糙集的粗糙度概念。粗糙集的粗糙度通过集合的上、下近似来定义，它充分反映了由于集合边界域的存在所引起的不确定性，下面给出其相关定义。

定义 2.31[140]　在一个信息系统中，IND(B)是 U 上的一个不可分辨关系，$[x]_B$ 表示对象 x 的等价类，对象子集 $X\subseteq U$，X 的下近似集 $\underline{B}(X)$、上近似集 $X(\overline{B})$ 和边界域 $\mathrm{BN}_B(X)$ 分别定义如下：

$$\underline{B}(X)=\{x\in U\mid[x]_B\subseteq X\} \tag{2-28}$$

$$\overline{B}(X)=\{x\in U\mid[x]_B\cap X\neq\varnothing\} \tag{2-29}$$

$$\mathrm{BN}_B(X)=\overline{B}(X)-\underline{B}(X) \tag{2-30}$$

定义 2.32[141] 在一个信息系统中，$\mathrm{IND}(B)$是 U 上的一个不可分辨关系，$[x]_B$ 表示对象 x 的等价类，对象子集 $X\subseteq U$，X 的粗糙精度和粗糙度如下。

粗糙精度：

$$\alpha_B(X)=\frac{\underline{B}(X)}{\overline{B}(X)}$$

粗糙度：

$$\rho_B(X)=1-\alpha_B(X)=1-\frac{\underline{B}(X)}{\overline{B}(X)}=\frac{BN_B(X)}{\overline{B}(X)}$$

3）粗糙熵

为了弥补粗糙度的不足，很多学者对粗糙集的粗糙熵进行了深入研究。

定义 2.33[136] 设 $U=\{x_1,x_2,x_3,\cdots,x_n\}$，$X\subseteq U$，则属性子集 $B(B\subset A)$ 对论域的划分 $U/B=\{X_1,X_2,X_3,\cdots,X_n\}$，则属性集合 B 的熵定义为

$$E(B)=-\sum_{i=1}^{m}\frac{|X_i|}{|U|}\log_2\frac{1}{|X_i|} \tag{2-31}$$

X 在划分 U/B 上的粗糙熵的定义为

$$E_B(X)=\rho_B(X)E(B) \tag{2-32}$$

4）模糊度

由于粗糙熵的局限性，Chakrabarty 通过量化论域中对象与目标集合的隶属关系提出了粗糙集的模糊度，从而用模糊集的方法对粗糙集的不确定性进行量化分析，为研究粗糙集的不确定性度量提供了新的思路。

设 U 是非空对象集，对象子集 $X\subseteq U$，则对于任意的 $x(x\in U)$，x 属于集合 X 的隶属函数为

$$\mu_X^B(x)=\frac{|X\cap[x]_B|}{|[x]_B|} \tag{2-33}$$

模糊度是度量不确定问题的有力工具，很多研究者对粗糙集的模糊度进行了分析。Chakrabarty 等提出了粗糙集的模糊度之后，又通过粗隶属函数导出一个模糊集，并利用模糊集与它的最邻近清晰集之间的距离来度量粗糙集的模糊性[69]。

定义 2.34[142] 设 A 是 U 上的模糊集，与 A 有关的最邻近的清晰集为 A，其定义为

$$\underline{A}(x_i)=\begin{cases}0, & A(x_i)<0.5\\ 1, & A(x_i)>0.5\\ 0或1, & A(x_i)=0.5\end{cases}$$

一般来说，当 $A(x_i)=0.5$ 时，取 $\underline{A}(x_i)=1$，这时 $\underline{A}=A_{0.5}$。这里的 $A_{0.5}$ 表示 A 的 0.5 截集。Chakrabarty 等利用模糊集 F_X^B 和它的最邻近清晰度 F_X^B 之间的距离给出了粗糙集的两种模糊性度量[69]。

(1) 线性模糊度：

$$d_{\mathrm{Kl}}(F_X^B)=-\frac{2}{n}\sum_{i=1}^{n}\left|\mu_X^B(x_i)-\underline{\mu_X^B}(x_i)\right|$$

(2) 二次模糊度：

$$d_{\mathrm{Kq}}(F_X^B)=-\frac{2}{\sqrt{n}}\sqrt{\sum_{i=1}^{n}[\mu_X^B(x_i)-\underline{\mu_X^B}(x_i)]^2}$$

其中，$\underline{\mu_X^B}(x_i)$ 表示 x_i 在模糊集 F_X^B 中的隶属函数。

线性模糊度和二次模糊度在一定程度上度量了粗糙集的模糊性，但是随着知识粒度的减小，可能存在集合的线性模糊度不变，二次模糊度反而增加的问题。为此，在分析粗糙集模糊度的度量方法的基础上，给出一种基于信息熵的粗糙集模糊度度量的方法[143]：

$$d_Z(F_X^B)=-\frac{1}{n\ln 2}\sum_{i=1}^{n}\left\{\mu_X^B(x_i)\ln\mu_X^B(x_i)+\left[1-\mu_X^B(x_i)\right]\ln\left[1-\mu_X^B(x_i)\right]\right\} \tag{2-34}$$

这种模糊度随着知识粒度的减小而单调递减，弥补了粗糙度和粗糙熵对粗糙集的不确定性。

(1) $e(A)=0$，当且仅当 $A\in P(U)$；

(2) $e(A)$ 取得最大值，当且仅当 $\forall_{x_i\in U}A(x_i)=\frac{1}{2}$；

(3) $\forall_{x_i\in U}\left\{\left[B(x_i)\leqslant A(x_i)\leqslant\frac{1}{2}\right]\vee\left[\frac{1}{2}\leqslant A(x_i)\leqslant B(x_i)\right]\right\}\to e(B)\leqslant e(A)$；

(4) $e(A)=e(A^{\mathrm{c}})$，这里的 A^{c} 是 A 的补集。

则称映射 e 是 $F(U)$ 上的一个模糊熵，记为 $e(\cdot)$。

梁吉业等[98,136]建立了粗糙集的模糊熵 $E_L(F_X^B)=\sum_{i=1}^{n}\mu_X^B(X_i)\left[1-\mu_X^B(X_i)\right]$，并得出结论：一个精确集的模糊熵等于 0，一个粗糙集合与它的补集具有相同的模糊性。粗糙集的粗糙度、粗糙熵、模糊度和模糊熵虽然都能度量粗糙集的不确定性，但它们之间有一定的区别和联系。粗糙性从集合的边界区域的角度来刻画粗糙集的不确定性，随着知识粒度的减小，如果集合的边界区域变小，则粗糙度降低，粗糙集的不确定性下降，具有很好的直观性。而粗糙集的模糊性用元素属于某个集合的隶属函数的大小来刻画粗糙集的不确定性，与集合的边界区域大小和知识粒度大小有关[1]。

2. 不完备信息系统的粗糙集不确定性度量[1]

不完备信息系统的不确定性来自很多方面，如知识空间的不确定性、信息的不完整性、信息的模糊性等，主要的不确定性度量方法如下。

1) 信息熵

梁吉业和史忠植[136]给出了不完备信息系统中信息熵的形式，其形式如下：

$$H(A)=-\sum_{i=1}^{|U|}\frac{1}{|U|}\log_2\frac{|S_A(u_i)|}{|U|} \tag{2-35}$$

为了区别于 Shannon 信息熵，梁吉业和史忠植[136]又给出了信息熵的另外一种形式，即

$$E(A)=\sum_{i=1}^{|U|}\frac{1}{|U|}\left(1-\frac{|S_A(u_i)|}{|U|}\right) \tag{2-36}$$

2) 粗糙熵

由于信息熵在度量系统不确定性中与人的直觉相反，Beaubouef 等[88]在讨论粗糙关系数据库和信息系统时将粗糙熵的概念引入粗糙集中。后来，钱宇华和梁吉业[15]又将粗糙熵的概念引入不完备信息系统中，并给出了基于不完备信息系统的粗糙熵为

$$E_r(A)=-\sum_{i=1}^{|U|}\frac{1}{|U|}\log_2\frac{1}{|S_A(u_i)|} \tag{2-37}$$

3) 组合熵

钱宇华和梁吉业[144]在不完备信息系统中引入了组合熵的概念，可以更加直观地反映不完备信息系统的不确定性，其形式如下：

$$\mathrm{CE}(A)=\frac{1}{|U|}\sum_{i=1}^{|U|}\left(\frac{C_{|U|}^2-C_{|S_A(u_i)|}^2}{C_{|U|}^2}\right) \tag{2-38}$$

1997 年，Zadeh[145]讨论了模糊信息粒的问题。在一个信息系统中，结合粒计算的一些度量方法以及它们之间的关系[136]也被讨论过，如粒度度量、信息熵、粗糙熵和知识粒度。但是，已存在的知识粒度都没有一个统一的描述，这给实际应用带来了极大的不便。因此，梁吉业和钱宇华[51]从公理化角度出发提出了知识粒度的公理

化定义，并证明了已存在的粒度度量都是该公理化定义的特殊形式。该公理化定义满足下列三个性质：

(1) (非负性) $G(P) \geqslant 0$；

(2) (不变性) $\forall P,Q \subseteq A$，若 $P \approx Q$，则 $G(P) = G(Q)$；

(3) (单调性) $\forall P,Q \subseteq A$，若 $P \prec Q$，则 $G(P) \prec G(Q)$。

4) 知识粒度

知识粒度是论域中知识粒的一种平均度量，它代表一种分类能力。事实上，知识粒度给出了论域划分的一种简单的、可理解的描述。王俊红等[146]在提出了知识粒度的公理化定义之后，又进一步提出了不完备信息系统中知识粒度的定义，其形式如下：

$$\mathrm{GK}(A) = \frac{1}{|U|^2}\sum_{i=1}^{|U|}|S_A(u_i)| \tag{2-39}$$

5) 组合粒度

为了对不完备信息系统的知识粒度有更加直观的理解，钱宇华和梁吉业[44]提出了不完备信息系统中的组合粒度概念，该组合粒度定义如下：

$$\mathrm{CG}(A) = \frac{1}{|U|}\sum_{i=1}^{|U|}\frac{C_{|S_A(u_i)|}^2}{C_{|U|}^2} \tag{2-40}$$

6) 熵与知识粒度的关系

为了更好地理解不确定性度量的本质，梁吉业等[136,144]建立了信息熵、粗糙熵、组合熵、知识粒度和组合粒度之间的如下关系：

$$E(A) + \mathrm{GK}(A) = 1$$

$$H(A) + E_r(A) = \log_2|U|$$

$$\mathrm{CE}(A) + \mathrm{CG}(A) = 1$$

从中可以看出，信息熵 $E(A)$ 和知识粒度 $\mathrm{GK}(A)$ 在描述信息系统不确定性上有相同的能力，并且熵和知识粒度之间存在某种意义上的互补关系。也就是说，熵越大，知识粒度越小；熵越小，知识粒度越大。

由完备信息系统与不完备信息系统的定义可以看出，完备信息系统是不完备信息系统的特殊情况，而不完备信息系统是完备信息系统的推广。因此，不完备信息系统中的不确定性度量在完备信息系统中都有其特殊形式[1]。

2.3.4 覆盖粗糙集的不确定性度量

数据的不完整等因素造成了对象的不可分辨关系，从而使人们不得不在一定的粒度上求解问题。粗糙集理论的提出为处理实际问题中的不确定性提供了方法，其基本思想是用两条边界将论域划分成确定的和不确定的两部分。经典的粗糙集理论基于等价关系，这个要求在有些实际问题中过于严格，因此对粗糙集理论进行扩展有利于扩大粗糙集理论的应用范围。覆盖粗糙集理论将粗糙集理论从划分推广到覆盖，是粗糙集扩展模型的一种[1,76]。本节对几种主要的覆盖粗糙集模型进行简要介绍。

1. Zakowski 覆盖粗糙集模型

Zakowski 最早将 Pawlak 粗糙集模型推广到覆盖近似空间。

定义 2.35[146]　设 $S=(U, C)$ 为覆盖近似空间，对于任意集合 $X\subseteq U$，Zakowski 覆盖粗糙集 ZC(X) 定义为

$$\mathrm{ZL}_c(X)=\bigcup\{K\subseteq C\mid K\subseteq X\} \tag{2-41}$$

$$\mathrm{ZH}_c(X)=\bigcup\{K\in C\mid K\cap X\neq\varnothing\} \tag{2-42}$$

Zakowski 覆盖粗糙集模型是 Pawlak 粗糙集模型的简单推广，其在具体应用中的不足是近似精度低，这可以从例 2.1 得到说明。

例 2.1　设 $U=\{x_1, x_2, x_3, x_4\}$，$C_1=\{K_1, K_2, K_3, K_4, K_5\}$，其中 $K_1=\{x_1\}$，$K_2=\{x_2\}$，$K_3=\{x_3\}$，$K_4=\{x_4\}$，$K_5=\{x_1, x_2, x_3, x_4\}$。

令 $X\subseteq U$，则 $\mathrm{ZL}_c(X)=X$，$\mathrm{ZH}_c(X)=U$。

可见，在该覆盖近似空间中，由于存在元素 $K_5=U$，则对任意 $X\subseteq U$ 都有 $\mathrm{ZH}_c(X)=U$。

2. Bonikowski 覆盖粗糙集模型

Bonikowski 从外延和内涵的角度出发，将覆盖中的分块理解成粗糙集的外延，从而得到一种覆盖近似空间中集合近似的方法。

定义 2.36[147]　设 $S=(U, C)$ 为覆盖近似空间，对于任意集合 $X\subseteq U$，Bonikowski 覆盖粗糙集 BC(X) 定义为

$$\mathrm{BL}_c(X)=\bigcup\{K\subseteq C\mid K\subseteq X\} \tag{2-43}$$

$$\mathrm{BH}_c(X)=\mathrm{BL}(X)\bigcup\{K\in \mathrm{Md}(x)\mid x\in X-\mathrm{BL}(X)\} \tag{2-44}$$

对于任意子集 $X\subseteq U$，Red(C) 和 C 生成相同的 Bonikowski 覆盖粗糙集[148]，也就是说覆盖和覆盖约简在 Bonikowski 定义下具有相同的近似能力。因此，可以通过约简，去掉冗余的信息粒，而不减少覆盖所蕴含的知识，从而对覆盖近似空间进行简化。

3. Tsang 覆盖粗糙集模型

Tsang 在研究了 Zakowski 和 Bonikowski 所提出的模型后，对上近似进行了重新定义。

定义 2.37[149]　设 $S=(U, C)$ 为覆盖近似空间，对于任意集合 $X\subseteq U$，Tsang 覆盖粗糙集 TC(X) 定义为

$$\mathrm{TL}_c(X)=\bigcup\{K\subseteq C \mid K\subseteq X\} \tag{2-45}$$

$$\mathrm{TH}_c(X)=\bigcup\{\mathrm{Md}(x)\mid x\in X\} \tag{2-46}$$

Tsang 所定义的上近似介于 Zakowski 和 Bonikowski 的上近似之间[149]。具体地，在给定覆盖近似空间 $S=(U, C)$ 中，对于任意子集 X，有 $\mathrm{BH}_c(X)\subseteq \mathrm{TH}_c(X)\subseteq \mathrm{ZH}_c(X)$。

4. Zhu 覆盖粗糙集模型

Zhu 在覆盖粗糙集的理论模型方面进行了大量研究，先后提出多种覆盖近似空间的概念近似算子。

定义 2.38[148]　设 $S=(U, C)$ 为覆盖近似空间，对于任意集合 $X\subseteq U$，Zhu 覆盖 A 型粗糙集 ZAC(X) 定义为

$$\mathrm{ZAL}_c(X)=\bigcup\{K\in C\mid K\subseteq X\} \tag{2-47}$$

$$\mathrm{ZAH}_c(X)=\mathrm{ZAL}_c(X)\bigcup\{K\mid K\bigcap(X-\mathrm{ZAL}_c(X)\neq\varnothing\} \tag{2-48}$$

和 Tsang 的上近似的定义一样，该定义的上近似也介于 Zakowski 和 Bonikowski 的上近似之间，但它和 Tsang 的上近似定义不具有可比性[88]。

定义 2.39[148]　设 $S=(U, C)$ 为覆盖近似空间，对于任意集合 $X\subseteq U$，Zhu 覆盖 B 型粗糙集 ZBC(X) 定义为

$$\mathrm{ZBL}_c(X)=\bigcup\{K\in C\mid K\subseteq X\} \tag{2-49}$$

$$\mathrm{ZBH}_c(X)=\bigcup\{A\mathrm{min}_c(x)\mid x\in X\} \tag{2-50}$$

由于 $A\min_c(x)=M\min_c(x)$，所以对于任意子集 $X\subseteq U$，Red(C)和 C 生成相同的 Zhu 覆盖 B 型粗糙集。

综上所述，在上述四种定义中，下近似的定义都相同，区别在于对上近似的理解不同。在后面的论述中，若不明确指明是哪种模型，则将下近似记为 $L_c(X)$，上近似记为 $H_c(X)$[76]。

2.3.5　商空间的不确定性度量

商空间是一种重要的粒计算模型，分层递阶商空间结构(多粒度知识空间结构)比模糊集更能反映模糊事物的本质特征，分层递阶商空间的性质是如何分析的，它的不确定性又是如何度量的，本节将重点介绍分层递阶商空间不确定性的度量方法[78]。

定义 2.40[150]　设 $X=\{x_1, x_2, x_3,\cdots, x_n\}$为非空有限论域，$p'=\{p_1', p_2',\cdots, p_l'\}$ 和 $p''=\{p_1'', p_2'',\cdots, p_m''\}$ 为 X 上的两个划分空间，如果 $\forall_{p_i'\in p'}(\exists_{p_j'\in p''}(p_i'\subseteq p_j''))$，则称 p' 是 p''

的细分空间，记为 $p' \preccurlyeq p''$。

定义 2.41[150] 设 $X = \{x_1, x_2, \cdots, x_n\}$ 为非空间有限论域， $p' = \{p_1', p_2', \cdots, p_l'\}$ 和 $p'' = \{p_1'', p_2'', \cdots, p_m''\}$ 为 X 上的两个划分空间，如果 $p' \preccurlyeq p''$ 且 $\exists_{p_i' \in p'}(\exists_{p_j'' \in p''}(p_i' \subset p_j''))$，则称 p' 是 p'' 的严格细分空间，记为 $p' \prec p''$。

由于分层递阶商空间 $\pi_X(R)$ 的每一层都是集合 $X = \{x_1, x_2, \cdots, x_n\}$ 的一个划分 $X(\lambda)$，如果 $0 \leqslant \lambda_1 \leqslant \lambda_2 \leqslant \lambda_3 \leqslant 1$，则有 $X(\lambda_t) \preccurlyeq X(\lambda_{t-1}) \preccurlyeq \cdots \preccurlyeq X(\lambda_1)$。因此，度量分层递阶空间的不确定性就是分层度量商空间(划分)的不确定性，得到一个信息熵序列，记为 $\{H_X(\lambda_1), H_X(\lambda_2), \cdots, H_X(\lambda_t)\}$，其中，$H_X(\lambda_i)$ 表示第 i 层商空间的信息熵。

定义 2.42 给定分层递阶商空间 $\pi_X(R) = \{X(\lambda_1), X(\lambda_2), \cdots, X(\lambda_t)\}$，且 $X(\lambda_t) \prec X(\lambda_{t-1}) \prec \cdots \prec X(\lambda_1)$，令 $L_i = |X(\lambda_i)| (i = 1, 2, \cdots, t)$，称序列 $L(\pi_X(R)) = \{L_1, L_2, \cdots, L_t\}$ 为分层递阶商空间的 $\pi_X(R)$ 的划分序列(其中，$|\cdot|$表示有限集的元素个数，下同)。

显然，任意一个分层递阶商空间 $\pi_X(R)$ 的划分序列是一个正整数序列，且 $L_1 < L_2 < \cdots < L_t$。很多文献研究了如何度量一个划分空间的信息熵[135, 136]，这里用对数信息熵来建立分层递阶商空间的信息熵序列[78]。

定义 2.43 设分层递阶商空间 $\pi_X(R) = \{X(\lambda_1), X(\lambda_2), \cdots, X(\lambda_t)\}$，$L(\pi_X(R)) = \{L_1, L_2, \cdots, L_t\}$ 是分层递阶商空间的划分序列，商空间 $X(\lambda_i) = \{X_{i1}, X_{i2}, \cdots, X_{iL_i}\}$(表示 X 的一种划分)，则商空间 $X(\lambda_i)$ 的信息熵 $H_X(\lambda_i)$ 为

$$H_X(\lambda_i) = -\sum_{k=1}^{L_i} \frac{X_{ik}}{X} \ln\left(\frac{X_{ik}}{X}\right) \tag{2-51}$$

定理 2.6 给定分层递阶商空间 $\pi_X(R) = \{X(\lambda_1), X(\lambda_2), \cdots, X(\lambda_t)\}$，由定义 2.43 给出的信息熵序列 $H(\pi_X(R)) = \{H_X(\lambda_1), H_X(\lambda_2), \cdots, H_X(\lambda_t)\}$ 是一个严格单调递增的序列。

证明 根据分层递阶商间的定义，$X(\lambda_t) \prec X(\lambda_{t-1}) \prec \cdots \prec X(\lambda_1)$，即 $X(\lambda_{i-1})$ 是 $X(\lambda_i) (i = 2, 3, \cdots, t)$ 的商空间。设 $X(\lambda_i) = \{X_{i1}, X_{i2}, \cdots, X_{iL_i}\}$ 和 $X(\lambda_{i-1}) = \{X_{i-1,1}, X_{i-2,2}, \cdots, X_{i-1,L_{i-1}}\}$，则 $X(\lambda_{i-1})$ 中每个分块 $X_{i-1,j} (1 \leqslant j \leqslant L_{i-1})$ 都是 $X(\lambda_i)$ 中一个或多个分块的并集(其他情况做简单推广即可)，即 $X_{i-1,j} = X_{i,p} \cup X_{i,q}$，$X(\lambda_{i-1})$ 中的其他分块与 $X(\lambda_i)$ 的剩余分块对应相等。

于是有

$$\begin{aligned} H_X(\lambda_{i-1}) &= -\sum_{k=1}^{L_{i-1}} \frac{|X_{i-1,k}|}{|X|} \ln\left(\frac{|X_{i-1,k}|}{|X|}\right) \\ &= -\sum_{k=1}^{j-1} \frac{|X_{i-1,k}|}{|X|} \ln\left(\frac{|X_{i-1,k}|}{|X|}\right) - \sum_{k=j+1}^{L_{i-1}} \frac{|X_{i-1,k}|}{|X|} \ln\left(\frac{|X_{i-1,k}|}{|X|}\right) \end{aligned}$$

$$=-\sum_{k=1}^{j-1}\frac{|X_{i,k}|}{|X|}\ln\left(\frac{|X_{i,k}|}{|X|}\right)-\sum_{k=j+1}^{L_i}\frac{|X_{i,k}|}{|X|}\ln\left(\frac{|X_{i,k}|}{|X|}\right)$$
$$-\frac{|X_{i,p}|+|Z_{i,q}|}{|X|}\ln\left(\frac{|X_{i,p}|+|X_{i,q}|}{|X|}\right)$$

又因为

$$\frac{|X_{i,p}|+|X_{i,q}|}{|X|}\ln\left(\frac{|X_{i,p}|+|X_{i,q}|}{|X|}\right)$$
$$=\frac{|X_{i,p}|}{|X|}\ln\left(\frac{|X_{i,p}|+|X_{i,q}|}{|X|}\right)+\frac{|X_{i,q}|}{|X|}\ln\left(\frac{|X_{i,p}|+|X_{i,q}|}{|X|}\right)$$
$$>\frac{|X_{i,p}|}{|X|}\ln\left(\frac{|X_{i,p}|}{|X|}\right)+\frac{|X_{i,q}|}{|X|}\ln\left(\frac{|X_{i,q}|}{|X|}\right)$$

所以

$$H_X(\lambda_{i-1})<-\sum_{k=1}^{j-1}\frac{|X_{i,k}|}{|X|}\ln\left(\frac{|X_{i,k}|}{|X|}\right)-\sum_{k=j+1}^{L_i}\frac{|X_{i,k}|}{|X|}\ln\left(\frac{|X_{i,k}|}{|X|}\right)$$
$$-\frac{|X_{i,p}|}{|X|}\ln\left(\frac{|X_{i,p}|}{|X|}\right)+\frac{|X_{i,q}|}{|X|}\ln\left(\frac{|X_{i,q}|}{|X|}\right)$$
$$=H_X(\lambda_i),\quad 2\leqslant i\leqslant t$$

因此，$\{H_X(\lambda_1),H_X(\lambda_2),\cdots,H_X(\lambda_t)\}$是一个严格的递增序列，即 $H_X(\lambda_1)<H_X(\lambda_2)<\cdots<H_X(\lambda_t)$。

定理 2.7　如果一个集合 X 被划分成 k 个非空子集的并集(任意两个非空子集的交集为空集)，记为 $P_k(X)=\{X_1,X_2,\cdots,X_k\}$，称为 $P_k(X)$ 为集合 X 的一个 k 阶划分。

定义 2.44　设 $P_k(X)=\{X_1,X_2,\cdots,X_k\}$为集合 X 的一个 k 阶划分，令$|X_1|=a_1'$，$|X_2|=a_2',\cdots,|X_k|=a_k'$，将数列$\{a_1',a_2',\cdots,a_k'\}$按照由小到大依次排列，得到新的数列 $I(k)=\{a_1,a_2,\cdots,a_k\}$，称 $I(k)$ 是划分 $P_k(x)=\{X_1,X_2,\cdots,X_k\}$的分块序列。

明显，同一个集合相同的 k 阶划分一定对应相同的分块序列 $I(k)$。但是，不同的 k 阶划分也可能对应相同的分块序列 $I(k)$。

定义 2.45　设 $I_1(k)=\{a_1,a_2,\cdots,a_k\}$是集合 X 的一个 k 阶划分，称 $I_2(k)=\{a_1,a_2,\cdots,a_p+1,\cdots,a_q-1,\cdots,a_k\}$是 $I_1(k)$ 的一次 σ-置换。这里，$p<q$ 且 $a_p+1<a_q-1$。

一个分块序列的一次 σ-置换相当于将某个"大"的元素减小 1，某个"小"的元素也相应的增大 1，从而保持序列的递增性。

定理 2.8　若对分块序列 $I_1(k)$ 进行一次 σ-置换得到 $I_2(k)$，则 $H(I_1(k))<H(I_2(k))$。

证明　设 $I_1(k)=\{a_1,a_2,\cdots,a_k\}$，$I_2(k)=\{a_1,a_2,\cdots,a_{i+1},\cdots,a_{j-1},\cdots,a_k\}$ $(a_1+a_2+\cdots+a_k=n)$，则

$H\left(I_2(k)\right)=-\sum_{i=1}^{k}\frac{a_l}{n}\ln\frac{a_l}{n}+\frac{a_p}{n}\ln\frac{a_p}{n}+\frac{a_q}{n}\ln\frac{a_q}{n}-\frac{a_p+1}{n}\ln\frac{a_p+1}{n}-\frac{a_q-1}{n}\ln\frac{a_q-1}{n}$ 。令 $f(x)=-\frac{x}{n}\ln\left(\frac{x}{n}\right)-\frac{m-x}{n}\ln\left(\frac{m-x}{n}\right)$（这里 $m=a_p+a_q$），对 $f(x)$ 求导，得 $f'(x)=\frac{1}{n}\ln\left(\frac{m-x}{x}\right)$，令 $f'(x)=0$ 得到极值点 $x=\frac{m}{2}$，而 $f''(x)=\frac{-m}{n(m-x)x}<0$。所以 $f(x)$ 在 $0\leqslant x\leqslant\frac{m}{2}$ 时单调递增。$a=a_p$，$y=a_p+1$，由 $a_p+1<a_q-1$ 可知 $x<y\leqslant\frac{m}{2}=\frac{a_p+a_q}{2}$。根据 $f(x)$ 的单调性可知，$f(y)-f(x)>0$，即 $\frac{a_p}{n}\ln\frac{a_p}{n}+\frac{a_q}{n}\ln\frac{a_q}{n}-\frac{a_p+1}{n}\ln\frac{a_p+1}{n}-\frac{a_q-1}{n}\ln\frac{a_q-1}{n}>0$，所以

$$
\begin{aligned}
H\left(I_2(k)\right)&=-\sum_{i=1}^{k}\frac{a_l}{n}\ln\frac{a_l}{n}+\left(\frac{a_p}{n}\ln\frac{a_p}{n}+\frac{a_q}{n}\ln\frac{a_q}{n}\right)-\left(\frac{a_p+1}{n}\ln\frac{a_p+1}{n}+\frac{a_q-1}{n}\ln\frac{a_q-1}{n}\right)\\
&>-\sum_{i=1}^{k}\frac{a_l}{n}\ln\frac{a_l}{n}=H\left(I_1(k)\right)
\end{aligned}
$$

定理 2.8 表明，一个分块序列进行一次 σ-置换后，它的信息熵将会单调增加。在不混淆的情况下，一个集合的划分对应的信息熵和分块序列的信息熵被认为是同一个值。一个集合如果被某些属性划分得到不同的划分 $P_k'(X)$ 和 $P_k''(X)$，且如果它们有相同的分块序列 $I(k)$，则认为它们具有相同的信息含量，从熵的角度来说，它们具有相同的熵[78]。

2.3.6 模糊粗糙集的不确定性度量

模糊粗糙集是对粗糙集理论和模糊集理论的推广，当等价类的元素所属的类别不明确时，等价类便表示为模糊集的形式 $F=\{F_1, F_2,\cdots, F_n\}$，$F_i(i\in\{1, 2,\cdots, H\})$ 是模糊集。给定 X 上的一个模糊划分 R，利用上近似 $\overline{R}$ 和下近似 $\underline{R}$ 的形式表达任一模糊集合 F，称 $(\overline{R}(F),\underline{R}(F))$ 为模糊粗糙集。模糊上、下近似[151]公式为

$$\forall x\in X,\quad \mu_{\overline{R}}(F_i)=\sup\min\{\mu_{F_J}(x)\} \tag{2-52}$$

$$\forall x\in X,\quad \mu_{\overline{R}}(F_i)=\inf\max\{1-\mu_{F_J}(x),\mu_F(x)\} \tag{2-53}$$

给定一个有限知识库 $K=(U, R)$ 上，对于每个子集 $X\subseteq U$ 和一个等价关系 $R\in \mathrm{IND}(K)$，粗糙集的隶属度定义为

$$\mu_X(u)=\frac{|x\cap[u]_R|}{|[u]_R|} \tag{2-54}$$

其中，$u \in U$，$[u]_R$ 表示在 U 中的 R 等价类。

引入 U 中的模糊集 F_X^R，其公式为

$$F_X^R = \left\{ (u, \mu_{F_X^R}(u)) : u \in U, \mu_{F_X^R}(u) = \frac{|x \cap [u]_R|}{|[u]_R|} \right\} \tag{2-55}$$

Banerjee 和 Pal 提出了在某一近似空间的模糊集的粗糙度[152]。考虑参数 α 和 β($0 < \alpha \leqslant \beta \leqslant 1$)，则相应的模糊集 F^* 和 F_* 的 α 截集 $(F_*)_\alpha$ 和 β 截集 $(F_*)_\beta$，分别称为 (U, R) 上模糊集 F 的 α-下近似 β-上近似。那么 (U, R) 上模糊集 F 的粗糙度定义为

$$\rho_R^{\alpha.\beta}(F) = 1 - \frac{|(F_*)_\alpha|}{|(F_*)_\beta|} \tag{2-56}$$

2.3.7　粗糙模糊集的不确定性度量

集合 $X \subseteq U$ 和一个等价关系 R，F 为定义在 X 上的模糊集合，粗糙集 X 的 R 下近似为 $\bar{R}(X)$，上近似为 $\underline{R}(X)$。若 $U/R = \{X_1, X_2, \cdots, X_n\}$，定义模糊隶属函数[149]为

$$\forall x \in X, \quad \mu_{\bar{R}}(F_i) = \sup \min\{\mu_{F_j}(x)\} \tag{2-57}$$

$$\forall x \in X, \quad \mu_{\bar{R}}(F_i) = \inf \max\{1 - \mu_{F_j}(x), \mu_F(x)\} \tag{2-58}$$

设 (U, R) 为 Pawlak 粗糙集空间，$U = \{x_1, x_2, \cdots, x_n\}$，$A$ 为 U 上的一个模糊集合，则粗糙模糊集 $(\bar{R}(X), \underline{R}(X))$ 的模糊性度量 $\mathrm{FR}(A)$ 定义为

$$\mathrm{FR}(A) = \frac{4}{n} \sum_{i=1}^{n} R(A)(x)[1 - R(A)(x)] \sum A(y) \tag{2-59}$$

其中，$R(A) = \dfrac{y \in [x]_R}{|[x]_R|}$。

张清华和肖雨[153]给出了粗糙集的模糊度在不同知识粒度下的变化规律，已知 $F_X^B = \{\mu_X^B(x_1), \mu_X^B(x_2), \cdots, \mu_X^B(x_n)$ 中 F_X^B 是 U 上的一个模糊集，其中 $\mu_X^B(x) = \dfrac{|x \cap [x]_B|}{|[x]_B|}$ 是 $x(x \in U)$ 属于集合 X 的隶属度，$[x]_B$ 是属性集 B 的等价类，且 $X \subseteq U$ 结合米据生提出的度量公式得出以下两个定理。

定理 2.9　有属性子序列 $\varnothing = B_0 \subset B_1 \subset B_2 \cdots B_m = A$，如果 $U/B_{i+1} < u/B_i$，则对任意 $X \subseteq U$，有 $d_M\left(F_{X^i}^B\right) = d_M\left(F_{X^{i+1}}^B\right)$。

证明　令划分 $U/B_i = \{P_1, P_2, \cdots, P_r\}$ 和 $U/B_{i+1} = \{Q_1, Q_2, \cdots, Q_t\}$ $(r < t)$。因为 $U/B_{i+1} < U/B_i$，所以属性 a_{i+1} $(a_{i+1} \in B_{i+1}$ 和 $a_{i+1} \notin B_{i+1})$ 必定细分 $U/B_i = \{P_1, P_2, \cdots, P_r\}$ 中的一些元素。普遍地，考虑仅有一个元素(如 P_1)被细分为两个子集，其他元素保持不变，则 $P_1 = Q_i \cup Q_j$ 且 $Q_i \cap Q_j \neq \varnothing$。

如果 $P_1 \cap X = \varnothing$，U 中的任意元素 $x(x \in P_1)$，有 $\mu_{X^i}^B(x) = \dfrac{|P_1 \cap X|}{|P_1|} = 0$，又因为 $P_1 = Q_i \cup Q_j$，对任意 $x(x \in Q_i$ 或者 $x \in Q_j)$，有 $\mu_{X^{i+1}}^B(x) = \dfrac{|Q_i \cap X|}{|Q_i|} = \dfrac{|Q_j \cap X|}{|Q_j|} = 0$。

所以，模糊集 $F_{X^i}^B$ 保持不变，即 $F_{X^i}^B = F_{X^{i+1}}^B$，$d_M(F_{X^i}^B) = d_M(F_{X^{i+1}}^B)$。

(1) 如果 $P_1 \subseteq X$，对 U 中的任意元素 $x(x \in P_1)$，有 $\mu_{X^i}^B(x) = \dfrac{|P_1 \cap X|}{|P_1|} = 1$，又因为 $P_1 = Q_i \cup Q_j$，对任意 $x(x \in Q_i$ 或者 $x \in Q_j)$，有 $\mu_{X^{i+1}}^B(x) = \dfrac{|Q_i \cap X|}{|Q_i|} = \dfrac{|Q_j \cap X|}{|Q_j|} = 1$，所以模糊集 $F_{X^i}^B$ 保持不变，即 $F_{X^i}^B = F_{X^{i+1}}^B$，$d_M\left(F_{X^i}^B\right) = d_M\left(F_{M^{i+1}}^B\right)$。

(2) 如果 $P_1 \neq P_1 \cap X \neq \varnothing$，因为 $P_1 = Q_i \cup Q_j$，所以 $|P_1| = |Q_i| + |Q_j|$，接下来分类讨论模糊度 $d_M\left(F_{X^{i+1}}^B\right)$ 的变化情况。

① 如果 $P_1 \neq P_1 \cap X \neq \varnothing$，对任意元素 $x(x \in Q_i)$，$\mu_{X^{i+1}}^B(x) = 0 < \mu_{X^i}^B(x)$；对任意元素 $x(x \in Q_j)$，有

$$\mu_{X^{i+1}}^B(x) = \frac{|Q_j \cap X|}{|Q_j|} = \frac{|P_1 \cap X|}{|Q_j|} > \frac{|P_1 \cap X|}{|P_1|} = \mu_{X^i}^B(x)$$

因为

$$\begin{aligned} d_M(F_{X^i}^B) &= \frac{4}{n}\sum_{i=1}^{n} \mu_{X^i}^B(X_i)[1 - \mu_{X^i}^B(X_i)] \\ &= \frac{4}{n}\left\{\sum_{X_i \in P_1} \mu_{X^i}^B(X_i)[1 - \mu_{X^i}^B(X_i)] + \sum_{X_j \in P_1} \mu_{X^i}^B(X_i)[1 - \mu_{X^i}^B(X_i)]\right\} \end{aligned}$$

有

$$\begin{aligned} &\sum_{X_i \in P_1} \mu_{X^i}^B(X_i)[1 - \mu_{X^i}^B(X_i)] \\ &= |P_1| \frac{|P_1 \cap X|}{|P_1|}\left(1 - \frac{|P_1 \cap X|}{|P_1|}\right) \\ &= |P_1 \cap X|\left(\frac{|P_1| - |P_1 \cap X|}{|P_1|}\right) \end{aligned}$$

令

$$\begin{aligned} |X \cap P_1| &= a \\ |P_1| - |X \cap P_1| &= b \\ a + b &= |P_1| \end{aligned}$$

得

$$\sum_{X\in P_1}\mu_{X^i}^B(X_i)[1-\mu_{X^i}^B(X_i)]=\frac{ab}{a+b}$$

若

$$\begin{aligned}&\sum_{X_i\in Q_i\cup Q_j}\mu_{X^{i+1}}^B(X_i)[1-\mu_{X^{i+1}}^B(X_i)]\\&=\sum_{X_i\in Q_i}\mu_{X^{i+1}}^B(X_i)[1-\mu_{X^{i+1}}^B(X_i)]+\sum_{X_i\in Q_j}\mu_{X^{i+1}}^B(X_i)[1-\mu_{X^{i+1}}^B(X_i)]\\&=\sum_{X_i\in Q_j}\mu_{X^{i+1}}^B(X_i)[1-\mu_{X^{i+1}}^B(X_i)]\end{aligned}$$

令

$$|Q_j|-|X\cap Q_j|=b_1$$

又因为

$$|X\cap Q_j|=|X\cap P_1|=a$$

所以

$$\sum_{X_i\in Q_i\cup Q_j}\mu_{X^{i+1}}^B(X_i)[1-\mu_{X^{i+1}}^B(X_i)]=\sum_{X_i\in Q_j}\mu_{X^{i+1}}^B(X_i)[1-\mu_{X^{i+1}}^B(X_i)]=\frac{ab_1}{a+b_1}$$

接下来证明 $\frac{ab}{a+b}\geqslant\frac{ab_1}{a+b_1}$。假设二元函数 $f(a,b)=\frac{ab}{a+b}$，由于 $\frac{\partial f}{\partial a}=\frac{b^2}{(a+b)^2}\geqslant 0$ 且 $\frac{\partial f}{\partial b}=\frac{a^2}{(a+b)^2}\geqslant 0$，所以 $f(a,b)$ 随变量 a 和 b 单调递增。由于 $b\geqslant b_1$，所以 $\frac{ab}{a+b}\geqslant\frac{ab_1}{a+b_1}$，得到结论 $d_M(F_{X^i}^B)=d_M(F_{X^{i+1}}^B)$。

② 如果 $Q_j\subseteq X$（证明和①类似），可以得出：

$$\sum_{X_i\in P_1}\mu_{X^i}^B(X_i)[1-\mu_{X^i}^B(X_i)]=\frac{ab}{a+b}$$

因为

$$\begin{aligned}&\sum_{X_i\in Q_i\cup Q_j}\mu_{X^{i+1}}^B(X_i)[1-\mu_{X^{i+1}}^B(X_i)]\\&=\sum_{X_i\in Q_i}\mu_{X^{i+1}}^B(X_i)[1-\mu_{X^{i+1}}^B(X_i)]+\sum_{X_i\in Q_j}\mu_{X^{i+1}}^B(X_i)[1-\mu_{X^{i+1}}^B(X_i)]\\&=\sum_{X_i\in Q_j}\mu_{X^{i+1}}^B(X_i)[1-\mu_{X^{i+1}}^B(X_i)]\end{aligned}$$

又因为$|Q_i|-|Q_i \cap X|=|P_1|-|X \cap P_1|=b$，$a_1=|X \cap Q|<|X \cap P_1|=a$，所以

$$\sum_{X \in Q_i} \mu_{X^{i+1}}^B(X_i)[1-\mu_{X^{i+1}}^B(X_i)]=\frac{a_i b}{a_i+b} \leqslant \frac{ab}{a+b}$$

则$d_M(F_{X^i}^B) \geqslant d_M(F_{X^{i+1}}^B)$。

③ 如果$Q_i \neq Q_i \cap X \neq \varnothing$和$Q_j \neq Q_j \cap X \neq \varnothing$，令

$$|X \cap Q_i|=a_1>0$$
$$|X \cap Q_j|=a_2>0$$
$$|Q_i|-|X \cap Q_i|=b_1>0$$
$$|Q_j|-|X \cap Q_j|=b_2>0$$

这里$a_1+a_2=a$以及$b_1+b_2=b$，有

$$\begin{aligned}\sum_{X_i \in P_1} \mu_{X^i}^B(X_i)[1-\mu_{X^i}^B(X_i)]=\frac{ab}{a+b} & \sum_{X_i \in Q_i \cup Q_j} \mu_{X^{i+1}}^B(X_i)[1-\mu_{X^{i+1}}^B(X_i)] \\ &=\sum_{X_i \in Q_i} \mu_{X^{i+1}}^B(X_i)[1-\mu_{X^{i+1}}^B(X_i)]+\sum_{X_i \in Q_j} \mu_{X^{i+1}}^B(X_i)[1-\mu_{X^{i+1}}^B(X_i)] \\ &=\frac{a_1 b_1}{a_1+b_1}+\frac{a_2 b_2}{a_2+b_2}\end{aligned}$$

接下来，证明不等式$\frac{a_1 b_1}{a_1+b_1}+\frac{a_2 b_2}{a_2+b_2} \leqslant \frac{ab}{a+b}$。设二元函数$f(a_1,b_1)=\frac{a_1 b_1}{a_1+b_1}+\frac{(a-a_1)(b-b_1)}{(a-a_1)+(b-b_1)}$（$a$ 和 b 都是常数），当$\frac{\partial f}{\partial a_1}=\frac{b_1^2}{(a_1+b_1)^2}-\frac{(b-b_1)^2}{[(a-a_1)+(b-b_1)]^2}$和$\frac{\partial f}{\partial b_1}=\frac{a_1^2}{(a_1+b_1)^2}-\frac{(a-a_1)^2}{[(a-a_1)+(b-b_1)]^2}$时，方程$\begin{cases}\frac{\partial f}{\partial a_1}=0 \\ \frac{\partial f}{\partial b_1}=0\end{cases}$的解为$\frac{a_1}{b_1}=\frac{a}{b}$，$\frac{a_2}{b_2}=\frac{a}{b}$。令$b_1$为一个常量，得到$\frac{\mathrm{d}^2 f}{\mathrm{d} a_1^2}=\frac{-2b_1^2}{(a_1+b_1)^3}+\frac{-2(b-b_1)^2}{(a-a_1+b-b_1)^3}<0$，因此当$\frac{a_1}{b_1}=\frac{a}{b}$时，$f(a_1,b_1)$取最大值，即

$$f(a_1,b_1) \leqslant \frac{\frac{a}{b} b_1 b_1}{\frac{a}{b} b_1+b_1}+\frac{\left(a-\frac{a}{b} b_1\right)(b-b_1)}{\left(a-\frac{a}{b} b_1\right)+(b-b_1)}=\frac{ab}{a+b}$$

则$d_M(F_{X^i}^B) \geqslant d_M(F_{X^{i+1}}^B)$。

定理 2.10　如果 P_1 在划分 U/B_i 中被一个属性 a_{i+1} 分为两个部分，即 Q_i 和 Q_j，这里有 $P_1=Q_i\cup Q_j$ 且 $Q_i\cap Q_j=\varnothing$。$d_M(F_{X^i}^B)=d_M(F_{X^{i+1}}^B)$，当且仅当 $\dfrac{|P_1\cap X|}{|P_1|-|P_1\cap X|}=\dfrac{|Q_i\cap X|}{|Q_i|-|Q_i\cap X|}=\dfrac{|Q_j\cap X|}{|Q_j|-|Q_j\cap X|}$。

2.3.8　云模型的不确定性度量[154]

云模型是用语言值表示的某个定性概念与其定量表示的不确定性转换模型[154]，它主要反映客观世界中事物或人类知识中概念的两种不确定性——模糊性(边界的亦此亦彼)和随机性(发生的概率)，并把二者完全集成在一起，构成定性和定量相互间的映射，研究自然语言中的最基本语言值所蕴含的不确定性的普遍规律，使有可能从语言值表达的定性信息中获得定量数据的范围和分布规律，也有可能把精确数值有效转换为恰当的定性语言值。

云模型用相互独立的一组参数共同表达一个定性概念的数字特征，反映概念的不确定性。云模型用期望 Ex、熵 En 和超熵 He 三种数字特征来整体表征一个概念。

云模型是用概念的方法度量不确定性，比数字表达更真实，更具备普遍性。云模型描绘出不确定性概念的轮廓，得出近似的、灵活的结论。

2.3.9　小结

不确定性度量的研究对粒计算的发展有着重要的作用。本节主要介绍了粒计算模型的不确定性度量方法。首先介绍了模糊集的不确定性度量方法，主要是模糊集熵的度量方法、模糊集的距离测度、相似测度和模糊集的模糊度，从这三方面概括了基本的模糊集不确定性度量方法。Vague 集是模糊集的推广，本节以 Vague 集的模糊熵、Vague 集之间的相似度度量和 Vague 集的距离测度为重点介绍了 Vague 集的不确定性度量。对于粗糙集的不确定性度量，分别从完备信息系统和不完备信息系统两方面入手，介绍了各类型的不确定性度量方法以及它们的优缺点。覆盖粗糙集作为粗糙集的推广，对于覆盖粗糙集的不确定性度量，本节介绍了 Bonikowski 覆盖粗糙集的粗糙度、粗糙熵、模糊度和修正模糊度。商空间也是粒计算方法，本节介绍了商空间的不确定性度量及它的同构的判定定理，以及它与模糊关系、信息熵序列之间的关系[78]，最后介绍了其他粒计算模型的不确定性度量方法，如模糊粗糙集、粗糙模糊集、云模型的不确定性度量。

2.4 基于信息熵的不确定性度量

2.4.1 引言

最早的不确定性度量方法 Kolmogorov 于 1933 年提出的概率论[1]。1948 年，Shannon 提出了基于信息论的信息熵[67]。人们又根据模糊集、粗糙集和云模型等提出了模糊熵、粗糙熵、超熵等概念，在运筹学、管理科学、信息科学、系统科学、计算机科学以及工程技术等众多领域都存在着客观的知识不确定性度量问题[1]。关于不确定性问题的研究越来越受到学术界的普遍关注，不确定性现象在很多领域中存在，可以说是随处可见；不确定性问题的主要特征有随机性、模糊性、不完全性和不稳定性等，其中随机性和模糊性是不确定性的基本特征[1,44,78]。因此，随着粒计算的诞生,很多学者开始研究和讨论各种粒计算模型中知识的不确定性理论与方法。

信息论最初是 Shannon 为了解决数据通信领域中信息传递过程问题而提出的，当时主要用于解决通信控制系统中普遍存在的信息度量、变换和传递等问题[155, 156]。信息含量通常表示为所包含数据的不确定性程度，为了刻画这种不确定性程度，信息论给出了信息熵、条件熵、互信息等重要概念[157]，下面将对新的信息熵、联合信息熵、条件信息熵、互信息等不确定性度量及其之间的关系进行深入研究。

2.4.2 信息熵

目前，Shannon 熵及其变体在不确定性度量上的研究已有很多成果。梁吉业[56]提出了一种新的信息熵，它与 Shannon 熵中的对数计算不同，这种新的信息熵增益函数考虑到了补集的处理过程。

定义 2.46 给定信息系统 IS =(U, A)，若存在 $x\in U$ 且 $a\in A$ 使得 $f(x, a)$的值为一个丢失值(空值、未知值或不确定值)，则称该信息系统为不完备信息系统 IIS =(U, A)，否则为完备信息系统 CIS =(U, A)；给定决策系统 DS =(U, C, D)，若存在 $x\in U$ 且 $a\in C$ 使得 $f(x, a)$的值为一个丢失值(空值、未知值或不确定值)，则称该决策系统为不完备决策系统 IDS =(U, C, D)，否则为完备决策系统 CDS =(U, C, D)。这里的丢失值用“*”表示。

定义 2.47[98] 设 CIS =(U, A)是一个完备信息系统，$U/A = \{R_1, R_2, \cdots, R_m\}$，则粗糙集下知识 A 的信息熵定义如下：

$$E(A)=\sum_{i=1}^{m}\frac{|R_i|}{|U|}\frac{|R_i^c|}{|U|}=\sum_{i=1}^{m}\frac{|R_i|}{|U|}\left(1-\frac{|R_i|}{|U|}\right) \tag{2-60}$$

其中，R_i^c 是 R_i 的补集，即 $R_i^c = U - R_i$，$|R_i|/|U|$ 是论域 U 下的等价类 R_i 的概率，$|R_i^c|/|U|$

是 R_i 补集的概率。

区别于 Shannon 熵，这个信息熵不仅可以用于度量信息系统中的不确定性，而且也可用于粗糙集和粗糙分类的模糊性度量[51]。

定义 2.48[51]　设 IIS = (U, A) 是一个不完备信息系统，$P \subseteq A$，$U/\mathrm{SIM}(P) = \{S_P(u_1), S_P(u_2), \cdots, S_P(u_{|U|})\}$，则知识 P 的信息熵定义如下：

$$\mathrm{IE}(P) = \sum_{i=1}^{|U|} \frac{1}{|U|}\left(1 - \frac{|S_P(u_i)|}{|U|}\right) \tag{2-61}$$

在不完备信息系统中，由定义 2.48 可以得到如下性质。

性质 2.5[51]　设 IIS = (U, A) 是一个不完备信息系统，$P \subseteq A$，则有：

(1) 当 $U/\mathrm{SIM}(P) = \delta = \{S_P(u) \mid S_P(u) = \{U\}, u \in U\}$ 时，知识 P 的信息熵的最小值是 0；

(2) 当 $U/\mathrm{SIM}(P) = \omega = \{S_P(u) \mid S_P(u) = \{u\}, u \in U\}$ 时，知识 P 的信息熵的最大值是 $1 - 1/|U|$。

因此，不完备信息系统 IIS = (U, A) 的信息熵满足 $0 \leqslant \mathrm{IE}(A) \leqslant 1 - 1/|U|$。

性质 2.6　给定一个不完备信息系统 IIS = (U, A)，$P, Q \subseteq A$，如果 $P \prec Q$，则有 $\mathrm{IE}(Q) < \mathrm{IE}(P)$。

定理 2.11　给定一个完备信息系统 CIS = (U, A)，$P \subseteq A$，$U/P = \{X_1, X_2, \cdots, X_m\}$，$U/\mathrm{SIM}(P) = \{S_P(u_1), S_P(u_2), \cdots, S_P(u_{|U|})\}$，则 A 的信息熵退化为

$$\mathrm{IE}(P) = \sum_{i=1}^{m} \frac{|X_i|}{|U|}\left(1 - \frac{|X_i|}{|U|}\right) \tag{2-62}$$

即

$$\mathrm{IE}(P) = \sum_{k=1}^{|U|} \frac{1}{|U|}\left(1 - \frac{|S_P(u_k)|}{|U|}\right) = \sum_{i=1}^{m} \frac{|X_i|}{|U|}\left(1 - \frac{|X_i|}{|U|}\right) \tag{2-63}$$

由定理 2.11 可知，在完备信息系统中，信息熵退化为不完备信息系统中的信息熵，即不完备信息系统中的信息熵在完备信息系统中也有其相应的特殊形式。这个结论也与完备信息系统中信息熵的定义一致[56]。

定理 2.12　给定一个不完备信息系统 IIS = (U, A)，对于任意 $P, Q \subseteq A$，如果 $\mathrm{SIM}(P) = \mathrm{SIM}(Q)$，则 $\mathrm{IE}(P) = \mathrm{IE}(Q)$。

证明　假设 $U = \{u_1, u_2, \cdots, u_{|U|}\}$，且 $P, Q \subseteq A$。如果 $\mathrm{SIM}(P) = \mathrm{SIM}(Q)$，则对任意 $u_i \in U$ 有 $S_P(u_i) = S_Q(u_i)$，于是可得

$$\sum_{i=1}^{|U|} \frac{1}{|U|}\left(1 - \frac{|S_P(u_i)|}{|U|}\right) = \sum_{i=1}^{|U|} \frac{1}{|U|}\left(1 - \frac{|S_Q(u_i)|}{|U|}\right)$$

即 IE(P)= IE(Q)。

定理 2.13　给定一个不完备信息系统 IIS =(U, A)，对于任意 $P\subseteq Q\subseteq A$，如果 IE(P)= IE(Q)，则 SIM(P)= SIM(Q)。

证明　假设 $U=\{u_1, u_2,\cdots, u_{|U|}\}$，且 $P\subseteq Q\subseteq A$，对任意的 $i\in\{1, 2,\cdots, |U|\}$，可得 $S_Q(u_i)\subseteq S_P(u_i)$。如果 IE$(P)$=IE$(Q)$，根据信息熵公式(2-60)，对任意 $u_i\in U$ 很容易得到 $S_P(u_i)=S_Q(u_i)$，进而可得 SIM(P)=SIM(Q)。

定理 2.14　给定一个不完备信息系统 IIS =(U, A)，对于任意 $P\subseteq A$，U/SIM(P)= U/SIM(A)的充分必要条件是 IE(P)= IE(A)。

证明　(1)充分条件：假设 $P\subseteq A$ 且 IE(P)=IE(A)，由定理 2.13 可得 SIM(P)=SIM(A)。由此对任意的 $i,j,k\in\{1, 2, \cdots, |U|\}$ 得 $S_P(u_i)=\{u_j\in U|(u_i, u_j)\in \mathrm{SIM}(P)\}=\{u_k\in U|(u_i, u_k)\in \mathrm{SIM}(A)\}=S_A(u_i)$，于是对任意的 $i\in\{1, 2,\cdots, |U|\}$，有 $\bigcup\{S_P(u_i)|u_i\in U\}=\bigcup\{S_A(u_i)|u_i\in U\}$，即由相容关系可知 U/SIM(P)=U/SIM(A)成立。

(2)必要条件：如果 U/SIM(P)=U/SIM(A)，则对任意 $i\in\{1, 2,\cdots, |U|\}$，有 $S_P(u_i)=S_A(u_i)$，进而有 SIM(P)=SIM(A)，于是由定理 2.12 可得 IE(P)=IE(A)。

因而，上述命题成立。

给定一个不完备信息系统 IIS =(U, A)，知识 A 诱导出的最大一致块集 $C_A=\{A^1, A^2,\cdots, A^m\}$，这里的最大一致块技术描述的是不完备信息系统 IIS 中最小的知识单元或信息单元[8]。

定义 2.49　设 IIS =(U, A)是一个不完备信息系统，对任意的 $P\subseteq A$，$C_P=\{P^1, P^2,\cdots, P^m\}$，知识 P 关于最大一致块集 C_P 的信息熵定义如下：

$$\mathrm{IE}(C_P)=\sum_{i=1}^{m}\frac{1}{|m|}\left(1-\frac{|P^i|}{U}\right) \tag{2-64}$$

其中，$|P^i|/|U|$ 表示论域 U 下最大一致块 P^i 的概率。

在不完备信息系统中，由定义 2.49 可以得到如下性质。

性质 2.7　给定一个不完备信息系统 IIS =(U, A)，对任意的 $P\subseteq A$，有：

(1)如果 $C_P=\delta=\{U|u\in U\}$，IE(C_P)达到最小值为 0；

(2)如果 $C_P=\omega=\{\{u\}|u\in U\}$，IE$(C_P)$达到最大值为$1-1/|U|$。

显然，对于不完备信息系统 IIS =(U, A)，有 $0\leqslant$ IE$(C_A)\leqslant 1-1/|U|$。

定义 2.50　设 IIS =(U, A)是一个不完备信息系统，对任意的 $P, Q\subseteq A$，$C_P=\{P^1, P^2,\cdots, P^m\}$，$C_Q=\{Q^1, Q^2,\cdots, Q^n\}$，下面在论域 U 上从最大一致块角度定义一个偏序关系$\preccurlyeq'(\succcurlyeq')$：

(1)$P\preccurlyeq' Q$(或者 $Q\succcurlyeq' P$)$\Leftrightarrow$如果对任意的 $i\in\{1, 2,\cdots, m\}$，都有 $P^i\subseteq Q^j$，其中 $P^i\in C_P$，$Q^j\in C_Q$，$j\in\{1, 2,\cdots, n\}$；

(2) $P \prec' Q \Leftrightarrow$ 如果对任意的 $i\in\{1, 2,\cdots, m\}$，$P^i\in C_P$ 存在 $Q^j\in C_Q$，其中 $j\in\{1, 2,\cdots, n\}$，使 $P^i\subseteq Q^j$，但对某一 $P^{i0}\in C_P$，存在 $Q^{j0}\in C_Q$ 使 $P^{i0}\subset Q^{j0}$。

定理 2.15　设 $\mathrm{IIS}=(U, A)$ 是一个不完备信息系统，对任意的 $P, Q\subseteq A$，$C_P=\{P^1, P^2,\cdots, P^m\}$，$C_Q=\{Q^1, Q^2,\cdots, Q^n\}$，如果 $P\prec' Q$，则 $\mathrm{IE}(C_Q)<\mathrm{IE}(C_P)$ 成立。

证明　由于 $P\prec' Q$，由定义 2.50 的偏序关系可知，对任意的 $i\in\{1, 2,\cdots, m\}$，$P^i\in C_P$ 存在 $Q^j\in C_Q$，其中 $j\in\{1, 2,\cdots, n\}$，使 $P^i\subseteq Q^j$；但对某一 $P^{i0}\in C_P$，存在 $Q^{j0}\in C_Q$ 使 $P^{i0}\subset Q^{j0}$，且 $m>n$；那么对 $Q^{j0}\in C_Q$，存在 $\{P^{i1}, P^{i2},\cdots, P^{is}\}$，其中 $P^{ik}\in C_P$，$k=\{1, 2,\cdots, s\}$，使每一个 $P^{ik}\subseteq Q^{j0}$，这里 $P^{i0}\in\{P^{i1}, P^{i2},\cdots, P^{is}\}$。于是可以得到 $|P^{ik}|\leqslant|Q^{j0}|$ 和 $|P^{i0}|<|Q^{j0}|$。从而有

$$
\begin{aligned}
\mathrm{IE}(C_Q)&=\sum_{i=1}^{n}\frac{1}{|n|}\left(1-\frac{|Q^i|}{|U|}\right)\\
&=1-\frac{1}{|n|}\sum_{i=1}^{n}\frac{|Q^i|}{|U|}\\
&=1-\frac{1}{|n|}\left(\sum_{j=1, j\neq j0}^{n}\frac{|Q^j|}{|U|}+\frac{|Q^{j0}|}{U}\right)\\
&<1-\frac{1}{|n|}\left(\sum_{j=1, j\neq j0}^{n}\frac{|Q^j|}{U}+\frac{1}{s}\sum_{k=1}^{s}\frac{|P^{i_k}|}{|U|}\right)\\
&\leqslant 1-\frac{1}{|m|}\sum_{i=1}^{m}\frac{|P^i|}{|U|}\\
&=\sum_{i=1}^{m}\frac{1}{|m|}\left(1-\frac{|P^i|}{|U|}\right)\\
&=\mathrm{IE}(C_P)
\end{aligned}
$$

即 $\mathrm{IE}(C_Q)<\mathrm{IE}(C_P)$ 成立。

由定理 2.15 可知，在不完备信息系统中，最大一致块信息熵随着信息粒度的变小(通过更细的分类)而单调增加。

定理 2.16　设 $\mathrm{IIS}=(U, A)$ 是一个不完备信息系统，对任意的 $P, Q\subseteq A$，$C_P=\{P^1, P^2,\cdots, P^m\}$，$C_Q=\{Q^1, Q^2,\cdots, Q^n\}$，$U/\mathrm{SIM}(P)=\{S_P(u_1), S_P(u_2),\cdots, S_P(u_{|U|})\}$，$U/\mathrm{SIM}(Q)=\{S_Q(u_1), S_Q(u_2),\cdots, S_Q(u_{|U|})\}$，如果 $P\preccurlyeq' Q$，则有 $\mathrm{IE}(Q)\leqslant\mathrm{IE}(P)$ 成立。

证明　由于 $P\preccurlyeq' Q$，从定义 2.50 的偏序关系可知，对任意的 $i\in\{1, 2,\cdots, m\}$，$P^i\in C_P$ 存在 $Q^j\in C_Q$，其中 $j\in\{1, 2,\cdots, n\}$，使 $P^i\subseteq Q^j$。假设 $S_P(u)=\{v\in U\mid(u, v)\in\mathrm{SIM}(P)\}$ 和 $S_Q(u)=\{v\in U\mid(u, v)\in\mathrm{SIM}(Q)\}$，由文献[123]中的定理 4 可知，从最大一致块信息熵角度上看，有 $S_P(u)=\bigcup\{X_k\in C_P\mid X_k\subseteq S_P(u)\}=\bigcup\{X_k\in C_P(u)\}$，且 $S_Q(u)=\bigcup\{Y_t\in C_Q\mid$

$Y_t \subseteq S_Q(u)\}=\bigcup\{Y_t \in C_Q(u)\}$成立，其中，$k \leqslant m$ 且 $t \leqslant n$。接下来，很容易得到 $u \in C_P(u)$ 和 $u \in C_Q(u)$，则存在 $u \notin (C_P - C_P(u))$ 且 $u \notin (C_Q - C_Q(u))$。因此，由 $P \preccurlyeq' Q$ 可知，对任意 $X_k \in C_P(u)$，存在 $Y_t \in C_Q(u)$，可以得到 $X_k \subseteq Y_t$。所以，对任意的 $u \in U$，可得到 $S_P(u)=\bigcup\{X_k \in C_P \mid X_k \subseteq S_P(u)\}=\bigcup_{k=1}^{m} X_k \subseteq \bigcup_{t=1}^{n} Y_t = \bigcup\{Y_t \in C_Q \mid Y_t \subseteq S_Q(u)\}= S_Q(u)$。也就是说，对任意的 $u \in U$ 有$|S_P(u)| \leqslant |S_Q(u)|$。从而有

$$
\begin{aligned}
\mathrm{IE}(Q) &= \sum_{i=1}^{|U|}\frac{1}{|U|}\left(1-\frac{|S_Q(u_i)|}{|U|}\right) \\
&\leqslant \sum_{i=1}^{|U|}\frac{1}{|U|}\left(1-\frac{|S_P(u_i)|}{|U|}\right) \\
&= \mathrm{IE}(P)
\end{aligned}
$$

即 $\mathrm{IE}(Q) \leqslant \mathrm{IE}(P)$。

由定理 2.16 可知，在不完备信息系统中，知识的信息熵随着最大一致块变小(通过更细的分类)而单调增加[56]。于是，在不完备信息系统 $\mathrm{IIS}=(U, A)$ 中，如果 $P \preccurlyeq' Q$，则对任意的 $u \in U$，有 $S_P(u) \subseteq S_Q(u)$。也就是说，$P \preccurlyeq Q$ 的偏序关系可以被 $P \preccurlyeq' Q$ 的偏序关系诱导。因此，很容易得知，在不完备信息系统中，偏序关系$\preccurlyeq'$是偏序关系$\preccurlyeq$的一种特殊情形。

2.4.3　联合信息熵

为了更好地说明下面的内容，给出如下引理。

引理 2.1[158]　设 $\mathrm{CIS}=(U, A)$ 是一个完备信息系统，P 和 Q 为论域 U 上的两个等价关系集合，则有 $U/(P\cup Q)=U/P \cap U/Q$ 成立。

引理 2.2　设 $\mathrm{IIS}=(U, A)$ 是一个不完备信息系统，对于任意 $P, Q \subseteq A$，有：

(1) $\mathrm{SIM}(P) \cap \mathrm{SIM}(Q)=\mathrm{SIM}(P\cup Q)$；

(2) $S_P(u) \cap S_Q(u) = S_{P\cup Q}(u)$；

(3) $U/\mathrm{SIM}(P) \cap U/\mathrm{SIM}(Q)=U/\mathrm{SIM}(P\cup Q)$。

证明

(1) 设 $\mathrm{SIM}(P)=\bigcap_{a\in P}\mathrm{SIM}(\{a\})$ 且 $\mathrm{SIM}(Q)=\bigcap_{a\in Q}\mathrm{SIM}(\{a\})$，可以得到

$$
\begin{aligned}
\mathrm{SIM}(P)\cap\mathrm{SIM}(Q) &= \left(\bigcap_{a\in P}\mathrm{SIM}(\{a\})\right)\cap\left(\bigcap_{a\in Q}\mathrm{SIM}(\{a\})\right) \\
&= \left(\bigcap_{a\in P-P\cap Q}\mathrm{SIM}(\{a\})\right)\cap\left(\bigcap_{a\in P\cap Q}\mathrm{SIM}(\{a\})\right)
\end{aligned}
$$

$$\cap\left(\bigcap_{a\in P-P\cap Q}\text{SIM}(\{a\})\right)\cap\left(\bigcap_{a\in P\cap Q}\text{SIM}(\{a\})\right)$$

$$=\left(\bigcap_{a\in P-P\cap Q}\text{SIM}(\{a\})\right)\cap\left(\bigcap_{a\in Q-P\cap Q}\text{SIM}(\{a\})\right)$$

$$\cap\left(\bigcap_{a\in P\cap Q}\text{SIM}(\{a\})\right)$$

$$=\bigcap_{a\in(P-P\cap Q)\cup(Q-P\cap Q)\cup(P\cap Q)}\text{SIM}(\{a\})$$

$$=\bigcap_{a\in P\cap Q}\text{SIM}(\{a\})=\text{SIM}(P\cup Q)$$

即 $\text{SIM}(P)\cap\text{SIM}(Q)=\text{SIM}(P\cup Q)$ 成立。

(2) 设 $S_P(u)=\{v\in U\mid(u,v)\in\text{SIM}(P)\}$，$S_Q(u)=\{v\in U\mid(u,v)\in\text{SIM}(Q)\}$，$S_{P\cup Q}(u)=\{v\in U\mid(u,v)\in\text{SIM}(P\cup Q)\}$，可以得到

$$S_P(u)\cap S_Q(u)=\left(\bigcup_{(u,v)\in\text{SIM}(P)}v\in U\right)\cap\left(\bigcup_{(u,v)\in\text{SIM}(Q)}v\in U\right)$$

$$=\bigcup_{(u,v)\in\text{SIM}(P)\cap\text{SIM}(Q)}v\in U$$

$$=\bigcup_{(u,v)\in\text{SIM}(P\cup Q)}v\in U$$

$$=S_{P\cup Q}(u)$$

即 $S_P(u)\cap S_Q(u)=S_{P\cup Q}(u)$ 成立。

(3) 由 (1) 和 (2) 显然可证。

定理 2.17　设 IIS $=(U, A)$ 是一个不完备信息系统，对于任意 $P, Q\subseteq A$，$U/\text{SIM}(P)=\{S_P(u_1),S_P(u_2),\cdots,S_P(u_{|U|})\}$，$U/\text{SIM}(Q)=\{S_Q(u_1),S_Q(u_2),\cdots,S_Q(u_{|U|})\}$，有

$$\bigcup_{i=1}^{|U|}\bigcup_{j=1}^{|U|}\{S_P(u_i)\cap S_Q(u_j)\}$$

$$=\bigcup_{i=1}^{|U|}\{S_{P\cup Q}(u_i)\}$$

$$=\bigcup_{i=1}^{|U|}\{S_P(u_i)\cap S_Q(u_i)\}$$

证明　由引理 2.1 和引理 2.2 显然可得。

定义 2.51　设 CDS=(U,C,D) 是一个完备决策系统，对任意的 $P,Q\subseteq C\cup D$，$U/P=\{X_1,X_2,\cdots,X_m\}$，$U/Q=\{Y_1,Y_2,\cdots,Y_n\}$，知识 $P\cup Q$ 的联合信息熵定义如下：

$$E(P\cup Q)=\sum_{i=1}^{m}\sum_{j=1}^{n}\frac{|Y_j\cap X_i|}{|U|}\left(1-\frac{|Y_j\cap X_i|}{|U|}\right) \tag{2-65}$$

定义 2.52 设 IDS $=(U,C,D)$ 是一个不完备决策系统，对任意的 $P,Q\subseteq C\cup D$，$U/\mathrm{SIM}(P)=\{S_P(u_1),S_P(u_2),\cdots,S_P(u_{|U|})\}$，$U/\mathrm{SIM}(Q)=\{S_Q(u_1),S_Q(u_2),\cdots,S_Q(u_{|U|})\}$，知识 $P\cup Q$ 的联合信息熵定义如下：

$$\mathrm{IE}(P\cup Q)=\sum_{i=1}^{|U|}\sum_{j=1}^{|U|}\frac{1}{|U|}\left(1-\frac{|S_P(u_i)\cap S_Q(u_j)|}{|U|}\right)=\sum_{i=1}^{|U|}\frac{1}{|U|}\left(1-\frac{|S_P(u_i)\cap S_Q(u_j)|}{|U|}\right) \tag{2-66}$$

在不完备决策系统中，由上述信息熵定义 2.48、联合信息熵定义 2.52 可得如下性质。

性质 2.8 设 IDS=(U,C,D) 是一个不完备决策系统，对任意的 $P,Q\subseteq C\cup D$，有以下性质成立：

(1) $\mathrm{IE}(P)\leqslant\mathrm{IE}(P\cup Q)$；

(2) $\mathrm{IE}(Q)\leqslant\mathrm{IE}(P\cup Q)$；

(3) 如果 $P\preccurlyeq Q$，则有 $\mathrm{IE}(P\cup Q)=\mathrm{IE}(P)$。

定理 2.18 设 CDS=(U, C, D) 是一个完备决策系统，对于任意 $P, Q\subseteq C\cup D$，$U/P=\{X_1, X_2,\cdots, X_m\}$，$U/Q=\{Y_1, Y_2,\cdots, Y_n\}$，$U/\mathrm{SIM}(P)=\{S_P(u_1), S_P(u_2),\cdots, S_P(u_{|U|})\}$，$U/\mathrm{SIM}(Q)=\{S_Q(u_1),S_Q(u_2),\cdots,S_Q(u_{|U|})\}$，则知识 $P\cup Q$ 的联合信息熵退化为

$$\mathrm{IE}(P\cup Q)=\sum_{i=1}^{m}\sum_{j=1}^{n}\frac{|Y_j\cap X_i|}{|U|}\left(1-\frac{|Y_j\cap X_i|}{|U|}\right) \tag{2-67}$$

即

$$\begin{aligned}\mathrm{IE}(P\cup Q)&=\sum_{k=1}^{|U|}\frac{1}{|U|}\left(1-\frac{|S_P(u_k)\cap S_Q(u_k)|}{|U|}\right)\\&=\sum_{i=1}^{m}\sum_{j=1}^{n}\frac{|Y_j\cap X_i|}{|U|}\left(1-\frac{|Y_j\cap X_i|}{|U|}\right)\end{aligned} \tag{2-68}$$

证明 该证明过程类似定理 2.11，这里不再赘述。

由定理 2.18 可知，完备决策系统中的联合信息熵是不完备决策系统中联合信息熵的一种特殊情形。

在完备决策系统中，由定理 2.18 很容易得到如下推论。

推论 2.1 设 CDS=(U, C, D) 是一个完备决策系统，对任意的 $P, Q\subseteq C$，有 $\mathrm{IE}(P\cup Q)=E(P\cup Q)$。

2.4.4　条件信息熵

定义 2.53　设 CDS＝(U,C, D) 是一个完备决策系统，对任意的 $Q\subseteq C$，$U/P=\{X_1, X_2,\cdots,X_m\}$，$U/D=\{Y_1,Y_2,\cdots,Y_n\}$，知识 P 相对于决策 D 的条件信息熵定义如下：

$$E(D\mid P)=\sum_{i=1}^{m}\sum_{j=1}^{n}\frac{|Y_j\cap X_i||Y_j^{\mathrm{c}}-X_i^{\mathrm{c}}|}{|U|^2}\tag{2-69}$$

类似信息熵，该条件信息熵不仅可以用于度量决策系统中的不确定性，同时也可以用于粗糙集和粗糙决策分类的模糊性度量。

定理 2.19　设 CDS=(U,C, D) 是一个完备决策系统，对任意的 $P, Q\subseteq C$，$U/P=\{X_1, X_2,\cdots,X_m\}$，$U/Q=\{Z_1,Z_2,\cdots,Z_l\}$，$U/D=\{Y_1,Y_2,\cdots,Y_n\}$。如果 $U/P\prec U/Q$，则有 $E(D|P)\leqslant E(D|Q)$ 成立。

证明　假设 $U/P=\{X_1,X_2,\cdots,X_m\}$ 和 $U/Q=\{Z_1,Z_2,\cdots,Z_l\}$，由于 $U/P\prec U/Q$，则有 $m>l$，也存在一个 $\{1, 2,\cdots, m\}$ 的划分 $\{I_1, I_2,\cdots, I_l\}$，以至于 $Z_i=\bigcup\{X_k|\ k\in I_i, i=1, 2,\cdots,l\}$，由此可得

$$\begin{aligned}
E(D\mid Q)&=\sum_{i=1}^{l}\sum_{j=1}^{n}\frac{|Y_j\cap Z_i||Y_j^{\mathrm{c}}-Z_i^{\mathrm{c}}|}{|U|^2}\\
&=\sum_{i=1}^{l}\sum_{j=1}^{n}\frac{|Y_j\cap Z_i||Z_i-Y_j|}{|U|^2}\\
&=\sum_{i=1}^{l}\sum_{j=1}^{n}\frac{\left|Y_j\cap\bigcup_{k\in I_i}X_k\right|\left|\bigcup_{k\in I_i}X_k-Y_j\right|}{|U|^2}\\
&=\sum_{i=1}^{l}\sum_{j=1}^{n}\frac{\left(\sum_{k\in I_i}|Y_j\cap X_k|\right)\left|\bigcup_{k\in I_i}X_k-Y_j\right|}{|U|^2}\\
&\geqslant\sum_{k=1}^{m}\sum_{j=1}^{n}\frac{|Y_j\cap X_k||X_k-Y_j|}{|U|^2}\\
&=\sum_{k=1}^{m}\sum_{j=1}^{n}\frac{|Y_j\cap X_k||Y_j^{\mathrm{c}}-X_k^{\mathrm{c}}|}{|U|^2}\\
&=E(D\mid P)
\end{aligned}$$

所以，可以得到 $E(D\mid P)\leqslant E(D\mid Q)$。

定理 2.20　设 CDS＝(U,C, D) 是一个完备决策系统，对任意的 $P\subseteq C$，$U/P=\{X_1, X_2,\cdots,X_m\}$，$U/D=\{Y_1,Y_2,\cdots,Y_n\}$。$E(D\mid P)=0$ 的充分必要条件是 $U/P\preccurlyeq U/D$。

证明

(1)充分条件：假设 $E(D|P)=0$，需要证明 $U/P\preccurlyeq U/D$。如果 $U/P\preccurlyeq U/D$ 不成立，则对任意的 $Y_j\in U/D$，存在一个 $X_i\in U/P$ 使 $X_i\subseteq Y_j$ 不成立。于是设 $X_k\in U/P$，$Y_s\in U/D$，$X_k\cap Y_s\neq\varnothing$，且 $X_k\cap Y_s\neq X_k$，那么有 $1\leqslant|X_k\cap Y_s|$和$|X_k\cap Y_s|<|X_k|$，由此可得

$$
\begin{aligned}
E(D|P)&=\sum_{i=1}^{m}\sum_{j=1}^{n}\frac{|Y_j\cap X_i||Y_j^{c}-X_i^{c}|}{|U|^2}\\
&=\sum_{i=1}^{m}\sum_{j=1}^{n}\frac{|Y_j\cap X_i||X_i-Y_j|}{|U|^2}\\
&=\sum_{i=1}^{m}\sum_{j=1}^{n}\frac{|Y_j\cap X_i||X_i-X_i\cap Y_j|}{|U|^2}\\
&=\sum_{i=1,i\neq k}^{m}\sum_{j=1}^{n}\frac{|Y_j\cap X_i||X_i-X_i\cap Y_j|}{|U|^2}\\
&\quad+\sum_{j=1,j\neq s}^{n}\frac{|Y_j\cap X_k||X_k-X_k\cap Y_j|}{|U|^2}+\frac{|Y_s\cap X_k||X_k-X_k\cap Y_s|}{|U|^2}\\
&\geqslant\frac{|Y_s\cap X_k||X_k-X_k\cap Y_s|}{|U|^2}\\
&>0
\end{aligned}
$$

于是有 $E(D|P)>0$，这与假设 $E(D|P)=0$ 是矛盾的。因此，当 $E(D|P)=0$ 时，$U/P\preccurlyeq U/D$ 成立。

(2)必要条件：假设 $U/P\preccurlyeq U/D$，那么对任意的 $X_i\in U/P$，存在一个 $Y_j\in U/D$ 使 $X_i\subseteq Y_j$。由此对任意的 $X_i\in U/P$ 和 $Y_j\in U/D$ 可得 $X_i\cap Y_j\neq\varnothing$，或 $X_i\subseteq Y_j$，于是有 $X_i\cap Y_j=X_i$，即 $X_i-X_i\cap Y_j=\varnothing$。从而可以得到

$$
\begin{aligned}
E(D|P)&=\sum_{i=1}^{m}\sum_{j=1}^{n}\frac{|Y_j\cap X_i||Y_j^{c}-X_i^{c}|}{|U|^2}\\
&=\sum_{i=1}^{m}\sum_{j=1}^{n}\frac{|Y_j\cap X_i||X_i-Y_j|}{|U|^2}\\
&=\sum_{i=1}^{m}\sum_{j=1}^{n}\frac{|Y_j\cap X_i||X_i-X_i\cap Y_j|}{|U|^2}\\
&=0
\end{aligned}
$$

因此，当 $U/P\preccurlyeq U/D$ 时，$E(D|P)=0$ 是成立的。

下面研究上述几种基于信息熵的不确定性度量方法之间的关系。

定理 2.21　设 CDS =(U,C, D) 是一个完备决策系统，对任意的 $P\subseteq C$，$U/P=\{X_1, X_2,\cdots,X_m\}$，$U/D=\{Y_1, Y_2,\cdots,Y_n\}$，有 $E(D|P)=E(P\cup D)-E(P)$。

证明

$$\begin{aligned}
E(D|P)&=\sum_{i=1}^{m}\sum_{j=1}^{n}\frac{|Y_j\cap X_i||Y_j^{\mathrm{c}}-X_i^{\mathrm{c}}|}{|U|^2}\\
&=\sum_{i=1}^{m}\sum_{j=1}^{n}\frac{|Y_j\cap X_i||X_i-Y_j|}{|U|^2}\\
&=\sum_{i=1}^{m}\sum_{j=1}^{n}\frac{|Y_j\cap X_i||X_i-Y_j\cap X_i|}{|U|^2}\\
&=\sum_{i=1}^{m}\sum_{j=1}^{n}\frac{|Y_j\cap X_i||(U-Y_j\cap X_i)-(U-X_i)|}{|U|^2}\\
&=\sum_{i=1}^{m}\sum_{j=1}^{n}\frac{|Y_j\cap X_i||U-Y_j\cap X_i|}{|U|^2}-\sum_{i=1}^{m}\sum_{j=1}^{n}\frac{|Y_j\cap X_i||U-X_i|}{|U|^2}\\
&=\sum_{i=1}^{m}\sum_{j=1}^{n}\frac{|Y_j\cap X_i|(|U|-|Y_j\cap X_i|)}{|U|^2}-\sum_{i=1}^{m}\sum_{j=1}^{n}\frac{|Y_j\cap X_i|(|U|-|X_i|)}{|U|^2}\\
&=\sum_{i=1}^{m}\sum_{j=1}^{n}\frac{|Y_j\cap X_i|}{|U|}\left(1-\frac{|Y_j\cap X_i|}{|U|}\right)-\sum_{i=1}^{m}\left(\sum_{j=1}^{n}\frac{|Y_j\cap X_i|}{|U|}\right)\left(1-\frac{|X_i|}{|U|}\right)\\
&-\sum_{i=1}^{m}\sum_{j=1}^{n}\frac{|Y_j\cap X_i|}{|U|}\left(1-\frac{|Y_j\cap X_i|}{|U|}\right)-\sum_{i=1}^{m}\frac{|X_i|}{|U|}\left(1-\frac{|X_i|}{|U|}\right)\\
&=E(P\cup D)-E(P)
\end{aligned}$$

即 $E(D|P)=E(P\cup D)-E(P)$ 成立。

定义 2.54　设 IDS=(U,C, D) 是一个不完备决策系统，对任意的 $P, Q\subseteq C\cup D$，$U/\mathrm{SIM}(P)=\{S_P(u_1),S_P(u_2),\cdots,S_P(u_{|U|})\}$，$U/\mathrm{SIM}(Q)=\{S_Q(u_1),S_Q(u_2),\cdots,S_Q(u_{|U|})\}$，知识 P 相对于知识 Q 的条件信息熵定义如下：

$$\mathrm{IE}(Q|P)=\sum_{i=1}^{|U|}\frac{|S_P(u_i)|-|S_P(u_i)\cap S_Q(u_i)|}{|U|^2} \tag{2-70}$$

性质 2.9　设 IDS=(U,C,D) 是一个不完备决策系统，对任意的 $P, Q\subseteq C\cup D$，$U/\mathrm{SIM}(P)=\{S_P(u_1),S_P(u_2),\cdots,S_P(u_{|U|})\}$，$U/\mathrm{SIM}(Q)=\{S_Q(u_1),S_Q(u_2),\cdots,S_Q(u_{|U|})\}$，有 $\mathrm{IE}(Q|P)=\mathrm{IE}(P\cup Q)-\mathrm{IE}(P)$。

证明　由定义 2.54 可得

$$
\begin{aligned}
\mathrm{IE}(Q\mid P)&=\sum_{i=1}^{|U|}\frac{|S_P(u_i)|-|S_P(u_i)\cap S_Q(u_i)|}{|U|^2}\\
&=\sum_{i=1}^{|U|}\frac{|S_P(u_i)|}{|U|^2}-\sum_{i=1}^{|U|}\frac{|S_P(u_i)\cap S_Q(u_i)|}{|U|^2}+\sum_{i=1}^{|U|}\frac{1}{|U|}-\sum_{i=1}^{|U|}\frac{1}{|U|}\\
&=\sum_{i=1}^{|U|}\left(\frac{1}{|U|}-\frac{|S_P(u_i)\cap S_Q(u_i)|}{|U|^2}\right)-\sum_{i=1}^{|U|}\left(\frac{1}{|U|}-\frac{|S_P(u_i)|}{|U|^2}\right)\\
&=\sum_{i=1}^{|U|}\left(\frac{1}{|U|}-\left(1-\frac{|S_P(u_i)\cap S_Q(u_i)|}{|U|}\right)\right)-\sum_{i=1}^{|U|}\frac{1}{|U|}\left(1-\frac{|S_P(u_i)|}{|U|}\right)\\
&=\mathrm{IE}(P\cup Q)-\mathrm{IE}(P)
\end{aligned}
$$

即 $\mathrm{IE}(Q|P)=\mathrm{IE}(P\cup Q)-\mathrm{IE}(P)$ 成立。

定义 2.55　设 $\mathrm{IDS}=(U,C,D)$ 是一个不完备决策系统，对任意的 $P\subseteq C$，$U/\mathrm{SIM}(P)=\{S_P(u_1),S_P(u_2),\cdots,S_P(u_{|U|})\}$，$U/\mathrm{SIM}(D)=\{S_D(u_1),S_D(u_2),\cdots,S_D(u_{|U|})\}$，知识 P 相对于决策 D 的条件信息熵定义如下：

$$
\mathrm{IE}(D\mid P)=\sum_{i=1}^{|U|}\frac{|S_P(u_i)|-|S_P(u_i)\cap S_D(u_i)|}{|U|^2} \tag{2-71}
$$

在不完备决策系统中，由定义 2.55 可以得到如下性质。

性质 2.10　设 $\mathrm{IDS}=(U,C,D)$ 是一个不完备决策系统，$P\subseteq C$，则有：

(1) $U/\mathrm{SIM}(P)=\omega$ 时，$\mathrm{IE}(D\mid P)$ 的最小值是 0；

(2) 当 $U/\mathrm{SIM}(P)=\delta$ 和 $U/\mathrm{SIM}(D)=\omega$，$\mathrm{IE}(D\mid P)$ 的最大值是 $1-1/|U|$。

显然，不完备决策系统 IDS 的条件信息熵满足 $0\leqslant \mathrm{IE}(D|C)\leqslant 1-1/|U|$。

定理 2.22　设 $\mathrm{IDS}=(U,C,D)$ 是一个不完备决策系统，对任意的 $P\subseteq C$，有 $\mathrm{IE}(D|P)=\mathrm{IE}(P\cup D)-\mathrm{IE}(P)$。

证明　由定义 2.55 可知

$$
\begin{aligned}
\mathrm{IE}(D\mid P)&=\sum_{i=1}^{|U|}\frac{|S_P(u_i)|-|S_P(u_i)\cap S_D(u_i)|}{|U|^2}\\
&=\sum_{i=1}^{|U|}\frac{|S_P(u_i)|}{|U|^2}-\sum_{i=1}^{|U|}\frac{|S_P(u_i)\cap S_D(u_i)|}{|U|^2}+\sum_{i=1}^{|U|}\frac{1}{|U|}-\sum_{i=1}^{|U|}\frac{1}{|U|}\\
&=\sum_{i=1}^{|U|}\left(\frac{1}{|U|}-\frac{|S_P(u_i)\cap S_D(u_i)|}{|U|^2}\right)-\sum_{i=1}^{|U|}\left(\frac{1}{|U|}-\frac{|S_P(u_i)|}{|U|^2}\right)
\end{aligned}
$$

$$
\begin{aligned}
&=\sum_{i=1}^{|U|}\left(\frac{1}{|U|}-\left(1-\frac{|S_P(u_i)\cap S_D(u_i)|}{|U|}\right)\right)-\sum_{i=1}^{|U|}\frac{1}{|U|}\left(1-\frac{|S_P(u_i)|}{|U|}\right)\\
&=\mathrm{IE}(P\cup D)-\mathrm{IE}(P)
\end{aligned}
$$

即 $\mathrm{IE}(D|P)=\mathrm{IE}(P\cup D)-\mathrm{IE}(P)$ 成立。

定理 2.23　设 $\mathrm{IDS}=(U,C,D)$ 是一个不完备决策系统，对任意的 $P\subseteq C$，$\mathrm{IE}(D|P)=0$ 的充分必要条件为 $P\preccurlyeq D$。

证明

(1) 充分条件：假设 $\mathrm{IE}(D|P)=0$，需要证明 $P\preccurlyeq D$。如果 $P\preccurlyeq D$ 不成立，则肯定存在一个 $u_j\in U$ 使 $S_P(u_j)\subseteq S_D(u_j)$ 不成立，即 $|S_P(u_j)\cap S_D(u_j)|<|S_P(u_j)|$，由此可以得到

$$
\begin{aligned}
\mathrm{IE}(D|P)&=\sum_{i=1}^{|U|}\frac{|S_P(u_i)|-|S_P(u_i)\cap S_D(u_i)|}{|U|^2}\\
&=\sum_{i=1,i\neq j}^{|U|}\frac{|S_P(u_i)|-|S_P(u_i)\cap S_D(u_i)|}{|U|^2}+\frac{|S_P(u_j)|-|S_P(u_j)\cap S_D(u_j)|}{|U|^2}\\
&\geqslant\frac{|S_P(u_j)|-|S_P(u_j)\cap S_D(u_j)|}{|U|^2}\\
&>\frac{|S_P(u_j)|-|S_P(u_j)|}{|U|^2}=0
\end{aligned}
$$

即 $\mathrm{IE}(D|P)>0$，这与假设 $\mathrm{IE}(D|P)=0$ 是矛盾的。因此，当 $\mathrm{IE}(D|P)=0$ 时，$P\preccurlyeq D$ 是成立的。

(2) 必要条件：假设 $P\preccurlyeq D$，则对任意的 $u_i\in U$，可得 $S_P(u_i)\subseteq S_D(u_i)$，即 $S_P(u_i)\cap S_D(u_i)=S_P(u_i)$，从而有

$$
\begin{aligned}
\mathrm{IE}(D|P)&=\sum_{i=1}^{|U|}\frac{|S_P(u_i)|-|S_P(u_i)\cap S_D(u_i)|}{|U|^2}\\
&=\sum_{i=1}^{|U|}\frac{|S_P(u_i)|-|S_P(u_i)|}{|U|^2}\\
&=0
\end{aligned}
$$

因此，当 $P\preccurlyeq D$ 时，有 $\mathrm{IE}(D|P)=0$。

定理 2.24　设 $\mathrm{IDS}=(U,C,D)$ 是一个不完备决策系统，对任意的 $P,Q\subseteq C\cup D$，$U/\mathrm{SIM}(P)=\{S_P(u_1),S_P(u_2),\cdots,S_P(u_{|U|})\}$，$U/\mathrm{SIM}(Q)=\{S_Q(u_1),S_Q(u_2),\cdots,S_Q(u_{|U|})\}$，$U/\mathrm{SIM}(D)=\{S_D(u_1),S_D(u_2),\cdots,S_D(u_{|U|})\}$，如果 $P\preccurlyeq Q$，则有 $\mathrm{IE}(Q|D)\leqslant\mathrm{IE}(P|D)$。

证明　由于 $P\preccurlyeq Q$，对任意的 $u_i\in U$ 有 $S_D(u_i)\in U/\mathrm{SIM}(D)$，于是得到 $S_P(u_i)\subseteq$

$S_Q(u_i)$，$|S_P(u_i)| \leqslant |S_Q(u_i)|$，且$|S_D(u_i) \cap S_P(u_i)| \leqslant |S_D(u_i) \cap S_Q(u_i)|$成立。由定义 2.54 可以得到

$$\begin{aligned}\mathrm{IE}(Q \mid P) &= \sum_{i=1}^{|U|} \frac{|S_D(u_i)| - |S_D(u_i) \cap S_Q(u_i)|}{|U|^2} \\ &\leqslant \sum_{i=1}^{|U|} \frac{|S_D(u_i)| - |S_D(u_i) \cap S_P(u_i)|}{|U|^2} \\ &= \mathrm{IE}(P \mid D)\end{aligned}$$

即 $\mathrm{IE}(Q \mid D) \leqslant \mathrm{IE}(P|D)$ 成立。

由定理 2.24 可知，在不完备决策系统中，如果条件知识越粗糙，则目标保留的分类信息就越多。

定理 2.25　设 $\mathrm{IDS} = (U, C, D)$ 是一个不完备决策系统，对任意的 $P, Q \subseteq C \cup D$，$U/\mathrm{SIM}(P) = \{S_P(u_1), S_P(u_2), \cdots, S_P(u_{|U|})\}$，$U/\mathrm{SIM}(Q) = \{S_Q(u_1), S_Q(u_2), \cdots, S_Q(u_{|U|})\}$，$U/\mathrm{SIM}(D) = \{S_D(u_1), S_D(u_2), \cdots, S_D(u_{|U|})\}$，如果 $\mathrm{IE}(Q|D) \leqslant \mathrm{IE}(P|D)$，则 $P \preccurlyeq Q$ 不一定成立。

下面给出一个实例来进一步阐明定理 2.25。

例 2.2　引入文献[159]中的一个关于描述汽车的不完备决策系统 $\mathrm{IDS} = (U, C, D)$，如表 2.2 所示，其中，$U = \{1, 2, 3, 4, 5, 6\}$表示汽车样本，$C = \{\text{Price, Mileage, Size, Max-Speed}\} = \{P, M, S, X\}$是条件属性集合，$D = \{\text{Acceleration}\}$是决策属性。

表 2.2　汽车的不完备决策系统

car	P	M	S	X	D
1	High	Low	Full	Low	Good
2	Low	*	Full	Low	Good
3	*	*	Compact	Low	Poor
4	High	*	Full	High	Good
5	*	*	Full	High	Excellent
6	Low	High	Full	*	Good

通过计算有

$$U/\mathrm{SIM}(\{P, M\}) = \{\{1,3,4,5\},\{2,3,5,6\},\{1,2,3,4,5,6\},\{1,3,4,5\},\{1,2,3,4,5,6\},\{2,3,5,6\}\}$$

$$U/\mathrm{SIM}(\{S, X\}) = \{\{1,2,6\},\{1,2,6\},\{3\},\{4,5,6\},\{4,5,6\},\{1,2,4,5,6\}\}$$

$$U/\mathrm{SIM}(D) = \{\{1,2,4,6\},\{1,2,4,6\},\{3\},\{1,2,4,6\},\{5\},\{1,2,4,6\}\}$$

于是可以得到

$$\mathrm{IE}(\{P,M\} \mid D) = \frac{4-2+4-2+1-1+4-2+1-1+4-2}{6^2} = \frac{2}{9}$$

$$\mathrm{IE}(\{S,X\}\mid D)=\frac{4-3+4-3+1-1+4-2+1-1+4-4}{6^2}=\frac{1}{9}$$

即 $\mathrm{IE}(\{P,M\}|D)>\mathrm{IE}(\{S,X\}|D)$，但是 $\{P,M\}\preccurlyeq\{S,X\}$ 是不成立的。

定理 2.26　设 IDS=(U,C,D) 是一个不完备决策系统，对任意的 $P,Q\subseteq C\cup D$，$U/\mathrm{SIM}(P)=\{S_P(u_1),S_P(u_2),\cdots,S_P(u_{|U|})\}$，$U/\mathrm{SIM}(Q)=\{S_Q(u_1),S_Q(u_2),\cdots,S_Q(u_{|U|})\}$，$U/\mathrm{SIM}(D)=\{S_D(u_1),S_D(u_2),\cdots,S_D(u_{|U|})\}$。如果 $P\preccurlyeq Q$，则 $\mathrm{IE}(D|P)\leqslant\mathrm{IE}(D|Q)$ 成立。

证明　由于 $P\preccurlyeq Q$，对任意的 $u_i\in U$ 有 $S_D(u_i)\in U/\mathrm{SIM}(D)$，于是可得 $S_P(u_i)\subseteq S_Q(u_i)$ 和 $|S_P(u_i)|\leqslant|S_Q(u_i)|$，进而有 $S_P(u_i)\cap S_D(u_i)\subseteq S_Q(u_i)\cap S_D(u_i)$。由定义 2.55 可得

$$\begin{aligned}\mathrm{IE}(D\mid Q)-\mathrm{IE}(D\mid P)&=\sum_{i=1}^{|U|}\frac{|S_Q(u_i)|-|S_Q(u_i)\cap S_D(u_i)|}{|U|^2}-\sum_{i=1}^{|U|}\frac{|S_P(u_i)|-|S_P(u_i)\cap S_D(u_i)|}{|U|^2}\\&=\sum_{i=1}^{|U|}\frac{|S_Q(u_i)|-|S_Q(u_i)\cap S_D(u_i)|-|S_P(u_i)|+|S_P(u_i)\cap S_D(u_i)|}{|U|^2}\\&=\sum_{i=1}^{|U|}\frac{|S_Q(u_i)|-|S_P(u_i)|-\left(|S_P(u_i)\cap S_D(u_i)|-|S_P(u_i)\cap S_D(u_i)|\right)}{|U|^2}\\&=\sum_{i=1}^{|U|}\frac{|S_Q(u_i)|-|S_P(u_i)|-|S_D(u_i)\cap(S_Q(u_i)-S_P(u_i))|}{|U|^2}\\&\geqslant 0\end{aligned}$$

即 $\mathrm{IE}(D|P)\leqslant\mathrm{IE}(D|Q)$ 成立。

定理 2.27　设 IDS=(U,C,D) 是一个不完备决策系统，对任意的 $P,Q\subseteq C$，$U/\mathrm{SIM}(P)=\{S_P(u_1),S_P(u_2),\cdots,S_P(u_{|U|})\}$，$U/\mathrm{SIM}(Q)=\{S_Q(u_1),S_Q(u_2),\cdots,S_Q(u_{|U|})\}$，$U/\mathrm{SIM}(D)=\{S_D(u_1),S_D(u_2),\cdots,S_D(u_{|U|})\}$。如果 $P\preccurlyeq Q\preccurlyeq D$，则可以得到 $\mathrm{IE}(D|P)=\mathrm{IE}(D|Q)=0$。

证明　由 $P\preccurlyeq Q\preccurlyeq D$，对任意的 $u_i\in U$ 且 $S_D(u_i)\in U/\mathrm{SIM}(D)$ 可得 $S_P(u_i)\subseteq S_Q(u_i)\subseteq S_D(u_i)$，$S_P(u_i)\cap S_D(u_i)=S_P(u_i)$ 和 $S_Q(u_i)\cap S_D(u_i)=S_Q(u_i)$，由定义 2.55 可得

$$\begin{aligned}\mathrm{IE}(D\mid P)&=\sum_{i-1}^{|U|}\frac{|S_P(u_i)|-|S_P(u_i)\cap S_D(u_i)|}{|U|^2}\\&=\sum_{i=1}^{|U|}\frac{|S_P(u_i)|-|S_P(u_i)|}{|U|^2}\\&=0\end{aligned}$$

即 $\mathrm{IE}(D|P)=0$。同样，类似上述过程也很容易得到 $\mathrm{IE}(D|Q)=0$。

定理 2.28　设 CDS $=(U,C,D)$ 是一个完备决策系统，对于任意 $P\subseteq C$，$U/P=\{X_1,X_2,\cdots,X_m\}$，$U/D=\{Y_1,Y_2,\cdots,Y_n\}$，$U/\mathrm{SIM}(P)=\{S_P(u_1),S_P(u_2),\cdots,S_P(u_{|U|})\}$，$U/\mathrm{SIM}(D)=$

$\{S_D(u_1), S_D(u_2), \cdots, S_D(u_{|U|})\}$，则知识 P 相对于决策 D 的不完备条件信息熵退化为

$$\mathrm{IE}(D \mid P)=\sum_{i=1}^{m}\sum_{j=1}^{n}\frac{\left|Y_j \cap X_i\right|\left|Y_j^{\mathrm{c}}-X_i^{\mathrm{c}}\right|}{|U|^2} \tag{2-72}$$

即

$$\begin{aligned}\mathrm{IE}(D \mid P)&=\sum_{k=1}^{|U|}\frac{\left|S_P(u_k)\right|-\left|S_P(u_k)\cap S_D(u_k)\right|}{|U|^2}\\&=\sum_{i=1}^{m}\sum_{j=1}^{n}\frac{\left|Y_j \cap X_i\right|\left|Y_j^{\mathrm{c}}-X_i^{\mathrm{c}}\right|}{|U|^2}\end{aligned} \tag{2-73}$$

证明　假设 $U/\mathrm{SIM}(P)=\{S_P(u_1), S_P(u_2), \cdots, S_P(u_{|U|})\}$，$X_i=\{u_{i1},u_{i2},\cdots,u_{is_i}\}$，其中 $i\in\{1, 2,\cdots, m\}$，$|X_i|=s_i$，且 $\sum_{i=1}^{m}s_i=|U|$。下面给出 $U/\mathrm{SIM}(P)$ 中的元素和 U/P 中元素之间的关系 $X_i=S_p(u_{i1})=S_p(u_{i2})=\cdots=S_p(u_{is_i})$，即 $|X_i|=|S_p(u_{i1})|=|S_p(u_{i2})|=\cdots=|S_p(u_{is_i})|$。同样，假设 $U/\mathrm{SIM}(D)=\{S_D(u_1), S_D(u_2), \cdots, S_D(u_{|U|})\}$，$y_j=\{u_{j1},u_{j2},\cdots u_{jt_j}\}$ $(j\in\{1, 2,\cdots, n\})$，其中，$|Y_j|=t_j$，$\sum_{j=1}^{n}t_j=|U|$。下面给出 $U/\mathrm{SIM}(D)$ 中的元素和 U/D 中元素之间的关系 $Y_j=S_D(u_{j1})=S_D(u_{j2})=\cdots=S_D(u_{jt_j})$，即 $|Y_j|=|S_D(u_{j1})|=|S_D(u_{j2})|=\cdots=|S_D(u_{jt_j})|$。从而可得

$$\begin{aligned}\mathrm{IE}(D \mid P)&=\sum_{k=1}^{|U|}\frac{|S_P(u_k)|-|S_P(u_k)\cap S_D(u_k)|}{|U|^2}\\&=\sum_{i=1}^{n}\sum_{j=1}^{m}\sum_{u_k\in Y_j\cap X_i}\frac{|S_P(u_k)|-|S_P(u_k)\cap S_D(u_k)|}{|U|^2}\\&=\sum_{i=1}^{n}\sum_{j=1}^{m}|Y_j\cap X_i|\frac{|X_i|-|Y_j\cap X_i|}{|U|^2}\\&=\sum_{i=1}^{n}\sum_{j=1}^{m}\frac{|Y_j\cap X_i\|X_i-Y_j\cap X_i|}{|U|^2}\\&=\sum_{i=1}^{n}\sum_{j=1}^{m}\frac{|Y_j\cap X_i\|X_i-Y_j|}{|U|^2}\\&=\sum_{i=1}^{n}\sum_{j=1}^{m}\frac{|Y_j\cap X_i\|Y_i^{\mathrm{c}}-X_i^{\mathrm{c}}|}{|U|^2}\end{aligned}$$

即 $\mathrm{IE}(D\mid P)=\sum_{i=1}^{m}\sum_{j=1}^{n}\frac{|Y_j\cap X_i||Y_j^{\mathrm{c}}-X_i^{\mathrm{c}}|}{|U|^2}$ 成立。

由定理 2.28 可知，完备决策系统中的条件信息熵是不完备信息系统中条件信息熵的一种特殊情形。完备决策系统是不完备决策系统的特殊情况，而不完备决策系统是完备决策系统的推广。因此，不完备决策系统中的不确定性度量在完备决策系统中都有其特殊形式，即当决策系统由不完备变为完备时，其不确定性度量也会退化为相应的形式。

在完备决策系统中，由定理 2.28 很容易得到如下推论。

推论 2.2　设 $\mathrm{CDS}=(U,C,D)$ 是一个完备决策系统，对于任意 $P\subseteq C$，有 $\mathrm{IE}(D\mid P)=E(D\mid P)$。

在决策系统中，由信息论研究可知，条件信息熵能有效描述两个信源之间的依赖性，也能通过计算条件信息熵的变化来反映属性的重要性程度。目前，已有很多学者提出了很多种条件信息熵(简称条件熵)，其表达形式也不尽相同[160]。下面深入分析本节提出的条件信息熵与现有条件信息熵之间的关系。

定义 2.56[161]　设 $\mathrm{CDS}=(U,C,D)$ 是一个完备决策系统，对于任意 $P\subseteq C$，$U/P=\{X_1,X_2,\cdots,X_m\}$，$U/D=\{Y_1,Y_2,\cdots,Y_n\}$，则知识 P 相对于决策 D 的条件熵定义如下：

$$H_1(D\mid P)=-\sum_{i=1}^{m}\frac{|X_i|}{|U|}\sum_{j=1}^{n}\frac{|Y_j\cap X_i|}{|X_i|}\log_2\frac{|Y_j\cap X_i|}{|X_i|}\tag{2-74}$$

定义 2.57[75]　设 $\mathrm{IIS}=(U,A)$ 是一个不完备信息系统，对于任意 $P\subseteq A$，知识 P 的信息熵定义如下：

$$H_1'(P)=-\sum_{i=1}^{|U|}\frac{1}{|U|}\log_2\frac{|S_P(u_i)|}{|U|}\tag{2-75}$$

定义 2.58　设 $\mathrm{IDS}=(U,C,D)$ 是一个不完备决策系统，对任意的 $P\subseteq C$，$U/\mathrm{SIM}(P)=\{S_P(u_1),S_P(u_2),\cdots,S_P(u_{|U|})\}$，$U/\mathrm{SIM}(D)=\{S_D(u_1),S_D(u_2),\cdots,S_D(u_{|U|})\}$，则知识 P 相对于决策 D 的条件熵定义如下：

$$H_1'(D\mid P)=-\sum_{i=1}^{|U|}\frac{1}{|U|}\log_2\frac{|S_P(u_i)\cap S_D(u_i)|}{|S_P(u_i)|}\tag{2-76}$$

定理 2.29　设 $\mathrm{IDS}=(U,C,D)$ 是一个不完备决策系统，对任意的 $P\subseteq C$，$U/\mathrm{SIM}(P)=\{S_P(u_1),S_P(u_2),\cdots,S_P(u_{|U|})\}$，$U/\mathrm{SIM}(D)=\{S_D(u_1),S_D(u_2),\cdots,S_D(u_{|U|})\}$，有 $\mathrm{IE}(D\mid P)\leqslant H_1'(D\mid P)$ 成立。

证明　由定义 2.55 可得

$$\begin{aligned}\mathrm{IE}(D\mid P)&=-\sum_{i=1}^{|U|}\frac{|S_P(u_i)|-|S_P(u_i)\cap S_D(u_i)|}{|U|^2}\\&=\sum_{i=1}^{|U|}\frac{1-\dfrac{|S_P(u_i)\cap S_D(u_i)|}{|S_P(u_i)|}}{\dfrac{|U|^2}{|S_P(u_i)|}}\\&=\sum_{i=1}^{|U|}\frac{1}{|U|}\left(1-\frac{|S_P(u_i)\cap S_D(u_i)|}{|S_P(u_i)|}\right)\frac{|S_P(u_i)|}{|U|}\end{aligned}$$

假设对任意 $u_i\in U$ 存在一个函数 $f_{u_i}=\dfrac{|S_P(u_i)\cap S_D(u_i)|}{|S_P(u_i)|}$，则有

$$\mathrm{IE}(D\mid P)=\frac{1}{|U|}\sum_{i=1}^{|U|}\frac{|S_P(u_i)|}{|U|}(1-f_{u_i})$$

同样，从定义 2.58 可知 $H_1'(D\mid P)=-\dfrac{1}{|U|}\sum\limits_{i=1}^{|U|}\log_2 f_{u_i}$，由于 $0\leqslant f_{u_i}\leqslant 1$，因而对于任意 $u_i\in U$，可以得到 $(1-f_{u_i})\leqslant -\log_2 f_{u_i}$ 和 $\dfrac{|S_P(u_i)|}{|U|}(1-f_{u_i})\leqslant -\log_2 f_{u_i}$。从而有

$$\sum_{i=1}^{|U|}\frac{|S_P(u_i)|}{|U|}\left(1-\frac{|S_P(u_i)\cap S_D(u_i)|}{|S_P(u_i)|}\right)\leqslant -\sum_{i=1}^{|U|}\log_2\frac{|S_P(u_i)\cap S_D(u_i)|}{|S_P(u_i)|}$$

即 $\mathrm{IE}(D\mid P)\leqslant H_1'(D\mid P)$ 成立。

定理 2.30　设 IDS=(U, C, D) 是一个不完备决策系统，对任意的 $P\subseteq C$，有 $H_1'(D|P)=H_1'(P\cup D)-H_1'(P)$ 成立。

证明　由定义 2.57 和定义 2.58 可知

$$\begin{aligned}H_1'(D\mid P)&=-\sum_{i=1}^{|U|}\frac{1}{|U|}\log_2\frac{|S_P(u_i)\cap S_D(u_i)|}{|S_P(u_i)|}\\&=\sum_{i=1}^{|U|}\frac{1}{|U|}\left(\log_2\frac{|S_P(u_i)\cap S_D(u_i)|}{|U|}-\log_2\frac{|S_P(u_i)|}{U}\right)\\&=-\sum_{i=1}^{|U|}\frac{1}{|U|}\log_2\frac{|S_P(u_i)\cap S_D(u_i)|}{|U|}+\sum_{i=1}^{|U|}\frac{1}{|U|}\log_2\frac{|S_P(u_i)|}{|U|}\\&=H_1'(P\cup D)-H_1'(P)\end{aligned}$$

即 $H_1'(D\mid P)=H_1'(P\cup D)-H_1'(P)$ 成立。

定理 2.31　设 IDS =(U,C, D) 是一个不完备决策系统，对任意的 $P\subset Q\subseteq C$，则

$H_1'(D|Q) < H_1'(D|P)$ 不一定成立。

例 2.3　考虑表 2.2 给出的不完备决策系统，如表 2.2 所示 C={Price, Mileage, Size, Max-Speed} = $\{P, M, S, X\}$ 和 D={Acceleration}。

通过计算有

$$U/\mathrm{SIM}(C) = \{\{1\},\{2,6\},\{3\},\{4,5\},\{4,5,6\},\{2,5,6\}\}$$

$$U/\mathrm{SIM}(\{S, X\}) = \{\{1,2,6\},\{1,2,6\},\{3\},\{4,5,6\},\{4,5,6\},\{1,2,4,5,6\}\}$$

$$U/\mathrm{SIM}(D) = \{\{1,2,4,6\},\{1,2,4,6\},\{3\},\{1,2,4,6\},\{5\},\{1,2,4,6\}\}$$

于是由定义 2.58 可得

$$H_1'(D|C) = \frac{\log_2 3}{3}, \quad H_1'(D|\{S,X\}) = \frac{\log_2 3}{3} - \frac{\log_2 5}{6} - \frac{1}{2}$$

则

$$H_1'(D|C) - H_1'(D|\{S,X\}) = \frac{\log_2 5}{6} + \frac{1}{2}$$

即

$$H_1'(D|C) > H_1'(D|\{S,X\})$$

结果显示，在不完备决策系统中，当 $\{S, X\} \subset C = \{P, M, S, X\}$ 时，$H_1'(D|\{P,M,S,X\}) > H_1'(D|\{S,X\})$ 成立。

定理 2.32　设 CDS = (U,C, D) 是一个完备决策系统，对任意的 $P \subseteq C$，$U/P = \{X_1, X_2, \cdots, X_m\}$，$U/D = \{Y_1, Y_2, \cdots, Y_n\}$，$U/\mathrm{SIM}(P) = \{S_P(u_1), S_P(u_2), \cdots, S_P(u_{|U|})\}$，$U/\mathrm{SIM}(D) = \{S_D(u_1), S_D(u_2), \cdots, S_D(u_{|U|})\}$，则知识 P 相对于决策 D 的条件熵退化为

$$H_1'(D|P) = -\sum_{i=1}^{m} \frac{|X_i|}{U} \sum_{j=1}^{n} \frac{|Y_j \cap X_i|}{|X_i|} \log_2 \frac{|Y_j \cap X_i|}{|X_i|} \tag{2-77}$$

即

$$\begin{aligned} H_1'(D|P) &= -\sum_{k=1}^{|U|} \frac{1}{|U|} \log_2 \frac{|S_P(u_k) \cap S_D(u_k)|}{|S_P(u_k)|} \\ &- -\sum_{i=1}^{m} \frac{|X_i|}{|U|} \sum_{j=1}^{n} \frac{|Y_j \cap X_i|}{|X_i|} \log_2 \frac{|Y_j \cap X_i|}{|X_i|} \end{aligned} \tag{2-78}$$

证明　该证明过程类似于定理 2.28，可以得到

$$\begin{aligned} H_1'(D|P) &= -\sum_{k=1}^{|U|} \frac{1}{|U|} \log_2 \frac{|S_P(u_k) \cap S_D(u_k)|}{|S_P(u_k)|} \\ &= -\sum_{i=1}^{m} \sum_{j=1}^{n} \sum_{u_k \in Y_j \cap X_i} \frac{1}{|U|} \log_2 \frac{|S_P(u_k) \cap S_D(u_k)|}{|S_P(u_k)|} \end{aligned}$$

$$= -\sum_{i=1}^{m}\sum_{j=1}^{n}\frac{|Y_j \cap X_i|}{|U|}\log_2\frac{|Y_j \cap X_i|}{|X_i|}$$

$$= -\sum_{i=1}^{m}\frac{|X_i|}{|U|}\sum_{j=1}^{n}\frac{|Y_j \cap X_i|}{|X_i|}\log_2\frac{|Y_j \cap X_i|}{|X_i|}$$

即 $H_1'(D|P) = -\sum_{i=1}^{m}\frac{|X_i|}{|U|}\sum_{j=1}^{n}\frac{|Y_j \cap X_i|}{|X_i|}\log_2\frac{|Y_j \cap X_i|}{|X_i|}$ 成立。

在完备决策系统中，由定理 2.32 很容易得到如下推论。

推论 2.3　设 $\mathrm{CDS}=(U,C,D)$ 是一个完备决策系统，对任意的 $P\subseteq C$，有 $H_1'(D|P)=H_1'(D|P)$。

推论 2.4　设 $\mathrm{CDS}=(U,C,D)$ 是一个完备决策系统，对任意的 $P\subseteq C$，有 $E(D|P)\leqslant H_1'(D|P)$。

定义 2.59[161]　设 $\mathrm{CDS}=(U,C,D)$ 是一个完备决策系统，对任意的 $P\subseteq C$，$U/P=\{X_1, X_2,\cdots, X_m\}$，$U/D=\{Y_1, Y_2,\cdots, Y_n\}$，则知识 P 相对于决策 D 的条件熵定义如下：

$$H_2(D|P) = -\sum_{i=1}^{m}\sum_{j=1}^{n}\frac{|Y_j \cap X_i|}{|U|}\left(1+\log_2\frac{|Y_j \cap X_i|}{|X_i|}-\frac{|Y_j \cap X_i|}{|U|}\right) \tag{2-79}$$

定义 2.60　设 $\mathrm{IDS}=(U,C,D)$ 是一个不完备决策系统，对任意的 $P\subseteq C$，$U/\mathrm{SIM}(P)=\{S_P(u_1), S_P(u_2),\cdots, S_P(u_{|U|})\}$，$U/\mathrm{SIM}(D)=\{S_D(u_1), S_D(u_2),\cdots, S_D(u_{|U|})\}$，则知识 P 相对于决策 D 的条件熵定义为

$$H_2'(D|P) = -\sum_{i=1}^{|U|}\frac{1}{|U|}\left(1+\log_2\frac{|S_P(u_i)\cap S_D(u_i)|}{|S_P(u_i)|}-\frac{|S_P(u_i)\cap S_D(u_i)|}{|U|}\right) \tag{2-80}$$

定理 2.33　设 $\mathrm{IDS}=(U,C,D)$ 是一个不完备决策系统，对任意的 $P\subseteq C$，有 $H_2'(D|P)=H_1'(D|P)-\mathrm{IE}(D\cup P)$ 成立。

证明　设 $U/\mathrm{SIM}(P)=\{S_P(u_1), S_P(u_2),\cdots, S_P(u_{|U|})\}$ 和 $U/\mathrm{SIM}(D)=\{S_D(u_1), S_D(u_2),\cdots, S_D(u_{|U|})\}$，则有

$$\begin{aligned}
H_2'(D|P) &= -\sum_{i=1}^{|U|}\frac{1}{|U|}\left(1+\log_2\frac{|S_P(u_i)\cap S_D(u_i)|}{|S_P(u_i)|}-\frac{|S_P(u_i)\cap S_D(u_i)|}{|U|}\right)\\
&= -\sum_{i=1}^{|U|}\frac{1}{|U|}\log_2\frac{|S_P(u_i)\cap S_D(u_i)|}{|S_P(u_i)|}-\sum_{i=1}^{|U|}\frac{1}{|U|}\left(1-\frac{|S_P(u_i)\cap S_D(u_i)|}{|U|}\right)\\
&= H_1'(D|P)-\mathrm{IE}(D\cup P)
\end{aligned}$$

即 $H_2'(D|P)=H_1'(D|P)-\mathrm{IE}(D\cup P)$ 成立。

在不完备决策系统中，由定理 2.33 可以得到如下推论。

推论 2.5　设 IDS $=(U, C, D)$ 是一个不完备决策系统，对任意的 $P\subseteq C$，有 $H_2'(D|P)<H_1'(D|P)$。

定理 2.34　设 IDS $=(U, C, D)$ 是一个不完备决策系统，对任意的 $P\subset Q\subseteq C$，$H_2'(D|Q)<H_2'(D|P)$ 不一定成立。

例 2.4　考虑表 2.2 给出的不完备决策系统，如表 2.2 所示 $C=$ {Price, Mileage, Size, Max-Speed} $=\{P, M, S, X\}$ 和 $D=$ {Acceleration}。

通过计算有

$$H_2'(D|C)=\frac{\log_2 3}{3}-\frac{7}{9}$$

$$H_2'(D|\{S,X\})=\frac{\log_2 3}{3}-\frac{\log_2 5}{6}-\frac{10}{9}$$

从而有

$$H_2'(D|C)-H_2'(D|\{S,X\})=\frac{\log_2 5}{6}+\frac{1}{3}$$

即 $H_2'(D|C)>H_2'(D|\{S,X\})$。

结果显示，在不完备决策系统中，当$\{S,X\}\subset C=\{P,M,S,X\}$时，$H_2'(D|\{P,M,S,X\})>H_2'(D|\{S,X\})$ 成立。

定理 2.35　设 CDS=(U,C, D) 是一个完备决策系统，对任意的 $P\subseteq C$，$U/P=\{X_1, X_2,\cdots, X_m\}$，$U/D=\{Y_1, Y_2,\cdots, Y_n\}$，$U/\mathrm{SIM}(P)=\{S_P(u_1), S_P(u_2),\cdots, S_P(u_{|U|})\}$，$U/\mathrm{SIM}(D)=\{S_D(u_1), S_D(u_2),\cdots, S_D(u_{|U|})\}$，则知识 P 相对于决策 D 的条件熵退化为

$$H_2'(D|P)=-\sum_{i=1}^{m}\sum_{j=1}^{n}\frac{|Y_j\cap X_i|}{|U|}\left(1+\log_2\frac{|Y_j\cap X_i|}{|X_i|}-\frac{|Y_j\cap X_i|}{|U|}\right)\tag{2-81}$$

即

$$\begin{aligned}H_2'(D|P)&=-\sum_{k=1}^{|U|}\frac{1}{|U|}\left(1+\log_2\frac{|S_P(u_k)\cap S_D(u_k)|}{|S_P(u_k)|}-\frac{|S_P(u_k)\cap S_D(u_k)|}{|U|}\right)\\&=-\sum_{i=1}^{m}\sum_{j=1}^{n}\frac{|Y_j\cap X_i|}{|U|}\left(1+\log_2\frac{|Y_j\cap X_i|}{|X_i|}-\frac{|Y_j\cap X_i|}{|U|}\right)\end{aligned}\tag{2-82}$$

证明　由定理 2.33、推论 2.1 和推论 2.3 可得 $H_2'(D|P)=H_1'(D|P)-\mathrm{IE}(D\cup P)=H_1'(D|P)-E(D\cup P)$，从而有

$$\begin{aligned}H_2'(D\mid P)&=H_1(D\mid P)-E(D\cup P)\\&=-\sum_{i=1}^{m}\frac{|X_i|}{|U|}\sum_{j=1}^{n}\frac{|Y_j\cap X_i|}{|X_i|}\log_2\frac{|Y_j\cap X_i|}{|X_i|}-\sum_{i=1}^{m}\sum_{j=1}^{n}\frac{|Y_j\cap X_i|}{|U|}\left(1-\frac{|Y_j\cap X_i|}{|U|}\right)\\&=-\sum_{i=1}^{m}\sum_{j=1}^{n}\frac{|Y_j\cap X_i|}{|U|}\left(1+\log_2\frac{|Y_j\cap X_i|}{|X_i|}-\frac{|Y_j\cap X_i|}{|U|}\right)\end{aligned}$$

即 $H_2'(D\mid P)=-\sum_{i=1}^{m}\sum_{j=1}^{n}\frac{|Y_j\cap X_i|}{|U|}\left(1+\log_2\frac{|Y_j\cap X_i|}{|X_i|}-\frac{|Y_j\cap X_i|}{|U|}\right)$成立。

在不完备决策系统中，由定理 2.35 很容易得到如下推论。

推论 2.6　设 CDS $=(U, C, D)$ 是一个完备决策系统，对任意的 $P\subseteq C$，有 $H_2'(D\mid P)=H_2(D\mid P)$ 成立。

推论 2.7　设 CDS $=(U, C, D)$ 是一个完备决策系统，对任意的 $P\subseteq C$，有 $H_2(D\mid P)<H_1(D\mid P)$ 成立。

定义 2.61[162]　设 CDS $=(U, C, D)$ 是一个完备决策系统，对任意的 $P\subseteq C$, $U/P=\{X_1, X_2,\cdots, X_m\}$，$U/D=\{Y_1, Y_2,\cdots, Y_n\}$，则知识 P 相对于决策 D 的条件熵定义如下：

$$I_1(D\mid P)=\sum_{i=1}^{m}\frac{|X_i|}{|U|}\sum_{j=1}^{n}\frac{|Y_j\cap X_i|}{|U|}\left(1-\frac{|Y_j\cap X_i|}{|X_i|}\right)\tag{2-83}$$

定义 2.62　设 IDS $=(U, C, D)$ 是一个不完备决策系统，对任意的 $P\subseteq C$，$U/\mathrm{SIM}(P)=\{S_P(u_1), S_P(u_2),\cdots, S_P(u_{|U|})\}$，$U/\mathrm{SIM}(D)=\{S_D(u_1), S_D(u_2),\cdots, S_D(u_{|U|})\}$，则知识 P 相对于决策 D 的条件熵定义如下：

$$I_1'(D\mid P)=\sum_{i=1}^{|U|}\frac{1}{|U|}\left(1-\frac{|S_P(u_i)\cap S_D(u_i)|}{|S_P(u_i)|}\right)\tag{2-84}$$

性质 2.11　设 IDS $=(U, C, D)$ 是一个不完备决策系统，对任意的 $P\subseteq C$，有 $\mathrm{IE}(D\mid P)\leqslant I_1'(D\mid P)\leqslant H_1'(D\mid P)$ 成立。

证明　由定理 2.29 中的计算公式可得

$\mathrm{IE}(D\mid P)=\sum_{i=1}^{|U|}\frac{1}{|U|}\left(1-\frac{|S_P(u_i)\cap S_D(u_i)|}{|S_P(u_i)|}\right)\frac{|S_P(u_i)|}{|U|}$。由于 $0\leqslant\frac{|S_P(u_i)|}{|U|}\leqslant1$，可得 $\mathrm{IE}(D\mid P)\leqslant I_1'(D\mid P)$。类似定理 2.29 证明中的函数假设，现假设对任意 $u_i\in U$ 存在一个函数 $f_{u_i}=\frac{|S_P(u_i)\cap S_D(u_i)|}{|S_P(u_i)|}$，显然有 $0\leqslant f_{u_i}\leqslant1$。同时也可以得到 $(1-f_{u_i})\leqslant-\log_2 f_{u_i}$。于是有 $\sum_{i=1}^{|U|}\left(1-\frac{|S_P(u_i)\cap S_D(u_i)|}{|S_P(u_i)|}\right)\leqslant-\sum_{i=1}^{|U|}\log_2\frac{|S_P(u_i)\cap S_D(u_i)|}{|S_P(u_i)|}$，即 $I_1'(D\mid P)\leqslant H_1'(D\mid P)$。所以，

$\mathrm{IE}(D\mid P)\leqslant I_1'(D\mid P)\leqslant H_1'(D\mid P)$ 是成立的。

定理 2.36　设 IDS $=(U, C, D)$ 是一个不完备决策系统，对任意的 $P\subset Q\subseteq C$，$I_1'(D\mid Q)<I_1'(D\mid P)$ 不一定成立。

例 2.5　考虑表 2.2 给出的不完备决策系统，如表 2.2 所示 C = {Price, Mileage, Size, Max-Speed} = $\{P, M, S, X\}$ 和 D= {Acceleration}。

通过计算有 $I_1'(D\mid C)=1/4$，$I_1'(D\mid\{S,X\})=1/5$，即 $I_1'(D\mid C)>I_1'(D\mid\{S,X\})$。

结果显示，在不完备决策系统中，当 $\{S,X\}\subset C=\{P,M,S,X\}$ 时，有 $I_1'(D\mid\{P,M,S,X\})>I_1'(D\mid\{S,X\})$。

定理 2.37　设 CDS=(U,C,D) 是一个完备决策系统，对任意的 $P\subseteq C$，$U/P=\{X_1, X_2,\cdots, X_m\}$，$U/D=\{Y_1, Y_2,\cdots, Y_n\}$，$U/\mathrm{SIM}(P)=\{S_P(u_1), S_P(u_2),\cdots, S_P(u_{|U|})\}$，$U/\mathrm{SIM}(D)=\{S_D(u_1), S_D(u_2),\cdots, S_D(u_{|U|})\}$，则知识 P 相对于决策 D 的条件熵退化为

$$I_1'(D\mid P)=\sum_{i=1}^{m}\frac{|X_i|}{|U|}\sum_{j=1}^{n}\frac{|Y_j\cap X_i|}{|X_i|}\left(1-\frac{|Y_j\cap X_i|}{|X_i|}\right)\tag{2-85}$$

即

$$\begin{aligned}I_1'(D\mid P)&=\sum_{k=1}^{|U|}\frac{1}{|U|}\left(1-\frac{|S_P(u_k)\cap S_D(u_k)|}{|S_P(u_k)|}\right)\\&=\sum_{i=1}^{m}\frac{|X_i|}{|U|}\sum_{j=1}^{n}\frac{|Y_j\cap X_i|}{|X_i|}\left(1-\frac{|Y_j\cap X_i|}{|X_i|}\right)\end{aligned}\tag{2-86}$$

证明　类似定理 2.28 和定理 2.32 的证明，可以得到

$$\begin{aligned}I_1'(D\mid P)&=\sum_{k=1}^{|U|}\frac{1}{|U|}\left(1-\frac{|S_P(u_k)\cap S_D(u_k)|}{|S_P(u_k)|}\right)\\&=\sum_{i=1}^{m}\sum_{j=1}^{n}\sum_{u_k\in Y_j\cap X_i}\frac{1}{|U|}\left(1-\frac{|S_P(u_k)\cap S_D(u_k)|}{|S_P(u_k)|}\right)\\&=\sum_{i=1}^{m}\sum_{j=1}^{n}\frac{|Y_j\cap X_i|}{|U|}\left(1-\frac{|Y_j\cap X_i|}{X_i}\right)\\&=\sum_{i=1}^{m}\frac{|X_i|}{|U|}\sum_{j=1}^{n}\frac{|Y_j\cap X_i|}{|X_i|}\left(1-\frac{|Y_j\cap X_i|}{X_i}\right)\end{aligned}$$

即 $I_1'(D\mid P)=\sum_{i=1}^{m}\frac{|X_i|}{|U|}\sum_{j=1}^{n}\frac{|Y_j\cap X_i|}{|X_i|}\left(1-\frac{|Y_j\cap X_i|}{|X_i|}\right)$ 成立。

在不完备决策系统中，由定理 2.37 很容易得到如下推论。

推论 2.8　设 CDS $=(U, C, D)$ 是一个完备决策系统，对任意的 $P\subseteq C$，有 $I_1'(D|P)=I_1(D|P)$。

推论 2.9　设 CDS $=(U, C, D)$ 是一个完备决策系统，对任意的 $P\subseteq C$，有 $E(D|P)\leqslant I_1(D|P)\leqslant H_1(D|P)$。

定义 2.63[163]　设 CDS $=(U, C, D)$ 是一个完备决策系统，对任意的 $P\subseteq C$，$U/P=\{X_1, X_2,\cdots, X_m\}$，$U/D=\{Y_1, Y_2,\cdots, Y_n\}$，则知识 P 相对于决策 D 的条件熵定义如下：

$$I_2(D|P)=\sum_{i=1}^{m}\frac{|X_i|^2}{|U|^2}\sum_{j=1}^{n}\frac{|Y_j\cap X_i|}{|X_i|}\left(1-\frac{|Y_j\cap X_i|}{|X_i|}\right) \tag{2-87}$$

定义 2.64　设 IDS $=(U,C, D)$ 是一个不完备决策系统，对任意的 $P\subseteq C$，则知识 P 相对于决策 D 的条件熵定义如下：

$$I_2'(D|P)=\sum_{i=1}^{|U|}\frac{|S_P(u_i)|-|S_P(u_i)\cap S_D(u_i)|}{|U|^2} \tag{2-88}$$

在不完备决策系统中，由定义 2.19 可以得到如下性质。

性质 2.12　设 IDS $=(U, C, D)$ 是一个不完备决策系统，对任意的 $P\subseteq C$，有 $I_2'(D|P)=\mathrm{IE}(D|P)$。

性质 2.13　设 IDS $=(U, C, D)$ 是一个不完备决策系统，对任意的 $P\subseteq C$，有 $I_2'(D|P)\leqslant I_1'(D|P)\leqslant H_1'(D|P)$。

性质 2.14　设 IDS $=(U, C, D)$ 是一个不完备决策系统，对任意的 $P, Q\subseteq C$，如果 $P\preccurlyeq Q$，则 $I_2'(D|Q)\leqslant I_2'(D|P)$ 成立。

定理 2.38　设 CDS $=(U,C, D)$ 是一个完备决策系统，对任意的 $P\subseteq C$，$U/P=\{X_1, X_2,\cdots, X_m\}$，$U/D=\{Y_1, Y_2,\cdots, Y_n\}$，$U/\mathrm{SIM}(P)=\{S_P(u_1), S_P(u_2),\cdots, S_P(u_{|U|})\}$，$U/\mathrm{SIM}(D)=\{S_D(u_1), S_D(u_2),\cdots, S_D(u_{|U|})\}$，则知识 P 相对于决策 D 的条件熵退化为

$$I_2'(D|P)=\sum_{i=1}^{m}\frac{|X_i|^2}{|U|^2}\sum_{j=1}^{n}\frac{|Y_j\cap X_i|}{|X_i|}\left(1-\frac{|Y_j\cap X_i|}{|X_i|}\right) \tag{2-89}$$

即

$$\begin{aligned}I_2'(D|P)&=\sum_{k=1}^{|U|}\frac{|S_P(u_k)|-|S_P(u_k)\cap S_D(u_k)|}{|U|^2}\\&=\sum_{i=1}^{m}\frac{|X_i|^2}{|U|^2}\sum_{j=1}^{n}\frac{|Y_j\cap X_i|}{|X_i|}\left(1-\frac{|Y_j\cap X_i|}{|X_i|}\right)\end{aligned} \tag{2-90}$$

证明　类似定理 2.28、定理 2.32 和定理 2.37 的证明，可以得到

$$
\begin{aligned}
I_2'(D \mid P) &= \sum_{k=1}^{|U|} \frac{|S_P(u_k)| - |S_P(u_k) \cap S_D(u_k)|}{|U|^2} \\
&= \sum_{i=1}^{m}\sum_{j=1}^{n}\sum_{u_k \in Y_j \cap X_i} \frac{|S_P(u_k)| - |S_P(u_k) \cap S_D(u_k)|}{|U|^2} \\
&= \sum_{i=1}^{m}\sum_{j=1}^{n} |Y_j \cap X_i| \frac{|X_i| - |Y_j \cap X_i|}{|U|^2} \\
&= \sum_{i=1}^{m} \frac{|X_i|^2}{|U|^2} \sum_{j=1}^{n} \frac{|Y_j \cap X_i|}{|X_i|} \frac{\left(|X_i| - |Y_j \cap X_i|\right)}{|X_i|} \\
&= \sum_{i=1}^{m} \frac{|X_i|^2}{|U|^2} \sum_{j=1}^{n} \frac{|Y_j \cap X_i|}{|X_i|} \left(1 - \frac{|Y_j \cap X_i|}{|X_i|}\right)
\end{aligned}
$$

即 $I_2'(D \mid P) = \sum_{i=1}^{m} \frac{|X_i|^2}{|U|^2} \sum_{j=1}^{n} \frac{|Y_j \cap X_i|}{|X_i|} \left(1 - \frac{|Y_j \cap X_i|}{|X_i|}\right)$ 成立。

在不完备决策系统中，由定理 2.38 可以得到如下推论。

推论 2.10 设 CDS $=(U, C, D)$ 是一个完备决策系统，对任意的 $P \subseteq C$，有 $I_2'(D \mid P) = I_2(D \mid P)$。

推论 2.11 设 CDS $=(U, C, D)$ 是一个完备决策系统，对任意的 $P \subseteq C$，有 $I_2(D \mid P) = E(D \mid P)$。

推论 2.12 设 CDS $=(U, C, D)$ 是一个完备决策系统，对任意的 $P \subseteq C$，有 $I_2(D \mid P) \leqslant I_1(D \mid P) \leqslant H_1(D \mid P)$。

2.4.5 互信息

定义 2.65[51] 设 CDS$=(U, C, D)$ 是一个完备决策系统，对于任意 $P, Q \subseteq C \cup D$，$U/P = \{X_1, X_2, \cdots, X_m\}$，$U/Q = \{Y_1, Y_2, \cdots, Y_n\}$，则知识 P 和知识 Q 的互信息定义如下：

$$
E(Q;P) = \sum_{i=1}^{m}\sum_{j=1}^{n} \frac{|Y_j \cap X_i||Y_j^{c} \cap X_i^{c}|}{|U|^2} \tag{2-91}
$$

定义 2.66 设 CDS $=(U, C, D)$ 是一个完备决策系统，对于任意 $P \subseteq C$，$U/P = \{X_1, X_2, \cdots, X_m\}$，$U/D = \{Y_1, Y_2, \cdots, Y_n\}$，则决策 D 和知识 P 的互信息定义如下：

$$
E(D;P) = \sum_{i=1}^{m}\sum_{j=1}^{n} \frac{|Y_j \cap X_i||Y_j^{c} \cap X_i^{c}|}{|U|^2} \tag{2-92}
$$

定理 2.39 设 CDS $=(U, C, D)$ 是一个完备决策系统，对于任意 $P \subseteq C$，$U/P = \{X_1, X_2, \cdots, X_m\}$，$U/D = \{Y_1, Y_2, \cdots, Y_n\}$，有 $E(D; P) = E(D) - E(D \mid P) = E(P) - E(P|D)$。

证明　根据信息熵定义 2.48 和条件信息熵定义 2.53 可得

$$
\begin{aligned}
E(D) &= \sum_{j=1}^{n} \frac{|Y_j||Y_j^{c}|}{|U||U|} \\
&= \sum_{j=1}^{n}\left(\sum_{i=1}^{m}\frac{|Y_j \cap X_i|}{|U|}\right)\frac{|Y_j|^{c}}{|U|} \\
&= \sum_{i=1}^{m}\sum_{j=1}^{n}\frac{|Y_j \cap X_i|}{|U|}\frac{|Y_j^{c}|}{|U|} \\
&= \sum_{i=1}^{m}\sum_{j=1}^{n}\frac{|Y_j \cap X_i|}{|U|}\frac{|Y_j^{c} \cap X_i^{c}||Y_j^{c} - X_i^{c}|}{|U|} \\
&= \sum_{i=1}^{m}\sum_{j=1}^{n}\frac{|Y_j \cap X_i|}{|U|}\frac{|Y_j^{c} \cap X_i^{c}| + |Y_j^{c} - X_i^{c}|}{|U|} \\
&= \sum_{i=1}^{m}\sum_{j=1}^{n}\frac{|Y_j \cap X_i|}{|U|}\left(\frac{|Y_j^{c} \cap X_i^{c}|}{|U|} + \frac{|Y_j^{c} - X_i^{c}|}{|U|}\right) \\
&= \sum_{i=1}^{m}\sum_{j=1}^{n}\frac{|Y_j \cap X_i|}{|U|}\frac{|Y_j^{c} \cap X_i^{c}|}{|U|} + \sum_{i=1}^{m}\sum_{j=1}^{n}\frac{|Y_j \cap X_i|}{|U|}\frac{|Y_j^{c} - X_i^{c}|}{|U|} \\
&= E(D;P) + E(D \mid P)
\end{aligned}
$$

即 $E(D;P)=E(D)-E(D|P)$。同样，类似上述过程，可以证明 $E(D;P)=E(P)-E(P \mid D)$。

在不完备决策系统中，由定理 2.39 可以得到如下推论。

推论 2.13　设 $\mathrm{CDS}=(U,C,D)$ 是一个完备决策系统，对于任意 $P\subseteq C$，有 $E(D;P)=E(D)+E(P)-E(P\cup D)$ 成立。

定理 2.40　设 $\mathrm{CDS}=(U,C,D)$ 是一个完备决策系统，对于任意 $P,Q\subseteq C$。如果 $U/P\prec U/Q$，则有 $E(D;Q)\leqslant E(D;P)$ 成立。

证明　由定理 2.39 可得 $E(D;P)=E(D)-E(D|P)$ 和 $E(D;Q)=E(D)-E(D\mid Q)$，于是有 $-E(D\mid Q)\leqslant -E(D\mid P)$，则 $E(D)-E(D\mid Q)\leqslant E(D)-E(D\mid P)$，即 $E(D;Q)\leqslant E(D;P)$。

定义 2.67　设 $\mathrm{IDS}=(U,C,D)$ 是一个不完备决策系统，对任意的 $P,Q\subseteq C\cup D$，则知识 P 和知识 Q 的互信息定义如下：

$$
\mathrm{IE}(Q;P)=\sum_{i=1}^{|U|}\frac{1}{|U|}\left(1-\frac{|S_P(u_i)|+|S_Q(u_i)|-|S_P(u_i)\cap S_Q(u_i)|}{|U|}\right) \tag{2-93}
$$

定义 2.68　设 $\mathrm{IDS}=(U,C,D)$ 是一个不完备决策系统，对任意的 $P\subseteq C$，则决策 D 和知识 P 的互信息定义如下：

$$\mathrm{IE}(Q;P)=\sum_{i=1}^{|U|}\frac{1}{|U|}\left(1-\frac{|S_P(u_i)|+|S_D(u_i)|-|S_P(u_i)\cap S_D(u_i)|}{|U|}\right) \tag{2-94}$$

定理 2.41　设 IDS =(U,C,D)是一个不完备决策系统，对任意的$P\subseteq C$，则有 IE$(D;P)$= IE(P) + IE(D) − IE$(P\cup D)$成立。

证明　由定义 2.68 可以得到

$$\begin{aligned}\mathrm{IE}(D;P)&=\sum_{i=1}^{|U|}\frac{1}{|U|}\left(1-\frac{|S_p(u_i)|+|S_D(u_i)|-|S_p(u_i)\cap S_D(u_i)|}{|U|}\right)\\&=\sum_{i=1}^{|U|}\frac{1}{|U|}\left[\left(1-\frac{|S_p(u_i)|}{|U|}\right)+\left(1-\frac{|S_D(u_i)|}{|U|}\right)-\left(1-\frac{|S_p(u_i)\cap S_D(u_i)|}{|U|}\right)\right]\\&=\sum_{i=1}^{|U|}\frac{1}{|U|}\left(1-\frac{|S_p(u_i)|}{|U|}\right)+\sum_{i=1}^{|U|}\frac{1}{|U|}\left(1-\frac{|S_D(u_i)|}{|U|}\right)-\sum_{i=1}^{|U|}\frac{1}{|U|}\left(1-\frac{|S_p(u_i)\cap S_D(u_i)|}{|U|}\right)\\&=\mathrm{IE}(P)+\mathrm{IE}(D)-\mathrm{IE}(P\cup D)\end{aligned}$$

即 IE$(D;P)$= IE(P) + IE(D) − IE$(P\cup D)$成立。

在不完备决策系统中，由定理 2.41 可以得到如下推论。

推论 2.14　设 IDS =(U,C,D)是一个不完备决策系统，对任意的$P\subseteq C$，有 IE$(D;P)$= IE(P) − IE$(P|D)$= IE(D) − IE$(D|P)$成立。

证明　由定理 2.22 和定理 2.39 可得 IE$(D;P)$= IE(P)+ IE(D)− IE$(P\cup D)$= IE(D) −(IE$(P\cup D)$ − IE(P))= IE(D) − IE$(D|P)$。同样，类似上述过程，IE$(D;P)$= IE(P) − IE$(P|D)$可以被证明。

定理 2.42　设 CDS =(U,C,D)是一个完备决策系统，对于任意$P\subseteq C$，$U/P=\{X_1,X_2,\cdots,X_m\}$，$U/D=\{Y_1,Y_2,\cdots,Y_n\}$，$U/\mathrm{SIM}(P)=\{S_P(u_1),S_P(u_2),\cdots,S_P(u_{|U|})\}$，$U/\mathrm{SIM}(D)=\{S_D(u_1),S_D(u_2),\cdots,S_D(u_{|U|})\}$，则决策$D$和知识$P$的互信息退化为

$$\mathrm{IE}(D;P)=\sum_{i=1}^{m}\sum_{j=1}^{n}\frac{|Y_j\cap X_i||Y_j^{\mathrm{c}}\cap X_i^{\mathrm{c}}|}{|U|^2} \tag{2-95}$$

即

$$\begin{aligned}\mathrm{IE}(D;P)&=\sum_{i=1}^{|U|}\frac{1}{|U|}\left(1-\frac{|S_P(u_k)|+|S_D(u_k)|-|S_P(u_k)\cap S_D(u_k)|}{|U|}\right)\\&=\sum_{i=1}^{m}\sum_{j=1}^{n}\frac{|Y_j\cap X_i||Y_j^{\mathrm{c}}\cap X_i^{\mathrm{c}}|}{|U|^2}\end{aligned} \tag{2-96}$$

证明　由推论 2.14 可得 IE$(D;P)$ = IE(D)− IE$(D|P)$，从而有

$$\mathrm{IE}(D)=\sum_{j=1}^{n}\frac{|Y_j|}{|U|}\left(1-\frac{|Y_j|}{|U|}\right)=\sum_{j=1}^{n}\frac{|Y_j|}{|U|}\frac{|Y_j^{\mathrm{c}}|}{|U|}$$

$$\mathrm{IE}(D\,|\,P)=\sum_{i=1}^{m}\sum_{j=1}^{n}\frac{|Y_j\cap X_i||Y_j^{\mathrm{c}}-X_i^{\mathrm{c}}|}{|U|^2}$$

于是可得

$$\mathrm{IE}(D;P)=\mathrm{IE}(D)-\mathrm{IE}(D\,|\,P)=\sum_{j=1}^{n}\frac{|Y_j|}{|U|}\frac{|Y_j^{\mathrm{c}}|}{|U|}-\sum_{i=1}^{m}\sum_{j=1}^{n}\frac{|Y_j\cap X_i|}{|U|}\frac{|Y_j^{\mathrm{c}}-X_i^{\mathrm{c}}|}{|U|}$$

由于

$$\sum_{j=1}^{n}\frac{|Y_j|}{|U|}\frac{|Y_j^{\mathrm{c}}|}{|U|}=\sum_{i=1}^{m}\sum_{j=1}^{n}\frac{|Y_j\cap X_i|}{|U|}\frac{|Y_j^{\mathrm{c}}-X_i^{\mathrm{c}}|}{|U|}+\sum_{i=1}^{m}\sum_{j=1}^{n}\frac{|Y_j\cap X_i|}{|U|}\frac{|Y_j^{\mathrm{c}}\cap X_i^{\mathrm{c}}|}{|U|}$$

于是，从定理 2.39 的计算公式中可以得到

$$\sum_{j=1}^{n}\frac{|Y_j|}{|U|}\frac{|Y_j^{\mathrm{c}}|}{|U|}=\sum_{i=1}^{m}\sum_{j=1}^{n}\frac{|Y_j\cap X_i|}{|U|}\frac{|Y_j^{\mathrm{c}}-X_i^{\mathrm{c}}|}{|U|}+\sum_{i=1}^{m}\sum_{j=1}^{n}\frac{|Y_j\cap X_i|}{|U|}\frac{|Y_j^{\mathrm{c}}-X_i^{\mathrm{c}}|}{|U|}$$

则有

$$\sum_{j=1}^{n}\frac{|Y_j|}{|U|}\frac{|Y_j^{\mathrm{c}}|}{|U|}-\sum_{i=1}^{m}\sum_{j=1}^{n}\frac{|Y_j\cap X_i|}{|U|}\frac{|Y_j^{\mathrm{c}}-X_i^{\mathrm{c}}|}{|U|}=\sum_{i=1}^{m}\sum_{j=1}^{n}\frac{|Y_j\cap X_i|}{|U|}\frac{|Y_j^{\mathrm{c}}\cap X_i^{\mathrm{c}}|}{|U|}$$

所以，$\mathrm{IE}(D;P)=\sum_{i=1}^{m}\sum_{j=1}^{n}\frac{|Y_j\cap X_i||Y_j^{\mathrm{c}}\cap X_i^{\mathrm{c}}|}{|U|^2}$ 成立。

在完备决策系统中，由定理 2.42 可以得到如下推论。

推论 2.15 设 $\mathrm{CDS}=(U,C,D)$ 是一个完备决策系统，对于任意 $P\subseteq C$，则有 $\mathrm{IE}(D;P)=E(D;P)$ 成立。

由定理 2.42 和推论 2.15 可知，完备决策系统中的互信息是不完备决策系统中互信息的一种特殊情形。

2.4.6 小结

不确定性度量在粒计算模型研究中有着重要的作用，而现有很多度量方法不能精确描述不确定性。因此，分析和研究更加合理的不确定性度量方法是一个基础性问题。为解决现有粗糙集扩展模型中完备信息系统、不完备信息系统的不确定性度量存在的局限性，在基于相容关系的信息熵的基础上，研究了不完备信息系统下的信息熵、最大一致块集信息熵、联合信息熵、条件信息熵、互信息以及不完备决策

系统下的条件信息熵、互信息等不确定性度量方法。采用推理与实例分析等方法有效地论证了这些度量方法的合理性和单调性，同时也深入分析了这些度量方法之间的关系以及与现有几种典型条件熵之间的关系。

(1) 在完备决策系统 CDS $=(U,C,D)$ 且 $P,\ Q\subseteq C$ 下成立的关系：$\mathrm{IE}(P\cup Q)=E(P\cup Q)$，$E(D\mid P)=E(P\cup D)-E(P)$，$\mathrm{IE}(D\mid P)=E(D\mid P)$，$E(D;P)=E(D)-E(D\mid P)=E(P)-E(P\mid D)$，$E(D;P)=E(D)+E(P)-E(P\cup D)$，$\mathrm{IE}(D;P)=E(D;P)$，$E(D\mid P)\leqslant H_1(D|P)$，$H_1'(D\mid P)=H_1(D\mid P)$，$H_2'(D\mid P)=H_2(D\mid P)$，$H_2(D\mid P)\leqslant H_1(D\mid P)$，$I_1'(D\mid P)=I_1(D\mid P)$，$E(D\mid P)\leqslant I_1(D\mid P)\leqslant H_1(D\mid P)$，$I_2'(D\mid P)=I_2(D\mid P)$，$I_2(D\mid P)=E(D\mid P)$ 和 $I_2(D\mid P)\leqslant I_1(D\mid P)\leqslant H_1(D\mid P)$。

(2) 在不完备决策系统 IDS $=(U,C,\ D)$ 且 $P,\ Q\subseteq C$ 下成立的关系：$\mathrm{IE}(Q\mid P)=\mathrm{IE}(P\cup Q)-\mathrm{IE}(P)$，$\mathrm{IE}(D\mid P)=\mathrm{IE}(P\cup D)-\mathrm{IE}(P)$，$\mathrm{IE}(D;P)=\mathrm{IE}(P)+\mathrm{IE}(D)-\mathrm{IE}(P\cup D)$，$\mathrm{IE}(D;P)=\mathrm{IE}(P)+\mathrm{IE}(D)-\mathrm{IE}(P\cup D)=\mathrm{IE}(D)-(\mathrm{IE}(P\cup D)-\mathrm{IE}(P))=\mathrm{IE}(D)-\mathrm{IE}(D\mid P)$，$\mathrm{IE}(D\mid P)\leqslant H_1(D\mid P)$，$H_1'(D\mid P)=H_1'(P\cup D)-H_1'(P)$，$H_2'(D|P)\leqslant H_1'(D|P)-\mathrm{IE}(D\cup P)$，$H_2'(D\mid P)\leqslant H_1'(D\mid P)$，$\mathrm{IE}(D\mid P)\leqslant I_1'(D\mid P)\leqslant H_1'(D\mid P)$，$I_2'(D\mid P)=\mathrm{IE}(D\mid P)$ 和 $I_2'(D|P)\leqslant I_1'(D\mid P)\leqslant H_1'(D\mid P)$。

综上所述，本节论证分析了上述度量方法在不完备决策系统中如何刻画知识和决策的粗糙性与模糊性，给出了相关性质及定理；也分析了它们在完备决策系统中与信息熵、条件信息熵、互信息等相关度量之间的内在关系。

2.5　知识粒度的不确定性度量

2.5.1　引言

粒计算是一把大伞，它覆盖了所有有关粒度的理论、方法论、技术和工具，它的研究工作主要集中在粒度的表示、刻画和粒度与概念之间的依存关系等[164-172]。在模糊集理论、粗糙集理论、商空间理论等各种相关的粒计算及其扩展模型逐渐发展和完善过程中，很多专家和学者对知识的不确定性度量理论与方法做了广泛、深入的研究工作，并取得了丰富的研究成果。但是，随着粒计算理论的发展，在不同层次的信息粒空间中，知识不确定性度量、知识本身的不确定性以及知识不确定性随粒度的变化关系等内容还有待进一步的研究。知识粒度、粗糙度和粗糙熵、模糊度和模糊熵是学者研究的热点问题。例如，对于商空间模型的不确定性，主要探讨它的粒度和信息熵；对于扩展粒计算模型的不确定性，主要讨论当知识空间由划分近似空间转化为覆盖近似空间后所带来的不确定性的变化，这些方面的结论还不够完善，仍有很多具体问题值得进行进一步的探讨和研究[1]。这些问题将吸引更多的专家学者加入粒计算的研究工作中，从而促进粒计算的发展，也有助于复杂问题的高效求解。人工智能在模拟人类的确定性智能方面已经取得了诸多成就，但是在人类的不确定性智能的模拟方面始终没有太大的进展，且在模拟人类形象思维方面尚处于探索阶段。因此，研究知识的不确定性是未来可能取得重大突破的研究方向，通过研究粒计算模型中知识的不确定性，使机器模拟人脑，从而具备处理知识不确定性的智能，还有很长的路要走[1]。

近年来，关于粗糙集理论中不确定性问题的研究越来越受到专家学者的关注。当把知识、信息作为研究对象时，相应地，对它们进行细化不同层次的度量可以定义为知识粒度[173]。在粗糙集的近似空间中，知识颗粒的大小将直接影响粗糙集的不确定程度。在信息系统中，粒度其实就是对信息系统中的信息和知识细化程度的平均度量；知识粒度可以有效地度量知识的粗细程度，也可以有效地描述知识的区分能力，知识粒度越小，它的区分能力就越强；相反地，知识粒度越大，它的区分能力就越弱[174,175]。

由此，本节在粗糙集理论基础上，为了刻画知识和决策的不确定性程度，对完备信息系统、不完备信息系统、完备决策系统以及不完备决策系统中的信息粒度、决策包含度、知识决策度、知识的粒度重要性测度等相关概念进行深入的研究，并给出这些度量方法的相关性质及定理证明；结合概念格理论，提出概念粒与粒空间、粒格等定义，并建立粒度熵及属性重要性等度量方法，研究其相关性质及定理。

2.5.2　信息粒度

定义 2.69[75]　设 $\mathrm{CIS}=(U,A)$ 是一个完备信息系统，$U/A=\{X_1,X_2,\cdots,X_{|U|}\}$，则知识 A 的信息粒度定义为

$$G(A)=\frac{1}{|U|^2}\sum_{i=1}^{|U|}|X_i|^2 \tag{2-97}$$

其中，$\sum_{i=1}^{|U|}|X_i|^2$ 是由 $\bigcup_{i=1}^{m}(X_i\times X_i)$ 决定的等价关系中元素的个数。

在完备信息系统中，由定义 2.69 可以得到如下性质。

性质 2.15　设 $\mathrm{CIS}=(U,A)$ 是一个完备信息系统，$U/A=\{X_1,X_2,\cdots,X_{|U|}\}$，则有：

(1) 如果 $U/A=\omega=\{\{u\}|u\in U\}$，则 A 的信息粒度达到最小值 $1/|U|$；

(2) 如果 $U/A=\delta=\{U|u\in U\}$，则 A 的信息粒度达到最大值 1。

显然，当 $\mathrm{CIS}=(U,A)$ 是一个完备信息系统时，有 $1/|U|\leqslant G(A)\leqslant 1$。

定义 2.70[13]　设 $\mathrm{IIS}=(U,A)$ 是一个不完备信息系统，$U/\mathrm{SIM}(A)=\{S_A(u_1),S_A(u_2),\cdots,S_A(u_{|U|})\}$，则知识 A 的信息粒度定义为

$$\mathrm{IG}(A)=\sum_{i=1}^{|U|}\frac{|S_A(u_i)|}{|U|^2} \tag{2-98}$$

其中，$\frac{|S_A(u_i)|}{|U|}$表示论域 U 上相容类 $S_A(u_i)$ 的概率。

在不完备信息系统中，由定义 2.70 可以得到如下性质。

性质 2.16　设 $\mathrm{IIS}=(U, A)$ 是一个不完备信息系统，$U/\mathrm{SIM}(A)=\{S_A(u_1), S_A(u_2), \cdots, S_A(u_{|U|})\}$，则有：

(1) 如果 $U/\mathrm{SIM}(A)=\delta=\{U|u\in U\}$，则 $\mathrm{IG}(A)$ 达到最小值 $1/|U|$；

(2) 如果 $U/\mathrm{SIM}(A)=\omega=\{\{u\}|u\in U\}$，则 $\mathrm{IG}(A)$ 达到最大值 $1-1/|U|$。

显然，当 $\mathrm{IIS}=(U, A)$ 是一个不完备信息系统时，有 $0\leqslant \mathrm{IG}(A)\leqslant 1-1/|U|$。

定理 2.43　设 $\mathrm{IIS}=(U, A)$ 是一个不完备信息系统，$U/\mathrm{SIM}(A)=\{S_A(u_1), S_A(u_2), \cdots, S_A(u_{|U|})\}$，则信息粒度 $\mathrm{IG}(A)$ 与信息熵 $\mathrm{IE}(A)$ 具有下面的互补关系：$\mathrm{IG}(A)+\mathrm{IE}(A)=1$。

证明　设 $U/\mathrm{SIM}(A)=\{S_A(u_1), S_A(u_2), \cdots, S_A(u_{|U|})\}$，由信息粒度定义 2.69 可得

$$\begin{aligned}\mathrm{IE}(A)&=\sum_{i=1}^{|U|}\frac{1}{|U|}\left(1-\frac{|S_A(u_i)|}{|U|}\right)\\&=\sum_{i=1}^{|U|}\frac{1}{|U|}-\sum_{i=1}^{|U|}\frac{|S_A(u_i)|}{|U|^2}\\&=1-\sum_{i=1}^{|U|}\frac{|S_A(u_i)|}{|U|^2}\\&=1-\mathrm{IG}(A)\end{aligned}$$

即 $\mathrm{IG}(A)+\mathrm{IE}(A)=1$。

定义 2.71　设 $\mathrm{IIS}_1=(U, P)$ 和 $\mathrm{IIS}_2=(U, Q)$ 是两个不完备信息系统，则知识 P 和知识 Q 的联合信息粒度定义如下：

$$\mathrm{IG}(P\cup Q)=\sum_{i=1}^{|U|}\frac{|S_P(u_i)\cap S_Q(u_i)|}{|U|^2} \tag{2-99}$$

定理 2.44　设 $\mathrm{IIS}=(U, A)$ 是一个不完备信息系统，对任意的 $P, Q\subseteq A$，知识 P 和知识 Q 的联合信息粒度 $\mathrm{IG}(P\cup Q)$ 与知识 P 和知识 Q 的信息熵 $\mathrm{IE}(P\cup Q)$ 满足下面的互补关系：

$$\mathrm{IG}(P\cup Q)+\mathrm{IE}(P\cup Q)=1$$

证明　设 $U/\mathrm{SIM}(P)=\{S_P(u_1), S_P(u_2), \cdots, S_P(u_{|U|})\}$，$U/\mathrm{SIM}(Q)=\{S_Q(u_1), S_Q(u_2), \cdots, S_Q(u_{|U|})\}$，则有

$$\mathrm{IG}(P\cup Q)+\mathrm{IE}(P\cup Q)=\sum_{i=1}^{|U|}\frac{|S_P(u_i)\cap S_Q(u_i)|}{|U|^2}+\sum_{i=1}^{|U|}\frac{1}{|U|}\left(1-\frac{|S_P(u_i)\cap S_Q(u_i)|}{|U|}\right)$$

$$=\sum_{i=1}^{|U|}\frac{|S_P(u_i)\cap S_Q(u_i)|}{|U|^2}+\sum_{i=1}^{|U|}\frac{1}{|U|}-\sum_{i=1}^{|U|}\frac{1}{|U|}\frac{|S_P(u_i)\cap S_Q(u_i)|}{|U|}$$

$$=\sum_{i=1}^{|U|}\frac{1}{|U|}$$

$$=1$$

即 $\mathrm{IG}(P\cup Q)+\mathrm{IE}(P\cup Q)=1$。

由定理 2.43 和定理 2.44 可知，在不完备信息系统中，信息粒度和信息熵存在着严格的互补关系。从而得到如下推论。

推论 2.16　设 $\mathrm{IIS}=(U,A)$ 是一个不完备信息系统，对任意的 $P,Q\subseteq A$，有 $\mathrm{IG}(P\cup Q)+\mathrm{IE}(P\cup Q)=\mathrm{IG}(P)+\mathrm{IE}(P)$。

定义 2.72　设 $\mathrm{IIS}=(U,A)$ 是一个不完备信息系统，对任意的 $P,Q\subseteq A$，$U/\mathrm{SIM}(P)=\{S_P(u_1),S_P(u_2),\cdots,S_P(u_{|U|})\}$，$U/\mathrm{SIM}(Q)=\{S_Q(u_1),S_Q(u_2),\cdots,S_Q(u_{|U|})\}$，则知识 Q 关于知识 P 的条件信息粒度定义如下：

$$\mathrm{IG}(Q\mid P)=\sum_{i=1}^{|U|}\frac{|S_P(u_i)|-|S_P(u_i)\cap S_Q(u_i)|}{|U|^2}\tag{2-100}$$

在不完备信息系统中，由定义 2.72 可以得到如下性质。

性质 2.17　设 $\mathrm{IIS}=(U,A)$ 是一个不完备信息系统，对任意的 $P,Q\subseteq A$，有 $\mathrm{IG}(Q\mid P)=\mathrm{IE}(Q\mid P)$ 成立。

定义 2.73　设 $\mathrm{IDS}=(U,C,D)$ 是一个不完备决策系统，对任意的 $P\subseteq C$，$U/\mathrm{SIM}(P)=\{S_P(u_1),S_P(u_2),\cdots,S_P(u_{|U|})\}$，$U/\mathrm{SIM}(D)=\{S_D(u_1),S_D(u_2),\cdots,S_D(u_{|U|})\}$，则决策 D 关于知识 P 的条件信息粒度定义如下：

$$\mathrm{IG}(D\mid P)=\sum_{i=1}^{|U|}\frac{|S_P(u_i)|-|S_P(u_i)\cap S_Q(u_i)|}{|U|^2}\tag{2-101}$$

定义 2.74　设 $\mathrm{IDS}=(U,C,D)$ 是一个不完备决策系统，对任意的 $P\subseteq C$，$U/\mathrm{SIM}(P)=\{S_P(u_1),S_P(u_2),\cdots,S_P(u_{|U|})\}$，$U/\mathrm{SIM}(D)=\{S_D(u_1),S_D(u_2),\cdots,S_D(u_{|U|})\}$，则知识 P 关于决策 D 的条件信息粒度定义如下：

$$\mathrm{IG}(P\mid D)=\sum_{i=1}^{|U|}\frac{|S_D(u_i)|-|S_D(u_i)\cap S_P(u_i)|}{|U|^2}\tag{2-102}$$

定理 2.45　设 $\mathrm{IDS}=(U,C,D)$ 是一个不完备决策系统，对任意的 $P\subseteq C$，$U/\mathrm{SIM}(P)=\{S_P(u_1),S_P(u_2),\cdots,S_P(u_{|U|})\}$，$U/\mathrm{SIM}(D)=\{S_D(u_1),S_D(u_2),\cdots,S_D(u_{|U|})\}$，则有 $\mathrm{IG}(D|P)=\mathrm{IG}(P)-\mathrm{IG}(P\cup D)=\mathrm{IE}(P\cup D)-\mathrm{IE}(P)=\mathrm{IE}(D|P)$ 成立。

证明　由定义 2.73 可知

$$\begin{aligned}\mathrm{IG}(D \mid P) &= \sum_{i=1}^{|U|} \frac{|S_P(u_i)| - |S_P(u_i) \cap S_D(u_i)|}{|U|^2} \\ &= \sum_{i=1}^{|U|} \frac{|S_P(u_i)|}{|U|^2} - \sum_{i=1}^{|U|} \frac{|S_P(u_i) \cap S_D(u_i)|}{|U|^2} \\ &= \mathrm{IG}(P) - \mathrm{IG}(P \cup D)\end{aligned}$$

由性质 2.17 和性质 2.9 可知，$\mathrm{IG}(D \mid P) = \mathrm{IE}(D \mid P) = \mathrm{IE}(P \cup D) - \mathrm{IE}(P)$ 成立。

由定理 2.45 可知，在不完备决策系统中，知识的条件信息粒是条件信息熵的特殊情形。也就是说，在不完备决策系统中，条件信息粒度是条件信息熵的一致扩展。

给定一个不完备信息系统 IIS $=(U, A)$，知识 A 诱导出最大一致块集 $C_A = \{A^1, A^2, \cdots, A^m\}$[158]，在信息粒度的基础上，研究最大一致块信息粒度及其相关性质。

定义 2.75　设 IIS $=(U, A)$ 是一个不完备信息系统，$P \subseteq A$, $C_P = \{P^1, P^2, \cdots, P^m\}$，则知识 A 关于最大一致块集 C_P 的信息粒度定义如下：

$$\mathrm{IG}(C_P) = \frac{1}{|m|} \sum_{i=1}^{m} \frac{|P^i|}{|U|} \tag{2-103}$$

其中，$\dfrac{|P^i|}{|U|}$ 表示论域 U 上最大一致块 P^i 的概率。

在不完备信息系统中，由定义 2.75 可以得到如下性质。

性质 2.18　设 IIS $=(U, A)$ 是一个不完备信息系统，$P \subseteq A$，$C_P = \{P^1, P^2, \cdots, P^m\}$，则有如果 $C_P = \omega = \{\{u\} | u \in U\}$，则 $\mathrm{IG}(C_P)$ 达到最小值 $1/|U|$；如果 $U/\mathrm{SIM}(A) = \delta = \{U | u \in U\}$，则 $\mathrm{IG}(A)$ 达到最大值 1。

显然，当 IIS $=(U, A)$ 是一个不完备信息系统时，有 $1/|U| \leqslant \mathrm{IG}(A) \leqslant 1$。

定理 2.46　设 IIS $=(U, A)$ 是一个不完备信息系统，$P, Q \subseteq A$，$C_P = \{P^1, P^2, \cdots, P^m\}$，$C_Q = \{Q^1, Q^2, \cdots, Q^n\}$，如果 $P \prec' Q$，则 $\mathrm{IG}(C_P) < \mathrm{IG}(C_Q)$ 成立。

证明　如果 $P \prec' Q$，由定义 2.65 的偏序关系可知，对任意的 $i \in \{1, 2, \cdots, m\}$，$P^i \in C_P$，存在 $Q^j \in C_Q$，其中 $j \in \{1, 2, \cdots, n\}$，使 $P^i \subseteq Q^j$，但对某一 $P^{i0} \in C_P$，存在 $Q^{j0} \in C_Q$ 使 $P^{i0} \subset Q^{j0}$，且 $m > n$。于是，对于 $Q^{j0} \in C_Q$，存在 $\{P^{i1}, P^{i2}, \cdots, P^{is}\}$，其中，$P^{ik} \in C_P$, $k = \{1, 2, \cdots, s\}$，使每个 $P^{ik} \subseteq Q^{j0}$，其中，$P^{i0} \in \{P^{i1}, P^{i2}, \cdots, P^{is}\}$。可得 $|P^{ik}| \leqslant |Q^{j0}|$ 和 $|P^{i0}| < |Q^{j0}|$，从而有

$$\begin{aligned}\mathrm{IG}(C_Q) &= \sum_{i=1}^{n} \frac{1}{|n|} \frac{|Q^i|}{|U|} \\ &= \frac{1}{|n|} \left(\sum_{j=1, j \neq j0}^{n} \frac{|Q^j|}{|U|} + \frac{|Q^{j0}|}{|U|} \right)\end{aligned}$$

$$> \frac{1}{|n|}\left(\sum_{j=1,j\neq j0}^{n}\frac{|Q^j|}{|U|}+\frac{1}{s}\sum_{k=1}^{s}\frac{|P^{i_k}|}{|U|}\right)$$

$$> \frac{1}{|m|}\sum_{i=1}^{m}\frac{|P^i|}{|U|}$$

$$= \mathrm{IG}(C_P)$$

即 $\mathrm{IG}(C_P) < \mathrm{IG}(C_Q)$ 成立。

由定理 2.46 可知，在不完备信息系统中，知识关于最大一致块的信息粒度随着最大一致块的变小(通过更细的分类)而单调递减。

在不完备信息系统中，由定理 2.46 可以得到如下推论。

推论 2.17　设 $\mathrm{IIS}=(U, A)$ 是一个不完备信息系统，$P, Q\subseteq A$，如果 $P\preccurlyeq' Q$，则有 $\mathrm{IG}(C_P)\leqslant \mathrm{IG}(C_Q)$ 成立。

定理 2.47　设 $\mathrm{IIS}=(U, A)$ 是一个不完备信息系统，对任意的 $P\subseteq A$，$C_P=\{P^1, P^2,\cdots, P^m\}$，则知识 P 关于最大一致块的信息粒度 $\mathrm{IG}(C_P)$ 与知识 P 关于最大一致块的信息熵 $\mathrm{IE}(C_P)$ 满足下面的互补关系：

$$\mathrm{IG}(C_P)+\mathrm{IE}(C_P)=1$$

证明　设 $C_P=\{P^1, P^2,\cdots, P^m\}$，由定义 1.49 和定义 1.80 可得

$$\mathrm{IE}(C_P)=\sum_{i=1}^{m}\frac{1}{|m|}\left(1-\frac{|P^i|}{|U|}\right)$$

$$=\sum_{i=1}^{m}\frac{1}{|m|}-\frac{1}{|m|}\sum_{i=1}^{m}\frac{|P^i|}{|U|}$$

$$=1-\frac{1}{|m|}\sum_{i=1}^{m}\frac{|P^i|}{|U|}$$

$$=1-\mathrm{IG}(C_P)$$

即 $\mathrm{IG}(C_P)+\mathrm{IE}(C_P)=1$。

2.5.3 决策包含度

在决策系统 $\mathrm{DS}=(U, C, D)$ 中，设 $X\subseteq U$ 为论域的一个子集，属性集合 $P, Q\subseteq C\cup D$，$\underline{P}(X)=\cup\{[x]_P|[x]_P\subseteq X\}$ 表示 X 的 P 下近似集，属性集合 Q 的 P 正域 $\mathrm{POS}_P(Q)$ 表示为 $\mathrm{POS}_P(Q)=\cup\{\underline{P}(X)|X\in U/Q\}$。若 $\mathrm{POS}_C(D)=U$，则称决策表 DS 为一致决策表，否则称决策表 DS 为不一致决策表 $\mathrm{IDS}=(U, C, D)$。$\mathrm{POS}_C(D)$ 中的元素为一致对象集，$U-\mathrm{POS}_C(D)$ 中的元素为不一致对象集[48]。

为了将等价类逐步细化和分离，引入下面的定理和推论。

定理 2.48[176]　在决策系统 $DS=(U, C, D)$ 中，$A, B\subseteq C$，$U/D=\{D_1, D_2,\cdots, D_m\}$，则 $POS_A(D)=POS_B(D)$ 的充要条件是 $\underline{A}D_i=\underline{B}D_i$，其中 $i=1, 2,\cdots, m$。

推论 2.18[176]　在决策系统 $DS=(U, C, D)$ 中，$A\subseteq C$，$U/D=\{D_1, D_2,\cdots, D_m\}$，则 $POS_A(D)=POS_C(D)$ 的充要条件是 $\underline{A}D_i=\underline{C}D_i$，其中 $i=1, 2,\cdots, m$。

在决策系统 $DS=(U, C, D)$ 中，若集簇 $\{\underline{A}D_0, \underline{A}D_1, \underline{A}D_2,\cdots, \underline{A}D_m\}$ 中没有空集，则该集簇是 U 上的一个划分；若该集簇有空集，则去掉空集后仍是 U 上的一个划分。为叙述方便，若没有特殊说明，不妨假设该集簇中没有空集。如果条件属性子集 A 是 C 的一个约简，则 A 在 U 上导出的一个划分是 $\{\underline{A}D_0, \underline{A}D_1, \underline{A}D_2,\cdots, \underline{A}D_m\}$，它不仅把属于不同决策类的一致对象分离成不同的划分块，而且把所有不一致对象从一致对象中分离出来，作为一个单独划分块[10, 176]。这样，在不一致决策系统 $IDS=(U, C, D)$ 中，C 在 U 上导出划分 $\{\underline{C}D_0, \underline{C}D_1, \underline{C}D_2,\cdots, \underline{C}D_m\}$ 也就是把 U/D 中的等价类逐步细化和分离的过程，在这一过程中，可将所有不一致对象从一致对象中分离出来，由此划分得到的等价关系记为 R_C，即 $U/R_C=\{\underline{C}D_0, \underline{C}D_1, \underline{C}D_2,\cdots, \underline{C}D_m\}$[48,177]。

定义 2.76　给定不一致决策系统 $IDS=(U, C, D)$，$P\subseteq C$，$U/D=\{D_1, D_2,\cdots, D_m\}$，$U/R_D=\{\underline{C}D_0, \underline{C}D_1, \underline{C}D_2,\cdots, \underline{C}D_m\}$，则决策包含度定义如下：

$$D(\underline{C}D_i/[u]_p)=\frac{\left|\underline{C}D_i\cap[u]_p\right|}{\left|[u]_p\right|} \tag{2-104}$$

其中，$i=1, 2,\cdots, m$。

定义 2.77　给定不一致决策系统 $IDS=(U, C, D)$，$P\subseteq C$，$U/D=\{D_1, D_2,\cdots, D_m\}$，$U/R_D=\{\underline{C}D_0, \underline{C}D_1, \underline{C}D_2,\cdots, \underline{C}D_m\}$，对任意的 $u\in U$，则知识 P 关于 u 的概率分布函数定义如下：

$$\mu_P(u)=\left(\frac{\left|\underline{C}D_0\cap[u]_P\right|}{\left|[u]_P\right|},\frac{\left|\underline{C}D_1\cap[u]_P\right|}{\left|[u]_P\right|},\cdots,\frac{\left|\underline{C}D_m\cap[u]_P\right|}{\left|[u]_P\right|}\right) \tag{2-105}$$

性质 2.19　设 $IDS=(U, C, D)$ 是一个不一致决策系统，$P\subseteq C$，则对任意的 $u, v\in U$，有 $\mu_P(u)=\mu_P(v)$。

定义 2.78[178]　设 $DS=(U, C, D)$ 是一个决策系统，$P\subseteq C$，如果 $U/P=\{X_1, X_2,\cdots, X_n\}$，$D=\{d\}$，$U/D=\{Y_1, Y_2,\cdots, Y_m\}$，且 $U/R_D=\{\underline{C}Y_0, \underline{C}Y_1, \underline{C}Y_2,\cdots, \underline{C}Y_m\}$，则决策 D 关于知识 P 的条件熵定义为

$$H(R_D\mid P)=\sum_{i=1}^{n}\frac{|X_i|}{|U|}\sum_{j=0}^{m}\frac{\left|\underline{C}Y_j\cap X_i\right|}{|X_i|}\log_2\frac{|X_i|}{\left|\underline{C}Y_j\cap X_i\right|} \tag{2-106}$$

定理 2.49　设 $IDS=(U, C, D)$ 是一个不一致决策系统，$P\subseteq C$，$U/P=\{X_1, X_2,\cdots, X_n\}$，$U/C=\{Y_1, Y_2,\cdots, Y_k\}$，$U/D=\{D_1, D_2,\cdots, D_m\}$，$U/R_D=\{\underline{C}D_0, \underline{C}D_1, \underline{C}D_2,\cdots, \underline{C}D_m\}$，

对任意的 $u\in U$，则有 $H(R_D|P)=H(R_D|C)$，当且仅当对任意的 $u\in U$ 时，有 $\mu_P(u)=\mu_C(u)$。

证明

(1)充分条件：设 $P\subseteq C$，于是有偏序关系 $C\preccurlyeq P$ 成立，由文献[178]的定理 10 可得 $H(R_D|C)\leqslant H(R_D|P)$。对任意的 $u\in U$，当 $H(R_D|P)=H(R_D|C)$ 时，假设 $\mu_P(u)=\mu_C(u)$ 不成立，那么存在 u_0 使得 $\mu_P(u_0)\neq\mu_C(u_0)$，从而有

$$\left(\frac{|\underline{C}D_0\cap[u_0]_P|}{|[u_0]_P|},\frac{|\underline{C}D_1\cap[u_0]_P|}{|[u_0]_P|},\cdots,\frac{|\underline{C}D_m\cap[u_0]_P|}{|[u_0]_P|}\right)$$
$$\neq\left(\frac{|\underline{C}D_0\cap[u_0]_C|}{|[u_0]_C|},\frac{|\underline{C}D_1\cap[u_0]_C|}{|[u_0]_C|},\cdots,\frac{|\underline{C}D_m\cap[u_0]_C|}{|[u_0]_C|}\right)$$

由此可以得到 $[u_0]_P\neq[u_0]_C$，由上面的偏序关系可知 $[u_0]_C\subset[u_0]_P$。假设对任意的 $s\neq t$，其中 $s,t\in\{0,1,2,\cdots,l\}$，且 $[u_s]_C\cap[u_t]_C=\varnothing$，有 $[u_0]_P=\bigcup\{[u_i]_C|u_i\in U, i=0,1,2,\cdots,l, 1\leqslant l\leqslant|U|\}$，那么就存在 $s_0,t_0\in\{0,1,2,\cdots,l\}$ 且 $s_0\neq t_0$ 使 $\mu_C(u_{s_0})\neq\mu_C(u_{t_0})$，否则 $\mu_P(u_0)=\mu_C(u_0)$。从而有

$$\left(\frac{|\underline{C}D_0\cap[u_{s_0}]_C|}{|[u_{s_0}]_C|},\frac{|\underline{C}D_1\cap[u_{s_0}]_C|}{|[u_{s_0}]_C|},\cdots,\frac{|\underline{C}D_m\cap[u_{s_0}]_C|}{|[u_{s_0}]_C|}\right)$$
$$\neq\left(\frac{|\underline{C}D_0\cap[u_{t_0}]_C|}{|[u_{t_0}]_C|},\frac{|\underline{C}D_1\cap[u_{t_0}]_C|}{|[u_{t_0}]_C|},\cdots,\frac{|\underline{C}D_m\cap[u_{t_0}]_C|}{|[u_{t_0}]_C|}\right)$$

由文献[13]的定理 8 可知，对任意的 $X_i, X_j\in U/P$，$X_i\neq X_j$，任意的 $\underline{C}D_k\in U/R_D$，如果 $X_i\cup X_j\in U/C$ 且 $\frac{|X_i\cap\underline{C}D_k|}{|X_i|}=\frac{|X_j\cap\underline{C}D_k|}{|X_j|}$ 成立，那么有 $H(R_D|P)=H(R_D|C)$。于是有 $\mu_C(u_{s_0})\neq\mu_C(u_{t_0})$ 时，$H(R_D|P)>H(R_D|C)$，这刚好与前面的假设 $H(R_D|P)=H(R_D|C)$ 矛盾。因此，当 $H(R_D|P)=H(R_D|C)$ 时，对任意的 $u\in U$，有 $\mu_P(u)=\mu_C(u)$ 成立。

(2)必要条件：设 $P\subseteq C$，如果对任意的 $u\in U$ 有 $\mu_P(u)=\mu_C(u)$ 成立，根据偏序关系可得 $C\preccurlyeq P$，从而有 $[u]_P=[u_1]_C\cup[u_2]_C\cup\cdots\cup[u_l]_C$，其中 $u_1,u_2,\cdots,u_l\in U$，$1\leqslant l\leqslant|U|$ 且任意的 $s\neq t$，其中 $s,t\in\{0,1,2,\cdots,l\}$，有 $[u_s]_C\cap[u_t]_C=\varnothing$。于是可得 $\mu_P(u_1)=\mu_P(u_2)=\cdots=\mu_P(u_l)$。由文献[140]的定义 4 可知

$$\sum_{i=1}^{l}\frac{|[u_i]_C|}{|U|}\sum_{j=1}^{m}\frac{|\underline{C}D_j\cap[u_i]_C|}{|[u_i]_C|}\log_2\frac{|[u_i]_C|}{|\underline{C}D_j\cap[u_i]_C|}$$
$$=\sum_{i=1}^{l}\frac{|[u_i]_C|}{|U|}\sum_{j=0}^{m}\frac{|\underline{C}D_j\cap[u]_B|}{|[u]_B|}\log_2\frac{|[u]_B|}{|\underline{C}D_j\cap[u]_B|}$$

$$=\frac{|[u_1]_C\cup[u_2]_C\cup\cdots\cup[u_1]_C|}{|U|}\sum_{j=0}^{m}\frac{|\underline{C}D_j\cap[u]_B|}{|[u]_B|}\log_2\frac{|[u]_B|}{|\underline{C}D_j\cap[u]_B|}$$

$$=\frac{|[u]_B|}{|U|}\sum_{j=0}^{m}\frac{|\underline{C}D_j\cap[u]_B|}{|[u]_B|}\log_2\frac{|[u]_B|}{|\underline{C}D_j\cap[u]_B|}$$

则有

$$\begin{aligned}H(R_D\mid C)&=\sum_{i=1}^{n}\frac{|Y_i|}{|U|}\sum_{j=0}^{m}\frac{|\underline{C}D_j\cap Y_i|}{|Y_i|}\log_2\frac{|Y_i|}{|\underline{C}D_j\cap Y_i|}\\&=\sum_{i=1}^{n}\frac{|X_i|}{|U|}\sum_{j=0}^{m}\frac{|\underline{C}D_j\cap X_i|}{|X_i|}\log_2\frac{|X_i|}{|\underline{C}D_j\cap X_i|}\\&=H(R_D\mid P)\end{aligned}$$

即 $H(R_D\mid P)=H(R_D\mid C)$。

由定理 2.49 可知，在不一致决策系统 $\mathrm{IDS}=(U, C, D)$ 中，决策 D 关于知识 P 的条件熵与知识 P 关于 $u\in U$ 的概率分布函数有同样的知识区分能力。

定义 2.79　设 $\mathrm{IDS}=(U, C, D)$ 是一个不一致决策系统，$P\subseteq C$，$U/D=\{D_1, D_2,\cdots, D_m\}$，$U/R_D=\{\underline{C}D_0, \underline{C}D_1, \underline{C}D_2,\cdots, \underline{C}D_m\}$，则对任意的 $u_i\in U$ 有

$$\mu_P(u_i)=(\underline{C}D_0^P(u_i),\underline{C}D_1^P(u_i),\cdots,\underline{C}D_m^P(u_i))\ \text{且}\ r_P(u_i)=\left\{\underline{C}D_h\mid \underline{C}D_h^P(u_i)=\max_{0\leqslant j\leqslant m}\underline{C}D_j^P(u_i)\right\}$$

其中，$\underline{C}D_j^P(u_i)=\dfrac{|\underline{C}D_j\cap[u_i]_P|}{|[u_i]_P|}$，$j=1, 2,\cdots, m$。于是有如下结论。

(1) 如果 $\mu_P(u_i)=\mu_C(u_i)$，$i=1, 2,\cdots, |U|$，则称 P 为不一致决策系统 IDS 的分布集；P 为不一致决策系统 IDS 的分布约简，当且仅当 P 是不一致决策系统 IDS 的分布集，且对任意的 $P'\subset P$，存在 $u_j\in U$ 使 $\mu_{P'}(u_j)\neq\mu_C(u_j)$。

(2) 如果 $\gamma_P(u_i)=\gamma_C(u_i)$，$i=1, 2,\cdots, |U|$，则称 P 为不一致决策系统 IDS 的最大分布集；P 为不一致决策系统 IDS 的最大分布约简，当且仅当 P 是不一致决策系统 IDS 的最大分布集，且对任意的 $P'\subset P$，存在 $u_j\in U$ 使 $\mu_{P'}(u_j)\neq\mu_C(u_j)$。

由定义 2.78 可知，若条件属性子集 P 为不一致决策系统 $\mathrm{IDS}=(U, C, D)$ 的分布约简或最大分布约简，则由 B 产生的规则与由 C 产生的规则有相同的可信度。因此，分布约简是保持原决策系统中条件属性确定的等价类对决策属性等价类的隶属度(条件概率分布)不变的最小条件属性子集[48]。

性质 2.20　在不一致决策系统 $\mathrm{IDS}=(U, C, D)$ 中，由于 $D_0=U-\mathrm{POS}_C(D)=\varnothing$，则有 $\underline{C}D_0=\varnothing$，于是 P 对 $u\in U$ 的概率分布函数退化为一般的概率分布函数。

由性质 2.20 可知，一致决策系统中的概率分布函数是不一致决策系统中的概率

分布函数的一种特殊情形。这就意味着一致决策系统中的概率分布函数是不一致决策系统中的概率分布函数的一种扩展形式。于是可知，决策包含度能有效度量一致和不一致决策系统的不确定性。因此，分布约简、最大分布约简能适用于一致和不一致决策系统。

定义 2.80 给定不一致决策系统 IDS $=(U, C, D)$，$P\subseteq C$，任意的 $a\in C-P$ 相对于知识 P 的外部重要性测度定义如下：

$$\mathrm{SIG}^{\mathrm{outer}}(a,P,D)=\frac{\{\forall u\in U \mid \mu_{P\cup\{a\}}(u)\neq\mu_P(u)\}}{|U|} \tag{2-107}$$

定义 2.81 给定不一致决策系统 IDS $=(U, C, D)$，$P\subseteq C$，$p\in P$ 相对于知识 P 的内部重要性测度定义如下：

$$\mathrm{SIG}^{\mathrm{inner}}(p,P,D)=\frac{\{\forall u\in U \mid \mu_{P-\{p\}}(u)\neq\mu_P(u)\}}{|U|} \tag{2-108}$$

在不一致决策系统中，由定义 2.80 和定义 2.81 可以得到如下性质。

性质 2.21 给定不一致决策系统 IDS $=(U, C, D)$，$P\subseteq C$，则有：

(1) $0\leqslant \mathrm{SIG}^{\mathrm{outer}}(a, P, D)\leqslant 1$；

(2) $0\leqslant \mathrm{SIG}^{\mathrm{inner}}(p, P, D)\leqslant 1$；

(3) 当 $P=C$ 时，则有 $\mathrm{SIG}^{\mathrm{outer}}(\varnothing, C, D)=0$；

(4) 任意的 $a\in C-P$ 相对于知识 P 是非必要的当且仅当 $\mathrm{SIG}^{\mathrm{outer}}(a, P, D)=0$；

(5) 如果 P 中每个 p 都是 D 必要的当且仅当 $\mathrm{SIG}^{\mathrm{inner}}(p, P, D)>0$。

2.5.4 概念粒度

定义 2.82 给定一个信息系统 IS $=(U, A)$，U 是一个非空有限集合，P 为有限原子粒集合，原子粒 $a_v\in P$，$X, X_1, X_2\subseteq U$，$B, B_1, B_2\subseteq P$，f: $G(P)\to G(U)$ 为粒集到对象集的映射算子，且 g: $G(U)\to G(G)$ 表示从对象集合到粒集上的映射算子。若 f 满足 $f(\varnothing)=U$ 和 $f(B_1\cup B_2)=f(B_1)\cap f(B_2)$，且 g 满足 $g(\varnothing)=G$ 和 $g(X_1\cup X_2)=g(X_1)\cap g(X_2)$，则称 CGS $=(U, P, f, g)$ 为信息系统 IS 的概念粒空间[179]。

定义 2.83[178] 给定一个信息系统 IS $=(U, A)$，CGS $=(U, P, f, g)$ 是 IS 的概念粒空间，如果 $B\subseteq P$ 且 $f(B)\subseteq U$，则概念粒(CG)可表示为 CG $=(B, f(B))$，其中 B 是概念粒的外延，$f(B)$ 是 B 确定的对象集，也称为概念粒的内涵。如果 B 是一个非空单元素集，则 CG 就是原子概念粒[24]。

定义 2.84 给定一个信息系统 IS $=(U, A)$，CGS $=(U, P, f, g)$ 是 IS 的概念粒空间，如果 $B_1, B_2\subseteq P$，$B_1\subseteq B_2$，且 $\mathrm{CG}_i=(B_i, f(B_i))$ 和 $\mathrm{CG}_j=(B_j, f(B_j))$ 是两个任意的概念粒，则称 CG_i 是 CG_j 的父粒，或者称 CG_j 是 CG_i 的子粒，表示为 $\mathrm{CG}_j\prec\mathrm{CG}_i$，其中 $\prec$ 是一种偏序关系。

定义 2.85　给定一个信息系统 IS =(U, A)，CGS =(U, P, f, g)是 IS 的概念粒空间，对任意的 $B_i, B_j \subseteq P$ 有 $CG_i=(B_i, f(B_i))$ 和 $CG_j=(B_j, f(B_j))$，则 CG_i 和 CG_j 之间的概念粒距离定义为

$$\mathrm{DIS}(\mathrm{CG}_i,\mathrm{CG}_j)=\left|f(B_i \wedge B_j)-f(B_i \vee B_j)\right| \tag{2-109}$$

由定义 2.90 可以证明如下定理。

定理 2.50　给定一个信息系统 IS =(U, A)，CGS =(U, P, f, g)是 IS 的概念粒空间，对任意的 $B_i, B_j \subseteq P$，$CG_i=(B_i, f(B_i))$ 和 $CG_j=(B_j, f(B_j))$ 是两个任意的概念粒，则有：

(1) $0 \leqslant \mathrm{DIS}(CG_i, CG_j) \leqslant |U|$；

(2) $\mathrm{DIS}(CG_i, CG_j)=0$ 当且仅当 $CG_i = CG_j$；

(3) $\mathrm{DIS}(CG_i, CG_j)=|U|$ 当且仅当 $B_i \wedge B_j=\varnothing$；

(4) $\mathrm{DIS}(CG_i, CG_j)=\mathrm{DIS}(CG_j, CG_i)$。

定理 2.51　给定一个信息系统 IS =(U, A)，CGS =(U, P, f, g)是 IS 的概念粒空间，对任意的 $B_i,B_j,B_k \subseteq P$，$CG_i=(B_i, f(B_i))$、$CG_j=(B_j, f(B_j))$ 和 $CG_k=(B_k, f(B_k))$ 是任意的三个概念粒，如果 $B_i \prec B_j \prec B_k$，则有 $\mathrm{DIS}(B_i, B_k)=\mathrm{DIS}(B_i, B_j)+\mathrm{DIS}(B_j, B_k)$。

在一个信息系统 IS =(U, A)中，CGS =(U, P, f, g)是 IS 的概念粒空间，由定义 2.85、定理 2.50 和定理 2.51 可知，概念粒之间的距离可以度量两个粒之间的差异程度，设$\gamma=(\varnothing, U)$为信息系统 IS 中最粗的概念粒。下面考虑如何度量 CG 和γ之间的距离，使其之间的距离能够很好地反映概念粒的粗糙程度。显然，当 CG 和γ之间的距离越大，则该概念粒 CG 越细；反之，当 CG 和γ之间的距离越小，则该概念粒 CG 越粗。

定义 2.86　给定一个信息系统 IS =(U, A)，CGS =(U, P, f, g)是 IS 的概念粒空间，对任意的 $B \subseteq P$，则 CG=(B, f (B))的概念粒熵定义如下：

$$\mathrm{CGE}_{\mathrm{CG}}=\frac{1}{|U|}\mathrm{DIS}(\mathrm{CG},\gamma)=1-\frac{|f(B)|}{|U|} \tag{2-110}$$

由定义 2.85 和定义 2.86 可知，在同一概念粒空间下，概念粒距离和概念粒熵能够有效地度量概念粒之间的差异程度。例如，在概念粒空间 CGS =(U, P, f, g)中，$B \subseteq P$，从概念粒 CG =(B, f (B))的 B 中移除原子公式 a_v，则可以获得一个新的概念粒 $CG'=(B-\{a_v\}, f(B-\{a_v\}))$，于是当概念粒 CG 的外延变小时，可以通过 CG 和 CG′之间的距离来度量概念粒的变化程度。因此，原子公式 a_v 相对于概念粒 CG 的重要程度可以通过 CG 和 CG′之间的距离来度量。如果这个距离越大，则 a_v 相对于概念粒 CG 越重要。

定义 2.87　给定一个信息系统 IS =(U, A)，CGS =(U, P, f, g)是 IS 的概念粒空

间，对任意的 $B\subseteq P$，且 $a_v\in B$，如果 $\mathrm{CG}=(B,f(B))$ 和 $\mathrm{CG}'=(B-\{a_v\},f(B-\{a_v\}))$，则 a_v 相对于概念粒 CG 的重要度定义如下：

$$\mathrm{SIG}(\mathrm{CG},a_v)=\left|\mathrm{CGE}_{\mathrm{CG}}-\mathrm{CGE}_{\mathrm{CG}'}\right|=\frac{\left|f(B)-f(B-a_v)\right|}{|U|} \tag{2-111}$$

由定义 2.87 可以证明如下性质。

性质 2.22　$0\leqslant \mathrm{SIG}(\mathrm{CG},a_v)\leqslant 1$。

性质 2.23[178]　任意的原子公式 a_v 相对于概念粒 CG 是必要的当且仅当 $\mathrm{SIG}(\mathrm{CG},a_v)>0$。

定理 2.52　给定一个信息系统 $\mathrm{IS}=(U,A)$，$\mathrm{CGS}=(U,P,f,g)$ 是 IS 的概念粒空间，对任意的 $B\subseteq P$，且 $a_v\in B$，$\mathrm{CG}=(B,f(B))$，如果 $f(B)=f(B-\{a_v\})$，则 B 中的 a_v 对概念粒 CG 是不必要的，否则是必要的。

推论 2.19　给定一个信息系统 $\mathrm{IS}=(U,A)$，$\mathrm{CGS}=(U,P,f,g)$ 是 IS 的概念粒空间，对任意的 $B\subseteq P$，且 $a_v\in B$，则 $\mathrm{SIG}(\mathrm{CG},a_v)=0$ 当且仅当 $f(B)=f(B-\{a_v\})$。

证明　该证明由定义 2.87 和定理 2.52 很容易得到。

给定一个信息系统 $\mathrm{IS}=(U,A)$，$\mathrm{CGS}=(U,P,f,g)$ 是 IS 的概念粒空间，则该概念粒空间对应的概念粒层次结构 $(\mathrm{CGS},\prec)$ 所形成的数据结构为粒格。在粒格结构中，定义概念粒之间的运算规则，使概念与概念之间能够按着规范化的规则运算，这种形式化方法能更清晰直观地描述智能系统的结构体系及其之间的关系。

定义 2.88　给定一个信息系统 $\mathrm{IS}=(U,A)$，$\mathrm{CGS}=(U,P,f,g)$ 是 IS 的概念粒空间，对任意的 $B\subseteq P$，且 $\mathrm{CG}=(B,f(B))$，如果 $B=g(f(B))$，则称 CG 为一个完备概念粒，记作 $\tilde{\mathrm{C}}\mathrm{G}$。

定义 2.89　给定一个信息系统 $\mathrm{IS}=(U,A)$，$\mathrm{CGS}=(U,P,f,g)$ 是 IS 的概念粒空间，如果 $G=\bigcup\{(B,f(B))\,|\,B\in P,B=g(f(B))\}$，则存在唯一偏序集 $(\mathrm{CGS},\prec)$ 与之对应，且该偏序集存在唯一的下确界和上确界，这个偏序集产生的格结构称为粒格，记作 $\tilde{G}(U,P,f,g)$。

由定义 2.89 可知，对于每个非空的完备概念粒总存在一个唯一的最大子概念（下确界）和一个唯一的最小父概念（上确界）。由此，在一个信息系统 $\mathrm{IS}=(U,A)$ 中，$\mathrm{CGS}=(U,P,f,g)$ 是 IS 的概念粒空间，在 IS 的粒格中定义两个算子。

定义 2.90　给定一个信息系统 $\mathrm{IS}=(U,A)$，$\mathrm{CGS}=(U,P,f,g)$ 是 IS 的概念粒空间，$\tilde{G}(U,P,f,g)$ 是其粒格，对任意的 $B_i, B_j\subseteq P$，$\tilde{\mathrm{C}}\mathrm{G}_i=(B_i,f(B_i))$ 和 $\tilde{\mathrm{C}}\mathrm{G}_j=(B_j,f(B_j))$，则上确界算子 $\wedge$ 和下确界算子 $\vee$ 分别定义为

$$\tilde{\mathrm{C}}\mathrm{G}_i\wedge\tilde{\mathrm{C}}\mathrm{G}_j=(g(f(B_i\cup B_j)),f(B_i)\cap f(B_j)) \tag{2-112}$$

$$\tilde{\mathrm{C}}\mathrm{G}_i\wedge\tilde{\mathrm{C}}\mathrm{G}_j=(B_i\cup B_j,f(g(f(B_i)\cap f(B_j)))) \tag{2-113}$$

性质 2.24　给定一个信息系统 IS =(U, A)，CGS =(U, P, f, g)是 IS 的概念粒空间，$\tilde{G}$ (U, P, f, g)是其粒格，对任意的 B_i, $B_j \subseteq P$，$\tilde{C}G_i=(B_i, f(B_i))$和$\tilde{C}G_j=(B_j, f(B_j))$，则有如下性质成立：

(1) $\tilde{C}G_i \in \tilde{G}$和$\tilde{C}G_j \in \tilde{G}$；

(2) $\tilde{C}G_i \wedge \tilde{C}G_j$和$\tilde{C}G_i \vee \tilde{C}G_j \in \tilde{G}$；

(3)完备概念粒之间使用∧和∨进行有限次运算所得概念粒仍属于粒格。

证明　由粒格定义知(1)显然成立。由定义 2.88 可得 $B_1 = g(f(B_1))$，$B_2 = g(f(B_2))$，所以 $\tilde{C}G_1 \wedge \tilde{C}G_2 =(g(f(B_1 \cup B_2)), f(B_1) \cap f(B_2))=(g(f(B_1 \cup B_2)), f(B_1 \cup B_2))$，则 $B_1 \cup B_2 = g(f(B_1 \cup B_2))$。由定义 2.88 可得$\tilde{C}G_i \vee \tilde{C}G_j \in \tilde{G}$，同理$\tilde{C}G_i \vee \tilde{C}G_j \in \tilde{G}$。由(1)和(2)成立可知(3)显然成立。

性质 2.25　给定一个信息系统 IS =(U, A)，CGS =(U, P, f, g)是 IS 的概念粒空间，$\tilde{G}$ (U, P, f, g)是其粒格，对于任一给定概念粒 GC =(B_{n-1}, X_{n-1})，经过$X_n=X_{n-1} \cup f(B_{n-1})$，$B_n = g(X_n)$，$B_{n+1} = B_n \cup g(X_n)$和$X_{n+1} = f(B_{n+1})$有限次迭代运算，存在一个完备概念粒$(B_{n'}, f(B_{n'}))$使得$(B_{n'}, f(B_{n'})) \in \tilde{G}$ (U, P, f, g)。

证明　由定义 2.82 和定义 2.90 可知，$X_{n'} = X_{n'+1} \subseteq U$显然成立。由此可得$X_{n'} = X_{n'+1} =X_{n'} \cup f(X_{n'})$，于是 $B_{n'} = g(X_{n'})$，则有 $B_{n'} = B_{n'} \cup g(X_{n'}) = g(X_{n'})$；又因为 $X_{n'} = X_{n'+1}$，可知 $B_{n'} = g(X_{n'+1})$，这样可得 $X_{n'+1} = f(B_{n'+1})$，于是$(B_{n'}, f(B_{n'}))$为一完备概念粒，即$(B_{n'}, f(B_{n'})) \in \tilde{G}$ (U, P, f, g)。

由性质 2.25 可知，通过该定理对于任意一个概念粒可以用迭代运算找到对应的完备概念粒，其实际上是给出了一种粒格的提取方法。对于一个信息系统，求出其所有完备概念粒，然后把父、子概念连接，按照父概念在上和子概念在下的原则，得到该信息系统对应的粒格的 Hash 图。

下面给出一个实例来进一步阐明性质 2.25。

例 2.6　给定一个信息系统 IS =(U, A)，如表 2.3 所示，其中，$U = \{x_1, x_2, x_3, x_4\}$，$A = \{a, b, c\}$。由信息系统 IS 构造概念粒空间 CGS =$(U, P, f, g)$，令 $P = \{a_v | a \in A, v \in V_a\} = \{a_0, a_1, b_0, b_1, c_0, c_1, c_2\}$，且 CG =$(B, f(B)) = \{\{b_1\}, \{x_2, x_4\}\}$为满足在属性 b 上取值为 1 的原子概念粒，计算其对应的完备概念粒。

表 2.3　一个信息系统

U	a	b	c
x_1	1	0	0
x_2	0	1	2
x_3	0	0	1
x_4	1	1	2

假设 $U_1=f(B)$，通过计算则有 $U_2=U_1\cup f(B)=f(B)=\{x_2, x_4\}$，$B_1=g(U_2)=g(\{x_2, x_4\})=\{b_1,c_2\}$，$B_2=B_1\cup g(U_2)=\{b_1,c_2\}$，$U_3=f(B_2)=f(\{b_1,c_2\})=\{x_2,x_4\}$。因为 $U_3=f(B_2)$，$B_2=\{b_1, c_2\}=g(U_3)$，(B_2, U_3)是概念粒 CG 相应的完备概念。于是，按照一定的次序，计算得到信息系统 IS 的所有完备概念粒如下：$\{\varnothing, U\}$，$\{\{a_1, b_0, c_0\}, \{x_1\}\}$，$\{\{a_0, b_1, c_2\}, \{x_2\}\}$，$\{\{a_0, b_0, c_1\}, \{x_3\}\}$，$\{\{a_1, b_1, c_2\}, \{x_4\}\}$，$\{\{b_1, c_2\}, \{x_2, x_4\}\}$，$\{\{a_0\}, \{x_2, x_3\}\}$，$\{\{a_1\}, \{x_1, x_4\}\}$，$\{\{b_0\}, \{x_1, x_3\}\}$，$\{P, \varnothing\}$。于是可以得到信息系统 IS 对应的粒格 Hash 图如图 2.1 所示。

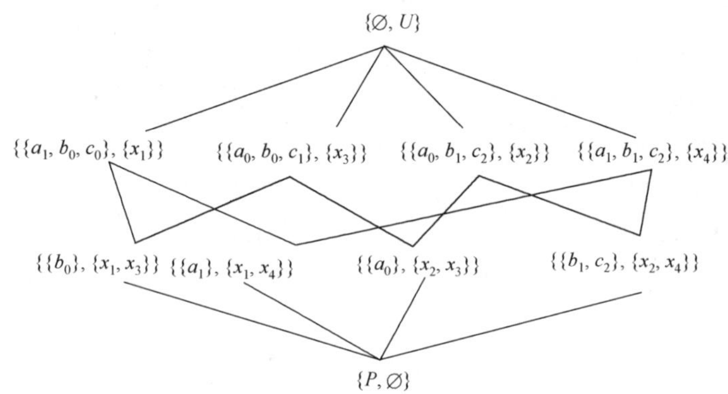

图 2.1 信息系统 IS 对应的粒格 Hash 图

2.5.5 小结

本节从粒计算和信息表示的知识粒度角度出发，从以下几个方面来研究了知识粒度的不确定性度量方法：

(1) 在知识的信息粒度基础上，提出了不完备信息系统下的联合信息粒度、条件信息粒度以及不完备决策系统下的条件信息粒度，借助最大一致块方法，探讨了最大一致块信息粒度的单调性以及与条件信息熵的互补性，给出了相关性质及定理，并深入分析论证了这些度量之间的关系：在不完备信息系统 IIS $=(U, A)$ 且 $P, Q\subseteq A$ 下，$\mathrm{IG}(A)+\mathrm{IE}(A)=1$，$\mathrm{IG}(P\cup Q)+\mathrm{IE}(P\cup Q)=1$，$\mathrm{IG}(P\cup Q)+\mathrm{IE}(P\cup Q)=\mathrm{IG}(P)+\mathrm{IE}(P)$，$\mathrm{IG}(Q|P)=\mathrm{IE}(Q|P)$，$\mathrm{IG}(C_P)+\mathrm{IE}(C_P)=1$；在不完备决策系统 IDS$=(U,C, D)$ 且 $P\subseteq C$ 下，$\mathrm{IG}(D|P)=\mathrm{IG}(P)-\mathrm{IG}(P\cup D)=\mathrm{IE}(P\cup D)-\mathrm{IE}(P)=\mathrm{IE}(D|P)$。

(2) 在简化的决策系统中将一致对象集和不一致对象集分开，给出了决策包含度和概率分布函数的定义，证明了决策包含度与条件信息熵具有对知识等价区分的能力，由此建立分布集与分布约简、最大分布集与最大分布约简模型，进而提出了属性外部重要性测度和内部重要性测度。

(3) 从粒计算角度出发，信息粒和概念粒被引入信息系统中建立了概念粒空间，在概念粒空间中提出了概念粒距离、概念粒熵、概念粒的属性重要度；在此基础上给出了完备粒格的描述和规则，并探讨了其相关性质及定理，通过实例分析验证了其相关特性。

2.6　基于粒空间的不确定性度量

2.6.1　引言

粒计算是一种基于问题概念空间划分的新的智能计算理论和方法[180]，它是信息处理的一种新的概念和计算方式，近年来已成为国内外人工智能领域专家研究的热点[1]。关于粒计算问题的研究主要有两个方面，即粒空间的结构和粒的计算，前者主要是解决粒空间的形成、表示和解释，后者主要是解决粒子的使用问题，其中粗糙集理论是一种新的处理模糊和不确定知识的数学工具[181-183]。粗糙集理论认为知识就是对论域的划分，而划分与等价关系是一一对应的。粗糙集理论正是粒计算领域的主要研究方向之一，很多粗糙集理论的应用可以看成粒计算的具体模型。刘清等基于粗糙集方法定义了决策规则粒，构造了决策规则粒库，描述了粒语言的语法、语义、粒语句的运算法则和粒的相关性质，定义了粒之间的相互包含和相似关系，基于粗糙集方法定义了决策规则粒，提出了基于粗糙集理论的粒度模型[184,185]。

在粗糙集理论中用任意二元关系将全集 U 分类称为粒化，被粒化得到的类称为粒，用粗糙集方法去处理这些粒称为粒计算[183]，而在全集 U 上经等价或不可区分关系的粒化，得到的粒是一种特殊的粒[186]。从这种粒计算思想出发，为解决以近似分类为启发式信息的搜索策略未能逐步缩小搜索空间以及计算效率偏低等问题，寻求更精简、更易理解的算法模型，运用粒空间分解策略和粒化算法，基于粒度模型建立信息粒、k-项粒、粒子间的偏序关系，给出决策系统中粒空间、正域粒空间、非正域粒空间以及冲突粒子、非冲突粒子的求解和分解方法；将正域的计算转换到粒空间中，用增量式方法计算正域空间和非正域空间[187]，依次删除非正域空间中的粒子，使被搜索的对象不断减少，进而加速缩小搜索空间；提出粒表示下的属性必要性和粒空间约简的判定定理，给出相关性质，研究粒空间约简与正域约简之间的关系，并进行实例验证和分析；从代数角度出发，建立粒空间下新的属性重要性的递归计算公式，使启发式函数的计算完全转化为整数运算，且表示形式简单，能缩小搜索空间，有效地降低计算的复杂性，提高计算效率，可以适用于较大规模数据集的知识获取。

2.6.2　相关概念

在粒计算的粗糙集理论中，决策系统是其研究的一个重点，若要用信息粒的概念直接对决策系统进行处理，首先要考虑的问题就是如何获得足够表达决策系统的信息粒集合[182,188]，也就是要考虑如何建立决策系统的粒空间。

定义 2.91[189]　在决策系统 $\mathrm{DS}=(U, C, D)$ 中，$D_i \in \bigcup/D$，$\underline{P}(X)=\bigcup\{[x]_p \mid [x]_p \subseteq X \subseteq U\}$ 表示 X 的 P 下近似集，则 P 关于 D 的正域定义为

$$\mathrm{POS}_P(D)=\bigcup\{\underline{P}(D_i) \mid D_i \in U / D\} \tag{2-114}$$

在决策系统 $\mathrm{DS}=(U, C, D)$ 中，对任意属性 $p \in P \subseteq C$，若 $\mathrm{POS}_P(D)=\mathrm{POS}_{P-\{p\}}(D)$ 则称 p 为 P 中相对于 D 是可省的(不必要的)；否则称 p 为 P 中相对于 D 是不可省的(必要的)[183, 190]。

对任意条件属性子集 $P \subseteq C$，若 P 中任一元素相对于 D 都是必要的，则称 P 相对于 D 是独立的。为此，根据不可区分关系和正域的定义可以验证下面的定理。

定理 2.53　在决策系统 $\mathrm{DS}=(U, C, D)$ 中，条件属性集 C 关于 D 的正域：

$$\mathrm{POS}_C(D)=\bigcup\{X \mid X \in U / C, \forall x, y \in X \Rightarrow f(x, D)=f(y, D)\} \tag{2-115}$$

从定理 2.53 分析可知，条件属性集 C 关于 D 的正域是由决策属性上取值唯一的基本块的并集组成的，即任何在决策属性上取值不唯一的基本块不在正域中[11]。为此，在文献[11]中定理 2.53 的基础上可以得到简化决策系统的定义。

定义 2.92　在决策系统 $\mathrm{DS}=(U, C, D)$ 中，$U=\{U_1, U_2, \cdots, U_m\}$，记 $U/(C \cup D)=\{[U_1']_{C\cup D}, [U_2']_{C\cup D}, \cdots, [U_n']_{C\cup D}\}$，有 $U'=\{U_1', U_2', \cdots, U_n'\}$，$n \leqslant m$ 且 $U_i' \in U$，于是可得到新的信息函数 $f': U' \times (C \cup D) \rightarrow V'$，则称 $\mathrm{SDS}=(U', C, D, V', f')$ 为简化决策系统。

由定义 2.92 可知，如果 $\mathrm{SDS}=(U', C, D, V', f')$ 为简化的一致决策系统，则 U' 就是一个简化的一致对象集，否则 U' 就是一个简化的不一致对象集。借鉴这种简化思路，很多冗余的对象可以从论域 U 中删除，这样决策系统的空间复杂度将会被降低。

定义 2.93　在简化的决策系统 $\mathrm{SDS}=(U', C, D, V', f')$ 中，U'/C 和 U'/D 是论域 U' 上的两个划分，则由上述正域定义和定理 2.53 可得其正域 $\mathrm{POS}_C(D)=[U_{i_1}']_C \cup [U_{i_2}']_C \cup \cdots \cup [U_{i_t}']_C$，其中任意 $U_{i_s}' \in U'$，且 $\left|[U_{i_s}']_C / D\right|=1$，$s=1,2,\cdots,t$，记 $U_{\mathrm{POS}}'=\{U_{i_1}', U_{i_2}', \cdots, U_{i_t}'\}$，$U_{\mathrm{NEG}}'=U'-U_{\mathrm{POS}}'$。

定理 2.54　在简化决策系统 $\mathrm{SDS}=(U', C, D, V', f')$ 中，可以得到 $U_{\mathrm{POS}}' \subseteq \mathrm{POS}_C(D)$。

证明　由定理 2.53 和定义 2.93 显然可得。

定义 2.94　在简化决策系统 $\mathrm{SDS}=(U', C, D, V', f')$ 中，对任意条件属性子集 $P \subseteq C$，则 P 关于 D 的正域定义为

$$\mathrm{POS}_p'(D)=\bigcup\{X \mid X \in U' / P, X \subseteq U_{\mathrm{POS}}' \text{且} \mid X / D \mid=1\} \tag{2-116}$$

2.6.3　粗糙粒空间

信息粒集所具有的结构称为粒空间结构，其组成元素包括信息粒、层次及分层结构[191]。粗糙信息粒度用于度量一个粗糙粒空间内在结构的不确定性，一个粗糙粒

空间的信息粒度研究是粒计算理论的关键性的基础问题之一。一般来说，粗糙信息粒度表示一个粗糙粒空间中信息的区分能力，一个粗糙粒空间的信息粒度越小，它的区分能力就越强，但其信息含量就越少[191]。

给定信息系统 IS =(U, A)，这里假设(a, v)是一个原子公式，简单记为 a_v，由文献[64]和文献[186]给出如下粗糙逻辑公式：

(1) a_v 是原子公式，则原子公式也是公式；

(2) 如果 R 和 S 是原子公式，则 $\sim R$、$R\wedge S$、$R\vee S$、(R)、$R\rightarrow S$ 也是公式；

(3) 按(1)和(2)定义的公式，使用连接词～、∧、∨、→、↔进行有限次运算所组成的式子也是公式。

根据以上定义可以看出，在等价关系下，某个属性集上的属性值相等的对象可以构成一个集合，且这些对象在该属性集上满足等价关系，可以利用这个集合来定义信息粒。

定义 2.95　设信息系统为 IS =(U, A)，函数 $f^{-1}(a, v)$ 表示在属性 $a\,(a\in A)$ 上值为 v 的对象集合，信息系统的信息粒定义为

$$\mathrm{Gr}=((a,v),f^{-1}(a,v)) \tag{2-117}$$

其中，(a, v)为粒子 Gr 的语法，Gr 为决策系统中的原子信息粒[182]。

根据定义 2.95 假设 φ 和 ψ 是形如(a, v)的原子公式使用逻辑连接词～、∧、∨、→、↔所得的逻辑组合，$f^{-1}(\varphi)$表示满足逻辑组合 φ 的对象集合；Gr =$(\varphi, f^{-1}(\varphi))$为满足逻辑组合 φ 的组合信息粒[181, 192]。

定义 2.96[60]　信息系统为 IS =(U, A)，gs(Gr)表示从信息粒子到对象集合的映射函数，对于任意信息粒 Gr=$(\varphi, f^{-1}(\varphi))$，都存在一个对应的信息粒元素集合 gs(Gr)=$f^{-1}(\varphi)$[181]。

定义 2.97　在简化决策系统 SDS = (U',C,D,V',f') 中，假设决策系统 SDS 分解之后的粒子集合为 GrS，任意粒子 Gr∈GrS，Gr 的语法是由条件属性集 C 中的所有属性来表示的，即 Gr =$(\varphi, m(\varphi))$，其中，φ 表示信息粒 Gr 的内涵，$m(\varphi)=f^{-1}(\varphi)$表示信息粒 Gr 的外延。

设 SDS = (U',C,D,V',f') 是一个简化的决策系统，$B=\{a_1, a_2,\cdots, a_k\}\subseteq A$，若 $V_{a_i}=\{V_{a_{i,1}}V_{a_{i,2}},\cdots,V_{a_{i,k}}\}$ 是属性 a_i 的值域，这里 $V_{a_{i,k}}$ 每个都被看成一个概念。于是必然存在 $\varphi=\{I_1, I_2,\cdots, I_k\}$，其中，$I_i\in V_{a_i}$ 是对应属性集 B 下的属性 a_i 的属性值域集合。因此，信息粒 Gr 的外延可以表示为 $\varphi=\{I_1, I_2,\cdots, I_k\}$，信息粒 Gr 的内涵可以表示为 $m(\varphi)=\{u\in U'\mid f(u,a_1)=I_1\wedge f(u,a_k)=I_2\wedge\cdots\wedge f(u,a_k)=I_k, a_i\in B, i\in\{1,2,\cdots,k\}\}$。这里的 $m(\varphi)$可以描述信息粒的内部结构。若所有信息粒的外延构成的集合用 GK 表示，则可以得到一个映射 $U'\rightarrow \mathrm{GK}$ 来表示简化决策系统 SDS = (U',C,D,V',f') 的信息粒化。这样还可以得到另一个映射 gs: Gr→U'来表示对象获取。于是必存在 gs(Gr)=$m(\varphi)$。

定义 2.98　在简化决策系统 $\mathrm{SDS}=(U',C,D,V',f')$ 中，若 $\mathrm{Gr}=(\varphi, m(\varphi))$ 是一个信息粒，则以 Gr 的基来表示信息粒的大小，即 $|m(\varphi)|$。

定义 2.99　在简化决策系统 $\mathrm{SDS}=(U',C,D,V',f')$ 中，$\mathrm{Gr}=(\varphi, m(\varphi))$ 是一个信息粒，设 $I=\{I_1, I_2,\cdots, I_k\}$ 是一个 k-项集，其中 $I_i \in V_{a_i}$ 是属性 a_i 的属性值，$B=\{a_1, a_2,\cdots, a_k\}\subseteq A$，那么信息粒 $\mathrm{Gr}=(I, m(I))$ 可以称为一个 k-项粒，这里

$$m(I)=\{u\in U' \mid f(u,a_1)=I_1 \wedge f(u,a_k)=I_2 \wedge\cdots\wedge f(u,a_k)=I_k\}$$

由定义 2.99 可知，1-项信息粒就是一个原子信息粒。

在简化决策系统中，由定义 2.99 可以得到如下性质。

性质 2.26　在简化决策系统 $\mathrm{SDS}=(U',C,D,V',f')$ 中，如果信息粒 $\mathrm{Gr}=(I, m(I))$ 是一个 k-项粒，$I=\{I_1, I_2,\cdots, I_k\}$，则有

$$m(I)=m(\{I_1\}\cap m(\{I_2\})\cap\cdots\cap m(\{I_k\}) \tag{2-118}$$

性质 2.27　在简化决策系统 $\mathrm{SDS}=(U',C,D,V',f')$ 中，假设存在两个信息粒 $\mathrm{Gr}=(I, m(I))$ 和 $\mathrm{Gr}=(J, m(J))$，$I\subseteq V'$，$J\subseteq V'$ 且 $I\subseteq J$，则 $m(J)=m(I)$ 成立。

定义 2.100　在简化决策系统 $\mathrm{SDS}=(U',C,D,V',f')$ 中，假设存在一个 k_1-项粒 $(I, m(I))$ 和一个 k_2-项粒 $(J, m(J))$，如 $I\subseteq J\subseteq V'$，那么就存在 $m(J)\subseteq m(I)$。也就是说，$(I, m(I))$ 的内涵要比 $(I, m(I))$ 的内涵更精细，可表示为 $m(I)\prec m(J)$。通过偏序 $\prec$，所有的信息粒可以组成一个层次结构，则称其为一个多维的粒层级结构空间。

由定义 2.97～定义 2.100 可知，可以在粗糙逻辑上用 $m(\varphi)$ 来表示所有满足 φ 的对象集。

定义 2.101　在简化决策系统 $\mathrm{SDS}=(U',C,D,V',f')$ 中，将统一的粒空间知识表示方法看成一个向量的表示形式，可以得到决策系统分解之后的粒子向量空间，即粗糙粒空间 GrS 可以表示如下：

$$\mathrm{GrS}=(U',\{\mathrm{Gr}_1,\mathrm{Gr}_2,\cdots,\mathrm{Gr}_n\},R,T) \tag{2-119}$$

其中，n 是数据集 U' 的对象个数，$\mathrm{Gr}_i\ (i=1, 2,\cdots, n)$ 表示由属性集所诱导的信息粒的统一表示形式，R 表示信息粒与对象数之间的二元关系，$T=(\varphi_n,m(\varphi_n))\times R_i\times(\varphi_{n'}, m(\varphi_{n'}))$ 表示连接两个概念和二元关系的一个函数。同时，在 GrS 和 U' 之间也存在一个映射 gs: $\mathrm{GrS}\to U'$，这样对任意的 $\mathrm{Gr}\in\mathrm{Grs}$ 可得 $\mathrm{gs}(\mathrm{Gr})=m(\varphi)$。也就是说，对任意的 $u\in U'$ 存在 $\mathrm{Gr}\in\mathrm{Grs}$ 使得 $u\in\mathrm{gs}(\mathrm{Gr})$。

由定义 2.101 可知，把满足上面条件的粒子集合称为简化决策系统的一个粒空间，即根据 U' 中由条件属性全集决定的等价类来构造粒子，对于 U' 中的每一个等价类，直接使用该等价类中对象的所有属性值构造粒子[186,188]。

定义 2.102　在简化决策系统 $S'=(U',C,D,V',f')$ 中，对于决策系统 S' 的粒空间 GrS，可以把正域中的对象所构成的粒空间称为正域粒子空间，记为 GrSP，把非正

域中的对象所构成的粒空间称为非正域粒子空间，记为 GrSN。条件属性子集 $P\subseteq C$，对于任意粒子 $\mathrm{Gr}_i\in\mathrm{GrSP}$，如果存在粒子 $\mathrm{Gr}_j\in\mathrm{GrSP}$，且 $\mathrm{Gr}_i\neq\mathrm{Gr}_j$，使 Gr_i 和 Gr_j 的语法在 P 上取值相同，而在决策属性集 D 上取值不同，或者存在粒子 $\mathrm{Gr}_j\in\mathrm{GrSN}$，且 $\mathrm{Gr}_i\neq\mathrm{Gr}_j$，使 Gr_i 和 Gr_j 的语法在 P 上取值相同，则称粒子 Gr_i 为 GrSP 关于条件属性子集 P 的冲突粒子(矛盾粒子)，否则称粒子 Gr_i 为 GrSP 关于 P 的非冲突粒子(非矛盾粒子)。

定理 2.55　在简化决策系统 $\mathrm{SDS}=(U',C,D,V',f')$ 中，GrS 为决策系统 SDS 的粒空间，设 $U'_{\mathrm{GrSP}}=\bigcup\{\mathrm{gs}(\mathrm{Gr})\mid\mathrm{Gr}\in\mathrm{GrSP}\}$，$U'_{\mathrm{GrSN}}=\bigcup\{\mathrm{gs}(\mathrm{Gr})\mid\mathrm{Gr}\in\mathrm{GrSN}\}$，则有 $U'_{\mathrm{GrSP}}=U'_{\mathrm{POS}}$，$U'_{\mathrm{GrSN}}=U'_{\mathrm{NEG}}$。

证明　由定义 2.96 和定义 2.102 显然可得。

定义 2.103　在简化决策系统 $\mathrm{SDS}=(U',C,D,V',f')$ 中，GrS 为决策系统 SDS 的粒空间，若 $U'_{\mathrm{GrSP}}=\mathrm{gs}(\mathrm{Grs})$ 或 $U'_{\mathrm{GrSN}}=\varnothing$，则称简化决策系统 SDS 为一致决策系统，否则称 SDS 为不一致决策系统。

定理 2.56　在简化决策系统 $\mathrm{SDS}=(U',C,D,V',f')$ 中，GrS 为决策系统 SDS 的粒空间，SDS 为一致决策系统的充要条件为：对任意的 $\mathrm{Gr}\in\mathrm{GrS}$，有任意的 $x,y(x\in\mathrm{gs}(\mathrm{Gr})\wedge y\in\mathrm{gs}(\mathrm{Gr})\Rightarrow f(x,D)=f(y,D))$。

证明　由定理 2.55 和定义 2.103 可得。

2.6.4　信息粒重要性度量

定义 2.104　在简化决策系统 $\mathrm{SDS}=(U',C,D,V',f')$ 中，GrS 为决策系统 SDS 的粒空间，则对任意的条件属性子集 $P(P\subseteq C)$ 有

$$\mathrm{POS}'_P(D)=\bigcup\{X\mid X\in\mathrm{gs}(\mathrm{Grs})/P\wedge X\subseteq U'_{\mathrm{GrSP}}\}\tag{2-120}$$

定理 2.57　在简化决策系统 $\mathrm{SDS}=(U',C,D,V',f')$ 中，GrS 为决策系统 SDS 的粒空间，对于任意粒子 $\mathrm{Gr}\in\mathrm{GrS}$，对任意条件属性子集 $P\subseteq C$，若任意属性 $p\in C-P$，则

$$\mathrm{gs}(\mathrm{Gr})/(P\cup\{p\})=\bigcup\{X/\{p\}\mid X\in\mathrm{gs}(\mathrm{Gr})/P\}\tag{2-121}$$

证明　由文献[193]的性质 2.27 可得。

文献[194]中提出了一些高效的计算正域的方法，现分析总结其基本思想：在决策系统 $\mathrm{DS}=(U,C,D)$ 中，对 $P\subseteq C$，对任意基本块 $P_i\in U/P$，依次判断是否在 $\mathrm{POS}_P(D)$ 中，若 $P_i\in\mathrm{POS}_P(D)$，则 $U=U-P_i$ 且 $\mathrm{POS}_C(D)=\mathrm{POS}_C(D)-P_i$，使被搜索的对象空间依次缩小，有利于提高算法的效率；若 $P_i\not\subset\mathrm{POS}_P(D)$，则利用文献[9]的性质 2.27 进一步划分；若 $P_i\subseteq U-\mathrm{POS}_C(D)$，则删除 P_i，因为 P_i 对计算正域没有任何作用。因此，可以从这种计算正域的思路出发设计基于粒计算的代数启发式函数。

定义 2.105　在简化决策系统 $\mathrm{SDS}=(U',C,D,V',f')$ 中，GrS 为决策系统 SDS 的粒空间，若任意条件属性子集 $P\subseteq C$，$p\in C-P$ 的信息粒重要性测度定义为

$$\mathrm{SIG}_P(p)=\frac{\left|\mathrm{GrS}_{P\cup\{p\}}-\mathrm{GrS}_P\right|}{|U'|} \tag{2-122}$$

其中，$\mathrm{GrS}_P=\left\{\bigcup_{X\in\mathrm{gs(GrS)}/P\wedge X\subseteq U'_{\mathrm{GrSP}}}X\right\}\cup\left\{\bigcup_{X\in\mathrm{gs(GrS)}/P\wedge X\subseteq U'_{\mathrm{GrSN}}}X\right\}$。

特别地，当$\{p\}=\varnothing$时，记 $\mathrm{SIG}_P(\varnothing)=0$。

定理 2.58　在简化决策系统$\mathrm{SDS}=(U',C,D,V',f')$中，GrS 为决策系统 SDS 的粒空间，对于任意条件属性子集$P\subseteq C$，若 $\mathrm{GrS}_P=\mathrm{gs(GrS)}$，且任意属性 $p\in P$ 均满足 $\mathrm{GrS}_{P-\{p\}}\subset\mathrm{gs(GrS)}$，则 P 是 C 相对于 D 的一个属性约简。

证明　若任意条件属性子集 $P\subseteq C$，则有 $\mathrm{POS}'_P(D)\subseteq\mathrm{POS}'_c(D)$。假设任意 $\mathrm{gs}(\mathrm{Gr}_i)\in\mathrm{POS}'_C(D)$，由于 $P\subseteq C$，从而有$[\mathrm{gs}(\mathrm{Gr}_i)]_C\subseteq[\mathrm{gs}(\mathrm{Gr}_i)]_P$，又因为 $\mathrm{GrS}_P=\mathrm{gs(GrS)}$，由定义 2.105 可知，若$[\mathrm{gs}(\mathrm{Gr}_i)]_P\subseteq U'_{\mathrm{GrSP}}$或$[\mathrm{gs}(\mathrm{Gr}_i)]_P\subseteq U'_{\mathrm{GrSN}}$，但是若$[\mathrm{gs}(\mathrm{Gr}_i)]_P\subseteq U'_{\mathrm{GrSN}}$，则有$[\mathrm{gs}(\mathrm{Gr}_i)]_C\subseteq U'_{\mathrm{GrSN}}$，这与$\mathrm{gs}(\mathrm{Gr}_i)\in\mathrm{POS}'_C(D)$矛盾，所以$[\mathrm{gs}(\mathrm{Gr}_i)]_P\subseteq U'_{\mathrm{GrSP}}$；由定义 2.104 可知，若 $\mathrm{gs}(\mathrm{Gr}_i)\in\mathrm{POS}'_P(D)$，则有 $\mathrm{POS}'_C(D)\subseteq\mathrm{POS}'_P(D)$，故 $\mathrm{POS}'_P(D)=\mathrm{POS}'_C(D)$。若任意属性$p\in P$均满足 $\mathrm{GrS}_{P-\{p\}}\subset\mathrm{gs(GrS)}$，则一定存在 $\mathrm{Gr}_l\in\mathrm{GrS}$ 且 $\mathrm{gs}(\mathrm{Gr}_l)\notin\mathrm{GrS}_{P-\{p\}}$。由定义 2.105 可知

$$\mathrm{gs}(\mathrm{Gr}_l)\notin\left\{\bigcup_{X\in\mathrm{gs(GrS)}/(P-\{p\}\wedge X\subseteq U'_{\mathrm{GrSP}})}X\right\}$$

$$\mathrm{gs}(\mathrm{Gr}_l)\notin\left\{\bigcup_{X\in\mathrm{gs(GrS)}/(P-\{p\}\wedge X\subseteq U'_{\mathrm{GrSN}})}X\right\}$$

因此，一定存在 Gr_j，使 $\mathrm{gs}(\mathrm{Gr}_l)\in[\mathrm{gs}(\mathrm{Gr}_j)]_{P-\{p\}}$，但是有$[\mathrm{gs}(\mathrm{Gr}_j)]_{P-\{p\}}\not\subset U'_{\mathrm{GrSP}}$。由定义 2.104 可知，$[\mathrm{gs}(\mathrm{Gr}_j)]_{P-\{p\}}\not\subset\mathrm{POS}'_{P-\{P\}}(D)$，同时也有 $\mathrm{gs}(\mathrm{Gr}_l)\in[\mathrm{gs}(\mathrm{Gr}_j)]_{P-\{p\}}\not\subset U'_{\mathrm{GrSN}}$，从而至少存在一个 Gr_k，使 $\mathrm{gs}(\mathrm{Gr}_k)\in[\mathrm{gs}(\mathrm{Gr}_j)]_{P-\{p\}}$，且 $\mathrm{gs}(\mathrm{Gr}_k)\subseteq U'_{\mathrm{GrSP}}$，从而由定义 2.103 可知，$\mathrm{gs}(\mathrm{Gr}_k)$为简化决策系统 SDS 的正域对象，于是可得$[\mathrm{gs}(\mathrm{Gr}_k)]_C\subseteq U'_{\mathrm{GrSP}}$，则有 $\mathrm{gs}(\mathrm{Gr}_k)\in\mathrm{POS}'_C(D)$。又因为$[\mathrm{gs}(\mathrm{Gr}_k)]_{P-\{p\}}=[\mathrm{gs}(\mathrm{Gr}_j)]_{P-\{p\}}$，可以得到 $\mathrm{gs}(\mathrm{Gr}_k)\notin\mathrm{POS}'_{P-\{p\}}(D)$，故可知 $\mathrm{POS}'_C(D)\neq\mathrm{POS}'_{P-\{p\}}(D)$，即 $\mathrm{POS}'_P(D)\neq\mathrm{POS}'_{P-\{p\}}(D)$。由正域必要属性定义可知，任意属性 $p\in P$ 为 P 中相对于 D 是独立的，所以 P 是 C 相对于 D 的一个代数约简。

从定理 2.58 分析可知，在简化决策系统中，基于粒计算观点的约简是在粒子的概念上定义的代数观点，其粒空间被分为正域粒子空间和非正域粒子空间，这样可以把冲突粒子与非冲突粒子区分开来，便于缩小搜索空间。因此，粒计算的代数观点也可以弥补信息论观点的不足。文献[96]指出，对于一致决策系统，约简计算的传统代数定义和信息定义是等价的；对于含有矛盾、冲突的决策系统，属性重要性概念和知识约简在这两种观点下是不等价的，信息论观点包含了其代

数观点。为此，粒计算的代数观点不仅包含了正域的代数定义，也弥补了信息论观点的不足[195]。

在定义 2.105 的基础上，为方便计算，缩小搜索空间，下面对式(2-122)做进一步变换。

定义 2.106　在简化决策系统 $\mathrm{SDS}=(U',C,D,V',f')$ 中，GrS 为决策系统 SDS 的粒空间，若任意条件属性子集 $P\subseteq C$，则 $P\in C-P$ 的信息粒重要性测度可变换为

$$
\begin{aligned}
\mathrm{SIG}_P(p)&=\frac{1}{|U'|}\,|\,\mathrm{Gr}S_{P\cup\{p\}}-\mathrm{Gr}S_P\,|\\
&=\frac{1}{|U'|}\Biggl|\Biggl\{\bigcup_{X\in \mathrm{gs(GrS)}/(P\cup\{p\})\wedge X\subseteq U'_{\mathrm{GrSP}}}X\Biggr\}\cup\Biggl\{\bigcup_{X\in \mathrm{gs(GrS)}/(P\cup\{p\})\wedge X\subseteq U'_{GrSN}}X\Biggr\}\\
&\quad-\Biggl\{\bigcup_{X\in \mathrm{gs(GrS)}/P\wedge X\subseteq U'_{\mathrm{GrSP}}}X\Biggr\}\cup\Biggl\{\bigcup_{X\in \mathrm{gs(GrS)}/P\wedge X\subseteq U'_{\mathrm{GrSN}}}X\Biggr\}\Biggr|\\
&=\frac{1}{|U'|}\Biggl|\bigcup_{X\in \mathrm{gs(GrS)}/P}\Biggl\{\Biggl\{\bigcup_{Y\in X/\{p\}\wedge Y\subseteq U'_{\mathrm{GrSP}}}Y\Biggr\}\cup\Biggl\{\bigcup_{Y\in X/\{p\}\wedge Y\subseteq U'_{\mathrm{GrSN}}}Y\Biggr\}\Biggr\}\\
&\quad-\Biggl\{\bigcup_{X\in \mathrm{gs(GrS)}/P\wedge X\subseteq U'_{\mathrm{GrSP}}}X\Biggr\}\cup\Biggl\{\bigcup_{X\in \mathrm{gs(GrS)}/P\wedge X\subseteq U'_{\mathrm{GrSN}}}X\Biggr\}\Biggr|\\
&=\frac{1}{|U'|}\Biggl|\bigcup_{X\in \mathrm{gs(GrS)}/P}\Biggl\{\Biggl\{\bigcup_{X\subseteq U'_{\mathrm{GrSP}}}\Biggl\{\bigcup_{Y\in X/\{p\}\wedge Y\subseteq U'_{\mathrm{GrSP}}}Y\Biggr\}\Biggr\}\cup\Biggl\{\bigcup_{X\not\subseteq U'_{\mathrm{GrSP}}}\Biggl\{\bigcup_{Y\in X/\{p\}\wedge Y\subseteq U_{\mathrm{GrSP}}}Y\Biggr\}\Biggr\}\Biggr\}\\
&\quad\cup\Biggl\{\Biggl\{\bigcup_{X\subseteq U'_{\mathrm{GrSN}}}\Biggl\{\bigcup_{Y\in X/\{p\}\wedge Y\subseteq U'_{\mathrm{GrSN}}}Y\Biggr\}\Biggr\}\cup\Biggl\{\bigcup_{X\not\subseteq U'_{\mathrm{GrSN}}}\Biggl\{\bigcup_{Y\in X/\{p\}\wedge Y\subseteq U_{\mathrm{GrSN}}}Y\Biggr\}\Biggr\}\Biggr\}\Biggr\}\\
&\quad-\Biggl\{\bigcup_{X\in \mathrm{gs(GrS)}/P\wedge X\subseteq U'_{\mathrm{GrSP}}}X\Biggr\}\cup\Biggl\{\bigcup_{X\in \mathrm{gs(GrS)}/P\wedge X\subseteq U'_{\mathrm{GrSN}}}X\Biggr\}\Biggr|\\
&=\frac{1}{|U'|}\Biggl\{\bigcup_{X\in \mathrm{gs(GrS)}/P}\Biggl\{\Biggl\{\bigcup_{X\subseteq U'_{\mathrm{GrSP}}}X\Biggr\}\cup\Biggl\{\bigcup_{X\not\subseteq U'_{\mathrm{GrSP}}}\Biggl\{\bigcup_{Y\in X/\{p\}\wedge Y\subseteq U_{\mathrm{GrSP}}}Y\Biggr\}\Biggr\}\Biggr\}\cup\Biggl\{\bigcup_{X\subseteq U'_{\mathrm{GrSN}}}X\Biggr\}\\
&\quad\cup\Biggl\{\bigcup_{X\not\subseteq U'_{\mathrm{GrSN}}}\Biggl\{\bigcup_{Y\in X/\{p\}\wedge Y\subseteq U'_{\mathrm{GrSN}}}Y\Biggr\}\Biggr\}\Biggr\}\Biggr\}\\
&\quad-\Biggl\{\bigcup_{X\in \mathrm{gs(GrS)}/P\wedge X\subseteq U'_{\mathrm{GrSP}}}X\Biggr\}\cup\Biggl\{\bigcup_{X\in \mathrm{gs(GrS)}/P\wedge X\subseteq U'_{\mathrm{GrSN}}}X\Biggr\}\Biggr|
\end{aligned}
$$

$$=\frac{1}{|U'|}\left|\left\{\bigcup_{X\in gs(GrS)/P}\left\{\left\{\bigcup_{X\subseteq U'_{GrSP}}X\right\}\cup\left\{\bigcup_{X\subseteq U'_{GrSN}}X\right\}\right\}\right\}\right.$$

$$\cup\left\{\bigcup_{X\in gs(GrS)/P}\left\{\bigcup_{X\not\subset U'_{GrSP}}\left\{\bigcup_{Y\in X/\{p\}\wedge Y\subseteq U'_{GrSP}}Y\right\}\right\}\cup\left\{\bigcup_{X\not\subset U'_{GrSN}}\left\{\bigcup_{Y\in X/\{p\}\wedge Y\subseteq U'_{GrSN}}Y\right\}\right\}\right\}$$

$$\left.-\left\{\bigcup_{X\in gs(GrS)/P\wedge X\subseteq U'_{GrSP}}X\right\}\cup\left\{\bigcup_{X\in gs(GrS)/P\wedge X\subseteq U'_{GrSN}}X\right\}\right|$$

$$=\frac{1}{|U'|}\left|\left\{\left\{\left\{\bigcup_{X\in gs(GrS)/P\wedge X\subseteq U'_{GrSP}}X\right\}\cup\left\{\bigcup_{X\in gs(GrS)/P\wedge X\subseteq U'_{GrSN}}X\}\right\}\right\}\right.$$

$$\cup\left\{\left\{\bigcup_{X\in gs(GrS)/P\wedge X\not\subset U'_{GrSP}}\left\{\bigcup_{Y\in X/\{p\}\wedge Y\subseteq U'_{GrSP}}Y\right\}\right\}\right.$$

$$\left.\cup\left\{\bigcup_{X\in gs(GrS)/P\wedge X\not\subset U'_{GrSN}}\left\{\bigcup_{Y\in X/\{p\}\wedge Y\subseteq U'_{GrSN}}Y\right\}\right\}\right\}$$

$$\left.-\left\{\bigcup_{X\in gs(GrS)/P\wedge X\subseteq U'_{GrSP}}X\right\}\cup\left\{\bigcup_{X\in gs(GrS)/P\wedge X\subseteq U'_{GrSN}}X\right\}\right|$$

$$=\frac{1}{|U'|}\left|\left\{\bigcup_{X\in gs(GrS)/P\wedge X\not\subset U'_{GrSP}}\left\{\bigcup_{Y\in X/\{p\}\wedge Y\subseteq U'_{GrSP}}Y\right\}\right\}\right.$$

$$\left.\cup\left\{\bigcup_{X\in gs(GrS)/P\wedge X\not\subset U'_{GrSN}}\left\{\bigcup_{Y\in X/\{p\}\wedge Y\subseteq U'_{GrSN}}Y\right\}\right\}\right|$$

$$=\frac{1}{|U'|}\left|\left\{\left\{\bigcup_{X\in gs(GrS)/P\wedge X\not\subset U'_{GrSP}\wedge X\not\subset U'_{GrSN}}\left\{\bigcup_{Y\in X/\{p\}\wedge Y\subseteq U'_{GrSP}}Y\right\}\right\}\right.\right.$$

$$\left.\cup\left\{\bigcup_{X\in gs(GrS)/P\wedge X\not\subset U'_{GrSP}\wedge X\subseteq U'_{GrSN}}\left\{\bigcup_{Y\in X/\{p\}\wedge Y\subseteq U'_{GrSP}}Y\right\}\right\}\right\}$$

$$\left.\cup\left\{\bigcup_{X\in gs(GrS)/P\wedge X\not\subset U'_{GrSN}}\left\{\bigcup_{Y\in X/\{p\}\wedge Y\subseteq U'_{GrSN}}Y\right\}\right\}\right|$$

$$=\frac{1}{|U'|}\left|\left\{\left\{\bigcup_{X\in gs(GrS)/P\wedge X\not\subset U'_{GrSP}\wedge X\not\subset U'_{GrSN}}\left\{\bigcup_{Y\in X/\{p\}\wedge Y\subseteq U'_{GrSP}}Y\right\}\right\}\right\}\right.$$

$$\cup\left\{\bigcup_{X\in \text{gs(GrS)}/P\wedge X\not\subset U'_{\text{GrSN}}}\left\{\bigcup_{Y\in X/\{p\}\wedge Y\subseteq U'_{\text{GrSN}}}Y\right\}\right\}\right|$$

$$=\frac{1}{|U'|}\left|\bigcup_{X\in \text{gs(GrS)}/P\wedge X\not\subset U'_{\text{GrSP}}\wedge X\not\subset U'_{\text{GrSN}}}\left\{\left\{\bigcup_{Y\in X/\{p\}\wedge Y\subseteq U'_{\text{GrSP}}}Y\right\}\right.\right.$$

$$\left.\left.\cup\left\{\bigcup_{Y\in X/\{p\}\wedge Y\subseteq U'_{\text{GrSN}}}Y\right\}\right\}\right|$$

$$=\frac{1}{|U'|}\left|\bigcup_{X\in(U'-\text{GrS}_P)/P}\left\{\left\{\bigcup_{Y\in X/\{p\}\wedge Y\subseteq U'_{\text{GrSP}}}Y\right\}\cup\left\{\bigcup_{Y\in X/\{p\}\wedge Y\subseteq U'_{\text{GrSN}}}Y\right\}\right\}\right|$$

其中，$x\in \text{gs(GrS)}/P\wedge X\not\subset U'_{\text{GrSP}}\wedge X\not\subset U'_{\text{GrSN}}$，根据定义 2.105 可变换为 $X\notin \text{GrS}_P$，于是有 $X\in(U'-\text{GrS}_P)/P$。

从定义 2.106 可以看出，通过上述变换，即对划分和集合的运算，这样将启发式函数 $\text{SIG}_P(p)$ 的计算完全转化为整数运算，且表示形式简单，缩小了搜索空间，更易于计算机实现，可以有效地降低计算的复杂性。

定理 2.59　在简化决策系统 $\text{SDS}=(U',C,D,V',f')$ 中，GrS 为决策系统 SDS 的粒空间，若条件属性子集 $P\subseteq C$，对任意属性 $p\in C-P$，则有

$$\text{SIG}_P(p)=\frac{1}{|U'|}\left|\text{GrS}_{P\cup\{p\}}-\text{GrS}_P\right|$$

$$=\frac{1}{|U'|}\left|\bigcup_{X\in(U'-\text{GrS}_P)/P}\left\{\left\{\bigcup_{Y\in X/\{p\}\wedge Y\subseteq U'_{\text{GrSP}}}Y\right\}\cup\left\{\bigcup_{Y\in X/\{p\}\wedge Y\subseteq U'_{\text{GrSN}}}Y\right\}\right\}\right| \tag{2-123}$$

由定理 2.59 分析可知，此属性重要性 $\text{SIG}_P(p)$ 的启发式函数定义属于代数定义，在条件属性子集 P 的基础上增加属性 p 后，只要分离出新的粒子是非冲突粒子且包含于正域粒子空间 GrSP 中或只含有冲突粒子包含于非正域粒子空间 GrSN 中，则属性 p 的重要性就不会为 0。也就是说，在已知 P 的条件下，当增加属性 p 时，如果不能改变正域粒子空间 GrSP 中关于 $P\cup\{p\}$ 的冲突粒子的个数，则该属性重要性为 0。因此，$\text{SIG}_P(p)$ 越大，说明属性 p 在条件属性集 P 基础上的分离能力越强，也就越重要，这样就可以优先考虑将属性 p 加入简化决策系统 SDS 的约简属性集中。由此根据上述定义 2.105 和定理 2.59，可得如下性质。

性质 2.28　在简化决策系统 $\text{SDS}=(U',C,D,V',f')$ 中，条件属性子集 $P\subseteq C$，对任意属性 $p\in C-P$，若 $\text{SIG}_P(p)=0$，则 $\text{POS}_P(D)=\text{POS}_{P\cup\{p\}}(D)$。

性质 2.29　在简化决策系统 $\text{SDS}=(U',C,D,V',f')$ 中，条件属性子集 $P\subseteq C$，对任意属性 $p\in C-P$，若 $\text{SIG}_P(p)>0$，则 $\text{POS}_P(D)\neq\text{POS}_{P\cup\{p\}}(D)$。

定理 2.60　在决策系统 $\mathrm{DS}=(U, C, D, V, f)$ 中，$\mathrm{SDS}=(U',C,D,V',f')$ 为其简化决策系统，GrS 为决策系统 SDS 的粒空间，对任意条件属性子集 $P\subseteq C$，若 $\mathrm{POS}'_P(D)=U'_{\mathrm{GrSP}}$，则 $\mathrm{POS}_P(D)=\mathrm{POS}_C(D)$。

证明　对于任意 $P\subseteq C$，有 $\mathrm{POS}_P(D)\subseteq\mathrm{POS}_C(D)$。如果 $\mathrm{POS}_P(D)\subseteq\mathrm{POS}_C(D)$，则一定存在 $u_l\mathrm{POS}_C(D)$ 且 $u_l\notin\mathrm{POS}_P(D)$，所以$[u_l]_C\subseteq\mathrm{POS}_C(D)$，但$[u_l]_C\not\subset\mathrm{POS}_P(D)$。由定义 2.102 可知，$[u_l]_C\subseteq\mathrm{POS}_C(D)\Rightarrow\mathrm{Gr}_i\notin\mathrm{GrSP}$ 且$[\mathrm{gs}(\mathrm{Gr}_i)]_C=[u_l]_C$，则有 $\mathrm{gs}(\mathrm{Gr}_i)\in U'_{\mathrm{GrSP}}$，从而有 $\mathrm{gs}(\mathrm{Gr}_i)\in\mathrm{POS}_C(D)$，但是 $\mathrm{gs}(\mathrm{Gr}_i)\notin\mathrm{POS}_P(D)$。由于 $\mathrm{gs}(\mathrm{Gr}_i)\notin\mathrm{POS}_P(D)$，因而至少存在 $\mathrm{gs}(\mathrm{Gr}_l)\in[\mathrm{gs}(\mathrm{Gr}_i)]_P\in U/P$，其中 $\mathrm{Gr}_l\in\mathrm{GrS}$，使得 $f(\mathrm{gs}(\mathrm{Gr}_l), D)\neq f(\mathrm{gs}(\mathrm{Gr}_i), D)$，所以一定存在$\{\mathrm{gs}(\mathrm{Gr}_l), \mathrm{gs}(\mathrm{Gr}_i)\}\subseteq[\mathrm{gs}(\mathrm{Gr}_i)]_P$，使得$|[\mathrm{gs}(\mathrm{Gr}_i)]_P/D|\neq 1$。又因为$[\mathrm{gs}(\mathrm{Gr}_i)]_P\subseteq\mathrm{gs}(\mathrm{GrS})/P = U'/P$，根据定义 2.94 可知，$[\mathrm{gs}(\mathrm{Gr}_i)]_P\not\subset\mathrm{POS}'_P(D)$，则有 $\mathrm{gs}(\mathrm{Gr}_i)\notin\mathrm{POS}'_P(D)$，所以 $\mathrm{POS}'_P(D)\neq U'_{\mathrm{GrSP}}$，这与条件矛盾，从而假设错误，所以该命题是成立的。

定理 2.61　在决策系统 $\mathrm{DS}=(U, C, D, V, f)$ 中，$\mathrm{SDS}=(U',C,D,V',f')$ 为其简化决策系统，GrS 为决策系统 SDS 的粒空间，对任意条件属性子集 $P\subseteq C$，若 $\mathrm{POS}'_P(D)\neq U'_{\mathrm{GrSP}}$ 且任意属性 $p\in P$ 均有 $\mathrm{POS}'_P(D)\neq\mathrm{POS}'_{P-\{p\}}(D)$，则 P 是 C 相对于 D 的属性约简。

证明　由于任意属性 $p\in P$，故有 $\mathrm{POS}'_{P-\{p\}}(D)\subseteq\mathrm{POS}'_P(D)$。由于 $\mathrm{POS}'_P(D)\neq\mathrm{POS}'_{P-\{p\}}(D)$，则一定存在 $\mu'_l\in\mathrm{POS}'_P(D)=U'_{\mathrm{GrSP}}$，但是 $u'_l\notin\mathrm{POS}'_{P-\{p\}}(D)$，使得 $[u'_l]_{P-\{p\}}=X_i\in\mathrm{gs}(\mathrm{GrS})/(P-\{p\})$。由定义 2.104 可知$[u'_l]_{P-\{p\}}=X_i\not\subset U'_{\mathrm{GrSP}}$，则至少存在一个 $u'_k\in X_i$ 且 $u'_k\in\mathrm{gs}(\mathrm{Gr}_t)\in U'_{\mathrm{GrSN}}\neq\varnothing$。由此可知决策系统 SDS 为不一致决策系统，即对任意的 $x, y, (x\in\mathrm{gs}(\mathrm{Gr}_t)\wedge y\in\mathrm{gs}(\mathrm{Gr}_t))\Rightarrow f(x, D)\neq f(y, D)$，因而$[u'_k]_C\subseteq[\mathrm{gs}(\mathrm{Gr}_t)]_C\subseteq U'_{\mathrm{GrSN}}$，即$[u'_k]_C\not\subset U'_{\mathrm{GrSP}}$，由定义 2.92、定义 2.93 和定理 2.55 可知$[u'_k]_C\not\subset\mathrm{POS}_C(D)$，又因为 $P-\{p\}\subseteq P\subseteq C$，所以有 $\mathrm{POS}_{P-\{p\}}(D)\subseteq\mathrm{POS}_P(D)\subseteq\mathrm{POS}_C(D)$，于是有$[u'_k]_C\not\subset\mathrm{POS}_{P-\{p\}}(D)$。又因为$u'_k\in X_i=[u'_l]_{P-\{p\}}$，所以有$[u'_k]_{P-\{p\}}=[u'_l]_{P-\{p\}}$。由于 $P-\{p\}\subseteq C$，可得$[u'_k]_C\subseteq[u'_l]_{P-\{p\}}$，从而使得$[u'_l]_{P-\{p\}}\not\subset\mathrm{POS}_{P-\{p\}}(D)$，且$[u'_l]_{P-\{p\}}\not\subset\mathrm{POS}_C(D)$，则有 $u'_l\notin\mathrm{POS}_{P-\{p\}}(D)$，且 $u'_l\notin\mathrm{POS}_C(D)$。又因为 $\mathrm{POS}'_P(D)=U'_{\mathrm{GrSP}}$，由定理 2.60 可知，$\mathrm{POS}_P(D)=\mathrm{POS}_C(D)$，使得 $u'_l\notin\mathrm{POS}_P(D)$，所以可得 $\mathrm{POS}_{P-\{p\}}(D)\neq\mathrm{POS}_P(D)$，于是任意属性 $p\in P$ 为 P 中相对于 D 是独立的，因而该命题成立。

根据定义 2.102、定理 2.55 和定理 2.60 可以得到如下推论。

推论 2.20　给定 $\mathrm{SDS}=(U',C,D,V',f')$ 为其简化决策系统，GrS 为决策系统 SDS 的粒空间，对任意条件属性子集 $P\subseteq C$，如果在正域粒子空间 GrSP 中不存在关于 P 的冲突粒子，则 P 是 C 相对于 D 的属性约简。

从定理 2.61 和推论 2.20 分析可知，求属性约简的过程可以建立在简化决策系统和决策系统分解后的粗糙粒空间上，从粒计算粒化策略基础上提出了知识的相对约简的代数判定定理，这为研究基于粒计算方法的粒空间知识约简方法提供了理论基础。

2.6.5 小结

近年来，由于粗糙集特征选择算法的低效性在很大程度上限制了其在大规模数据集上的应用，所以本节从基数排序的思想出发，运用粒空间分解策略和粒化算法，对一致或不一致简化决策系统进行粒化并建立相应的粒空间，将正区域的计算转换到粒空间中，用增量式方法计算正域空间和非正域空间，依次删除非正域空间中的粒子，被搜索的对象不断减少，使其复杂度降低到 $O(|U'/C||U'|)$，进而提出粒计算观点下的粒空间约简判定定理，讨论正区域观点和粒计算观点下约简之间的关系，以快速缩小搜索空间为目的设计基于粒计算的代数启发式函数，其复杂度被降低到 $O(|U' - \mathrm{GrS}_P|)$。

参 考 文 献

[1] 王国胤，张清华，马希骜，等．知识不确定性问题的粒计算模型．软件学报，2011，22(4): 676-694.

[2] Ma Z M, Mi J S. Boundary region-based rough sets and uncertainty measures in the approximation space. Information Sciences, 2016, 370: 239-255.

[3] 黄国顺，曾凡智，文翰．基于条件概率的粗糙集不确定性度量．控制与决策，2015，30(6): 1099-1105.

[4] 滕书华，鲁敏，杨阿锋，等．基于一般二元关系的粗糙集加权不确定性度量．计算机学报，2014, 37(3): 649-665.

[5] 陈红梅．不确定性数据的分类研究．昆明：云南大学博士学位论文, 2012.

[6] 黄国顺，文翰．基于边界域和知识粒度的粗糙集不确定性度量．控制与决策，2016，31(6): 983-989.

[7] Chen Y M, Xue Y, Ma Y, et al. Measures of uncertainty for neighborhood rough sets. Knowledge-Based Systems, 2017, 120: 226-235.

[8] Wu W Z, Qian Y, Li T J, et al. On rule acquisition in incomplete multi-scale decision tables. Information Sciences, 2017, 378: 282-302.

[9] Xu W H, Yu J H. A novel approach to information fusion in multi-source datasets: A granular computing viewpoint. Information Sciences, 2017, 378: 410-423.

[10] Pawlak Z. Rough sets. International Journal of Computer and Information Sciences, 1982, 11(5): 341-356.

[11] Zadeh L A. Pribability measure of fuzzy events. Journal of Mathematical Analysis and Applications, 1968, 23(2): 421-427.

[12] Deluca A, Termini S. A definition of a nonprobabilistic entropy in the seting of fuzzy sets theory. Information and Contorl, 1972, 20(4): 301-312.

[13] 梁吉业, 李德玉. 信息系统中的不确定性与知识获取. 北京: 科学出版社, 2005.

[14] 苗夺谦, 王珏. 粗糙集理论中知识粗糙性与信息熵关系的讨论. 模式识别与人工智能, 1998, 11(1): 34-40.

[15] Qian Y H, Liang J Y. Combination entropy and combination granulation in rough set theory. International Journal of Uncertainty, Fuzziness and Knowledge-Based Systems, 2008, 16(2): 179-193.

[16] 张清华, 王国胤, 胡军. 多粒度知识获取与不确定性度量. 北京: 科学出版社, 2013.

[17] Honko P. Granular computing for relational data classification. Journal of Intelligent Information Systems, 2013, 41(2): 187-210.

[18] 解滨. 信息系统中的知识获取与不确定性度量的若干问题研究. 石家庄: 河北师范大学博士学位论文, 2011.

[19] 胡峰, 王国胤. 属性序下的快速约简算法. 计算机学报, 2007, 30(8): 1429-1435.

[20] Xu J C, Xu T H, Sun L, et al. An improved correlation measure-based SOM clustering algorithm for gene selection. Journal of Software, 2013, 8(12): 3082-3087.

[21] Min F, Hu Q G, Zhu W L. Feature selection with test cost constraint. International Journal of Approximate Reasoning, 2014, 55(1): 167-179.

[22] Wang C Z, He Q, Chen D G, et al. A novel method for attribute reduction of covering decision systems. Information Sciences, 2014, 254(5): 181-196.

[23] Meng Z Q, Shi Z Z. Extended rough set-based attribute reduction in inconsistent incomplete decision systems. Information Sciences, 2012, 204(20): 44-69.

[24] Qian Y H, Liang J Y, Pedrycz W, et al. An efficient accelerator for attribute reduction from incomplete data in rough set framework. Pattern Recognition, 2011, 44(8): 1658-1670.

[25] 刘宗田. 属性最小约简的增量式算法. 电子学报, 1999, 27(11): 96-98.

[26] 杨明. 一种基于一致性准则的属性约简算法. 计算机学报, 2010, 33(2): 231-239.

[27] 张靖. 面向高维小样本数据的分类特征选择算法研究. 合肥: 合肥工业大学博士学位论文, 2014.

[28] 黄德双. 基因表达谱数据挖掘方法研究. 北京: 科学出版社, 2009.

[29] Wang X Y, Yang J, Teng X L, et al. Feature selection based on rough sets and particle swarm optimization. Pattern Recognition Letters, 2007, 28(4): 459-471.

[30] Chen Y M, Miao D Q, Wang R Z. A rough set approach to feature selection based on ant colony optimization. Pattern Recognition Letters, 2010, 31(3): 226-233.

[31] Lin T Y. The mathematical theory of communication//The 4th International Symposium on Methodologies of Intelligent Systems, 1989: 75-86.

[32] Hu Q G, Yu D R, Xie Z X. Neighborhood classifiers. Expert Systems with Applications, 2008, 34(2): 866-876.

[33] 赵军阳, 张志利. 基于模糊粗糙集信息熵的蚁群特征选择方法. 计算机应用, 2009, 29(1): 109-111.

[34] Dai J H, Xu Q. Attribute selection based on information gain ratio in fuzzy rough set theory with application to tumor classification. Applied Soft Computing, 2013, 13(1): 211-221.

[35] Xu F F, Miao D Q, Wei L. Fuzzy-rough attribute reduction via mutual information with an application to cancer classification. Computers and Mathematics with Applications, 2009, 57(6): 1010-1017.

[36] Wang S L, Li X L, Zhang S W, et al. Tumor classification by combining PNN classifier ensemble with neighborhood rough set based gene reduction. Computers in Biology and Medicine, 2010, 40(2): 179-189.

[37] 朱晓然. 粒度计算及其在机械故障诊断中的应用. 兰州: 兰州理工大学硕士学位论文, 2008.

[38] 张清华, 周玉兰, 滕海涛. 基于粒计算的认知模型. 重庆邮电大学学报(自然科学版), 2009, 21(4): 494-501.

[39] 史进玲. 基于粒计算的决策表属性约简与规则提取研究. 新乡: 河南师范大学硕士学位论文, 2009.

[40] 刘双. 覆盖粒计算及其应用研究. 金华: 浙江师范大学硕士学位论文, 2011.

[41] 李鸿. 粒计算的四面体模型. 计算机工程与应用, 2009, 45(28): 43-47.

[42] 王昆. 基于逻辑方法的粒化理论. 北京: 首都师范大学硕士学位论文, 2014.

[43] 赵立权. 粒度计算的模型研究. 合肥: 安徽大学博士学位论文, 2007

[44] 李德毅, 刘常昱, 杜鹢, 等. 不确定性人工智能. 软件学报, 2004, 15(11): 1583-1594.

[45] 孙晓博. 基于粗糙集理论的聚类算法研究. 长沙: 湖南农业大学硕士学位论文, 2011.

[46] 刘春亚. 基于粗集理论的数据预处理及应用研究. 重庆: 重庆大学硕士学位论文, 2003.

[47] 孙林, 徐久成, 马媛媛. 基于新的条件熵的决策树规则提取方法. 计算机应用, 2007, 27(4): 884-887.

[48] 孙林, 徐久成, 马媛媛. 基于包含度的不一致决策表约简新方法. 计算机工程与应用, 2007, 43(24): 166-168.

[49] 罗雅博. 基于粗糙集的时态数据挖掘研究. 湘潭: 湘潭大学硕士学位论文, 2004.

[50] 王国胤. Rough 集理论与知识获取. 西安: 西安交通大学出版社, 2000.

[51] 梁吉业, 钱宇华. 信息系统中的信息粒与熵理论. 中国科学: 信息科学, 2008, 38(12): 2048-2065.

[52] 高婷. 基于粗糙集的属性约简算法研究. 昆明: 昆明理工大学硕士学位论文, 2008.

[53] 潘锋. 特征提取与特征选择技术研究. 南京: 南京航空航天大学博士学位论文, 2011.

[54] 徐久成, 沈钧毅. 决策细化的粗糙集理论分析. 西安交通大学学报, 2004, 38(6): 555-557.

[55] 申方成. 基于 Rough 集理论的数据挖掘方法研究. 南京: 南京邮电大学硕士学位论文, 2011.

[56] 梁吉业. 基于粗糙集与概念格的智能数据分析方法研究. 北京: 中国科学院研究生院计算技术研究所博士学位论文, 2004.

[57] 白敬华. 基于粗糙集理论的属性值约简的研究. 长春: 长春理工大学硕士学位论文, 2004.

[58] 黄兵, 周献中. 不完备信息系统中基于联系度的粗集模型拓展. 系统工程理论与实践, 2004, 24(1): 89-92.

[59] 哈斯巴干. 神经网络及其组合算法的遥感数据分类研究. 北京: 中国科学院研究生院遥感应用研究所博士学位论文, 2003.

[60] 胡峰, 黄海, 王国胤, 等. 不完备信息系统的粒计算方法. 小型微型计算机系统, 2005, 26(8): 1335- 1339.

[61] Kryszkiewicz M. Rough set approach to incomplete information systems. Information Sciences, 1998, 112(1-4): 39-49.

[62] 杨习贝. 不完备信息系统中粗糙集理论研究. 南京: 南京理工大学博士学位论文, 2009.

[63] 周君仪, 窦慧莉, 杨习贝. 不完备系统中的多粒度粗糙集及其对比分析. 江苏科技大学学报(自然科学版), 2012, 26(4): 381-387.

[64] 黄海. 基于粗糙集理论的知识约简算法研究. 重庆: 重庆邮电大学硕士学位论文, 2005.

[65] 周芳芳. 数据融合与数据挖掘理论在目标识别中的应用研究. 南京: 东南大学硕士学位论文, 2004.

[66] 钱文彬. 基于粗糙集的属性约简和核的快速更新算法研究. 桂林: 广西师范大学硕士学位论文, 2010.

[67] Shannon C E. A mathematical theory of communication. The Bell System Technical Journal, 1948, 27(3): 379-423.

[68] 王国胤, 张清华, 胡军. 粒计算研究综述. 智能系统学报, 2007, 2(6): 8-26.

[69] Chakrabarty K, Biswas R, Nanda S. Fuzziness in rough sets. Fuzzy Sets and Systems, 2000, 110: 247-251.

[70] Miao D Q, Wang J. On the relationships between in information system. Lecture Notes in Artificial Intelligence, 2006, 4304: 1074-1078.

[71] 滕书华. 基于粗糙集理论的不确定性度量和属性约简方法研究. 长沙: 国防科技大学博士学位论文, 2010.

[72] 王国胤, 于洪, 杨大春. 基于条件信息熵的决策表约简. 计算机学报, 2002, 25(7): 759-766.

[73] 曹月芹. 基于模糊知识粒度的混合属性约简算法. 计算机工程与应用, 2013, 49(17): 108-111.

[74] Liang J Y, Qian Y H. Information granules and entropy theory in information systems. Science in

China Series F: Information Sciences, 2008, 51(10): 1427-1444.

[75] Qian Y H, Liang J Y, Wang F. A new method for measuring the uncertainty in incomplete information systems. International Journal of Uncertainty, Fuzziness and Knowledge-Based Systems, 2009, 17(6): 855-880.

[76] 胡军. 基于覆盖的粒计算模型及其应用研究. 西安: 西安电子科技大学博士学位论文, 2010.

[77] Sun L, Xu J C, Tian Y. Feature selection using rough entropy-based uncertainty measures in incomplete decision systems. Knowledge-Based Systems, 2012, 36: 206-216.

[78] 张清华. 分层递阶粒计算理论及其应用研究. 成都: 西南交通大学博士学位论文, 2009.

[79] 刘财辉, 苗夺谦, 岳晓冬, 等. 知识不确定性度量及其关系研究. 计算机科学, 2014, 41(3): 66-70.

[80] 苗夺谦, 李德毅, 姚一豫, 等. 不确定性与粒计算. 北京: 科学出版社, 2011: 132-149.

[81] 唐成. FMECA 和 FRACAS 在无人机动力系统中的应用. 成都: 电子科技大学硕士学位论文, 2010.

[82] 崔瑞娟. 模糊项目调度优化算法研究. 哈尔滨: 哈尔滨理工大学硕士学位论文, 2007.

[83] 李鸿. 基于粗糙集的知识粗糙性研究. 合肥: 合肥工业大学硕士学位论文, 2006.

[84] 李建洋. 基于粗糙集与前馈网络的案例智能系统的研究. 合肥: 合肥工业大学博士学位论文, 2009.

[85] 刘财辉, 苗夺谦. 基于矩阵的粗糙集上、下近似求解算法. 计算机应用研究, 2011, 28(5): 1628-1630.

[86] 丁守祯. 关于粗糙集属性约简问题的研究. 大连: 大连海事大学硕士学位论文, 2008.

[87] 苗夺谦. Rough 集理论及其在机器学习中的应用研究. 北京: 中国科学院自动化研究所博士学位论文, 1997.

[88] Beaubouef T, Perty F E, Arora G. Information-theoretic measures of uncertainty for rough sets and rough relational database. Information Sciences, 1998, 109(1): 185-195.

[89] 苗夺谦, 范世栋. 知识的粒度计算及其应用. 系统工程理论与实践, 2002, 22(1): 48-56.

[90] 孙林. 基于粒计算的不确定性度量与特征选择方法. 北京: 北京工业大学博士学位论文, 2015.

[91] 李秀红. 粗糙集概念与运算的知识粒度表示. 计算机工程与应用, 2011, 47(11): 34-36.

[92] 王珏, 苗夺谦, 周育健. 关于 Rough 集理论与应用的综述. 模式识别与人工智能, 1996, 9(4): 337-344.

[93] Duch W, Wieczorek T, Biesiada J, et al. Comparison of feature ranking methods based on information entropy//IEEE International Joint Conference on Neural Networks, 2004: 1415-1419.

[94] 王瑜, 胡运发, 张凯. 基于粗集理论的知识含量度研究. 计算机研究与发展, 2004, 41(9): 1500-1506.

[95] Duntsch I, Gediga G. Uncertainty measure of rough set prediction. Artificial Intelligence, 1998, 106(1): 109-137.

[96] 王国胤, 于洪, 杨大春. 基于条件信息熵的决策表约简. 计算机学报, 2002, 25(7): 759-766.

[97] Liang J Y, Shi Z Z, Li D Y, et al. The information entropy, rough entropy and knowledge granulation in incomplete information systems. International Journal of General Systems, 2006, 34(1): 641-654.

[98] Liang J Y, Dang C Y, Chin K S, et al. A new method for measuring uncertainty and fuzziness in rough set theory. International Journal of General Systems, 2002, 31(4): 331-342.

[99] 卞立兵. 基于粗糙集的动态模糊神经网络结构研究. 重庆: 西南大学硕士学位论文, 2011.

[100] 苗夺谦, 张清华, 钱宇华, 等. 从人类智能到机器实现模型——粒计算理论与方法智能系统学报, 2016, 11(6): 743-757.

[101] 赵茜. 基于行为监控的自适应动态信任度测模型研究. 秦皇岛: 燕山大学硕士学位论文, 2011.

[102] 叶育鑫. 确定性理论模型方法的改进研究. 长春: 东北师范大学硕士学位论文, 2006.

[103] Duda R O, Hart P E, Nilsson N J. Subjective Bayesian methods for rule-based inference systems. Stanford Research Institute, 1976.

[104] 孟宪锋. 冷轧液压 AGC 系统的建模与故障诊断方法研究. 南京: 南京航空航天大学硕士学位论文, 2016.

[105] 赵榆琴. 基于领域本体知识和次协调逻辑的非规范需求分析研究. 昆明: 云南师范大学硕士学位论文, 2008.

[106] Dempster A P. Upper and lower probabilities induced by a multivalued mapping. Annals of Mathematical Statistics, 1967, 38(2): 325-339.

[107] Shafer G. Mathematical Theory of Evidence. Princeton: Princrton University Press, 1976.

[108] 王红军, 汪刘一, 何剑飞, 等. 基于证据理论的 QFD 信息协同方法. 机械设计, 2006, 23(6): 13-15.

[109] 张鹏飞, 郭大立, 王东浩, 等. 压后综合评估的模糊方法研究. 重庆科技学院学报(自然科学版), 2009, 31(1): 19-21.

[110] 张政超, 李应升, 王磊, 等. 雷达辐射源信号识别研究综述. 舰船电子工程, 2009, 29(4):10-14.

[111] 章忠威. 一种改进的离群模糊核聚类算法. 西安: 西安电子科技大学硕士学位论文, 2006.

[112] 鲍忠奎. 面向不确定信息系统的粗糙集扩展模型研究. 合肥: 合肥工业大学博士学位论文, 2015.

[113] 王青海, 耿生玲, 鲁小云. 覆盖粒度空间的多层次粒度结构研究. 计算机应用与软件, 2012, (10): 180-183.

[114] Zadeh L A. Fuzzy sets. Information and Contorl, 1965, 8(3): 338-353.

[115] Zhang B, Zhang L. Theory and Appilications of Problem Solving. New York: Elsevier, 1992.

[116] Liu X C. Entropy, distance measure and similarity measure of fuzzy sets and their relations.

Fuzzy Sets Systems, 1992, 52(3): 305-318.
[117] 权双燕. Vague 集上模糊不确定性度量的研究. 西安: 西北大学硕士学位论文, 2007.
[118] 郭增晓, 米据生. 粗糙模糊集的模糊性度量. 模糊系统与数学, 2005, 19(4): 135-140.
[119] 冯乃勤. 模糊概念的模糊度研究. 模式识别与人工智能, 2002, 15(3): 290-294.
[120] 吴蒋. 基于 Vauge 集的实验室评价模型. 实验室研究与探索, 2014, 33(7): 240-243.
[121] Gau W L, Buehere D J. Vague sets. IEEE Transactions on Systems, Man and Cybernetics, 1993, 23(2): 610-614.
[122] 申情, 韩燮. 对模糊集、粗糙集和 Vague 集的比较研究. 计算机工程与应用, 2007, 43(4): 36-39.
[123] 朱六兵, 杨斌, 陈纪东. Vague 集模糊熵的构造方法研究. 模式识别与人工智能, 2006, 19(4): 481-484.
[124] Chen S M. Measures of similarity between vague sets. Fuzzy Sets and System, 1995, 174(2): 217-223.
[125] 李凡, 徐章艳. Vague 集之间的相似度量. 软件学报, 2001, 12(6): 922-927.
[126] 李艳红, 迟忠先, 闫德勤. Vague 相似度量与 Vague 熵. 计算机科学, 2002, 29(12): 129-132.
[127] 闫德勤, 迟忠先, 李艳红. 关于 Vague 集的相似度量. 模式识别与人工智能, 2004, 17(1): 22-26.
[128] 刘华文. 模糊模式识别的基础——相似度量. 模式识别与人工智能, 2004, 17(2): 141-145.
[129] 张清华. Vague 值(集)相似度量的研究. 电子与信息学报, 2007, 29(8): 1855-1859.
[130] Szmidt E, Kacprzyk J. Entropy for intuitionistic fuzzy sets. Fuzzy Sets and Systems, 2001, 118(3): 467-477.
[131] 张海东. 粗糙集理论模型的研究. 成都: 电子科技大学硕士学位论文, 2006.
[132] 王国胤, 安久江, 吴渝. Rough 集理论代数观与信息观的差异量化分析. 小型微型计算机系统, 2005, 26(7): 1187-1190.
[133] Wang G Y, Yu H, Yang D C. Decision table reduction based on conditional information entropy. Journal of Computers, 2002, 25(7): 1-8.
[134] Wang G Y, Zhao J, An J J, et al. A comparative study of algebra viewpoint and information view point in attribute reduction. Fundamenta Informaticae, 2005, 68(3): 289-301.
[135] Zhao J, Wang G Y. Research on system uncertainty measures based on rough set theory//The First Conference on Rough Sets and Knowledge Technology, 2006: 227-232.
[136] Liang J Y, Shi Z Z. The information entropy, rough entropy and knowledge granulation in rough set theory. International Journal Uncertainty, Fuzziness and Knowledge Based Systems, 2004, 12(1): 37-46.
[137] Miao D, Wang J. An information representation of the concepts and operations in rough set theory. Journal of Software, 1999, 10(2): 113-116.

[138] 苗夺谦, 徐菲菲, 姚一豫, 等. 粒计算的集合论描述. 计算机学报, 2012, 35(2): 351-363.

[139] Klir G J, Wierman M J. Uncertainty-based information. Physica-Verlag HD, 1999, 36(1): 255-332.

[140] 王国胤. 粗糙集理论与知识获取. 西安: 西安交通大学出版社, 2001.

[141] 张文修, 吴伟志, 梁吉业, 等. 粗糙集理论与方法. 北京: 科学出版社, 2001.

[142] Dubois D, Prade H. Putting rough sets and fuzzy sets together. Intelligent Decision Support, Springer Netherlands, 1992: 203-232.

[143] 王国胤, 张清华. 不同知识粒度下粗糙集的不确定性研究. 计算机学报, 2008, 31(9): 1588-1598.

[144] Qian Y H, Liang J Y. Combination entropy and combination granulation in incomplete information system// International Conference on Rough Sets and Knowledge Technology, 2006: 184-190.

[145] Zadeh L A. Toward a theory of fuzzy information granulation and its centrality in human reasoning and fuzzy logic. Fuzzy Sets and Systems, 1997, 90(2): 111-127.

[146] Zakowski W. Approximation in the space (U, II). Demonstratio Mathematica, 1983, 16(3): 761-769.

[147] Bonikowski Z, Bryniarski E, Wybraniec S U. Extensions and intentions in the rough set theory. Information Sciences, 1998, 107(1-4): 149-167.

[148] Zhu W. Topological approaches to covering rough sets. Information Sciences, 2007, 177(6): 1499-1508.

[149] Tsang E C C, Chen D, Lee J W T. On the upper approximations of covering generalized rough sets// The 3rd International Conference Machine Learning and Cybernetics, 2004: 4200-4203.

[150] 苗夺谦, 王国胤, 刘清. 粒计算: 过去、现在与展望. 北京: 科学出版社, 2007.

[151] Dubois D, Prade H. Rough fuzzy sets and fuzzy rough sets. International Journal of General System, 1990, 17(2-3): 191-209.

[152] Banerjee M, Pal S K. Roughness of a fuzzy set. Information Sciences, 1996, 93(3-4): 235-246.

[153] Zhang Q H, Xiao Y. Fuzziness of rough set with different granularity levels. Journal of Information and Computational Science, 2011, 8(3): 385-392.

[154] 李德毅, 刘常昱. 论正态云模型的普适性. 中国工程科学, 2004, 6(8): 28-34.

[155] Leung Y, Li D Y. Maximal consistent block technique for rule acquisition in incomplete information systems. Information Sciences, 2003, 153(1): 85-106.

[156] 刘华文. 基于信息熵的特征选择算法研究. 长春: 吉林大学博士学位论文, 2010.

[157] 刘依恋. 模式分类中特征选择算法研究. 哈尔滨: 哈尔滨理工大学硕士学位论文, 2014.

[158] Guan J W, Bell D A. Rough computational methods for information systems. Artificial Intelligences, 1998, 105(1-2): 77-103.

[159] 瞿彬彬, 卢炎生. 基于粗糙集的不完备信息系统规则推理算法. 小型微型计算机系统, 2006, 27(4): 698-700.

[160] 王国胤, 姚一豫, 于洪. 粗糙集理论与应用研究综述. 计算机学报, 2009, 32(7): 1229-1246.

[161] 钱进, 叶飞跃, 孟祥萍, 等. 一种基于新的条件信息量的属性约简算法. 系统工程与电子技术, 2007, 29(12): 2154-2157.

[162] 祁立, 刘玉树. 基于条件信息量的快速粗集约简算法. 北京理工大学学报, 2007, 27(7): 604-608.

[163] 陆景辉. 基于信息理论的特征选择算法研究. 北京: 北京交通大学硕士学位论文, 2007.

[164] 张维, 苗夺谦, 高灿, 等. 邻域粗糙协同分类模型. 计算机研究与发展, 2014, 51(8): 1811-1820.

[165] 高云鹏. 基于邻域互信息的肿瘤基因选择研究. 新乡: 河南师范大学硕士学位论文, 2013.

[166] Hu Q G, Zhang L, David Z, et al. Measuring relevance between discrete and continuous features based on neighborhood mutual information. Expert Systems with Application, 2011, 38(9): 10737-10750.

[167] 赵军阳, 张志利. 基于最大互信息最大相关熵的特征选择方法. 计算机应用研究, 2009, 26(1): 233-240.

[168] 林培榕. 基于邻域互信息最大相关性最小冗余度的特征选择. 漳州师范学院学报(自然科学版), 2013, 26(4): 13-18.

[169]徐峻岭, 周毓明, 陈林, 等. 基于互信息的无监督特征选择. 计算机研究与发展, 2012, 49(2): 372-382.

[170] 徐计, 王国胤, 于洪. 基于粒计算的大数据处理. 计算机学报, 2015, 38(8): 1497-1517.

[171]赵明清, 杨强. 不完备信息系统中知识粒度的公理化定义与度量方法. 模式识别与人工智能, 2008, 21(6): 728-731.

[172] 张持健. 商空间下模糊系统与模糊控制的问题求解. 合肥: 安徽大学博士学位论文, 2005.

[173] 罗建宏. 粒计算分类知识发现算法及其应用. 杭州: 浙江大学博士学位论文, 2010.

[174]刘启和, 李凡, 闵帆, 等. 一种基于新的条件信息熵的高效知识约简算法. 控制与决策, 2005, 20(8): 878-882.

[175] 赵磊. 知识粒度的计算及其在属性约简中的应用研究. 济南: 山东科技大学硕士学位论文, 2011.

[176] 徐久成, 孙林. 一种新的基于决策熵的决策表约简方法. 重庆邮电大学学报(自然科学版), 2009, 21(4): 479-483.

[177] Sun L, Xu J C, Zhang L J. Approaches to knowledge reduction of decision systems based on conditional rough entropy. International Journal of Advancements in Computing Technology, 2011, 3(9): 129-139.

[178] 徐久成, 成万里, 史进玲. 基于信息系统的概念粒及其距离计算. 广西大学学报(自然科学

版), 2009, 34(5): 667-671.

[179] Hobbs J R. Granularity//The 9th International Joint Conference on Artificial Intelligence, 1985: 432-435.

[180] 申锦标, 吕跃进. 基于粒的二进制运算的最简规则获取算法. 计算机工程与应用, 2010, 46(3): 30-32.

[181] 闫林, 张新明, 何健仓, 等. 粗糙集、商空间及概念格中粒的统一描述. 计算机工程与应用, 2010, 46(9): 38-41.

[182] 刘清, 刘群. 粒及粒计算在逻辑推理中的应用. 计算机研究与发展, 2004, 41(4): 546-551.

[183] 代劲, 胡峰. 决策表的粒计算方法研究. 计算机工程与应用, 2006, 42(36): 167-171.

[184] 张伟, 徐章艳, 王晓宇. 一种结合概率启发信息和知识粒度的属性约简算法. 计算机应用与软件, 2013, 30(7): 43-50.

[185] 王蕊. 基于粒计算的不完备决策系统数据挖掘研究. 成都: 西南交通大学硕士学位论文, 2008.

[186] 徐久成, 孙林, 张倩倩. 粒计算及其不确定信息度量的理论与方法. 北京: 科学出版社, 2013.

[187] 赵敏. 基于粗糙集理论的属性约简算法研究. 长沙: 长沙理工大学硕士学位论文, 2008.

[188] 胡峰, 代劲, 蒋学文, 等. 粗集中的粒计算模型. 计算机工程与设计, 2006, 27(20): 3747-3750.

[189] 徐章艳, 刘作鹏, 杨炳儒, 等. 一个复杂度为 $\max(O(|C||U|), O(|C|^2|U/C|))$ 的快速属性约简算法. 计算机学报, 2006, 29(3): 391-399.

[190] 钱宇华. 复杂数据的粒化机理与数据建模. 太原: 山西大学博士学位论文, 2011.

[191] 刘少辉, 盛秋戬, 吴斌, 等. Rough 集高效算法的研究. 计算机学报, 2003, 26(5): 524-529.

[192] 冯林, 刘照鹏, 方丹. 信息系统中粒计算模型及其属性约简方法. 重庆邮电大学学报(自然科学版), 2010, 22(5): 652-655.

[193] 刘少辉, 盛秋戬, 史忠植. 一种新的快速计算正区域的方法. 计算机研究与发展, 2003, 40(5): 637-642.

[194] Xu J C, Sun L. New reduction algorithm based on decision power of decision table. Lecture Notes in Computer Science, 2008, 5009(4): 180-188.

[195] 简友光, 简曙光. 基于 Rough 集的数据约简算法研究综述. 计算机与数字工程, 2006, 34(5): 27-29.

第 3 章　粒计算的扩展模型

3.1　引　　言

知识是人工智能学科的基础研究问题之一[1]。在不同的抽象层次上观察、理解、表示现实世界问题连同其解，并进行分析、综合、推理是人类问题求解过程的一个明显特征，也是人类问题求解能力的强有力表现。从一定意义上来说，这就是人类问题求解过程中智能之所在。针对人类问题求解的这种能力和特征，人工智能研究者对其进行了深入的研究，并建立了各种形式化的模型。作为一种正在兴起的人工智能研究领域，粒计算的目的就是建立一种体现人类问题求解特征的一般模型，其基本思想是在不同的粒度层次上进行问题求解。粒计算模型利用其自身模拟人类智能的特点，在求解问题时，通过选择合适的粒度，降低问题求解难度，使得问题得到简化，为知识挖掘与知识推理提供一个可行的有效解决方案[2]。粒计算模型大体分为两大类：一类以处理不确定性问题为主要目标，如以模糊集理论为基础的词计算模型；另一类则以多粒计算为目标，如商空间理论、粗糙集理论和云模型等。粒计算的内容主要包括两个方面，即粒的构建和使用粒的计算。前者处理粒的形成、表示和解释，后者处理如何利用粒进行问题求解。目前，对粒计算的研究已取得了不少成果，研究的主要方法有粗糙集理论、模糊集理论和商空间理论等[3]。

随着粒计算研究工作的发展，粒计算模型的种类也层出不穷。在处理不确定性问题时，粒计算模型均表现出一定的优势和不足。通过研究粒计算模型中的知识不确定性，使机器模拟人脑处理知识不确定性的智能，但是，目前人类对不确定性智能的研究还处于探索阶段。因此，对于粒计算模型，知识不确定性研究是未来可能取得重大突破的热点研究方向，它将有助于粒计算理论和认知科学的进一步发展。随着对粒计算模型中知识不确定性研究的不断深入，众多专家揭示了计算方法的不确定性度量在问题求解中的重要地位[4-7]。

在模糊集中，对不确定性问题的处理是通过模糊度来度量其模糊性，粗糙集的不确定性主要反映在粗糙度、粗糙熵、模糊熵及知识粒度等方面，商空间的不确定性主要是探讨粒度和信息熵序列。截至目前，诸多学者已对粒计算在处理知识不确定性问题方面做了深入的研究。从现有的粒计算研究工作来看，粒计算模型的种类层出不穷，如模糊粗糙集模型、粗糙模糊集模型[8,9]、直觉模糊集模型[10,11]、覆盖粒计算模型[12,13]、基于概念格的粒计算模型[14,15]、基于神经网络的粒计算模型[16]、决策粗糙集模型[17-19]、三支决策[20,21]等。这些模型中研究的知识不确定性方法有很多种，它们依靠各自独特的性能和优势已被广泛应用于决策分类、模糊控制、故障诊断和模式识别等领域中。但是，这些模型及方法均有各自的优缺点，它们之间存在着某些相通之处和互补性，如果彼此之间能有机融合，优势互补，将能对大规模复杂数据集进行更为有效的处理。

3.2 基于邻域关系的不完备混合数据的粗糙集扩展模型

3.2.1 引言

为了克服经典粗糙集理论不能直接处理数值型数据的局限性，胡清华等在经典粗糙集模型的基础上，将等价关系扩展为邻域关系，进而提出邻域粗糙集模型，可直接处理数值型数据，并设计出基于邻域粗糙集模型的特征基因选择算法[22]。将等价关系扩展为邻域关系，基于邻域关系的粗糙集模型可直接处理数值型属性，但是邻域粗糙集模型中至关重要的邻域参数是通过机器学习领域的统计实验得到的，存在邻域参数选择缺乏理论支撑、参数一致易产生误差等问题，以及如何改进邻域关系，如何对邻域关系和相容关系进行广义化表示，以适用于不完备混合型的基因数据是值得深入研究的问题。本节针对基因表达谱数据的特点，研究基于邻域的不完备混合数据的粗糙集扩展模型[23]。

目前，针对不完备决策系统约简研究的主要成果有：Kryszkiewicz 等提出的基于相容关系的广义决策约简的辨别矩阵方法[24]；周献中等在不完备决策系统中构造的分配序约简[25]；Guan 等使用最大全相容类技术获取的不完备信息系统中的最优可信规则[26]。针对数值、符号型混合决策系统约简研究的主要成果有：Lin 提出的邻域粗糙集基本概念[27]；Yao[28]和吴伟志[29]研究的邻域系统的基本性质；胡清华等利用度量空间的邻域构造的邻域粗糙集模型，可直接处理数值型属性[30,31]。以上研究是在单独考虑不完备和数值型决策系统的基础上进行的，而同时对不完备和数值、符号型混合决策系统的研究并不多见，因此本节研究不完备混合型数据的扩展粗糙集模型。

3.2.2 相对邻域关系

胡清华等在经典粗糙集模型的基础上，将等价关系扩展为邻域关系，进而提出邻域粗糙集模型，可直接处理数值型数据，并设计了基于邻域粗糙集模型的特征基因选择算法。然而，邻域粗糙集模型中至关重要的邻域参数是通过机器学习领域的统计实验得到的，存在邻域参数选择缺乏理论支撑和参数一致易造成误差的问题。因此，在邻域粗糙集模型的基础上，本书从参数选择和值域归一化两方面对邻域粗糙集进行改进，并提出相对邻域粗糙集模型。

下面在文献[31]的基础上给出一些相关概念。

给定决策系统 $T=<U, C\cup D, V, f>$，其中 $U=\{x_1, x_2, \cdots, x_n\}$表示全体样本集合，$C=\{c_j \mid c_j\in C(1\leqslant j\leqslant m)\}$表示条件属性集合，$D=\{d \mid d\in D\}$表示决策属性集合。由属性构成一个 $|C\cup D|=K$ 维的空间，样本就是这个 K 维空间的点集。

定义 3.1　设 U 是非空有限集合，若对$\forall x_i,x_j,x_k\in U$ 都存在唯一确定的实函数 d 与之对应，而且 d 满足：

(1) $d(x_i, x_j)\geqslant 0$，当且仅当 $x_i=x_j$ 时，$d(x_i, x_j)=0$；

(2) $d(x_i, x_j)=d(x_j, x_i)$；

(3) $d(x_i, x_k)\leqslant d(x_i, x_j)+d(x_j, x_k)$；

则称 d 是 U 上的距离函数，并称$<U,d>$为距离空间，或度量空间。

定义 3.2　设$<U, d>$是非空度量空间，$\forall x_i, x_j\in U(i\neq j)$，样本 x_i 的 δ 邻域定义为

$$\delta(x_i)=\left\{x_j \middle| x_j\in U, d(x_i,x_j)\leqslant\delta, \delta\geqslant 0\right\} \tag{3-1}$$

其中，$\delta(x_i)$为 x_i 的邻域粒子。

定义 3.3　在 K 维空间中，U 上任意两点 $x_i=(x_{1i}, x_{2i},\cdots, x_{ki})$和 $x_j=(x_{1j}, x_{2j},\cdots, x_{kj})$，$P$ 范数定义为

$$d(x_i,x_j)^P=(|x_{1i}-x_{1j}|^P+|x_{2i}-x_{2j}|^P+\cdots+|x_{ki}-x_{kj}|^P)^{1/P} \tag{3-2}$$

(1) 当 $P=1$ 时，$d(x_i,x_j)^P=\sum_{l=1}^{K}|x_{li}-x_{lj}|$；

(2) 当 $P-2$ 时，$d(x_i,x_j)^P=\left(\sum_{l=1}^{K}|x_{li}-x_{lj}|^2\right)^{1/2}$；

(3) 当 $P=\infty$时，$d(x_i,x_j)^P=\max(|x_{li}-x_{lj}|)$。

基于1范数、2范数和∞范数的二维空间邻域如图3.1所示，分别为菱形、圆形和正方形区域。

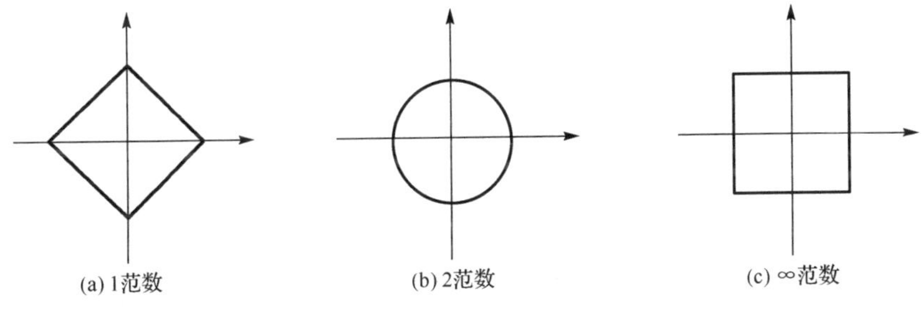

图3.1　1范数、2范数和∞范数的二维空间邻域

性质 3.1　设<U, d>是非空度量空间，$\forall x_i, x_j \in U(i \neq j)$，$\delta(x_i)$满足以下性质：

(1) $\delta(x_i) \neq \varnothing$，因为至少有 $x_i \in \delta(x_i)$；

(2) $x_j \in \delta(x_i) \Rightarrow x_i \in \delta(x_j)$；

(3) $\bigcup_{i=1}^{|U|} \delta(x_i) = U$。

显然，邻域粒子的集合$\{\delta(x_i) \mid i = 1, 2, \cdots, |U|\}$构成论域的一个粒化，论域中所有对象的邻域构成了邻域粒子族。邻域粒子族引导出论域空间的一个邻域关系 N。邻域关系和论域空间构成邻域近似空间 $\mathrm{NS} = (U, N)$。

定义 3.4　给定邻域近似空间 $\mathrm{NS} = (U, N)$，$X \subseteq U$，则 X 在邻域近似空间的下近似、上近似和边界分别定义为

$$\underline{N}(X) = \left\{x_i \in U \middle| \delta(x_i) \subseteq X\right\} \tag{3-3}$$

$$\bar{N}(X) = \left\{x_i \in U \middle| \delta(x_i) \cap X \neq \varnothing\right\} \tag{3-4}$$

$$\mathrm{BND}(X) = \bar{N}X - \underline{N}X \tag{3-5}$$

对于$\forall X \subseteq U$，有 $\bar{N}(X) \supseteq X \supseteq \underline{N}(X)$。$\underline{N}(X)$ 也称为 X 在邻域近似空间中的正域，表示邻域能够完全被 X 包含的样本的集合；邻域与 X 完全无关的样本称为 X 在邻域近似空间中的负域，定义为 $\mathrm{NEG}(X) = \left\{x_i \in U \middle| \delta(x_i) \cap X = \varnothing\right\}$。图 3.2 给出了一个两个类别的分类问题，“*”和“+”分别表示这两个类别。样本 x_1 的 δ 邻域都属于类“*”，样本 x_3 的 δ 邻域都属于类“+”，而样本 x_2 的 δ 邻域中既有类“*”的样本也有类“+”的样本，因此样本 x_2 是边界样本。

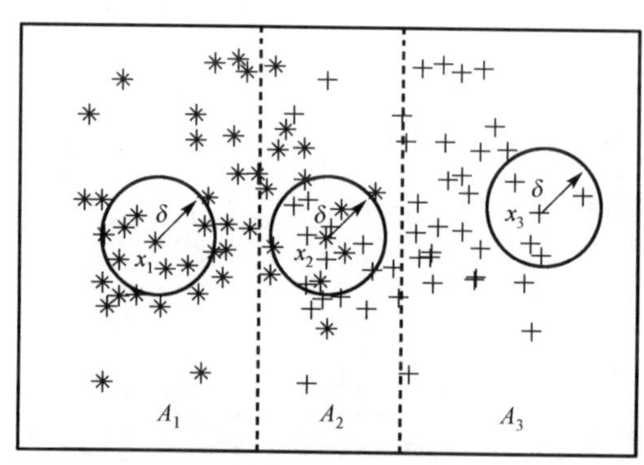

图 3.2　邻域粗糙集

定义 3.5　给定决策系统 $T = \langle U, C \cup D, V, f \rangle$，如果 C 生成一族论域上的邻域关系 N，则称 $\mathrm{NT} = (U, C, D)$ 为邻域决策系统。

定义 3.6　给定邻域决策系统 $\mathrm{NT} = (U,C,D)$，D 生成一族等价类$\{X_1, X_2, \cdots, X_l\}$，

对于$\forall B\subset C$，决策属性 D 关于 B 的下近似、上近似和边界分别定义为

$$\underline{N_B}(D)=\bigcup_{i=1}^{l}\underline{N_B}x_i \tag{3-6}$$

$$\overline{N_B}(D)=\bigcup_{i=1}^{l}\overline{N_B}x_i \tag{3-7}$$

$$\mathrm{BND}(D)=\overline{N_B}D-\underline{N_B}D \tag{3-8}$$

其中，$\underline{N_B}(D)$ 也称为决策属性 D 在邻域近似空间中的正域，记做 $\mathrm{POS}_B(D)$，正域的大小反映了分类问题在给定属性空间中的可分离程度。正域越大，表示各类间的重叠区域越少。

为了避免数值型数据离散化过程中重要信息的丢失，胡清华提出邻域粗糙集模型，然而该模型仍具有一定的局限性。例如，邻域参数的选择缺乏理论依据，参数一致易造成误差。本节借鉴量化理论中的等距量化概念，依据量化级数选择邻域参数；定义样本间的相异度，可以根据不同基因值域范围确定相对的样本邻域。在此基础上，本节提出一种相对邻域关系，并构建相对邻域粗糙集模型。

定义 3.7　给定不完备混合决策系统，$a\in C\bigcup D$，$\forall x_i, x_j\in U(i, j=1, 2,\cdots, n, i\neq j)$，$x_i$ 和 x_j 在属性 a 上的相异度定义为

$$d(x_i(a),x_j(a))=\frac{|x_i(a)-x_j(a)|}{\max\limits_{1\leqslant k\leqslant n}\{x_k(a)\}-\min\limits_{1\leqslant k\leqslant n}\{x_k(a)\}} \tag{3-9}$$

定义 3.8　给定不完备混合决策系统 $\mathrm{IMT}=\langle U, C\bigcup D, V, f\rangle$，$B\subseteq C$，$\forall x_i, x_j\in U(i, j=1, 2,\cdots, n, i\neq j)$，$x_i$ 和 x_j 在属性子集 B 上的相异度定义为

$$d_B(x_i,x_j)=\frac{\sum\limits_{a\in B}d(x_i(a),x_j(a))}{|B|} \tag{3-10}$$

定义 3.9　给定不完备混合决策系统 $\mathrm{IMT}=\langle U, C\bigcup D, V, f\rangle$，$B\subseteq C$，$\forall x_i,x_j\in U(i, j=1, 2,\cdots, n, i\neq j)$，样本 x_i 的相对邻域定义为

$$\delta(x_i)=\left\{x_j\,\middle|\,x_j\in U,d_B(x_i,x_j)\leqslant\frac{1}{H},H\geqslant 0\right\} \tag{3-11}$$

其中，d_B 为 U 上的相异度度量函数，H 为量化级数。

依据量化级数 H，对样本的值域空间进行等距离划分，得到宽度相同的值域段。若 H 不同，则划分的值域段宽度也不同。随着 H 的不断增大，值域段宽度逼近无穷小，这与邻域的概念一致。因此，将 H 的倒数视为相对邻域参数，H 越大则相对邻域参数越小。由于 H 在量化理论中有选取的理论基础，所以克服了邻域参数选择缺

乏理论依据的局限性。具体的参数选择方法这里不再讨论。

定义 3.10 给定完备的混合决策系统 CMT = <U, $C\cup D$, V, f >，$B\subseteq C\cup D$，$X\subseteq U$，X在属性子集P上的相对邻域粗糙下近似、上近似及边界分别定义为

$$\underline{\mathrm{RN}_B}(X)=\bigcup\{\delta_B(x_i)\in \mathrm{RN}_B \mid x_i\in U,\delta_B(x_i)\subseteq X\} \tag{3-12}$$

$$\overline{\mathrm{RN}_B}(X)=\bigcup\{\delta_B(x_i)\in \mathrm{RN}_B \mid x_i\in U,\delta_B(x_i)\cap X\neq\varnothing\} \tag{3-13}$$

$$\mathrm{BND}(X)=\overline{\mathrm{RN}_B}(X)-\underline{\mathrm{RN}_B}(X) \tag{3-14}$$

定义 3.11 给定完备的混合决策系统 CMT = <U, $C\cup D$, V, f>，$B\subseteq C\cup D$，决策属性D将U划分成l个等价类为$X_1, X_2,\cdots, X_l$, D关于属性子集B上的相对邻域粗糙下近似、上近似及边界分别定义为

$$\underline{\mathrm{RN}_B}(D)=\bigcup_{i=1}^{l}\underline{\mathrm{RN}_B}(X_i) \tag{3-15}$$

$$\overline{\mathrm{RN}_B}(D)=\bigcup_{i=1}^{l}\overline{\mathrm{RN}_B}(X_i) \tag{3-16}$$

其中，下近似$\underline{\mathrm{RN}_B}(D)$称为决策正域，记为$\mathrm{POS}_B(D)$。

$\mathrm{POS}_B(D)$表示能够被X所完全包含的邻域粒子的最大并集。$\overline{\mathrm{RN}_B}(D)$表示能够完全包含$X$的邻域粒子的最小并集。与$X$完全无关的邻域粒子称为$X$的负域，定义为$\mathrm{NEG}(X)=U-\overline{\mathrm{RN}_B}(D)$。

3.2.3 三类相容关系

Kryszkiewicz 基于遗漏型语义建立了基于容差关系的粗糙集模型[24]。Stefanowski 等基于丢失型语义建立了非对称关系的粗糙集模型[32]。王国胤等建立了限制容差关系的粗糙集模型[33]。在 Kryszkiewicz 提出的容差关系中，最主要的一个概念是赋予信息表中没有值的元素一个“Null”值，“Null”值是一种任何值都有可能的值，即这样的值是被遗漏但又是确实存在的。换句话说，就是由于不精确的知识迫使人们去处理只有部分信息的不完备信息表。在该不完备信息表中，各个对象具有潜在的完备信息，而当前只是遗漏了这些值。给定不完备信息系统 II = <U, C, V, f>，对于具有遗漏属性值的子集$B\subseteq C$，遗漏值记为“*”。

定义 3.12[24] 给定不完备信息系统 II = <U, C, V, f>，$B\subseteq C$，$\forall x_i, x_j\in U(i, j = 1, 2,\cdots, n, i\neq j)$，Kryszkiewicz 提出的相容关系$K$的定义为

$$K_B=\left\{(x_i,x_j)\in U^2 \mid \forall a\in B, f(x_i,a)=f(x_j,a)\cup f(x_i,a)=*\cup f(x_j,a)=*\right\} \tag{3-17}$$

显然，K是自反的和对称的，但不一定是传递的。在属性子集B上，与样本x

具有相容关系的样本 y 的集合构成了样本 x 的相容类，记做$[x]^K$。Kryszkiewicz 在此基础上定义了不完备信息表中样本子集 X 的下近似和上近似。

定义 3.13[24]　给定不完备信息系统 $\text{II} = <U, C, V, f>$，$\forall B \subseteq C$，$X \subseteq U$ 为论域 U 的一个子集，则 X 的下近似集和上近似集分别定义为

$$\underline{K_B}(X) = \left\{x \in U \middle| [x]_B^K \subseteq X\right\} \tag{3-18}$$

$$\overline{K_B}(X) = \left\{x \in U \middle| [x]_B^K \cap X \neq \varnothing\right\} \tag{3-19}$$

由上述定义可以看出，相容关系中"Null"值被认为和任何值都是相等的，这会导致两个样本在没有明确相同已知属性或只有极少相同已知属性的情况下，就被判定在同一个相容类中。因此，相容关系的要求过于宽松，容易将实际不同的样本误判成相同的。

Stenafowksi 等提出的基于相似关系的扩展粗糙集模型，认为样本被不完全描述的原因可能是知识不精确，还可能是不能用所有的属性来描述它们。因此，不认为未知值是不确定的，而是当前不存在，不允许比较未知值。只要两个对象的已知属性值相同，就可以认定样本 x 和样本 y 相似，记未知值为"*"。

定义 3.14[32]　给定不完备信息系统 $\text{II} = <U, C, V, f>$，$B \subseteq C$，$\forall x_i, x_j \in U (i, j = 1, 2, \cdots, n, i \neq j)$，Stenafowksi 提出的非对称相似关系 S 的定义为

$$S_B = \left\{(x_i, x_j) \in U^2 \middle| \forall a \in B, f(x_i, a) = f(x_j, a) \cup f(x_i, a) = *\right\} \tag{3-20}$$

显然，S 是自反的和传递的，但不一定是对称的。相似关系 S 是样本集合 U 上的偏序。实际上，非对称相似关系可以认为是包含关系的一个代表，因为只要 x 的描述包含于 y 的描述，就认为 x 与 y 相似。在属性子集 B 上，与样本 x 具有非对称相似关系的样本 y 的集合构成了样本 x 的相似类，记做$[x]^S$。Stenafowksi 在此基础上定义了不完备信息表中样本子集 X 的下近似和上近似。

定义 3.15[32]　给定不完备信息系统 $\text{II} = <U, C, V, f>$，$\forall B \subseteq C$，$X \subseteq U$，为论域 U 的一个子集，则 X 的下近似集和上近似集分别定义为

$$\underline{S_B}(X) = \left\{x \in U \middle| [x]_B^S \subseteq X\right\} \tag{3-21}$$

$$\overline{S_B}(X) = \left\{\cup [x]_B^S \middle| x \in X\right\} \tag{3-22}$$

由式(3-21)和式(3-22)可以看出，如果对象 x 与之非对称相似的对象都包含于 X，则对象 x 肯定属于 X 类；反之，如果对象 y 非对称相似于 X 中的某个对象，则对象 y 可能属于 X 类。因此，非对称相似关系容易将同类样本误判为不是同类的，即相似关系要求过于苛刻。如果在一个大型的信息系统中，两个很相似的个体对象也许由于稍微的一点不完备信息就被认为是完全不同的，如样本$\{1, *, 3, 4, 5, 6, 7, 8\}$

和{*, 2, 3, 4, 5, 6, 7, 8}仅有一个属性值未知，其实两者很相似，但不满足非对称相似关系。

Kryszkiewicz 提出的基于相容关系的扩充粗糙集模型，由于遗漏值“*”被认为是和任意已知属性值都相等的，会导致两个个体在没有明确相同的已知属性信息(或者极少相同的已知属性信息)的情况下就被误判定在同一个相容类中；而 Stenafowksi 提出的基于相似关系的扩充粗糙集模型，由于相似关系的非对称性，一些明显具有大量相同的已知属性信息，直观上就可以判定为相似的个体之间却不满足相似关系的情况，因而不能划分在同一个相似类中。鉴于这些扩充关系的局限性，王国胤等提出了一种限制容差关系，在放宽相似关系的基础上给出了限制容差关系的定义，记未知值为“*”。

定义 3.16[33]　给定不完备信息系统 $\text{II}=<U, C, V, f>$，$B\subseteq C$，$\forall x_i, x_j\in U(i, j=1, 2,\cdots, n, i\neq j)$，限制容差关系 R 的定义为

$$\begin{aligned} R_B=\{(x_i,x_j)\in U^2 \mid \forall a\in B,(f(x_i,a)=f(x_j,a)=*) \\ \cup V_B(x_i)\cap V_B(x_j)\cap f(x_i,a)\neq *\cap f(x_j,a)\neq *\} \end{aligned} \tag{3-23}$$

其中，$V_B(x)=\{a \mid a\in B\cap f(x,a)\neq *\}$。

显然，限制容差关系具有自反性和对称性，但不具有传递性。在属性子集 B 上，与样本 x 具有限制容差关系的样本 y 的集合构成了样本 x 的相容类，记做$[x]^R$。

定义 3.17[33]　给定一个不完备信息系统 $\text{II}=<U, C, V, f>$，$\forall B\subseteq C$，$X\subseteq U$，为论域 U 的一个子集，则 X 的下近似集和上近似集分别定义为

$$\underline{R_B}(X)=\left\{x\in U \,\middle|\, [x]_B^R\subseteq X\right\} \tag{3-24}$$

$$\overline{R_B}(X)=\left\{\cup[x]_B^R \,\middle|\, x\in X\right\} \tag{3-25}$$

实际上，相容关系和相似关系是对等价关系的两种扩展极端：相容关系的条件太宽松，易于将没有相同已知属性的个体误分到同一个相容类，而相似关系易于将具有很多相同已知属性信息的个体分到不同的相似类中。限制容差关系刚好介于相容关系和相似关系这两个极端情况之间。

3.2.4　广义邻域关系

目前对粗糙集扩展模型的研究大多基于以下两类表：不完备的符号型决策系统、数值和符号型混合决策系统。针对不完备的混合决策系统构建一种新的广义邻域粗糙集模型，对等价关系和相容关系进行广义化表示，不仅能克服经典粗糙集只能处理符号型属性的缺点，还可直接处理不完备决策系统。结合邻域关系和相容关系的特点，对相对邻域关系和相容关系进行广义化表示，提出一种新的广义邻域关系。

定义 3.18　给定不完备混合决策系统 IMT = <U, $C\cup D$, V, f>，$a\subseteq C\cup D$，$\forall x_i, x_j\in U(i,j=1,2,\cdots,n,i\neq j)$，$x_i$ 和 x_j 在属性 a 上的相异度定义为

$$d(x_i(a),x_j(a))=\frac{|x_i(a)-x_j(a)|}{\max\limits_{1\leqslant k\leqslant n}\{x_k(a)\}-\min\limits_{1\leqslant k\leqslant n}\{x_k(a)\}} \tag{3-26}$$

定义 3.19　给定不完备混合决策系统 IMT = <U, $C\cup D$, V, f>, $B\subseteq C$, $\forall x_i, x_j\in U(i,j=1,2,\cdots,n,i\neq j)$，$x_i$ 和 x_j 在属性子集 B 上的相异度定义为

$$d_B(x_i,x_j)=\frac{\sum\limits_{a\in B}d(x_i(a),x_j(a))}{|B|} \tag{3-27}$$

定义 3.20　给定不完备混合决策系统 IMT = <U, $C\cup D$, V, f>, B_1 是不完备的符号型属性，B_2 是不完备的数值型属性，$B_1, B_2\subseteq C\cup D$，样本 x_i 在不同属性集上的广义邻域分别定义为

$$\omega_{B_1}(x_i)=\left\{x_j\middle|x_j\in U,d_{B_1}(x_i,x_j)=\frac{1}{H}\cup(\exists a\in B_1,x_j(a)=*)\right\} \tag{3-28}$$

$$\omega_{B_2}(x_i)=\left\{x_j\middle|x_j\in U,d_{B_2}(x_i,x_j)<\frac{1}{H}\cup(\exists a\in B_2,x_j(a)=*)\right\} \tag{3-29}$$

其中，H 为量化级数。

定义 3.21　给定不完备混合决策系统 IMT = <U, $C\cup D$, V, f >，$B\subseteq C\cup D$，$\forall x_i\in U$，样本 x_i 在属性子集 B 上的广义邻域定义为

$$\omega_B(x_i)=\left\{x_j\middle|x_j\in U,d_B(x_i,x_j)\leqslant\frac{1}{H}\cup x_j(a)=*,0\leqslant\delta<1\right\} \tag{3-30}$$

性质 3.2　给定不完备混合决策系统 IMT = <U, $C\cup D$, V, f>, $B\subseteq C\cup D$, $\forall x_i\in U$，样本 x_i 在属性子集 B 上的广义邻域满足：

(1) $\omega_B(x_i)\neq\varnothing$；

(2) $\bigcup\limits_{i=1}^{|U|}\omega_B(x_i)=U$；

(3) 如果 $\exists a\in B,x_i(a)=*$，则 $\omega_B(x_i)=U$。

定义 3.22　给定不完备混合决策系统 IMT = <U, $C\cup D$, V, f>，$B\subseteq C\cup D$，属性子集 B 确定 U 上一个广义邻域关系定义如下：

$$\mathrm{TN}_B=\left\{(x_i,x_j)\in U^2\middle|x_j\in\omega_B(x_i)\right\} \tag{3-31}$$

其中，$\omega_B(x_i)$ 称为广义邻域粒。

广义邻域关系是相对邻域关系和相容关系的扩展，既可以处理完备的混合型属

性，又可以处理不完备混合型属性。当 $1/H$ 取 0 时，广义邻域关系变为相容关系；当不存在 $x_j(a)=*$时，广义邻域关系变为邻域关系；当同时满足以上两条时，广义邻域关系变为等价关系。

3.2.5 基于广义邻域关系的粗糙集扩展模型

定义 3.23 给定不完备混合决策系统 $\mathrm{IMT}=<U, C\cup D, V, f>$，$B\subseteq C$，$X\subseteq U$，则 X 在条件属性子集 B 上的广义邻域下近似和上近似分别定义为

$$\underline{B}(X)=\left\{x_i \middle| \omega_B(x_i)\subseteq X, x_i\in U\right\} \tag{3-32}$$

$$\overline{B}(X)=\left\{x_i \middle| \omega_B(x_i)\cap X\neq\varnothing, x_i\in U\right\} \tag{3-33}$$

定义 3.24 给定不完备混合决策系统 $\mathrm{IMT}=<U, C\cup D, V, f>$，$B\subseteq C$，$X\subseteq U$，决策属性 D 将 U 划分成 M 个等价类为 $X_1, X_2,\cdots, X_M$，则 D 在条件属性子集 B 上的广义邻域下近似和上近似分别定义为

$$\underline{B}(D)=\bigcup_{i=1}^{M}\underline{B}(X_i) \tag{3-34}$$

$$\overline{B}(D)=\bigcup_{i=1}^{M}\overline{B}(X_i) \tag{3-35}$$

决策属性 D 的下近似也称为决策正域，记作 $\mathrm{POS}_B(D)$。决策正域表示能够被 X 完全包含的邻域粒子的最大并集。它的大小反映了分类问题在给定属性空间中的可分离程度，正域越大，表示各类间的重叠区域越少。

定义 3.25 给定不完备混合决策系统 $\mathrm{IMT}=<U, C\cup D, V, f>$，$B\subseteq C$，则决策属性 D 对条件属性子集 B 的依赖性定义为

$$\gamma_B(D)=|\mathrm{POS}_B(D)|/|U| \tag{3-36}$$

依赖性反映了决策属性对条件属性的依赖程度，当属性的依赖性等于零时，该属性就是冗余属性。决策属性对条件属性的依赖程度越高，则该属性的重要性越高，因此可以进一步给出属性重要性的定义。

定义 3.26 给定不完备混合决策系统 $\mathrm{IMT}=<U,C\cup D,V,f>$，$B\subseteq C$，则 $\forall a\in C-B$ 相对于决策属性 D 的重要性定义为

$$\mathrm{SGF}_\gamma(a,B,D)=\gamma_{B\cup\{a\}}(D)-\gamma_B(D) \tag{3-37}$$

这里的属性重要性定义不是删除属性 a，而是将属性 a 加入约简集合。当 $\mathrm{SGF}_\gamma(a,B,D)>0$ 时，说明 a 是 B 相对于 D 必要的；当 $\mathrm{SGF}_\gamma(a,B,D)=0$ 时，说明 a 是 B 相对于 D 不必要的。若$\forall a\in C-B$ 都为 B 中必要的，则称 B 为独立的，否则称 B 为依赖的。

3.2.6　小结

针对邻域粗糙集模型的局限性，依据量化级数选择参数和不同基因值域范围，提出了一种相对邻域关系。利用相对邻域关系可以直接处理数值型数据和相容关系处理不完备数据的特点，研究相容关系和相对邻域关系的广义化表示，基于广义邻域关系构建了扩展的粗糙集模型。

3.3　覆盖粗糙集模型

3.3.1　引言

基于邻域的粗糙集模型可以直接处理数值型数据，避免了离散化造成的数据丢失。由于样本邻域的并构成论域上的一个覆盖而非划分，所以将基于邻域的粗糙集模型推广为基于邻域的覆盖粗糙集模型。与划分不同，样本邻域组成的覆盖自身存在冗余，所以在进行相对属性约简之前需对覆盖自身约简。目前，对于覆盖粗糙集的研究大多集中在挖掘新算子及讨论算子的相互关系上，对数值型数据的覆盖问题少有深入探讨[34-36]。样本的邻域覆盖中可能存在不相容的样本，这些样本属于同一个样本邻域但彼此不具有邻域关系。下面考虑以下三个问题：

(1) 样本与其邻域中所有样本是相容的，那么邻域中其他样本之间相容吗？

(2) 如果邻域内出现不相容的样本，会对覆盖下、上近似造成影响吗？

(3) 如果对覆盖下、上近似产生影响，那么该怎样解决这个问题？

针对这三个问题，本节通过讨论基于邻域的覆盖，提出相斥关系的定义，并提出分解相斥邻域的方法，通过分解使基于邻域的覆盖粒与基于等价关系的等价块具有同样的性质，即自反性、对称性和传递性，进而构造基于相斥关系的覆盖粗糙集模型。

3.3.2　相关概念

定义 3.27[37]　设 U 是一个论域，F 是 U 的子集族。若 F 的子集中没有空集，且 F 中所有元素的并为 U，则称 F 是 U 上的一个覆盖。

如果 F 中所有子集两两之间不存在交集，则 F 是论域 U 上的一个划分。因此，划分也是覆盖，它是覆盖的一种特例。对于划分，如果去掉其中某个元素，则不再是一个划分，所以对划分自身的约简是不必要的。覆盖自身存在冗余的元素，如果去掉其中某个元素，可能还是论域的一个覆盖，并且有可能生成相同的粗糙逼近，因此有必要对覆盖内部的元素进行约简[37]。

定义 3.28[37]　设 U 是一个论域，F 是 U 的子集族，$K\in F$，如果 K 可以表示成 $F-\{K\}$ 中若干元素的并，则称 K 是 F 的可约元，否则称 K 是 F 的不可约元；如果 F

中任一个元都是不可约元，则称 F 是不可约简的，否则称 F 是可约简的[25]。

定义 3.29[37] 设 F 是论域 U 的一个覆盖，通过删除覆盖中所有可约元，得到新的不含可约元的覆盖称为最简覆盖，记作 RF。

例 3.1 $U=\{a,b,c,d\}$，$K_1=\{a,d\}$，$K_2=\{a,c\}$，$K_3=\{a,c,d\}$，$K_4=\{b,d\}$，显然 $F=\{K_1,K_2,K_3,K_4\}$是论域 U 的一个覆盖，由于 $K_3=K_1\cup K_2$，所以覆盖 F 的约简为 $\mathrm{RF}=\{K_1,K_2,K_4\}$。

命题 3.1[37] 设 F 是论域 U 的一个覆盖，如果 $K\in F$，K 是 F 的一个可约元，则 $F-\{K\}$也是论域 U 的一个覆盖。

命题 3.2[37] 设 F 是论域 U 的一个覆盖，如果 K_1 是 F 的一个可约元，$K_2\in F\subseteq\{K_1\}$，则 K_2 是 F 的一个可约元，当且仅当 K_2 是 $F-\{K_1\}$的一个可约元。

命题 3.3[37] 设 F 是论域 U 的一个覆盖，则 F 和 RF 生成相同的覆盖下、上近似。

命题 3.1～命题 3.3 的证明见文献[37]。由前两个命题可知，删除一个覆盖的可约元后得到的仍是覆盖，且删除可约元不会引入新的可约元，也不会使原来的可约元变为不可约元，因此可通过同时删除或分别删除可约元的方法得到最简覆盖。由命题 3.3 可知，对最简覆盖求得的覆盖下、上近似，与原覆盖的结果相同。

3.3.3 基于相斥关系的覆盖粗糙集模型

定理 3.1 设 U 是一个论域，$\delta_B(x_i)$是$\forall x_i\in U\,(i=1,2,\cdots,n)$在属性子集 B 上的 δ 邻域，则在属性子集 B 上，所有样本的邻域集合 $F_B=\{\delta_B(x_1),\delta_B(x_2),\cdots,\delta_B(x_n)\}$ 构成 U 上的一个覆盖粒。

证明 由于 $F_B=\{\delta_B(x_1),\delta_B(x_2),\cdots,\delta_B(x_n)\}$ 的任意子集 $\delta_B(x_i)$ 都至少包含 x_i，所以 F_B 的子集中没有空集且 F_B 中所有元素的并$\bigcup_{i=1}^{n}\delta_B(x_i)=U$。依据定义 3.27，可推出 F_B 是 U 上的一个覆盖。

定义 3.30 设 F 是论域 U 上的一个样本邻域覆盖，$\forall\delta(x_i)\in F$，当且仅当$\exists x_l$，$x_s\in\delta(x_i)\wedge x_l\notin\delta(x_s)\wedge x_s\notin\delta(x_l)$时，称 $\delta(x_i)$ 是相斥邻域，否则称为相容邻域。并称 x_l、x_s 在 $\delta(x_i)$ 上具有相斥关系，记作 $x_l\triangleq x_s$。

定义 3.31 设 F 是论域 U 上的一个最简样本邻域覆盖，如果 F 中的每个样本邻域都是相容邻域，则称 F 是相容的。

性质 3.3 设 U 是一个论域，$\delta(x_i)$ 是样本 $x_i\,(x_i\in U)$ 的邻域，$x_l,x_s\in\delta(x_i)$，则 $x_l\triangleq x_s$，当且仅当 $x_l\triangleq x_s$。

定理 3.2 设 U 是一个论域，$\delta(x_i)$ 是样本 $x_i\,(x_i\in U)$ 的邻域，$x_l,x_s\in\delta(x_i)$，如果 $x_l\triangleq x_s$，则 $x_l\neq x_s$ 一定成立。

证明 如果 $x_l\triangleq x_s$成立，依据定义 3.2 及定义 3.30，$x_l\neq x_s$ 显然成立。

定理 3.3　设 U 是一个论域，$\delta(x_i)$ 是样本 $x_i(x_i \in U)$ 的邻域，如果 $x_l, x_s \in \delta(x_i)$，则命题 $(\delta(x_i)-\{x_l\}) \cup (\delta(x_i)-\{x_s\}) = \delta(x_i)$ 为真。

证明　已知 $x_l, x_s \in \delta(x_i)$，则集合 $\{x_l\},\{x_s\} \subseteq \delta(x_i)$。令集合 $\delta(x_i)=A$，$\{x_l\}=B$，$\{x_s\}=C$。设 $x \in (A-B) \cup (A-C)$，则 $x \in A$ 且 $x \notin B$，或 $x \in A$ 且 $x \notin C$。因此，$x \in A$，即 $(A-B) \cup (A-C) \subseteq A$。设 $x \in A$，则 $x \in A-B$ 或 $x \notin A-B$，且 $x \in A-C$ 或 $x \notin A-C$。所以，$x \in (A-B)$ 或 $x \in (A-C)$，即 $A \subseteq (A-B) \cup (A-C)$。综上所述，$(A-B) \cup (A-C)=A$。

定理 3.3 可以确保 $\delta(x_i)$ 转换为 $\delta(x_i)-\{x_l\}$ 和 $\delta(x_i)-\{x_s\}$ 的并后，集合的元素不变。显而易见，分解后样本 x_l 和 x_s 同样是 x_i 的近邻，即样本 x_i 的近邻不变，且 x_l 和 x_s 不会同时出现在一个邻域集合内，也不可能出现相斥问题。依据定理 3.3，将相斥样本邻域中具有相斥关系的样本依次删除得到样本集合的并，再将这些样本集合中具有相斥关系的样本依次删除，直到所有样本集合中不存在相斥样本。这种将相斥样本邻域逐步分解为相容样本集的并的过程称为相斥邻域分解。

定义 3.32　设 F 是论域 U 上的一个样本邻域覆盖，称通过相斥邻域分解得到的新的不含相斥邻域的覆盖为相容邻域覆盖，记为 TF。

性质 3.4　设 TF 是论域 U 上的一个相容邻域覆盖，则 TF 中的样本满足自反性、对称性和传递性。

性质 3.5　设 U 是一个论域，$X \subseteq U$，$\delta(x_i)$ 是样本 x_i $(x_i \in U)$ 的邻域，如果 $\delta(x_i) \subseteq X$，则 $\delta\{x_i\}-\{x_l\} \subseteq X$。

例 3.2　设相斥样本 x_2 的邻域 $\delta(x_2)=\{x_1, x_2, x_3, x_4, x_5\}$，其中 $x_1 \triangleq x_3$，$x_4 \triangleq x_5$，$x_3 \triangleq x_5$。对 $\delta(x_2)$ 进行分解，得到相容邻域覆盖。分解过程如下：

第一步分解，$\delta(x_2)=(\{x_1,x_2,x_4,x_5\}) \cup (\{x_2,x_3,x_4,x_5\}) \cup (\{x_1,x_2,x_3,x_5\}) \cup (\{x_1,x_2,x_3,x_4\})$；

第二步分解，$\delta(x_2)=(\{x_1,x_2,x_4\}) \cup (\{x_2,x_3,x_5\}) \cup (\{x_1,x_2,x_5\}) \cup (\{x_2,x_3,x_4\})$；

第三步分解，$\delta(x_2)=(\{x_2,x_3\}) \cup (\{x_2,x_5\}) \cup (\{x_1,x_2,x_4\}) \cup (\{x_1,x_2,x_5\}) \cup (\{x_2,x_3,x_4\})$。

相斥样本邻域经过分解，转换为多个相容的子邻域。对相容邻域覆盖计算下近似时，可以避免由相斥元引起的误判。由性质 3.5 可以看出，原本属于样本子集 X 的邻域分解后仍属于样本子集 X，原本不属于样本子集 X 的邻域，通过分解有可能属于 X。

例 3.3　表 3.1 为一个决策表，其中 $C=\{a,b,c\}$ 是数值型条件属性，$D=\{d\}$ 是符号型决策属性。取 $\delta=0.16$，以条件属性 a 为例，分别对分解前的 F_a 和分解后的 TF_a 求决策正域，并对比这两个决策正域。具体的计算步骤如下。

首先计算每个样本在属性 a 上的邻域：

$\delta_a(x_1)=\{x_1,x_2\}$，$\delta_a(x_2)=\{x_1,x_2,x_3\}$，$\delta_a(x_3)=\{x_2,x_3,x_4\}$，$\delta_a(x_4)=\{x_3,x_4\}$，$\delta_a(x_5)=\{x_5\}$

由表 3.1 可知决策属性 D 将 U 划分成两个等价类：

$$X_1=\{x_1,x_4\}，\quad X_2=\{x_2,x_3,x_5\}$$

得到属性 a 上一个覆盖：

$$\begin{aligned}F_a&=\{\delta_a(x_1),\delta_a(x_2),\delta_a(x_3),\delta_a(x_4),\delta_a(x_5)\}\\&=\{\{x_1,x_2\},\{x_1,x_2,x_3\},\{x_2,x_3,x_4\},\{x_3,x_4\},\{x_5\}\}\end{aligned}$$

计算 F_a 的决策正域：

$$\mathrm{POS}_a(D)=\underline{\mathrm{RF}_a}X_1\cup\underline{\mathrm{RF}_a}X_2=\varnothing\cup\{x_5\}=\{x_5\}$$

利用定义 3.30 判断 F_a 是相斥邻域，并进行分解最终得到相容样本邻域：

$$\mathrm{TF}_a=\{\{x_1,x_2\},\{x_2,x_3\},\{x_3,x_4\},\{x_5\}\}$$

计算 TF_a 的决策正域：

$$\mathrm{POS}'_a(D)=\underline{\mathrm{RF}_a}X_1\cup\underline{\mathrm{RF}_a}X_2=\varnothing\cup\{x_2,x_3,x_5\}=\{x_2,x_3,x_5\}$$

对比 $\mathrm{POS}'_a(D)$ 和 $\mathrm{POS}_a(D)$ 两个决策正域，可以看出前者包含后者。

表 3.1　决策表

U	a	b	c	d
x_1	0.2	0.3	0.2	F
x_2	0.3	0.3	0.4	T
x_3	0.4	1	0.9	T
x_4	0.5	0.6	0.5	F
x_5	0.8	0.4	1	T

3.3.4　小结

针对邻域粗糙集模型的局限性，依据量化级数选择参数和不同基因值域范围，提出了一种相对邻域关系。利用相对邻域关系可以直接处理数值型数据和相容关系处理不完备数据的特点，构建了基于广义邻域关系的粗糙集模型；讨论覆盖粒内存在的不相容的样本，定义相斥关系，提出了基于相斥关系的覆盖粗糙集模型。

3.4　α-先验概率优势关系下的粗糙集模型

3.4.1　引言

粗糙集理论是波兰数学家 Pawlak 教授 1982 年提出的一种处理不精确、不确定和模糊性的数学工具，已经被广泛用于人工智能、机器学习、数据挖掘、知识发现、决策支持和分析等领域，并取得了丰硕的研究成果[38-43]。经典粗糙集理论主要以等价关系为基础，比较适合处理分类问题。然而在实际问题中，有些属性取值是可比较的，这就涉及多属性决策领域的比较与排序问题，此时使用等价关系就不能获得很好的结论。于是，Greco、Slowinski 等拓展了粗糙集理论，提出了基于优势关系的粗糙集模型[44,45]。

在现实世界中，由于数据测量的误差、噪声，数据测量的不完整性及对数据保存不当等因素，人们面临的信息系统往往是不完备的。目前，很多学者对不完备信息系统中优势关系粗糙集进行了研究和扩展，并取得了丰硕的研究成果。Shao 等[46]提出了基于优势关系的不完备序信息系统，并给出属性约简和规则提取的方法；胡明礼等[47]提出了扩展优势关系粗糙集模型，该模型中空值“*”可以与任意值比较，又在文献[48]中，对扩展模型进行限制，提出了限制扩展模型；Yang 等[49]研究了复杂不完备序信息系统的属性约简方法，并给出了不可区分矩阵和具体的约简算法。骆公志等[50]对属性已知值与属性空值比较进行限制，提出了限制扩展优势关系。莫京兰等[51]对不完备序信息系统采用集对分析法改进了优势关系。针对基于优势关系的复杂信息系统，文献[52]基于广义不完备序信息系统，提出了特征优势关系和程度优势关系。王斌等[53]针对不完备区间值信息系统中存在的问题，给出了两种新的优势关系，即上限优势关系和近似优势关系，以此为基础，对对象评估和不确定性度量问题进行了研究，分析不同优势关系的区别与联系，并用具体算法加以说明。陶志等[54]提出了基于先验概率优势关系放入粗糙决策分析模型，并通过对比分析，验证了新模型能使分类结构更加精确，他又在文献[55]中提出了基于加权先验概率优势关系的粗糙集决策分析模型，得到加权先验概率优势关系，并由此得到粗糙近似，获取分类决策规则。

虽然基于不完备序信息系统的研究已经很多，但各种改进的优势关系仍存在一些缺陷，例如，文献[46]～[49]中优势关系对空值要求过松，易将不满足条件的对象误判为同一优势类。而文献[50]中的优势关系只有在缺失值“*”是该属性值域的最大值或最小值时才能比较，要求过于严格，造成一部分对象之间的优劣关系无法比较。文献[54]中，如果两个对象在属性下取值分别为 $x=\{1,2,3,4,5,6,7\}$，$y=\{2,3,4,5,6,7,*\}$，假如“*”取 6 的概率最大，那么依照先验概率优势关系的定义，y 不优于 x，而根据常识，在 7 个属性下，y 有 6 个值都是大于 x，则可以认为 y 优于 x。文献[55]提出的概率优势关系针对文献[54]有所改进，但计算复杂度依然很高。为了更好地解决此类问题，从概率分布的角度，提出了基于不完备序信息系统的α-先验概率优势关系，研究基于不完备序信息系统的粗糙集模型及性质，给出了概率优势类结构差异度的概念，提出一种基于α-先验概率优势关系的对象排序及属性约简算法[38]。

3.4.2　基础知识

首先介绍序信息系统的基础知识。

定义 3.33[42]　一个信息系统是一个四元组$I=(U,\mathrm{AT},V,f)$，U是非空有限的对象集；AT是非空有限的属性集；$f: U\times \mathrm{AT}\to V$为关系函数，它表示$U$中每一个对象的属性取值，$V=\bigcup_{a\in \mathrm{AT}} V_a$为属性值域。

若存在某个属性$a\in \mathrm{AT}$使得V_a为空值，即$f(x)=*$，则称该信息系统为不完备的信息系统。

在信息系统中，如果某属性取值是递增或者递减的关系，则该属性称为一个准则；由若干准则组成的集合称为准则集，如果一个信息系统的所有属性都是准则，则被称为序信息系统[56]。因递增、递减关系仅由所考察准则的意义决定，对理论研究并无影响，故为表述方便，本节只针对递增的优势关系进行研究。

定义 3.34[43] 在序信息系统$I=(U, \mathrm{AT}, V, f)$中，对于$A\subseteq \mathrm{AT}$，$\forall x, y\in U$，属性子集A对应的优势关系表示为

$$R_A^{\geqslant}=\{(x,y)\in U\times U \mid f(y,a)\geqslant f(x,a), \forall a\in A\} \tag{3-38}$$

对象x在属性集A下所对应的优势类为

$$[x]_A^{\geqslant}=\{y\in U \mid (x,y)\in R_A^{\geqslant}\} \tag{3-39}$$

$x R_A^{\geqslant} y$表示y关于属性集A不劣于x。

定义 3.35[46] 设$I^*=(U, \mathrm{AT}, V, f)$为不完备序信息系统，对于$A\subseteq \mathrm{AT}$，$\forall x, y\in U$，则$R_A^{\geqslant *}=\{(x, y)\in U^2 \mid f(y, a) \geqslant f(y, a) \vee f(x, a)=* \vee f(y, a)=*, \forall a\in A\}$，称$R_A^{\geqslant *}$为不完备序信息系统$I^*$上的一个优势关系。$xR_A^{\geqslant *}y$表示在条件属性集$A$下，对象$y$不劣于$x$；$U/R_A^{\geqslant *}=\{[x]_A^{\geqslant *} \mid x\in U\}$表示在属性集$A$下所有优势类的集合，且$U/R_A^{\geqslant *}$中所有优势类的集合构成了$U$的覆盖，不再是划分。

此外，基于不完备序信息系统的优势关系有很多新的定义，但提出的各种优势关系仍有不足和改进的空间。下面针对不完备序信息系统，定义一种新的优势关系：α-先验概率优势关系。

3.4.3 α-先验概率优势关系

定义 3.36 设$I^*=(U, \mathrm{AT}, V, f)$是一个不完备的序信息系统，$\forall x, y\in U$，$a\in \mathrm{AT}$，记

$$p_a^*(x,y)=\begin{cases} 1, & f(y,a)\geqslant f(x,a) \\ & \vee (f(y,a)\geqslant Mf(x,a) \\ & \wedge (f(y,a)\neq * \wedge f(x,a)=*)) \\ & \vee (mf(y,a)\geqslant f(x,a) \\ & \wedge (f(y,a)=* \wedge f(x,a)\neq *)) \\ & \vee (f(y,a)=* \wedge f(x,a)=*) \\ 0, & \text{其他} \end{cases} \tag{3-40}$$

称 $p_a^*(x,y)$ 为对象 x 与对象 y 在属性 a 下的二值判断。其中，$Mf(x,a)=\max\{v_i\,|\,p(v_i)=\max\{p_1,p_2,\cdots,p_t\}\}$，$mf(y,a)=\min\{v_i\,|\,p(v_i)=\min\{p_1,p_2,\cdots,p_t\}\}$，$V_a=\{v_1,v_2,\cdots,v_m\}$ 表示属性 a 的值域，p_i 表示 V_a 中属性值 v_i 出现的概率；$p_a^*(x,y)=0$ 表示在属性 a 下，y 依先验概率劣于 x，相应地，$p_a^*(x,y)=1$ 表明 y 在属性 a 下的取值依先验概率不劣于 x。

定义 3.37 设不完备序信息系统 $I^*=(U,\mathrm{AT},V,f)$，$\forall x,y\in U$，属性子集 $A\subseteq \mathrm{AT}$，有

$$P_A^*(x,y)=\sum_{a\in A}p_a^*(x,y)/|A| \tag{3-41}$$

其中，$|A|$表示属性集 A 中的属性个数。$P_A^*(x,y)$ 的全体 $P_A^*(x,y)=\left[P_A^*(x,y)\right]_{n\times n}$ 称为 I^* 在 A 下的二值判断频率矩阵，简称判断矩阵。

定义 3.38 设不完备序信息系统 $I^*=(U,\mathrm{AT},V,f)$，对于 $A\subseteq \mathrm{AT}$，给定阈值α，那么该序信息系统在属性子集 A 下的α-先验概率优势关系定义为

$$R_A^{\geqslant *\alpha}=\{(x,y)\in U^2\,|\,P_A^*(x,y)\geqslant\alpha\wedge P_A^*(x,y)\geqslant P_A^*(y,x),0.5\leqslant\alpha\leqslant 1\} \tag{3-42}$$

对象 x 在属性集 A 下的 α -先验概率优势类定义为

$$[x]_A^{\geqslant *\alpha}=\left\{y\in U\,|\,(x,y)\in R_A^{\geqslant *\alpha}\right\} \tag{3-43}$$

其中，α 称为先验概率优势度，$R_A^{\geqslant *\alpha}$ 称为α-先验概率优势关系，$x\,R_A^{\geqslant *\alpha}\,y$ 表示 y 关于属性集 A 依先验概率α 优于 x。

若 0-1 二值矩阵 M 与α-先验概率优势关系一一对应，且 M 的任意元素 m_{ij} 满足：

$$m_{ij}=\begin{cases}1, & (x_i,x_j)\in R_A^{\geqslant *\alpha}\\ 0, & \text{其他}\end{cases}$$

称 M 为α-先验概率优势矩阵，记为 $M_A^{\geqslant *\alpha}$。

推论 3.1 不完备序信息系统 I^* 中，任一对象 x_i 的α-先验概率优势类$[x]_A^{\geqslant *\alpha}$ 均为α-先验概率优势矩阵 $M_A^{\geqslant *\alpha}$ 中第 i 列对应取值为 1 的元素所组成的集合。

3.4.4 基于α-先验概率优势关系的粗糙集模型

针对不完备序信息系统，概率优势关系下的粗糙集模型有一些较好的性质和结论成立。

性质 3.6 设 $I^*=(U,\mathrm{AT},V,f)$ 是一个不完备序信息系统，属性集 $A\subseteq \mathrm{AT}$，给定阈值α，由α-先验概率优势关系及优势类的定义，易知有以下性质：

(1) $R_A^{\geqslant *\alpha}$ 有自反性，但不具有对称性和传递性；

(2) 如果阈值$\alpha_1\geqslant\alpha_2$，则 $R_A^{\geqslant *\alpha_1}\leqslant R_A^{\geqslant *\alpha_2}$，$[x]_A^{\geqslant *\alpha_1}\subseteq[x]_A^{\geqslant *\alpha_2}$；

(3) $\forall y \in [x]_A^{\geqslant *\alpha}$，有 $[y]_A^{\geqslant *\alpha} \subseteq [x]_A^{\geqslant *\alpha}$。

定义 3.39　设 $I^* = (U, \mathrm{AT}, V, f)$ 是一个不完备序信息系统，$A \subseteq \mathrm{AT}$，$X \subseteq U$，给定阈值 α，X 关于 α-先验概率优势关系 $R_A^{\geqslant *\alpha}$ 的上、下近似分别定义为

$$\overline{R_A^{\geqslant *\alpha}}(X) = \{x \in U \mid [x]_A^{\geqslant *\alpha} \cap X \neq \varnothing\} \tag{3-44}$$

$$\underline{R_A^{\geqslant *\alpha}}(X) = \{x \in U \mid [x]_A^{\geqslant *\alpha} \subseteq X\} \tag{3-45}$$

性质 3.7　设不完备序信息系统 $I^* = (U, \mathrm{AT}, V, f)$，$A \subseteq \mathrm{AT}$，则定义 3.38 给出的 α-先验概率优势关系下的上近似和下近似满足以下性质：

(1) $\overline{R_A^{\geqslant *\alpha}}(\varnothing) = \varnothing$，$\overline{R_A^{\geqslant *\alpha}}(U) = U$，$\underline{R_A^{\geqslant *\alpha}}(U) = U$，$\underline{R_A^{\geqslant *\alpha}}(\varnothing) = \varnothing$；

(2) $\underline{R_A^{\geqslant *\alpha}}(X) \subseteq X \subseteq \overline{R_A^{\geqslant *\alpha}}(X)$；

(3) $X \subseteq Y \Rightarrow \underline{R_A^{\geqslant *\alpha}}(X) \subseteq \underline{R_A^{\geqslant *\alpha}}(Y)$，$X \subseteq Y \Rightarrow \overline{R_A^{\geqslant *\alpha}}(X) \subseteq \overline{R_A^{\geqslant *\alpha}}(Y)$；

(4) $\underline{R_A^{\geqslant *\alpha}}(X \cap Y) = \underline{R_A^{\geqslant *\alpha}}(X) \cap \underline{R_A^{\geqslant *\alpha}}(Y)$，$\underline{R_A^{\geqslant *\alpha}}(X \cup Y) \supseteq \underline{R_A^{\geqslant *\alpha}}(X) \cup \underline{R_A^{\geqslant *\alpha}}(Y)$；

(5) $\overline{R_A^{\geqslant *\alpha}}(X \cup Y) = \overline{R_A^{\geqslant *\alpha}}(X) \cup \overline{R_A^{\geqslant *\alpha}}(Y)$，$\overline{R_A^{\geqslant *\alpha}}(X \cap Y) \subseteq \overline{R_A^{\geqslant *\alpha}}(X) \cap \overline{R_A^{\geqslant *\alpha}}(Y)$；

(6) $\overline{R_A^{\geqslant *\alpha}}(\sim X) = \sim\underline{R_A^{\geqslant *\alpha}}(X)$，$\underline{R_A^{\geqslant *\alpha}}(\sim X) = \sim\overline{R_A^{\geqslant *\alpha}}(X)$；

(7) $\underline{R_A^{\geqslant *\alpha}}(\underline{R_A^{\geqslant *\alpha}}(X)) = \underline{R_A^{\geqslant *\alpha}}(X)$，$\overline{R_A^{\geqslant *\alpha}}(\overline{R_A^{\geqslant *\alpha}}(X)) = \overline{R_A^{\geqslant *\alpha}}(X)$。

这些性质可根据定义 3.38 及定义 3.39 证得。

定义 3.40　设不完备序信息系统 $I^* = (U, \mathrm{AT}, V, f)$，属性集 $A, B \subseteq \mathrm{AT}$，给定阈值 α，$\forall x \in U$，对象 x 在属性集 A, B 下的 α-先验概率优势类结构差异度定义为

$$s\left((x]_A^{\geqslant *\alpha}, [x]_B^{\geqslant *\alpha}\right) = \frac{|[x]_A^{\geqslant *\alpha} \Delta [x]_B^{\geqslant *\alpha}|}{|U| - 1} \tag{3-46}$$

简记为 $s(\geqslant_A^{*\alpha}, \geqslant_B^{*\alpha})$，其中 Δ 为集合之间的对称差运算，即 $A \Delta B = (A - B) \cup (B - A)$，$|\bullet|$ 为集合的基数。

性质 3.8　设不完备序信息系统 $I^* = (U, \mathrm{AT}, V, f)$，$A, B \subseteq \mathrm{AT}$，给定阈值 α，则 $0 \leqslant s(\geqslant_A^{*\alpha}, \geqslant_B^{*\alpha}) \leqslant 1$。

证明　$\forall x \in U$，有 $x \in [x]_A^{\geqslant *\alpha}$，$x \in [x]_B^{\geqslant *\alpha}$，因此 $\varnothing \subseteq [x]_A^{\geqslant *\alpha} \Delta [x]_B^{\geqslant *\alpha} \subseteq U - \{x\}$，显然有下式成立：$0 \leqslant |[x]_A^{\geqslant *\alpha} \Delta [x]_B^{\geqslant *\alpha}| \leqslant |U| - 1$，于是得到 $0 \leqslant \dfrac{|[x]_A^{\geqslant *\alpha} \Delta [x]_B^{\geqslant *\alpha}|}{|U| - 1} \leqslant 1$，即 $0 \leqslant s(\geqslant_A^{*\alpha}, \geqslant_B^{*\alpha}) \leqslant 1$。

定义 3.41　设不完备序信息系统 $I^* = (U, \mathrm{AT}, V, f)$，$A, B \subseteq \mathrm{AT}$，给定阈值 α，A，B 在 U 上导出的 α-先验概率优势类分别为

$$U/R_A^{\geqslant *\alpha} = \{[x_1]_A^{\geqslant *\alpha}, [x_2]_A^{\geqslant *\alpha}, \cdots, [x_n]_A^{\geqslant *\alpha}\} \tag{3-47}$$

$$U/R_B^{\geqslant *\alpha} = \{[x_1]_B^{\geqslant *\alpha}, [x_2]_B^{\geqslant *\alpha}, \cdots, [x_n]_B^{\geqslant *\alpha}\} \tag{3-48}$$

定义在属性子集 A、B 下的概率优势 $U/R_A^{\geqslant *\alpha}$ 、$U/R_B^{\geqslant *\alpha}$ 之间的结构差异度为

$$S(U/R_A^{\geqslant *\alpha}, U/R_B^{\geqslant *\alpha}) = \frac{1}{|U|}\sum_{i=1}^{|U|}\frac{|[x_i]_A^{\geqslant *\alpha}\Delta[x_i]_B^{\geqslant *\alpha}|}{|U|-1} \tag{3-49}$$

简记为 $S(\geqslant_A^{*\alpha}, \geqslant_B^{*\alpha})$，其值越大，表明 $U/R_A^{\geqslant *\alpha}$ 、$U/R_B^{\geqslant *\alpha}$ 之间的结构差异性越大；反之，结构差异性越小。当 $S(\geqslant_A^{*\alpha}, \geqslant_B^{*\alpha}) = 0$ 时，表明两个属性集下的概率优势类完全相同。

性质 3.9　设不完备序信息系统 $I^* = (U, \mathrm{AT}, V, f)$，$\forall A, B \subseteq \mathrm{AT}$，给定阈值 α，则 $0 \leqslant S(\geqslant_A^{*\alpha}, \geqslant_B^{*\alpha}) \leqslant 1$。

该性质由定义 3.41 及性质 3.9 易证。

3.4.5　α-先验概率优势关系的对象排序方法

排序问题是序信息系统的研究热点之一，那么对于有数据缺失的序信息系统，如何处理这些数据使得对象能进行优劣的排序也是具有研究价值的问题。下面根据前面提到的 α-先验概率优势关系进行对象排序研究，首先给出 α-先验概率优势类结构差异度的概念。

定义 3.42　设不完备序信息系统 $I^* = (U, \mathrm{AT}, V, f)$，属性集 $A \subseteq \mathrm{AT}$，给定阈值 $\alpha(0.5 \leqslant \alpha \leqslant 1)$，对象 x_i 与 x_j 关于 α-先验概率优势关系的优势度定义为

$$D_A^{\geqslant *\alpha}(x_i, x_j) = \begin{cases} \dfrac{1}{2}, & [x_j]_A^{\geqslant *\alpha} = [x_i]_A^{\geqslant *\alpha} \\ \dfrac{|[x_j]_A^{\geqslant *\alpha} - [x_i]_A^{\geqslant *\alpha}|}{|[x_j]_A^{\geqslant *\alpha}\Delta[x_i]_A^{\geqslant *\alpha}|}, & \text{否则} \end{cases} \tag{3-50}$$

$D_A^{\geqslant *\alpha}(x_i, x_j)$ 的全体 $D_A^{\geqslant *\alpha} = [D_A^{\geqslant *\alpha}(x_i, x_j)]_{n\times n}$ 称为 α-先验概率优势度矩阵。

当两个对象的先验概率优势类相等时，它们优于彼此的优势度都为 1/2；当两个概率优势类不相等时，$[x_j]_A^{\geqslant *\alpha}$ 表示所有不劣于 x_j 的对象的集合，$[x_i]_A^{\geqslant *\alpha}$ 表示所有不劣于 x_i 的对象的集合，那么 $[x_j]_A^{\geqslant *\alpha} - [x_i]_A^{\geqslant *\alpha}$ 表示对象 x_j 比对象 x_i 的概率优势类更优的对象。

性质 3.10　设 $\forall x, y \in U$，对象之间的优势度具备如下性质：

(1) $D_A^{\geqslant *\alpha}(x, y) \in (0,1)$；

(2) $D_A^{\geqslant *\alpha}(x, x) = 0.5$；

(3) $D_A^{\geqslant *\alpha}(x, y) + D_A^{\geqslant *\alpha}(y, x) = 1$。

定理 3.4　设不完备序信息系统 $I^* = (U, \mathrm{AT}, V, f)$，属性集 $A \subseteq \mathrm{AT}$，给定阈值 α，

$\forall x, y \in U$，$[x]_A^{\geqslant *\alpha} \subseteq [y]_A^{\geqslant *\alpha}$，$\forall z \in U$，$D_A^{\geqslant *\alpha}(x,z) \geqslant D_A^{\geqslant *\alpha}(y,z)$。

证明　由 $\sim[x]_A^{\geqslant *\alpha} = U - [x]_A^{\geqslant *\alpha}$，$\sim[y]_A^{\geqslant *\alpha} = U - [y]_A^{\geqslant *\alpha}$，$[x]_A^{\geqslant *\alpha} \subseteq [y]_A^{\geqslant *\alpha}$ 可知，$\sim[x]_A^{\geqslant *\alpha} \supseteq \sim[y]_A^{\geqslant *\alpha}$，即 $\left|\sim[x]_A^{\geqslant *\alpha}\right| \geqslant \left|\sim[y]_A^{\geqslant *\alpha}\right|$，再根据优势度的定义可知：

$$\begin{aligned} D_A^{\geqslant *\alpha}(x,z) &= \frac{\left|[z]_A^{\geqslant *\alpha}\right| + \left|\sim[x]_A^{\geqslant *\alpha}\right|}{2|U|} \\ &\geqslant \frac{\left|[z]_A^{\geqslant *\alpha}\right| + \left|\sim[y]_A^{\geqslant *\alpha}\right|}{2|U|} \\ &= D_A^{\geqslant *\alpha}(x,y) \end{aligned}$$

结论成立。

定义 3.43　设不完备序信息系统 $I^* = (U, \mathrm{AT}, V, f)$，属性集 $A \subseteq \mathrm{AT}$，给定阈值 $\alpha(0.5 \leqslant \alpha \leqslant 1)$，对象 x 关于α-先验概率优势关系的整体优势度定义为

$$D_A^{\geqslant *\alpha}(x_i) = \sum_{j=1}^{|U|} D_A^{\geqslant *\alpha}(x_i, x_j) \tag{3-51}$$

根据对象间的优势度获得所有单个对象的整体优势度，由整体优势度 $D_A^{\geqslant *\alpha}(x_i)$ 的值就可以对全部对象进行排序，整体优势度越大表明对象越优，整体优势度越小表明对象越劣。

例 3.4　表 3.2 是一个不完备序信息系统表，下面针对上述的排序方法对该表中的对象进行排序。

表 3.2　不完备序信息系统表

U	a_1	a_2	a_3	a_4
x_1	3	2	3	2
x_2	1	1	*	1
x_3	2	1	2	*
x_4	*	2	3	3
x_5	3	*	2	2
x_6	1	1	2	3

取$\alpha = 0.6$，计算该不完备序信息系统的α-先验概率优势类，结果如下：

$[x_1]_{\mathrm{AT}}^{\geqslant *0.6} = \{x_1, x_6\}$，$[x_2]_{\mathrm{AT}}^{\geqslant *0.6} = \{x_1, x_2, x_3, x_4, x_5, x_6\}$，$[x_3]_{\mathrm{AT}}^{\geqslant *0.6} = \{x_1, x_3, x_4, x_5\}$，

$[x_4]_{\mathrm{AT}}^{\geqslant *0.6} = \{x_4\}$，$[x_5]_{\mathrm{AT}}^{\geqslant *0.6} = \{x_1, x_4, x_5, x_6\}$，$[x_6]_{\mathrm{AT}}^{\geqslant *0.6} = \{x_1, x_3, x_4, x_5, x_6\}$

因此可得 0.6-先验概率优势度矩阵为

$$D_{\mathrm{AT}}^{\geqslant *0.6}=\begin{bmatrix} \frac{1}{2} & 1 & 1 & 0 & 1 & 1 \\ 0 & \frac{1}{2} & 0 & 0 & 0 & 0 \\ 0 & 1 & \frac{1}{2} & 0 & \frac{1}{2} & 1 \\ 1 & 1 & 1 & \frac{1}{2} & 1 & 1 \\ 0 & 1 & \frac{1}{2} & 0 & \frac{1}{2} & 1 \\ 0 & 1 & 0 & 0 & 0 & \frac{1}{2} \end{bmatrix}$$

各个对象的α-先验概率优势度计算结果如下：

$$D_{\mathrm{AT}}^{\geqslant *0.6}(x_1)=0.750,\quad D_{\mathrm{AT}}^{\geqslant *0.6}(x_2)=0.083,\quad D_{\mathrm{AT}}^{\geqslant *0.6}(x_3)=0.333$$

$$D_{\mathrm{AT}}^{\geqslant *0.6}(x_1)=0.917,\quad D_{\mathrm{AT}}^{\geqslant *0.6}(x_2)=0.500,\quad D_{\mathrm{AT}}^{\geqslant *0.6}(x_3)=0.250$$

那么得到的最终的排序结果为

$$x_4 \succ x_1 \succ x_5 \succ x_3 \succ x_6 \succ x_2$$

注：一般情况下，可以选取多个阈值，算出各个阈值下对象的α-先验概率优势度，然后求平均优势度，再根据平均优势度进行对象排序。

3.4.6　基于α-先验概率优势关系的约简模型

传统优势关系和优势类之间满足单调性，即属性个数越多，其对应的优势关系及优势类就越小。然而α-先验概率优势关系下该性质不再适用，因此以往寻找属性约简的方法在概率优势关系下有一定的局限性，但引入α-先验概率优势类结构差异度来寻找不完备序信息系统的属性约简能有效地避免因不满足单调性而引起的弊端。下面将对不完备序信息系统属性约简问题进行研究。

定义 3.44　设$I^*=(U,\mathrm{AT},V,f)$是一个不完备序信息系统，$\forall A,B\subseteq \mathrm{AT}$，给定阈值$\alpha(0.5\leqslant\alpha\leqslant 1)$：

(1) 若$\forall x\in U$，有$[x]_A^{\geqslant *\alpha}\subseteq[x]_B^{\geqslant *\alpha}$，则称关于属性集$A$、$B$下的$\alpha$-先验概率优势类相等，即$U/R_A^{\geqslant *\alpha}=U/R_B^{\geqslant *\alpha}$；

(2) 若$\forall x\in U$，有$[x]_A^{\geqslant *\alpha}\subseteq[x]_B^{\geqslant *\alpha}$，则称关于属性集$A$下的概率优势类细于属性集$B$下的概率优势类，记为$U/R_A^{\geqslant *\alpha}\subseteq U/R_B^{\geqslant *\alpha}$。

定义 3.45　设$I^*=(U,\mathrm{AT},V,f)$是一个不完备序信息系统，给定阈值α，若对于$A\subseteq \mathrm{AT}$，满足：

(1) $$U/R_A^{\geqslant *\alpha} = U/R_{\mathrm{AT}}^{\geqslant *\alpha} \tag{3-52}$$

(2) $$\forall a \in A,\ U/R_{A-\{A\}}^{\geqslant *\alpha} \neq U/R_{\mathrm{AT}}^{\geqslant *\alpha} \tag{3-53}$$

则称属性子集 A 是序信息系统 I^* 在α-先验概率优势关系下的一个约简。若仅满足(1)，则称 A 是序信息系统 I^* 在α-先验概率优势关系下的一个协调集。

定理 3.5 设不完备序信息系统 $I^* = (U, \mathrm{AT}, V, f)$，给定阈值$\alpha$，$\forall A, B \subseteq \mathrm{AT}$，$S(\geqslant_A^{*\alpha}, \geqslant_B^{*\alpha}) = 0$ 的充分必要条件为 $U/R_A^{\geqslant *\alpha} = U/R_B^{\geqslant *\alpha}$ 。

证明 必要性：由 $U/R_A^{\geqslant *\alpha} = U/R_B^{\geqslant *\alpha}$ 可知，$\forall x \in U$，有 $[x]_A^{\geqslant *\alpha} = [x]_B^{\geqslant *\alpha}$ 。由对称差的定义可知，$[x]_A^{\geqslant *\alpha} \Delta [x]_B^{\geqslant *\alpha} = \varnothing$，即 $|[x]_A^{\geqslant *\alpha} \Delta [x]_B^{\geqslant *\alpha}| = 0$，所以有 $S(\geqslant_A^{*\alpha}, \geqslant_B^{*\alpha}) = 0$ 。

充分性：由 $S(\geqslant_A^{*a}, \geqslant_B^{*a}) = 0$ 可知，$\forall x \in U$ 有 $|[x]_A^{\geqslant *\alpha} \Delta [x]_B^{\geqslant *\alpha}| = 0$，则 $[x]_A^{\geqslant *\alpha} \Delta [x]_B^{\geqslant *\alpha} = \varnothing$，再根据对称差的定义得，$\forall x \in U$，$[x]_A^{\geqslant *\alpha} = [x]_B^{\geqslant *\alpha}$，即 $U/R_A^{\geqslant *\alpha} = U/R_B^{\geqslant *\alpha}$ 。

该定理说明不完备序信息系统中，两个属性集合间的概率优势类结构差异度为零与它们具有完全相同的α-先验概率优势类等价。

结合定义 3.45 及定理 3.5，可得到关于概率优势关系下序信息系统属性约简的判定定理。

定理 3.6 设不完备序信息系统 $I^* = (U, \mathrm{AT}, V, f)$，给定阈值$\alpha$，对于 $A \subseteq \mathrm{AT}$，若 $S(\geqslant_A^{*\alpha}, \geqslant_{\mathrm{AT}}^{*\alpha}) = 0$，且$\forall a \in A$，$S(\geqslant_{A-\{a\}}^{*\alpha}, \geqslant_{\mathrm{AT}}^{*\alpha}) > 0$，则属性集子集 A 为α-先验概率优势关系下序信息系统的一个约简。

根据α-先验概率优势关系下序信息系统属性约简的定义及判定定理，本节给出一种α-先验概率优势关系下寻找约简的算法的具体步骤如下。

算法 3.1

输入：不完备序信息系统 $I^* = (U, \mathrm{AT}, V, f)$，对象集 $U = (x_1, x_2, \cdots, x_n)$，属性集 $\mathrm{AT} = (a_1, a_2, \cdots, a_m)$，给定阈值$\alpha (0.5 \leqslant \alpha \leqslant 1)$

输出：α-先验概率优势关系下的属性约简 C

步骤 1：令 $A_0 = \varnothing$，$i = 1$。

步骤 2：$\forall a \in \mathrm{AT} - A_{i-1}$，依次计算 $S\left(\geqslant_{A_{i-1}\cup\{a\}}^{*\alpha}, \geqslant_{\mathrm{AT}}^{*\alpha}\right)$，找到 $S\left(\geqslant_{A_{i-1}\cup\{a\}}^{*\alpha}, \geqslant_{\mathrm{AT}}^{*\alpha}\right)$ 取值最小时对应的 a，令 $A_i = A_{i-1} \cup \{a\}$ 。

步骤 3：若 $S\left(\geqslant_{A_i}^{*\alpha}, \geqslant_{\mathrm{AT}}^{*\alpha}\right) = 0$ 成立，转步骤 4，否则，$i = i+1$，转步骤 2。

步骤 4：$\forall a \in A_i$，若 $S\left(\geqslant_{A_i-\{a\}}^{*\alpha}, \geqslant_{\mathrm{AT}}^{*\alpha}\right)$，则转步骤 6，否则转步骤 5。

步骤 5：若$\exists a^* \in A_i$，$S(\geqslant_{A_i-\{a^*\}}^{*\alpha}, \geqslant_{\mathrm{AT}}^{*\alpha}) = 0$，删除属性 a^*，$A_i = A_i - \{a^*\}$，转步骤 4。

步骤 6：输出约简 $C = A_i$，算法结束。

该算法主要通过逐步添加属性来寻找协调集，每次添加的属性都能保证与属性全集间的α-先验概率优势类结构差异度最小，直至结果为 0，即找到了一个协调集；

进而再根据定理 3.6 判断此时的协调集是否为约简。由于每次添加的属性都使得结构差异度最小，所以该算法减小了搜索空间，能以较快的速度找到约简。

例 3.5　针对例 3.4 中的表 3.2，按照α-先验概率优势关系下属性约简算法，求该不完备序信息系统的属性约简集。

不妨依然取$\alpha = 0.6$。

首先求得属性集 AT 下的α-先验概率优势类$U/R_{\mathrm{AT}}^{\geqslant *0.6}$，并计算所有单个属性下的$\alpha$-先验概率优势类：$U/R_{a_1}^{\geqslant *0.6}$，$U/R_{a_2}^{\geqslant *0.6}$，$U/R_{a_3}^{\geqslant *0.6}$，$U/R_{a_4}^{\geqslant *0.6}$。

计算 AT 与$\{a_i\}\ (i = 1, 2, 3, 4)$之间的$\alpha$-先验概率优势类结构差异度：

$$S(\geqslant_{\mathrm{AT}}^{*0.6}, \geqslant_{a_1}^{*0.6}) = 1/6，S(\geqslant_{\mathrm{AT}}^{*0.6}, \geqslant_{a_2}^{*0.6}) = 1/5，S(\geqslant_{\mathrm{AT}}^{*0.6}, \geqslant_{a_3}^{*0.6}) = 1/5，S(\geqslant_{\mathrm{AT}}^{*0.6}, \geqslant_{a_4}^{*0.6}) = 11/30$$

因为a_1下的α-先验概率优势类结构差异度最小，此时α-先验概率优势类结构差异度不为 0，于是进行下一步操作。

然后分别取 AT$-\{a_1\}$中的单个属性，计算它们和$\{a_1\}$并集下的α-先验概率优势类$U/R_{\{a_1,a_2\}}^{\geqslant *0.6}$、$U/R_{\{a_1,a_3\}}^{\geqslant *0.6}$、$U/R_{\{a_1,a_4\}}^{\geqslant *0.6}$，并计算它们与全属性全集之间的 α-先验概率优势类结构差异度，结果如下：

$$S(\geqslant_{\mathrm{AT}}^{*0.6}, \geqslant_{\{a_1,a_2\}}^{*0.6}) = 1/10，\quad S(\geqslant_{\mathrm{AT}}^{*0.6}, \geqslant_{\{a_1,a_3\}}^{*0.6}) = 1/10，\quad S(\geqslant_{AT}^{*0.6}, \geqslant_{\{a_1,a_2\}}^{*0.6}) = 7/30$$

$\{a_1,a_2\}$和$\{a_1,a_4\}$下的α-先验概率优势类结构差异度相等且最小，此时α-先验概率优势类结构差异度不为 0，不妨取$\{a_1,a_3\}$进行下一步操作。

接着分别取 AT $-$ $\{a_1,a_3\}$中的单个属性，计算它们和$\{a_1,a_3\}$并集下的α-先验概率优势类$U/R_{\{a_1,a_2,a_4\}}^{\geqslant *0.6}$、$U/R_{\{a_1,a_3,a_4\}}^{\geqslant *0.6}$，并计算它们与全属性全集之间的$\alpha$-先验概率优势类结构差异度，结果如下：

$$S(\geqslant_{\mathrm{AT}}^{*0.6}, \geqslant_{\{a_1,a_2,a_4\}}^{*0.6}) = 1/10，\quad S(\geqslant_{\mathrm{AT}}^{*0.6}, \geqslant_{\{a_1,a_3,a_4\}}^{*0.6}) = 0$$

于是$\{a_1,a_3,a_4\}$为α-先验概率优势关系下的一个协调集，因为单个属性及$\{a_1,a_3\}$、$\{a_1,a_4\}$、$\{a_2,a_4\}$都不是协调集，所以$\{a_1,a_3,a_4\}$为约简；同理可求得$\{a_1,a_2,a_4\}$也是约简集。

经验证，$\{a_1,a_3,a_4\}$、$\{a_1,a_2,a_4\}$下的α-先验概率优势类与 AT 下的完全一样，即$\{a_1,a_3,a_4\}$、$\{a_1,a_2,a_4\}$为保持该序信息系统 0.6-先验概率优势类不变的约简，从而验证了该算法的正确性。

3.4.7　小结

针对不完备序信息系统中多种优势关系的分析和研究，本节结合统计中先验知识及理论，从概率分布的角度分析未知属性值，提出了不完备序信息系统中一种新的优势关系：α-先验概率优势关系。在该优势关系的基础上，研究不完备序信息系统粗糙集模型及性质、对象排序、属性约简等问题，为不完备序信息系统理论的研究提供了新的思路和方法。

3.5 基于不完备信息系统的三角模糊数决策粗糙集模型

3.5.1 引言

在现实生活中，由于测量误差、数据获取能力不足等，大量的信息系统都是不完备的[33]。一般来说，不完备信息系统(incomplete information system，IIS)中的未知属性值有三种不同的情况[57]。一是未知属性值被遗漏，但该值又确实存在[58]。根据这样的解释，Kryszkiewicz 构建了满足自反性和对称性的容差关系[24]，并研究了 IIS 中的知识约简问题，基于容差关系，王国胤等[33]提出了限制容差关系，杨习贝等[59]给出了一种可变精度分类关系，对限制容差关系进行了扩展。二是未知属性值被认为是丢失的，不允许被比较[60]，据此，Stefanowski 等构建了非对称相似关系[61]，并建立了近似集的概念。三是未知属性值被认为是暂时性缺失的。

决策粗糙集是 20 世纪 90 年代由 Yao 等提出的一种重要的粗糙集模型[62]，该理论的核心内容是通过分析比较各种决策的风险损失，找出最小风险损失决策，以此作为把对象划分到正域、负域和边界域的依据。贾修一等提出了一种基于决策风险最小化的属性约简定义，它要求在约简后的属性集合上所做出的决策风险最小[63]。于洪等对国内外有关决策粗糙集模型进行了综述和分析[64]。Li 和 Zhou 根据决策者的不同风险偏好，给出了乐观决策、悲观决策与中性决策的多角度决策粗糙集模型[65]。衷锦仪和叶东毅提出了基于模糊数风险最小化的拓展决策粗糙集模型[66]。此外，决策粗糙集已在邮件信息过滤系统、文本聚类和分类、石油开采中得到较好应用[67-71]。

然而，在已有对决策粗糙集的研究中，代价敏感损失函数大都由专家提供。考虑到人为判断的模糊性，单值损失函数存在很大误差，损失函数应具有一定的伸缩性，刘盾等提出区间决策粗糙集[72]，讨论了用区间值刻画损失函数；考虑到信息系统的不完备性，马兴斌等[73]讨论了不完备信息系统中的多重代价决策粗糙集；刘盾等[74]将不完备信息引入区间决策粗糙集中，构建了一个混合信息知识表，用以处理 IIS 中的三支决策问题，但是这仍具有一定的误差，特别地，在 IIS 中，用区间数表示一个未知参量时，整个区间内取值机会被认为是均等的，得到的结果可能会产生过大误差。而在三角模糊数区间取值中，主值 a 的取值机会最大，由 a 靠近上限、下限取值可能性递减。因此，使用三角模糊数进行不确定性值的评判，不仅能够突出取可能性最大的主值，而且可以弥补用区间数表示的不足。基于此，本节在 IIS 的基础上提出了使用三角模糊数来改善只用上下限表示的区间数取值，构建了三角模糊数决策粗糙集模型[57]。

3.5.2 基本概念

决策粗糙集模型利用两个状态集和三个行动集描述决策过程[62, 75]。状态集$\Omega = \{X, \neg X\}$分别表示某事件属于 X 和不属于 X，行动集 $A = \{a_P, a_B, a_N\}$分别表示接受某事件、延迟决策和拒绝某事件三种行动。考虑到采取不同行动会产生不同的损失，用λ_{PP}、λ_{BP}、λ_{NP}分别表示当 x 属于 X 时，采取行动 a_P、a_B、a_N 下的损失；用λ_{PN}、λ_{BN}、λ_{NN}分别表示当 x 不属于 X 时，采取行动 a_P、a_B、a_N 下的损失。因此，采取 a_P、a_B、a_N 三种行动下的期望损失可分别表示为

$$R(a_P \mid [x]) = \lambda_{PP} P(X \mid [x]) + \lambda_{PN} P(\neg X \mid [x])$$

$$R(a_B \mid [x]) = \lambda_{BP} P(X \mid [x]) + \lambda_{BN} P(\neg X \mid [x])$$

$$R(a_N \mid [x]) = \lambda_{NP} P(X \mid [x]) + \lambda_{NN} P(\neg X \mid [x])$$

其中，$[x]$为样本在属性集下的等价类，$P(X \mid [x])$和 $P(\neg X \mid [x])$分别表示将等价类$[x]$划分为 X 和$\neg X$ 的概率。根据贝叶斯决策准则，需要选择期望损失最小的行动集作为最佳行动方案，于是得到如下三条决策规则：

(P) 若 $R(a_P \mid [x]) \leqslant R(a_B \mid [x])$ 和 $R(a_P \mid [x]) \leqslant R(a_N \mid [x]$同时成立，那么 $x \in \mathrm{POS}(X)$；

(B) 若 $R(a_B \mid [x]) \leqslant R(a_P \mid [x])$ 和 $R(a_B \mid [x]) \leqslant R(a_N \mid [x])$ 同时成立，那么 $x \in \mathrm{BND}(X)$；

(N) 若 $R(a_N \mid [x]) \leqslant R(a_P \mid [x])$ 和 $R(a_N \mid [x]) \leqslant R(a_B \mid [x]$同时成立，那么 $x \in \mathrm{NEG}(X)$。

由于 $P(X \mid [x]) + P(\neg X \mid [x]\ ) = 1$，所以上述规则只与概率 $P(X \mid [x])$和相关的损失函数λ有关。基于常识，作出正确决策产生的损失要小于做出错误决策产生的损失，故有 $0 \leqslant \lambda_{PP} \leqslant \lambda_{BP} < \lambda_{NP}$，$0 \leqslant \lambda_{NN} \leqslant \lambda_{BN} < \lambda_{PN}$。基于这两个条件，从规则(P)～(N)可以获得以下三个阈值：

$$\alpha = \frac{\lambda_{PN} - \lambda_{BN}}{(\lambda_{PN} - \lambda_{BN}) + (\lambda_{BP} - \lambda_{PP})}$$

$$\beta = \frac{\lambda_{BN} - \lambda_{NN}}{(\lambda_{BN} - \lambda_{NN}) + (\lambda_{NP} - \lambda_{BP})}$$

$$\gamma = \frac{\lambda_{PN} - \lambda_{NN}}{(\lambda_{PN} - \lambda_{NN}) + (\lambda_{NP} - \lambda_{PP})}$$

基于上述三个阈值，规则(P)～(N)可简明地表示为：

(P′) 若 $P(X \mid [x]) \geqslant \alpha$ 且 $P(X \mid [x]) \geqslant \gamma$，则 $x \in \mathrm{POS}(X)$；

(B′) 若 $P(X \mid [x]) \leqslant \alpha$ 且 $P(X \mid [x]) \geqslant \beta$，则 $x \in \mathrm{BND}(X)$；

(N′) 若 $P(X \mid [x]) \leqslant \beta$且 $P(X \mid [x]) \leqslant \gamma$，则 $x \in \mathrm{NEG}(X)$。

模糊集作为精确数值的一种扩展形式，被用于处理模糊、不精确和不确定性决

策问题。在模糊集理论中，隶属函数是它的一个最基本元素。在隶属函数中，三角模糊数是其中具有代表性的一个。

定义 3.46[76] 实数 R 上的模糊数 $a=(l, m, u)$ 是一个三角模糊数，其中，l、m、u 为实数，且 $l \leqslant m \leqslant u$，$m$ 称为三角模糊数 a 的主值，l 与 u 分别称为 a 的下界和上界。

模糊数 a 的隶属函数的表达式可表示为

$$u_a(x)=\begin{cases}0, & x<l \\ \dfrac{x-l}{m-l}, & l \leqslant x \leqslant m \\ \dfrac{u-x}{u-m}, & m \leqslant x \leqslant u \\ 0, & u>x\end{cases} \tag{3-54}$$

当 $l=m$ 或 $m=u$ 时，三角模糊数就转变为区间数，由此可见区间数是三角模糊数的一个特例。在区间数取值中，上下限的各个取值可以认为是机会均等的，而在三角模糊数区间取值中，主值 a 的取值机会最大，而由 a 靠近上限、下限的取值可能性递减。

对于任意两个模糊三角数 $a_1=(l_1, m_1, u_1)$，$a_2=(l_2, m_2, u_2)$，根据扩展定理[77]，相应的运算规则如下：

(1) $a_1+a_2=(l_1+l_2, m_1+m_2, u_1+u_2)$；

(2) $a_1-a_2=(l_1-l_2, m_1-m_2, u_1-u_2)$；

(3) $a_1 a_2=(l_1 l_2, m_1 m_2, u_1 u_2)$；

(4) $a_1/a_2=(l_1/u_2, m_1/m_2, u_1/l_2)$；

(5) $\lambda a_2=(\lambda l_2, \lambda m_2, \lambda u_2)$，$\lambda \in \mathbf{R}$ 且 $\lambda>0$。

3.5.3 基于不完备信息系统的三角模糊数决策粗糙集

定义 3.47[23] 不完备信息系统 $\mathrm{IIS}=(U, \mathrm{AT}, V, f)$。其中，$U$ 是一个称为论域的对象集合；AT 是非空有限属性集合；对于 $\forall a \in \mathrm{AT}$，有 $a: U \to V_a$，其中 V_a 是属性 a 的值域(包括遗漏型空值和缺失型空值)。属性值域集合 $V=U_{a\in \mathrm{AT}} V_a$，$f$ 为信息函数，对于 $\forall a \in A$，$x \in U$，有 $f(x, a) \in V_a$。在本节中，IIS 中所有的未知值都被认为是被遗漏的。

在 $\mathrm{IIS}=(U, \mathrm{AT}, V, f)$ 中，$V=V_a \cup \{*\}$，$*$表示未知值。陈圣兵等[78]在不完备信息系统中，分析并讨论了空值相等的概率问题。基于文献[78]提出了在不完备信息系统中相似度的概念。

定义 3.48 不完备信息系统 $\mathrm{IIS}=(U, \mathrm{AT}, V, f)$。$U=\{x_1, x_2, \cdots, x_n\}$ 为 n 个对象的集合，$A=\{a_1, a_2, \cdots, a_m\}$ 为 m 个属性的集合。$\forall x_i, x_j$，由 a_i 确定的相似度关系 $S_{a_i}(x_i, x_j)$ 为

$$S_{a_i}(x_i,x_j)=\begin{cases}1, & a_i(x)=a_i(y)\neq *\\ 0, & a_i(x)\neq a_i(y)\wedge a_i(x)\neq *\wedge a_i(y)\neq *\\ 1/\left|V_{a_i}\right|, & \text{其他}\end{cases} \tag{3-55}$$

其中，$\left|V_{a_i}\right|$表示在属性 a_i 上值域元素的个数。

任意两个对象 x_i、x_j 的相似度 $S(x_i, x_j)$ 为

$$S(x_i,x_j)=\sum\frac{S_{a_i}(x_i,x_j)}{m} \tag{3-56}$$

定义 3.49　不完备信息系统 IIS =(*U*, AT, *V*, *f*)。$\forall L\in[0, 1]$，相似关系 SRAL 为 SRA 的 *L*-截集，其中 *L* 称为阈值或置信水平，即

$$\forall x_i,x_j,\mathrm{SR}_A^L(x_i,x_j)\Leftrightarrow \forall a_i\in A,S(x_i,x_j)=\sum_{a_i\in A}\frac{S_{a_i}(x_i,x_j)}{m}\geqslant L \tag{3-57}$$

对于每一个 x_i 的等价类$[x_i]_{\mathrm{SR}}^L=U_{x_i}\left\{x_j\mid S(x_i,x_j)\geqslant L\right\}$，其中$\mathrm{SR}_A^L$是自反的、对称的，但不是传递的。其中，*L* 的值可以看成决策偏好的粒度，一个较高的值代表一个较强的不可分辨关系。特别地，如果 $L = 1$，即有 $S(x_i,x_j)=\sum\frac{S_{a_i}(x_i,x_j)}{m}=1$，此时，$a_i(x)=a_i(y)\neq *$。在这种情况下，基于 *L*-截集的相似关系转化为等价类。如果 $L=0$，即有 $S(x_i,x_j)=\sum\frac{S_{a_i}(x_i,x_j)}{m}=0$，此时，$a_i(x)\neq a_i(y)$, $a_i(x)\neq *$, $a_i(y)\neq *$, x_i, x_j 没有任何关系。

根据相似度的定义式(3-56)，基于 *L*-截集相似关系式(3-57)，可以定义在 IIS 中的两个近似和三个决策区域。

定义 3.50　不完备信息系统 IIS =(*U*, AT, *V*, *f*)，$\forall x\in U$，令 $0<\beta\leqslant\alpha\leqslant 1$，基于 *L*-截集相似关系的下、上近似为

$$\underline{\mathrm{SR}}^L_{(\alpha,\beta)}(x)=\left\{x\in U\mid \Pr\left(x\mid[x]_{\mathrm{SR}}^L\right)\geqslant\alpha\right\} \tag{3-58}$$

$$\overline{\mathrm{SR}}^L_{(\alpha,\beta)}(x)=\left\{x\in U\mid \Pr\left(x\mid[x]_{\mathrm{SR}}^L\right)>\beta\right\} \tag{3-59}$$

相对应的三个决策区域分别为

$$\mathrm{POS}^L_{(\alpha,\beta)}(x)=\left\{x\in U\mid \Pr\left(x\mid[x]_{\mathrm{SR}}^L\right)\geqslant\alpha\right\} \tag{3-60}$$

$$\mathrm{BND}^L_{(\alpha,\beta)}(x)=\left\{x\in U\mid \beta<\Pr\left(x\mid[x]_{\mathrm{SR}}^L\right)<\alpha\right\} \tag{3-61}$$

$$\mathrm{NEG}^L_{(\alpha,\beta)}(x)=\left\{x\in U\mid \Pr\left(x\mid[x]_{\mathrm{SR}}^L\right)\leqslant\beta\right\} \tag{3-62}$$

3.5.4 整数值排序法

整数值排序法是通过把模糊数直接转化成单个实数，然后依据实数大小来判定模糊数的次序。这种排序方法，涉及决策者的风险偏好。根据 Kumar 等[79]的研究结论，三角模糊数 $r(a)$ 的排序函数为

$$r(a)=0.5[\rho(l+m)+(1-r)(m+u)]$$

其中，ρ 是决策者的风险偏好指数，反映决策者的乐观程度。在三角模糊数 $r(a)$ 的排序函数中，ρ 值越大意味着决策者越乐观，即悲观决策者会高估损失值，而乐观决策者则会低估损失值。特别地，当 $\rho=0$ 和 $\rho=1$ 时，$r(a)$ 的值分别代表悲观决策者和乐观决策者的观点。

3.5.5 三角模糊数决策粗糙集模型实现

根据贝叶斯决策过程，运用三角模糊数，不同状态对应的三角模糊数损失值如表 3.3 所示。

表 3.3 不同状态下对应的三角模糊数损失值

	$X(p)$	$\neg X(p)$
a_{p}	$\lambda_{\mathrm{PP}}=(l_{\mathrm{PP}}, m_{\mathrm{PP}}, u_{\mathrm{PP}})$	$\lambda_{\mathrm{PN}}=(l_{\mathrm{PN}}, m_{\mathrm{PN}}, u_{\mathrm{PN}})$
a_{B}	$\lambda_{\mathrm{BP}}=(l_{\mathrm{BP}}, m_{\mathrm{BP}}, u_{\mathrm{BP}})$	$\lambda_{\mathrm{BN}}=(l_{\mathrm{BN}}, m_{\mathrm{BN}}, u_{\mathrm{BN}})$
a_{N}	$\lambda_{\mathrm{NP}}=(l_{\mathrm{NP}}, m_{\mathrm{NP}}, u_{\mathrm{NP}})$	$\lambda_{\mathrm{NN}}=(l_{\mathrm{NN}}, m_{\mathrm{NN}}, u_{\mathrm{NN}})$

在表 3.3 中，$\lambda_{\mathrm{PP}}=(l_{\mathrm{PP}}, m_{\mathrm{PP}}, u_{\mathrm{PP}})$、$\lambda_{\mathrm{BP}}=(l_{\mathrm{BP}}, m_{\mathrm{BP}}, u_{\mathrm{BP}})$、$\lambda_{\mathrm{NP}}=(l_{\mathrm{NP}}, m_{\mathrm{NP}}, u_{\mathrm{NP}})$ 分别表示当 x 属于 X 时，采取行动 a_{P}、a_{B}、a_{N} 下的损失；用 $\lambda_{\mathrm{PN}}=(l_{\mathrm{PN}}, m_{\mathrm{PN}}, u_{\mathrm{PN}})$、$\lambda_{\mathrm{BN}}=(l_{\mathrm{BN}}, m_{\mathrm{BN}}, u_{\mathrm{BN}})$、$\lambda_{\mathrm{NN}}=(l_{\mathrm{NN}}, m_{\mathrm{NN}}, u_{\mathrm{NN}})$ 分别表示当 x 不属于 X 时，采取行动 a_{P}、a_{B}、a_{N} 下的损失。根据决策粗糙集的基本条件，假定损失值满足以下条件：

$$l_{\mathrm{PP}}\leqslant l_{\mathrm{BP}}<l_{\mathrm{NP}},\quad m_{\mathrm{PP}}\leqslant m_{\mathrm{BP}}<m_{\mathrm{NP}},\quad u_{\mathrm{PP}}\leqslant u_{\mathrm{BP}}<u_{\mathrm{PP}}$$

$$l_{\mathrm{NN}}\leqslant l_{\mathrm{BN}}<l_{\mathrm{PN}},\quad m_{\mathrm{NN}}\leqslant m_{\mathrm{BN}}<m_{\mathrm{PN}},\quad u_{\mathrm{NN}}\leqslant u_{\mathrm{BN}}<u_{\mathrm{PN}}$$

因此，采取 a_{P}、a_{B}、a_{N} 三种行动下的期望损失可分别表示为

$$R(a_{\mathrm{P}}\mid[x])=\lambda_{\mathrm{PP}}P(X\mid[x])+\lambda_{\mathrm{PN}}P(\neg X\mid[x])$$

$$R(a_{\mathrm{B}}\mid[x])=\lambda_{\mathrm{BP}}P(X\mid[x])+\lambda_{\mathrm{BN}}P(\neg X\mid[x])$$

$$R(a_{\mathrm{N}}\mid[x])=\lambda_{\mathrm{NP}}P(X\mid[x])+\lambda_{\mathrm{NN}}P(\neg X\mid[x])$$

根据贝叶斯决策准则，需要选择期望损失最小的行动集作为最佳行动方案，于是可得到如下三条决策规则：

(P1) 若 $R(a_{\mathrm{P}}\mid[x])\leqslant R(a_{\mathrm{B}}\mid[x])$ 和 $R(a_{\mathrm{P}}\mid[x])\leqslant R(a_{\mathrm{N}}\mid[x])$ 同时成立，那么 $x\in\mathrm{POS}(X)$；

(B1) 若 $R(a_{\mathrm{B}}|[x]) \leqslant R(a_{\mathrm{P}}|[x])$ 和 $R(a_{\mathrm{B}}|[x]) \leqslant R(a_{\mathrm{N}}|[x])$ 同时成立，那么 $x\in\mathrm{BND}(X)$；

(N1) 若 $R(a_{\mathrm{N}}|[x]) \leqslant R(a_{\mathrm{P}}|[x])$ 和 $R(a_{\mathrm{N}}|[x]) \leqslant R(a_{\mathrm{B}}|[x])$ 同时成立，那么 $x\in\mathrm{NEG}(X)$。

本节选取整数值排序方法来研究三角模糊数决策粗糙集。基于三角模糊数 $r(a)$ 的排序函数，各期望损失值可以分别计算得到：

$$r(R(a_{\mathrm{P}}|[x]_{\mathrm{SR}}^{L})) = r(\lambda_{\mathrm{PP}})\Pr(X|[x]_{\mathrm{SR}}^{L}) + r(\lambda_{\mathrm{PN}})(1-\Pr(X|[x]_{\mathrm{SR}}^{L})$$

$$r(R(a_{\mathrm{B}}|[x]_{\mathrm{SR}}^{L})) = r(\lambda_{\mathrm{BP}})\Pr(X|[x]_{\mathrm{SR}}^{L}) + r(\lambda_{\mathrm{BN}})(1-\Pr(X|[x]_{\mathrm{SR}}^{L})$$

$$r(R(a_{\mathrm{N}}|[x]_{\mathrm{SR}}^{L})) = r(\lambda_{\mathrm{NP}})\Pr(X|[x]_{\mathrm{SR}}^{L}) + r(\lambda_{\mathrm{NN}})(1-\Pr(X|[x]_{\mathrm{SR}}^{L})$$

其中

$$r(\lambda_{\mathrm{PP}}) = 0.5[\rho(l_{\mathrm{PP}} + m_{\mathrm{PP}}) + (1-\rho)(u_{\mathrm{PP}} + m_{\mathrm{PP}})]$$

$$r(\lambda_{\mathrm{PN}}) = 0.5[\rho(l_{\mathrm{PN}} + m_{\mathrm{PN}}) + (1-\rho)(u_{\mathrm{PN}} + m_{\mathrm{PN}})]$$

$$r(\lambda_{\mathrm{BP}}) = 0.5[\rho(l_{\mathrm{BP}} + m_{\mathrm{BP}}) + (1-\rho)(u_{\mathrm{BP}} + m_{\mathrm{BP}})]$$

$$r(\lambda_{\mathrm{BN}}) = 0.5[\rho(l_{\mathrm{BN}} + m_{\mathrm{BN}}) + (1-\rho)(u_{\mathrm{BN}} + m_{\mathrm{BN}})]$$

$$r(\lambda_{\mathrm{NP}}) = 0.5[\rho(l_{\mathrm{NP}} + m_{\mathrm{NP}}) + (1-\rho)(u_{\mathrm{NP}} + m_{\mathrm{NP}})]$$

$$r(\lambda_{\mathrm{NN}}) = 0.5[\rho(l_{\mathrm{NN}} + m_{\mathrm{NN}}) + (1-\rho)(u_{\mathrm{NN}} + m_{\mathrm{NN}})]$$

故得到如下三条决策规则：

(P2) 若 $r(R(a_{\mathrm{P}}|[x]_{\mathrm{SR}}^{L})) \leqslant r(R(a_{\mathrm{B}}|[x]_{\mathrm{SR}}^{L}))$ 和 $r(R(a_{\mathrm{P}}|[x]_{\mathrm{SR}}^{L})) \leqslant r(R(a_{\mathrm{N}}|[x]_{\mathrm{SR}}^{L}))$ 同时成立，那么 $x\in\mathrm{POS}(X)$；

(B2) 若 $r(R(a_{\mathrm{B}}|[x]_{\mathrm{SR}}^{L})) \leqslant r(R(a_{\mathrm{P}}|[x]_{\mathrm{SR}}^{L}))$ 和 $r(R(a_{\mathrm{D}}|[x]_{\mathrm{SR}}^{L})) \leqslant r(R(a_{\mathrm{N}}|[x]_{\mathrm{SR}}^{L}))$ 同时成立，那么 $x\in\mathrm{BND}(X)$；

(N2) 若 $r(R(a_{\mathrm{N}}|[x]_{\mathrm{SR}}^{L})) \leqslant r(R(a_{\mathrm{P}}|[x]_{\mathrm{SR}}^{L}))$ 和 $r(R(a_{\mathrm{N}}|[x]_{\mathrm{SR}}^{L})) \leqslant r(R(a_{\mathrm{B}}|[x]_{\mathrm{SR}}^{L}))$ 同时成立，那么 $x\in\mathrm{NEG}(X)$。

由此，可推导出三角模糊数决策粗糙集的三个阈值，其结果如下：

$$\alpha = \frac{r(\lambda_{\mathrm{PN}}) - r(\lambda_{\mathrm{BN}})}{(r(\lambda_{\mathrm{PN}}) - r(\lambda_{\mathrm{BN}})) + (r(\lambda_{\mathrm{BP}}) - r(\lambda_{\mathrm{PP}}))}$$

$$\beta = \frac{r(\lambda_{\mathrm{BN}}) - r(\lambda_{\mathrm{NN}})}{(r(\lambda_{\mathrm{BN}}) - r(\lambda_{\mathrm{NN}})) + (r(\lambda_{\mathrm{NP}}) - r(\lambda_{\mathrm{BP}}))}$$

$$\gamma = \frac{r(\lambda_{\mathrm{PN}}) - r(\lambda_{\mathrm{NN}})}{(r(\lambda_{\mathrm{PN}}) - r(\lambda_{\mathrm{NN}})) + (r(\lambda_{\mathrm{NP}}) - r(\lambda_{\mathrm{PP}}))}$$

考虑到决策者的风险态度，基于决策粗糙集依次提出乐观决策模型、中性决策模型和悲观决策模型。类似于 Li、Zhou 的思想，在整数值排序方法中决策者的风险态度指数是三角模糊数排序的重要要素，它会影响阈值的取值。特别地，当$\rho=1$ 时，对于乐观决策者，其阈值可以表达为

$$a=\frac{(l_{\mathrm{PN}}+m_{\mathrm{PN}})-(l_{\mathrm{BN}}+m_{\mathrm{BN}})}{\left((l_{\mathrm{PN}}+m_{\mathrm{PN}})-(l_{\mathrm{BN}}+m_{\mathrm{BN}})+(l_{\mathrm{BP}}+m_{\mathrm{BP}})-(l_{\mathrm{PP}}+m_{\mathrm{PP}})\right)}$$

$$\beta=\frac{(l_{\mathrm{BN}}+m_{\mathrm{BN}})-(l_{\mathrm{NN}}+m_{\mathrm{NN}})}{\left((l_{\mathrm{BN}}+m_{\mathrm{BN}})-(l_{\mathrm{BN}}+m_{\mathrm{NN}})+(l_{\mathrm{BN}}+m_{\mathrm{NP}})-(l_{\mathrm{BN}}+m_{\mathrm{BP}})\right)}$$

$$\gamma=\frac{(l_{\mathrm{PN}}+m_{\mathrm{PN}})-(l_{\mathrm{NN}}+m_{\mathrm{NN}})}{\left((l_{\mathrm{PN}}+m_{\mathrm{PN}})-(l_{\mathrm{NN}}+m_{\mathrm{NN}})+(l_{\mathrm{NP}}+m_{\mathrm{NP}})-(l_{\mathrm{PP}}+m_{\mathrm{PP}})\right)}$$

当$\rho=0$ 时，对于悲观决策者，其阈值可以表达为

$$a=\frac{(m_{\mathrm{PN}}+u_{\mathrm{PN}})-(m_{\mathrm{BN}}+u_{\mathrm{BN}})}{\left((m_{\mathrm{PN}}+u_{\mathrm{PN}})-(m_{\mathrm{BN}}+u_{\mathrm{BN}})+(m_{\mathrm{BP}}+u_{\mathrm{BP}})-(m_{\mathrm{PP}}+u_{\mathrm{PP}})\right)}$$

$$\beta=\frac{(m_{\mathrm{BN}}+u_{\mathrm{BN}})-(m_{\mathrm{NN}}+u_{\mathrm{NN}})}{\left((m_{\mathrm{BN}}+u_{\mathrm{BN}})-(m_{\mathrm{NN}}+u_{\mathrm{NN}})+(m_{\mathrm{NP}}+u_{\mathrm{NP}})-(m_{\mathrm{BP}}+u_{\mathrm{BP}})\right)}$$

$$\gamma=\frac{(m_{\mathrm{PN}}+u_{\mathrm{PN}})-(m_{\mathrm{NN}}+u_{\mathrm{NN}})}{\left((m_{\mathrm{PN}}+u_{\mathrm{PN}})-(m_{\mathrm{NN}}+u_{\mathrm{NN}})+(m_{\mathrm{NP}}+u_{\mathrm{NP}})-(m_{\mathrm{PP}}+u_{\mathrm{PP}})\right)}$$

鉴于 Yao[80]的讨论结果，首先考虑决策规则(B)中存在$\alpha>\beta$的情况，即

$$\frac{r(\lambda_{\mathrm{BP}})-r(\lambda_{\mathrm{PP}})}{r(\lambda_{\mathrm{PN}})-r(\lambda_{\mathrm{BN}})}<\frac{r(\lambda_{\mathrm{NP}})-r(\lambda_{\mathrm{BP}})}{r(\lambda_{\mathrm{BN}})-r(\lambda_{\mathrm{NN}})}$$

该条件蕴含着 $0\leqslant\beta<\alpha\leqslant 1$，此时，通过权衡可以得到以下简化规则。

(P′2) 若 $\Pr(X\mid[x]_{\mathrm{SR}}^{L})\geqslant\alpha$，则 $x\in\mathrm{POS}(X)$；

(B′2) 若$\beta<\Pr(X\mid[x]_{\mathrm{SR}}^{L})<\alpha$，则 $x\in\mathrm{BND}(X)$；

(N′2) 若 $\Pr(X\mid[x]_{\mathrm{SR}}^{L})\leqslant\beta$，则 $x\in\mathrm{NEG}(X)$。

对于乐观决策者，此时$\rho=1$，所对应的三支决策规则如下：

(OP′2) 若 $\Pr(X\mid[x]_{\mathrm{SR}}^{L})\geqslant\alpha$，则 $x\in\mathrm{POS}(X)$；

(OB′2) 若$\beta<\Pr(X\mid[x]_{\mathrm{SR}}^{L})<\alpha$，则 $x\in\mathrm{BND}(X)$；

(ON′2) 若 $\Pr(X\mid[x]_{\mathrm{SR}}^{L})\leqslant\beta$，则 $x\in\mathrm{NEG}(X)$。

对于悲观决策者，此时$\rho=0$，所对应的三支决策规则如下：

(PP′2) 若 $\Pr(X\mid[x]_{\mathrm{SR}}^{L})\geqslant\alpha$，则 $x\in\mathrm{POS}(X)$；

(PB′2) 若$\beta<\Pr(X\mid[x]_{\mathrm{SR}}^{L})<\alpha$，则 $x\in\mathrm{BND}(X)$；

(PN′2) 若 $\Pr(X\mid[x]_{\mathrm{SR}}^{L})\leqslant\beta$，则 $x\in\mathrm{NEG}(X)$。

此外，为了保证研究的完备性，决策规则(B)还有另一种情况，即

$$\frac{r(\lambda_{BP})-r(\lambda_{PP})}{r(\lambda_{PN})-r(\lambda_{BN})} \geqslant \frac{r(\lambda_{NP})-r(\lambda_{BP})}{r(\lambda_{BN})-r(\lambda_{NN})}$$

该条件蕴含着 $0 \leqslant \alpha < \gamma < \beta \leqslant 1$，此时，通过权衡可以得到以下简化规则：

(P3) 若 $\Pr(X \mid [x]_{SR}^{L}) \geqslant \gamma$，则 $x \in POS(X)$；

(N3) 若 $\Pr(X \mid [x]_{SR}^{L}) \leqslant \gamma$，则 $x \in NEG(X)$。

3.5.6 案例分析

医学诊断是一种根据患者现有症状来判断所得疾病类别的决策过程，在下面的讨论中，以医学流感诊断决策表 $S = \langle U, A = C \cup D \rangle$为例[74]，来说明基于 IIS 的三角模糊数决策粗糙集决策过程。$U = \{x_1, x_2, x_3, x_4, x_5, x_6, x_7, x_8, x_9, x_{10}\}$分别是 10 位患者的编号，条件属性集 $C = \{a_1, a_2, a_3, a_4, a_5, a_6, a_7\}$分别表示以上患者的七种症状：温度、咳嗽、流鼻涕、头疼、恶心、有痰、肌肉疼。决策属性集 $D = \{X, \neg X\}$，其中 X 表示患者患有流感，$\neg X$ 表示患者没有患有流感。患者患病的实际情况如表 3.4 所示。

为描述方便，在表 3.4 中，根据医生的经验，对每个属性所对应值的大小有如下定义。

表 3.4　患者患病的实际情况

U	a_1	a_2	a_3	a_4	a_5	a_6	a_7
x_1	1	1	*	1	1	1	3
x_2	3	2	2	3	2	2	*
x_3	2	*	2	2	1	2	2
x_4	2	1	2	*	1	1	3
x_5	2	1	1	2	1	*	2
x_6	2	2	2	*	2	2	*
x_7	1	1	2	1	*	2	3
x_8	1	1	*	1	1	*	3
x_9	2	1	1	1	1	1	*
x_{10}	3	2	*	2	2	2	3

温度 a_1：1 代表高，2 代表较高，3 代表正常。

咳嗽 a_2：1 代表是，2 代表不是。

流鼻涕 a_3：1 代表是，2 代表不是。

头疼 a_4：1 代表很严重，2 代表有点严重，3 代表不严重。

恶心 a_5：1 代表是，2 代表不是。

有痰 a_6：1 代表有，2 代表没有。

肌肉疼 a_7：1 代表很严重，2 代表有点严重，3 代表不严重。

*代表缺失值。

首先，根据医生的经验给出三角模糊数的损失区间，如表 3.5 所示。

表 3.5　患者的综合评估损失情况（u 为单位损失）

U	λ_{PP}	λ_{BP}	λ_{NP}	λ_{PN}	λ_{BN}	λ_{NN}
x_1	$[0,u,1.5u]$	$[2u,3u,3.5u]$	$[4u,5u,7u]$	$[u,1.5u,2u]$	$[2.5u,3u,4.5u]$	$[5u,7u,8u]$
x_2	$[3u,3.2u,3.5u]$	$[4u,5u,5.5u]$	$[6u,6.5u,7.5u]$	$[0,u,2u]$	$[2u,3u,3.5u]$	$[4u,6u,7u]$
x_3	$[u,2u,3.5u]$	$[3.5u,4u,4.5u]$	$[4.5u,5u,6u]$	$[0.5u,u,2u]$	$[2.5u,3u, 4u]$	$[4.5u,5u,7.5u]$
x_4	$[u,2u,2.5u]$	$[3u,3.5u,4u]$	$[5u,6u,7.5u]$	$[u,2u,3u]$	$[3.5u,4u,5u]$	$[5.5u,6u,7u]$
x_5	$[0.5u,u,1.5u]$	$[2u,3u,4u]$	$[4.5u,5u,6.5u]$	$[1.5u,2u,3u]$	$[3.5u,3.8u,4u]$	$[4.5u,5u,7u]$
x_6	$[u,2u,3.5u]$	$[3.5u,4u,5u]$	$[5u,6u,7.5u]$	$[0.5u,u,2u]$	$[2.5u,3u,4u]$	$[2.5u,3u,4u]$
x_7	$[u,1.5u,2u]$	$[3u,3.2u,3.5u]$	$[4.5u,5u,7u]$	$[u,2u,3.5u]$	$[4u,5u,6u]$	$[6.5u,6.8u,7u]$
x_8	$[0.5u,u,1.5u]$	$[2u,3u,3.5u]$	$[4u,5u,7.5u]$	$[1.5u,2u,3u]$	$[4u,5u,5.5u]$	$[6u,7u,7.5u]$
x_9	$[0,u,1.5u]$	$[2u,3u,4u]$	$[5u,6u,7u]$	$[u,2u,3.5u]$	$[4u,4.2u,4.5u]$	$[5u,6u,7.5u]$
x_{10}	$[3u,3.5u,4u]$	$[4.5u,5u,5.5u]$	$[6u,6.5u,7u]$	$[0.5u,u,2u]$	$[2.5u,3u,3.5u]$	$[4u,5u,6u]$

然后，根据式(3-55)，计算对象 U 中任意两位患者 x_i、x_j 的相似度，结果如表 3.6 所示。

表 3.6　各个患者之间的相似度表示

$S(x_i, x_j)$	x_1	x_2	x_3	x_4	x_5	x_6	x_7	x_8	x_9	x_{10}
x_1	1.00	0.14	0.28	0.69	0.43	0.19	0.71	0.85	0.64	0.28
x_2	0.14	1.00	0.42	0.26	0.14	0.69	0.42	0.21	0.14	0.64
x_3	0.28	0.42	1.00	0.55	0.71	0.62	0.43	0.36	0.43	0.50
x_4	0.69	0.26	0.55	1.00	0.55	0.40	0.55	0.62	0.62	0.33
x_5	0.43	0.14	0.71	0.55	1.00	0.33	0.28	0.43	0.64	0.36
x_6	0.19	0.69	0.62	0.40	0.33	1.00	0.79	0.26	0.19	0.55
x_7	0.71	0.42	0.43	0.55	0.28	0.48	1.00	0.79	0.36	0.50
x_8	0.85	0.21	0.36	0.32	0.43	0.26	0.79	1.00	0.57	0.36
x_9	0.64	0.14	0.43	0.62	0.64	0.19	0.36	0.57	1.00	0.21
x_{10}	0.28	0.64	0.50	0.36	0.36	0.55	0.50	0.36	0.21	1.00

在表 3.6 中，令 $L=0.5+\varepsilon$（ε 是正的无穷小数），基于相似度可得 x_i 的等价类：

$$[x_1]_{SR}^L=\{x_1,x_4,x_7,x_8,x_9\}$$

$$[x_2]_{SR}^L=\{x_2,x_6,x_{10}\}$$

$$[x_3]_{SR}^L=\{x_3,x_4,x_5,x_6\}$$

$$[x_4]_{SR}^L=\{x_1,x_3,x_4,x_5,x_7,x_8,x_9\}$$

$$[x_5]_{SR}^L=\{x_3,x_4,x_5,x_9\}$$

$$[x_6]_{SR}^L=\{x_2,x_3,x_6,x_7,x_{10}\}$$

$$[x_7]_{SR}^L = \{x_1, x_4, x_8, x_9\}$$

$$[x_8]_{SR}^L = \{x_1, x_7, x_8, x_9\}$$

$$[x_9]_{SR}^L = \{x_1, x_4, x_5, x_8, x_9\}$$

$$[x_{10}]_{SR}^L = \{x_2, x_6, x_{10}\}$$

根据医生的经验，当集合 $X = \{x_1, x_4, x_5, x_7, x_8\}$时，这些患者得流感的概率较高。根据表 3.4，每位患者得流感的条件概率如下：

$$\Pr(X \mid [x_1]_{SR}^L) = \frac{[x_1]_{SR}^L \cap X}{[x_1]_{SR}^L} = 0.80$$

$$\Pr(X \mid [x_2]_{SR}^L) = \frac{[x_2]_{SR}^L \cap X}{[x_2]_{SR}^L} = 0$$

$$\Pr(X \mid [x_3]_{SR}^L) = \frac{[x_3]_{SR}^L \cap X}{[x_3]_{SR}^L} = 0.50$$

$$\Pr(X \mid [x_4]_{SR}^L) = \frac{[x_4]_{SR}^L \cap X}{[x_4]_{SR}^L} = 0.71$$

$$\Pr(X \mid [x_5]_{SR}^L) = \frac{[x_5]_{SR}^L \cap X}{[x_5]_{SR}^L} = 0.50$$

$$\Pr(X \mid [x_6]_{SR}^L) = \frac{[x_6]_{SR}^L \cap X}{[x_6]_{SR}^L} = 0.20$$

$$\Pr(X \mid [x_7]_{SR}^L) = \frac{[x_7]_{SR}^L \cap X}{[x_7]_{SR}^L} = 1.00$$

$$\Pr(X \mid [x_8]_{SR}^L) = \frac{[x_8]_{SR}^L \cap X}{[x_8]_{SR}^L} = 0.75$$

$$\Pr(X \mid [x_9]_{SR}^L) = \frac{[x_9]_{SR}^L \cap X}{[x_9]_{SR}^L} = 0.80$$

$$\Pr(X \mid [x_{10}]_{SR}^L) = \frac{[x_{10}]_{SR}^L \cap X}{[x_{10}]_{SR}^L} = 0$$

根据整数排序法的三角模糊数 $r(a)$ 的排序函数，当$\rho = 0$ 和$\rho = 1$ 时，$r(a)$ 的值分别代表悲观决策者和乐观决策者的观点。从而可得各个患者的三角模糊数决策粗糙集相关阈值，计算结果如表 3.7 所示。

表 3.7　各个患者的相关阈值计算结果

U	乐观决策者			悲观决策者		
	α_1	β_1	γ_1	α_2	β_2	γ_2
x_1	0.6190	0.5714	0.5429	0.6522	0.4211	0.5476
x_2	0.4286	0.4286	0.5882	0.6311	0.5000	0.5780
x_3	0.5333	0.4333	0.5517	0.6471	0.6154	0.6333
x_4	0.6667	0.6667	0.5152	0.5714	0.4000	0.4706
x_5	0.5000	0.5000	0.4286	0.4828	0.3836	0.4375
x_6	0.4578	0.4578	0.5000	0.6316	0.4706	0.5556
x_7	0.5333	0.5333	0.5954	0.4667	0.5093	0.4940
x_8	0.6452	0.6452	0.5588	0.5000	0.4783	0.4872
x_9	0.5789	0.5789	0.4444	0.5161	0.3478	0.4324
x_{10}	0.4643	0.4643	0.5556	0.6000	0.5385	0.5714

表 3.7 详细地列出了每位患者在风险偏好者决策准则、风险厌恶者决策准则下，α、β和γ的取值情况。可以看出，α_2较α_1取值普遍大，β_2较β_1取值普遍小，这说明悲观主义者厌恶风险，它通过较大的α值和较小的β值避免生病被延误的概率；而乐观主义者偏好风险，它通过较小的α值和较大的β值获取无病的概率。

根据三角模糊数决策粗糙集中的决策规则，在决策判定过程中需要比较条件概率 $\Pr(X\,|\,[x_i]_{\mathrm{SR}}^{L})$ 和阈值α_i、β_i的大小。当 $L = 0.5+\varepsilon$ 时，乐观决策者和悲观决策者的决策结果如表 3.8 所示。

表 3.8　决策结果

U	乐观决策者	悲观决策者
x_1	POS(X)	POS(X)
x_2	NEG(X)	NEG(X)
x_3	BND(X)	NEG(X)
x_4	POS(X)	POS(X)
x_5	POS(X)	POS(X)
x_6	NEG(X)	NEG(X)
x_7	POS(X)	POS(X)
x_8	POS(X)	POS(X)
x_9	POS(X)	POS(X)
x_{10}	NEG(X)	NEG(X)

从表 3.8 可以看出，在乐观决策者看来，$\{x_1, x_4, x_5, x_7, x_8, x_9\}\in\mathrm{POS}(X)$，$\{x_2, x_6, x_{10}\}\in\mathrm{NEG}(X)$，$\{x_3\}\in\mathrm{BND}(X)$。但在悲观决策者看来，$\{x_1, x_4, x_5, x_7, x_8, x_9\}\in\mathrm{POS}(X)$，

$\{x_2, x_3, x_6, x_{10}\}\in$NEG(X)。通过与 $X=\{x_1, x_4, x_5, x_7, x_8\}$对比可以发现，$x_3$ 不是诱发患者患病的主要因素，但对于乐观决策者，还需对它进行进一步的诊断。x_9 也不是诱发患者患病的主要因素，但乐观决策者和悲观决策者认为都需要进一步的诊断。因此，决策粗糙集能为现实的决策系统提供一种修正误分类错误的方法。

在上述实例中，求得的相似关系及条件概率是在 $L=0.5+\varepsilon$的基础上进行讨论的。下面探讨 $L\in[0.5, 1]$、步长为 0.1 时，与之相对应的乐观决策者和悲观决策者的决策，结果如表 3.9 所示。

表 3.9　L 取不同的值所对应的决策结果

L 的取值		乐观决策者	悲观决策者
$L=0.5$	POS(X)	$x_1, x_4, x_5, x_7, x_8, x_9$	$x_1, x_4, x_5, x_7, x_8, x_9$
	NEG(X)	x_2, x_6, x_{10}	x_2, x_3, x_6, x_{10}
	BND(X)	x_3	
$L=0.6$	POS(X)	x_1, x_4, x_7, x_8, x_9	x_1, x_4, x_7, x_8, x_9
	NEG(X)	$x_2, x_3, x_5, x_6, x_{10}$	$x_2, x_3, x_5, x_6, x_{10}$
	BND(X)		
$L=0.7$	POS(X)	x_1, x_4, x_5, x_7, x_8	x_1, x_4, x_5, x_7, x_8
	NEG(X)	x_2, x_9, x_{10}	x_2, x_9, x_{10}
	BND(X)	x_3, x_6	x_3, x_6
$L=0.8$	POS(X)	x_1, x_4, x_5, x_7, x_8	x_1, x_4, x_5, x_7, x_8
	NEG(X)	$x_2, x_3, x_6, x_9, x_{10}$	$x_2, x_3, x_6, x_9, x_{10}$
	BND(X)		
$L=0.9$	POS(X)	x_1, x_4, x_5, x_7, x_8	x_1, x_4, x_5, x_7, x_8
	NEG(X)	$x_2, x_3, x_6, x_9, x_{10}$	$x_2, x_3, x_6, x_9, x_{10}$
	BND(X)		
$L=1.0$	POS(X)	x_1, x_4, x_5, x_7, x_8	x_1, x_4, x_5, x_7, x_8
	NEG(X)	$x_2, x_3, x_6, x_9, x_{10}$	$x_2, x_3, x_6, x_9, x_{10}$
	BND(X)		

从表 3.9 可以看出，随着决策偏好的粒度 L 的变化，决策者的选择会有一定的变化。当 $L=0.7$ 时，乐观决策者和悲观决策者认为 x_3、x_6 需要进一步的诊断，才能确诊。然而，当 $L\geqslant 0.8$ 时，乐观决策者和悲观决策者认为 x_3、x_6 不需要进一步诊断，即可视为无患病者。且随着粒度的增大，决策者的决策趋于稳定的状态。

在 IIS 中，基于已给出的相似关系及已求得的条件概率，取三角模糊数的端点值作为区间值，将基于不完备信息系统的三角模糊数决策粗糙集与文献[72]中的区间决策粗糙集方法作对比，在测试数据集上进行实验，根据文献[72]可得相对应的各个患者的相关阈值、乐观决策者和悲观决策者的决策结果，以及当 $L\in[0.5, 1]$、步长为 0.1 时，随着 L 粒度的变化，与之对应的乐观和悲观决策者的决策结果如表 3.10～表 3.12 所示。

表 3.10 各个患者的相关阈值计算结果

患者	乐观决策者			悲观决策者		
U	α^L	β^L	γ^L	α^L	β^L	γ^U
x_1	0.5000	0.2500	0.4000	0.5000	0.2500	0.3333
x_2	0.8333	0.3333	0.5833	0.8333	0.3333	0.6250
x_3	0.2857	0.5000	0.3333	0.2857	0.5000	0.4703
x_4	0.6667	0.5556	0.6000	0.6667	0.5556	0.5000
x_5	0.5667	0.8000	0.5545	0.5667	0.8000	0.6000
x_6	0.5742	0.5000	0.5333	0.5742	0.5000	0.6667
x_7	0.8556	0.6667	0.6111	0.8556	0.6667	0.4000
x_8	0.2500	0.2000	0.2222	0.2500	0.2000	0.3500
x_9	0.8729	0.7500	0.6363	0.8729	0.7500	0.5714
x_{10}	0.3333	0.1428	0.2000	0.3333	0.1428	0.3333

表 3.11 决策结果

U	乐观决策者	悲观决策者
x_1	POS(*X*)	POS(*X*)
x_2	NEG(*X*)	NEG(*X*)
x_3	POS(*X*)	POS(*X*)
x_4	POS(*X*)	POS(*X*)
x_5	BND(X)	NEG(*X*)
x_6	NEG(*X*)	NEG(*X*)
x_7	POS(*X*)	POS(*X*)
x_8	POS(*X*)	POS(*X*)
x_9	POS(*X*)	POS(*X*)
x_{10}	NEG(*X*)	NEG(*X*)

表 3.12 L 取不同的值所对应的决策结果

L 的取值		乐观决策者	悲观决策者
$L=0.5$	POS(*X*)	x_1,x_3,x_4,x_7,x_8,x_9	x_1,x_3,x_4,x_7,x_8,x_9
	NEG(*X*)	x_2,x_6,x_{10}	x_2,x_5,x_6,x_{10}
	BND(*X*)	x_5	
$L=0.6$	POS(*X*)	x_1,x_4,x_5,x_7,x_8,x_9	x_1,x_4,x_5,x_7,x_8,x_9
	NEG(*X*)	x_2,x_6,x_{10}	x_2,x_3,x_6,x_{10}
	BND(*X*)	x_3	
$L=0.7$	POS(*X*)	x_1,x_4,x_7,x_8,x_9	x_1,x_3,x_4,x_5,x_7,x_8
	NEG(*X*)	x_2,x_6,x_{10}	x_2,x_6,x_{10}
	BND(*X*)	x_3,x_5	x_9
$L=0.8$	POS(*X*)	x_1,x_4,x_5,x_7,x_8,x_9	x_1,x_4,x_5,x_7,x_8,x_9
	NEG(*X*)	x_2,x_3,x_6,x_{10}	x_2,x_3,x_6,x_{10}
	BND(*X*)		

续表

L的取值		乐观决策者	悲观决策者
$L=0.9$	POS(X)	$x_1,x_4, x_5, x_7, x_8, x_9$	$x_1,x_4, x_5,x_7,x_8, x_9$
	NEG(X)	x_2, x_3, x_6,x_{10}	x_2, x_3, x_6, x_{10}
	BND(X)		
$L=1.0$	POS(X)	$x_1,x_4, x_5, x_7, x_8, x_9$	$x_1,x_4, x_5, x_7,x_8, x_9$
	NEG(X)	x_2, x_3, x_6, x_{10}	x_2, x_3, x_6, x_{10}
	BND(X)		

从表 3.11 可以看出，取区间值作为基础数据集时，在乐观决策者看来，$\{x_1, x_3,x_4, x_7, x_8, x_9\}\in$POS(X)，$\{x_2, x_6, x_{10}\}\in$NEG(X)，$\{x_5\}\in$BND(X)。但在悲观决策者看来，$\{x_1, x_3, x_4, x_7, x_8, x_9\}\in$POS(X)，$\{x_2, x_5, x_6, x_{10}\}\in$NEG(X)。通过与表 3.8 及集合 $X=\{x_1, x_4, x_5, x_7, x_8\}$得流感的概率相对较高的患者对比可以发现，$x_5$是诱发患者患病的主要因素，但是悲观决策者认为不需要进一步的诊断。而x_3不是诱发患者患病的主要因素，但是对于取区间值的乐观决策者和悲观决策者，都需对它进行进一步的诊断。从表 3.12 可以看出，当 $L\geqslant 0.8$ 时，乐观决策者和悲观决策者的决策结果趋于稳定，其中 x_9 不是诱发患者患病的主要因素，但是对于取区间值的乐观决策者和悲观决策者，都需对它进行进一步的诊断。与采用三角模糊数方法相比，采用区间值分析与实际经验值会产生较大的误差。

3.5.7 小结

本节基于 IIS，从决策粗糙集出发，利用三角模糊数来设定损失函数，首先提出一种描述不完备信息的相似关系。然后针对 IIS 中的缺失值，借助三角模糊数的运算法则，利用三角模糊数来获取损失函数，构建出三角模糊数决策粗糙集的基础模型。通过实例分析可知，不同于区间数决策粗糙集的决策机制，利用三角模糊数来获取损失函数，不仅能弥补使用区间参数时无法考虑区间内取值机会不等的问题，而且能更加细致地描述各个参量，使决策结果更加符合实际应用。下一个阶段，将着重研究其他不确定环境下相应的扩展粗糙集模型的建立，如损失函数是随机数且服从正态分布等情况下的研究。

3.6 基于信息量的悲观多粒度粗糙集模型

3.6.1 引言

粗糙集理论[39]是由波兰数学家 Pawlak 提出的能有效处理信息系统中不精确、不确定信息的分析方法。近年来粗糙集理论在属性约简、粗糙集模型拓展及粗糙集理论的应用等方面取得了大量研究成果。粒计算是人工智能领域一个新的快速发展的领域，多粒度是粒计算的一个核心概念，强调从不同层次和粒度分析问题[81,82]。从粒计算的角度来看，经典粗糙集理论主要基于单个属性集 A 构成的等价关系 $\mathrm{IND}(A)$ 对论域进行划分形成一个粒度空间 $U/\mathrm{IND}(A)$。钱宇华等分析了单一粒度空间下粗糙集的不足，提出了多粒度粗糙集[83-85]的概念，认为应当基于多个不同的粒度 $A_1, A_2, \cdots, A_m$ 构成的等价关系 $\mathrm{IND}(A_1), \mathrm{IND}(A_2), \cdots, \mathrm{IND}(A_m)$，分别对论域进行划分形成多个粒度空间 $U/\mathrm{IND}(A_1)$，$U/\mathrm{IND}(A_2), \cdots$，$U/\mathrm{IND}(A_m)$，从多个粒度空间对目标概念进行近似逼近，并证明了经典粗糙集模型是多粒度粗糙集模型的一种特例，文献[83]～[85]定义了悲观多粒度粗糙集和乐观多粒度粗糙集。目前对于多粒度粗糙集的研究主要集中在把多粒度的思想推广到不同的粗糙集模型中，文献[86]定义了可变多粒度粗糙集，文献[87]和[88]将多粒度思想引入不完备信息系统中，文献[89]基于元素最大描述提出多粒度覆盖粗糙集模型。

属性约简是经典粗糙集理论研究的重要内容之一，是在单粒度空间下，将属性集 A 中不影响 $U/\mathrm{IND}(A)$ 的不必要属性删除。而多粒度粗糙集中的粒度约简是指在不影响目标概念或目标决策的前提下删除粒度集中不必要的粒度，即在保持各决策类多粒度悲观下近似不变的情况下，将 $A_1, A_2, \cdots, A_m$ 中不必要的粒度删除。已有的属性约简算法主要基于单粒度空间，不能解决多粒度粗糙集中粒度约简的问题。如何在多粒度粗糙集中进行粒度约简是多粒度粗糙集研究的重要内容，对多粒度粗糙集进行粒度约简有助于获取多粒度空间下信息系统中更加简洁的决策规则。目前对多粒度粗糙集中粒度约简方法的研究较少，文献[12]针对悲观多粒度粗糙集中的粒度约简进行了研究，定义了下近似分布约简，给出了悲观多粒度粗糙集粒度约简的一种算法，但算法时间复杂度较高。

文献[90]建立了信息系统中知识与信息量[91]之间的关系，基于信息量设计了粗糙集的属性约简算法。文献[92]～[94]分别基于信息量理论研究了不完备信息系统、序信息系统、集值信息系统的属性约简，但这些研究主要基于单粒度空间，不能适用于多粒度空间下粗糙集的粒度约简。本节基于文献[95]中定义的悲观多粒度粗糙集下近似分布约简，将信息量理论引入悲观多粒度粗糙集的粒度约简，基于信息量理论定义粒度集中粒度的重要度，以粒度的重要度作为启发信息，设计基于信息量的悲观多粒度粗糙集粒度约简启发式算法[81]，且算法时间复杂度低于文献[95]中算法的时间复杂度，以提高粒度约简的效率，为多粒度空间下粗糙集的粒度约简提供理论依据。

3.6.2 基础知识

定义 3.51[39] 四元组 $S=(U, \mathrm{AT}, V, f)$ 称为信息系统，其中 U 表示对象的非空有限集合，称为论域；AT 表示属性的非空有限集合；V_a 表示属性 a 的值域，V 表示全部对象在各个属性上的取值构成的集合；f 表示 $U\times\mathrm{AT}\to V$ 的一个信息函数，$\forall a\in\mathrm{AT}$，$x\in U$，$f(x, a)\in V_a$。

定义 3.52[39]　设 $S=(U, AT, V, f)$ 为信息系统，$\forall A\subseteq AT$，定义属性集 A 的不可区分关系 $IND(A)$ 为 $IND(A)=\{(x, y)\in U\times U \mid \forall a\in A, f(x, a)=f(y, a)\}$，$U/IND(A)$ 表示不可区分关系 $IND(A)$ 在 U 上导出的划分，简记为 U/A。对 $\forall x\in U$，$[x]_A=\{y \mid f(y, a)=f(x, a), \forall a\in A\}$ 称为 x 在属性集 A 下的等价类。

定义 3.53[39]　设 $S=(U, AT, V, f)$ 为信息系统，$\forall A\subseteq AT$，$X\subseteq U$，X 关于属性集 A 的下近似集和上近似集分别定义为 $\underline{A}(X)=\{x: [x]_A\subseteq X, x\in U\}$，$\overline{A}(X)=\{x: [x]_A\cap X\neq\varnothing, x\in U\}$。

在多粒度粗糙集中，四元组 $S=(U, AT, V, f)$ 是一个完备信息系统，其中 $A_1, A_2,\cdots, A_m\subseteq AT$，每个属性集 A_i 称为一个粒度，可以对 U 基于等价关系 $IND(A_i)$ 划分得到一个粒度空间，$A=\{A_1, A_2,\cdots, A_m\}$ 称为一个粒度集。

定义 3.54[85]　设 $S=(U, AT, V, f)$ 是一个完备信息系统，其中 $A_1, A_2,\cdots, A_m\subseteq AT$，$\forall X\subseteq U$，$X$ 的悲观多粒度下近似、上近似分别定义为

$$\underline{\sum_{i=1}^{m} A_i^p}(x)=\{x:[x]_{A_1}\subseteq X\wedge[x]_{A_2}\subseteq X\wedge\cdots[x]_{A_m}\subseteq X, x\in U\} \tag{3-63}$$

$$\overline{\sum_{i=1}^{m} A_i^p}(x)=\sim\left(\underline{\sum_{i=1}^{m} A_i^p}(\sim X)\right) \tag{3-64}$$

性质 3.11[85]　设 $S=(U, AT, V, f)$ 是一个完备信息系统，$A_1, A_2,\cdots, A_m\subseteq AT$，$\forall X\subseteq U$，则悲观多粒度粗糙集与经典的粗糙集有下列性质：

(1) $\underline{\sum_{i=1}^{m} A_i^P}(X)=\bigcap_{i=1}^{m}\underline{A_i}(X)$；

(2) $\overline{\sum_{i=1}^{m} A_i^P}(X)=\bigcup_{i=1}^{m}\overline{A_i}(X)$。

定义 3.55[95]　设 $S=(U, AT\cup D, V, f)$ 是一个完备决策信息系统，$A_1, A_2,\cdots, A_m\subseteq AT$，$D$ 为决策属性，$A=\{A_1, A_2,\cdots, A_m\}$，$B\subseteq A$，$U/D=\{Y_1, Y_2,\cdots, Y_r\}$，则悲观多粒度粗糙集下近似分布定义为

$$\mu_A(U,D)=\left\{\underline{\sum_{A_i\in A} A_i^p}(Y_1), \underline{\sum_{A_i\in A} A_i^p}(Y_2),\cdots, \underline{\sum_{A_i\in A} A_i^p}(Y_r)\right\} \tag{3-65}$$

若 $\mu_B(U, D)=\mu_A(U, D)$，则称 B 为 A 的粒度下近似分布一致集。

定义 3.56[95]　设 $S=(U, AT\cup D, V, f)$ 是一个完备决策信息系统，$A_1, A_2,\cdots, A_m\subseteq AT$，$A=\{A_1, A_2,\cdots, A_m\}$，$B\subseteq A$，$U/D=\{Y_1, Y_2,\cdots, Y_r\}$，若 B 为 A 的粒度下近似分布一致集，且对 $\forall B'\subset B$，都有 $\mu_{B'}(U,D)\neq\mu_A(U,D)$，则称 B 为 A 的粒度下近似分布约简。

定义 3.57　设 $S=(U,\mathrm{AT}\cup D,V,f)$ 是一个完备决策信息系统，$A_1,A_2,\cdots,A_m\subseteq \mathrm{AT}$，$A=\{A_1,A_2,\cdots,A_m\}$，$U/D=\{Y_1,Y_2,\cdots,Y_r\}$，$\forall A_i\in A$，如果 $\mu_{A-\{A_i\}}(U,D)=\mu_A(U,D)$，则称 A_i 在粒度集 A 中是不必要的，否则称 A_i 在粒度集 A 中是必要的。

3.6.3　基于信息量的悲观多粒度粗糙集

定理 3.7　设 $S=(U,\mathrm{AT}\cup D,V,f)$ 是一个完备决策信息系统，$A_1,A_2,\cdots,A_m\subseteq \mathrm{AT}$，$A=\{A_1,A_2,\cdots,A_m\}$，$U/D=\{Y_1,Y_2,\cdots,Y_r\}$，则悲观多粒度粗糙集下近似分布 $\mu_A(U,D)=\left\{\bigcap_{A_i\in A}\underline{A_i}(Y_1),\bigcap_{A_i\in A}\underline{A_i}(Y_2),\cdots,\bigcap_{A_i\in A}\underline{A_i}(Y_r)\right\}$。

证明　由定义 3.55，$\mu_A(U,D)=\left\{\underline{\sum_{A_i\in A}A_i^P}(Y_1),\underline{\sum_{A_i\in A}A_i^P}(Y_2),\cdots,\underline{\sum_{A_i\in A}A_i^P}(Y_r)\right\}$，由性质 3.11 (1) 可知对 $\forall Y_j\in U/D$，有 $\underline{\sum_{A_i\in A}A_i^P}(Y_j)=\bigcap_{i=1}^{m}\underline{A_i}(Y_j)=\bigcap_{A_i\in A}\underline{A_i}(Y_j)$，则 $\mu_A(U,D)=\left\{\bigcap_{A_i\in A}\underline{A_i}(Y_1),\bigcap_{A_i\in A}\underline{A_i}(Y_2),\cdots,\bigcap_{A_i\in A}\underline{A_i}(Y_r)\right\}$。

定义 3.58　设 $S=(U,\mathrm{AT}\cup D,V,f)$ 是一个完备决策信息系统，$A_1,A_2,\cdots,A_m\subseteq \mathrm{AT}$，$A=\{A_1,A_2,\cdots,A_m\}$，$U/D=\{Y_1,Y_2,\cdots,Y_r\}$，定义

$$I(A\mid D)=1-\frac{1}{|U|^2}\sum_{j=1}^{r}\left|\bigcap_{A_i\in A}\underline{A_i}(Y_j)\right|^2 \tag{3-66}$$

为悲观多粒度下粒度集 A 的信息量。这里$|\cdot|$表示集合的基数。

性质 3.12　$0\leqslant I(A\mid D)\leqslant 1$。

证明　因为对 $\forall Y_j\in U/D$，有 $\varnothing\subseteq\bigcap_{A_i\in A}\underline{A_i}(Y_j)\subseteq Y_j\subseteq U$，则 $0\leqslant\sum_{j=1}^{r}\left|\bigcap_{A_i\in A}\underline{A_i}(Y_j)\right|^2\leqslant\sum_{j=1}^{r}|Y_j|^2\leqslant|U|^2$，所以有 $0\leqslant\frac{1}{|U|^2}\sum_{j=1}^{r}\left|\bigcap_{A_i\in A}\underline{A_i}(Y_j)\right|\leqslant 1$，从而 $0\leqslant I(A\mid D)\leqslant 1$。

定理 3.8　设 $S=(U,\mathrm{AT}\cup D,V,f)$ 是一个完备决策信息系统，$A_1,A_2,\cdots,A_m\subseteq \mathrm{AT}$，$A=\{A_1,A_2,\cdots,A_m\}$，$U/D=\{Y_1,Y_2,\cdots,Y_r\}$，$B\subseteq A$，则 $I(B\mid D)\leqslant I(A\mid D)$。

证明　因为 $B\subseteq A$，对 $\forall Y_j\in U/D$，有 $\bigcap_{A_i\in A}\underline{A_i}(Y_j)\subseteq\bigcap_{A_i\in B}\underline{A_i}(Y_j)$，则 $\left|\bigcap_{A_i\in A}\underline{A_i}(Y_j)\right|\leqslant\left|\bigcap_{A_i\in B}\underline{A_i}(Y_j)\right|$，从而

$$I(B\mid D)=1-\frac{1}{|U|^2}\sum_{j=1}^{r}\left|\bigcap_{A_i\in B}\underline{A_i}(Y_j)\right|^2\leqslant 1-\frac{1}{|U|^2}\sum_{j=1}^{r}\left|\bigcap_{A_i\in A}\underline{A_i}(Y_j)\right|^2=I(A\mid D)$$

定理 3.8 说明随着粒度集中粒度的增加，粒度集所含的信息量逐渐增大，粒度集对对象所属的决策分类的决策程度越高。

定理 3.9　设 $S=(U,\mathrm{AT}\cup D,V,f)$ 是一个完备决策信息系统，$A_1,A_2,\cdots,A_m\subseteq\mathrm{AT}$，$A=\{A_1,A_2,\cdots,A_m\}$，$U/D=\{Y_1,Y_2,\cdots,Y_r\}$，$B\subseteq A$，则 $\mu_B(U,D)=\mu_A(U,D)$ 的充要条件是 $I(B\mid D)=I(A\mid D)$。

证明　当 $\mu_B(U,D)=\mu_A(U,D)$ 时，即对 $\forall Y_j\in U/D$，有 $\underline{\sum_{A_i\in B}A_i^P(Y_j)}=\underline{\sum_{A_i\in A}A_i^P(Y_j)}$，由性质 3.11 的(1)，对 $\forall Y_j\in U/D$，有 $\underline{\sum_{A_i\in A}A_i^P(Y_j)}=\bigcap_{i=1}^{m}\underline{A_i}(Y_j)=\bigcap_{A_i\in A}\underline{A_i}(Y_j)$，从而 $\bigcap_{A_i\in B}\underline{A_i}(Y_j)=\bigcap_{A_i\in A}\underline{A_i}(Y_j)$，则有 $I(B\mid D)=I(A\mid D)$。反之，当 $B\subseteq A$ 时，对 $\forall Y_j\in U/D$，有 $\bigcap_{A_i\in A}\underline{A_i}(Y_j)\subseteq\bigcap_{A_i\in B}\underline{A_i}(Y_j)$，所以当 $I(B\mid D)=I(A\mid D)$ 时，必有 $\bigcap_{A_i\in A}\underline{A_i}(Y_j)=\bigcap_{A_i\in B}\underline{A_i}(Y_j)$，即 $\underline{\sum_{A_i\in A}A_i^P(Y_j)}=\underline{\sum_{A_i\in B}A_i^P(Y_j)}$，从而 $\mu_B(U,D)=\mu_A(U,D)$。

定义 3.59　设 $S=(U,\ \mathrm{AT}\cup D,V,f)$ 是一个完备决策信息系统，$A_1,A_2,\cdots,A_m\subseteq\mathrm{AT}$，$A=\{A_1,A_2,\cdots,A_m\}$，$U/D=\{Y_1,Y_2,\cdots,Y_r\}$，粒度 A_i 在粒度集 A 中的重要度定义为

$$\mathrm{SGF}(A_i,A)=I(A\mid D)-I(A-\{A_i\}\mid D)\tag{3-67}$$

性质 3.13　粒度 $A_i\in A$ 在粒度集 A 中是必要的，当且仅当 $\mathrm{SGF}(A_i,A)>0$。

证明　当 $\mathrm{SGF}(A_i,A)>0$ 时，即 $I(A\mid D)-I(A-\{A_i\}\mid D)>0$，$I(A-\{A_i\}\mid D)\neq I(A\mid D)$，从而由定理 3.9 可知 $\mu_{A-\{A_i\}}(U,D)\neq\mu_A(U,D)$，所以 $A_i\in A$ 在粒度集 A 中是必要的。反之，由定理 3.8 可知 $I(A-\{A_i\}\mid D)\leqslant I(A\mid D)$，若 $A_i\in A$ 在粒度集 A 中是必要的，则必有 $\mu_{A-\{A_i\}}(U,D)\neq\mu_A(U,D)$，从而 $I(A-\{A_i\}\mid D)\neq I(A\mid D)$，则 $I(A\mid D)-I(A-\{A_i\}\mid D)>0$，即 $\mathrm{SGF}(A_i,A)>0$。

定义 3.60　粒度集 A 的核定义为 $\mathrm{Core}(A)=\{A_i\in A\mid\mathrm{SGF}(A_i,A)>0\}$。

定理 3.10　设 $S=(U,\ \mathrm{AT}\cup D,\ V,\ f)$ 是一个完备决策信息系统，$A_1,A_2,\cdots,A_m\subseteq\mathrm{AT}$，$A=\{A_1,A_2,\cdots,A_m\}$，$U/D=\{Y_1,Y_2,\cdots,Y_r\}$，$B\subseteq A$，若 $I(B\mid D)=I(A\mid D)$ 且对 $\forall A_i\in B$，$\mathrm{SGF}(A_i,B)>0$，则 B 为 A 的一个悲观下近似分布粒度约简。

证明　由定理 3.9 可知当 $I(B\mid D)=I(A\mid D)$ 时，有 $\mu_B(U,D)=\mu_A(U,D)$，即 B 为 A 的粒度下近似分布一致集，而对 $\forall A_i\in B$，$\mathrm{SGF}(A_i,B)>0$，即 $I(B\mid D)-I(B-\{A_i\}\mid$

$D)>0$，$I(B-\{A_i\}\mid D)\neq I(B\mid D)$，从而 $\mu_B-\{A_i\}(U,D)\neq\mu_B(U,D)$，所以 B 为 A 的一个悲观下近似分布粒度约简。

3.6.4 悲观多粒度粗糙集粒度约简模型

本节基于粒度集信息量设计悲观多粒度粗糙集的下近似分布粒度约简算法，将粒度集中不影响对象决策分类的不重要的粒度约简掉。基本思路是首先计算粒度集的核心粒度，并以粒度重要度作为启发信息，逐个选择使粒度集信息量增加最大的粒度加入核中，设计基于粒度集信息量的悲观多粒度粗糙集的粒度约简启发式算法，其详细步骤如下。

算法 3.2

输入：决策信息系统 $S=(U,\mathrm{AT}\cup D,V,f)$，$A_1,A_2,\cdots,A_m\subseteq\mathrm{AT}$，$A=\{A_1,A_2,\cdots,A_m\}$

输出：决策信息系统的一个悲观下近似分布粒度约简 C

步骤 1：对每一个 $A_i\in A$，计算 U/A_i 和 U/D。

步骤 2：对每一个基于单粒度的粒度空间 U/A_i 和 $\forall Y_j\in U/D$，计算 $\underline{A_i}(Y_j)$。

步骤 3：首先令 $B=\varnothing$，然后对 $\forall A_i\in A$，计算 $\mathrm{SGF}(A_i,A)$，将使 $\mathrm{SGF}(A_i,A)>0$ 的 A_i 增加到粒度集 B。

步骤 4：如果 $I(B\mid D)=I(A\mid D)$，则 $C=B$，转步骤 5；否则令 $B_1=A-B$，对 $\forall A_i\in B_1$，计算 $I(B\cup\{A_i\}\mid D)-I(B\mid D)$，将使信息量增加最大的粒度 A_i 增加到粒度集 B 中，$B_1=B_1-\{A_i\}$，转步骤 4。

步骤 5：输出粒度约简 C，算法结束。

时间复杂度分析：计算各个粒度对论域划分的时间复杂度为 $O(m|U|^2)$，计算不同粒度划分后决策类的下近似时间复杂度为 $O(m|U|^2)$。计算不同粒度划分下各决策类下近似的交集，时间复杂度为 $O(m|U|^2)$，而计算粒度重要度需对每个粒度计算一遍信息量的改变，算法的时间复杂度为 $O(m^2|U|^2)$，所以算法总的时间复杂度为 $O(m^2|U|^2)$。文献[12]中给出的约简算法时间复杂度为 $O(m^2|U|^3)$，本节算法 3.2 的时间复杂度低于文献[12]中的算法时间复杂度，提高了多粒度空间下粗糙集粒度约简的效率。

3.6.5 实例分析

表 3.13 是文献[95]中的一个多粒度完备决策信息系统 $S=(U,\mathrm{AT}\cup D,V,f)$，每个专家 $A_i(i=1,\cdots,5)$ 对方案 $x_j(j=1,\cdots,8)$ 进行评估，将每个专家的评估看成一个粒度空间，在悲观多粒度空间下考虑哪些专家的评估对于目标决策是必要的，哪些是不必要的。下面计算粒度集 $A=\{A_1,A_2,\cdots,A_5\}$ 的悲观下近似分布粒度约简。

表 3.13　多粒度决策信息系统

方案	A_1	A_2	A_3	A_4	A_5	D
x_1	1	2	1	1	3	yes
x_2	2	2	3	2	3	yes
x_3	3	3	1	3	4	yes
x_4	4	4	3	5	2	no
x_5	5	1	5	5	4	no
x_6	4	5	5	4	5	no
x_7	1	1	2	1	1	yes
x_8	4	5	4	4	2	no

(1) 由算法 3.2 步骤 1 计算得 $U/D=\{Y_1, Y_2\}$, $Y_1=\{x_1, x_2, x_3, x_7\}$, $Y_2=\{x_4, x_5, x_6, x_8\}$; $U/A_1=\{\{x_1, x_7\}, \{x_2\}, \{x_3\}, \{x_4, x_6, x_8\}, \{x_5\}\}$, $U/A_2=\{\{x_1, x_2\}, \{x_3\}, \{x_4\}, \{x_5, x_7\}, \{x_6, x_8\}\}$, $U/A_3=\{\{x_1, x_3\}, \{x_2, x_4\}, \{x_5, x_6\}, \{x_7\}, \{x_8\}\}$, $U/A_4=\{\{x_1, x_7\}, \{x_2\}, \{x_3\}, \{x_4, x_5\}, \{x_6, x_8\}\}$, $U/A_5=\{\{x_1, x_2\}, \{x_3, x_5\}, \{x_4, x_8\}, \{x_6\}, \{x_7\}\}$。

(2) 由步骤 2 计算得 $\underline{A_1}(Y_1)=\{x_1, x_2, x_3, x_7\}$, $\underline{A_1}(Y_2)=\{x_4, x_5, x_6, x_8\}$; $\underline{A_2}(Y_1)=\{x_1, x_2, x_3\}$, $\underline{A_2}(Y_2)=\{x_4, x_6, x_8\}$; $\underline{A_3}(Y_1)=\{x_1, x_3, x_7\}$, $\underline{A_3}(Y_2)=\{x_5, x_6, x_8\}$; $\underline{A_4}(Y_1)=\{x_1, x_2, x_3, x_7\}$, $\underline{A_4}(Y_2)=\{x_4, x_5, x_6, x_8\}$; $\underline{A_5}(Y_1)=\{x_1, x_2, , x_7\}$, $\underline{A_5}(Y_2)=\{x_4, x_6, x_8\}$。

(3) 由步骤 3 可以计算出粒度集 A 的核为 $B=\{A_2, A_3, A_5\}$，且 $I(B|D)=I(A|D)$，所以 B 为粒度集 A 的悲观下近似分布粒度约简。

根据算法 3.2 计算出的粒度约简与文献[95]中的约简结果相同，说明该算法是有效的，且算法时间复杂度低于文献[95]中算法时间复杂度，提高了粒度约简的效率。

3.6.6　小结

针对悲观多粒度粗糙集定义了粒度集的信息量，通过信息量衡量不同粒度对对象决策分类的影响程度，丰富了悲观多粒度粗糙集中粒度度量理论，并设计了基于信息量的启发式粒度约简算法，通过实例证明了算法的有效性。

3.7　基于下近似分布粒度熵的变精度悲观多粒度粗糙集模型

3.7.1　引言

从粒计算的角度来看，经典粗糙集理论主要基于等价关系对论域进行划分形成一个粒度空间，在单粒度空间下对目标概念进行近似逼近。钱宇华等分析了单一粒度空间下粗糙集的不足，认为应当从多个粒度空间对目标概念进行近似逼近，针对实际的决策问题，可获得更加合理、满意的求解[84]。文献[83]～[85]提出了多粒度粗糙集的概念，定义了悲观多粒度粗糙集和乐观多粒度粗糙集，多粒度粗糙集已成为粗糙集理论研究的新热点，引起了许多学者的关注，文献[96]～[103]分别对多粒度粗糙集的模型扩展及粒度约简算法进行了研究。

Ziarko 于 1993 年在经典粗糙集的基础上提出了变精度粗糙集模型[104]，文献[101]和[102]将变精度粗糙集的思想引入多粒度粗糙集，定义了变精度多粒度粗糙集模型，但没有给出变精度多粒度粗糙集粒度约简的方法。文献[103]主要研究了基于容差关系的不完备系统中变精度多粒度粗糙集的约简方法。目前对完备决策系统下变精度多粒度粗糙集的粒度约简研究的较少，对变精度多粒度粗糙集中的粒度进行约简，针对不同的精度，删除粒度集中不必要的粒度，有利于进一步从变精度多粒度粗糙集中提取简洁的决策规则。

本节将下近似分布约简[105]的概念引入变精度悲观多粒度粗糙集，定义变精度悲观多粒度粗糙集的下近似分布粒度熵，基于下近似分布粒度熵定义变精度悲观多粒度粗糙集粒度的重要度，设计基于下近似分布粒度熵的变精度悲观多粒度粗糙集启发式粒度约简算法[96]，算法的时间复杂度为 $O(m^2|U|^2)$，为变精度多粒度粗糙集的应用提供了理论基础。

3.7.2　基本概念

定义 3.61[101]　设 $S=(U, \mathrm{AT}, V, f)$ 是一个信息系统，$X \subseteq U$，定义

$$P([x]_A \mid X)=\frac{|[x]_A \cap X|}{|[x]_A|} \tag{3-68}$$

$|\cdot|$表示集合的基数，$P([x]_A \mid X)$表示集合$[x]_A$中的元素包含在集合 X 中的比例。

定义 3.62[101]　设 $S=(U, \mathrm{AT}, V, f)$为信息系统，$\forall A \subseteq \mathrm{AT}$，$Y \subseteq U$，对 $\beta \in [0, 1]$，定义 X 关于 A 的可变精度下近似

$$\underline{A_\beta}(X)=\{x: P([x]_A \mid X) \geqslant \beta, x \in U\} \tag{3-69}$$

性质 3.14[101]　设 $S=(U, \mathrm{AT}, V, f)$为信息系统，$\forall A \subseteq \mathrm{AT}$，$Y \subseteq U$，对 $\beta_1, \beta_2 \in [0, 1]$，$\beta_1 \leqslant \beta_2$，则 $\underline{A_{\beta_2}}(Y) \subseteq \underline{A_{\beta_1}}(Y)$。

在多粒度粗糙集中，四元组 $S=(U, \mathrm{AT}, V, f)$是一个完备信息系统，其中 $A_1, A_2, \cdots, A_m \subseteq \mathrm{AT}$，每个属性集 A_i 称为一个粒度，可以对 U 基于等价关系 $\mathrm{IND}(A_i)$ 划分得到一个粒度空间，$A=\{A_1, A_2, \cdots, A_m\}$称为一个粒度集。

定义 3.63[101]　设 $S=(U, \mathrm{AT}, V, f)$是一个信息系统，其中 $A_1, A_2, \cdots, A_m \subseteq \mathrm{AT}$，$A=\{A_1, A_2, \cdots, A_m\}$，$\forall X \subseteq U$，$\beta \in [0, 1]$，$X$ 的变精度悲观多粒度下近似、上近似分别定义为

$$\underline{\sum_{i=1}^{m} A_{i\beta}^{P}}(X)=\{x\in U: P([x]_{A_1}\mid X)\geqslant\beta\wedge P([x]_{A_2}\mid X)\geqslant\beta\wedge\cdots\wedge P([x]_{A_m}\mid X)\geqslant\beta, x\in U\}\tag{3-70}$$

$$\overline{\sum_{i=1}^{m} A_{i\beta}^{P}}(X)=\sim\left(\underline{\sum_{i=1}^{m} A_{i\beta}^{P}}(\sim X)\right)\tag{3-71}$$

性质 3.15[101]　设 $S=(U,\mathrm{AT},V,f)$ 是一个信息系统，其中 $A_1,A_2,\cdots,A_m\subseteq\mathrm{AT}$，$A=\{A_1,A_2,\cdots,A_m\}$，$\forall X\subseteq U$，则 $\underline{\sum_{i=1}^{m} A_{i\beta}^{P}}(X)=\bigcap_{i=1}^{m}\underline{A_{i\beta}}(X)$。

3.7.3　下近似分布粒度熵及其变精度悲观多粒度粗糙集

定义 3.64　设 $S=(U,\mathrm{AT}\cup D,V,f)$ 是一个完备决策信息系统，$A_1,A_2,\cdots,A_m\subseteq\mathrm{AT}$，$D$ 为决策属性，$A=\{A_1,A_2,\cdots,A_m\}$，$\beta\in[0,1]$，$B\subseteq A$，$U/D=\{Y_1,Y_2,\cdots,Y_n\}$，则变精度悲观多粒度粗糙集下近似分布定义为

$$\delta_A^{\beta}(U,D)=\left\{\underline{\sum_{i=1}^{m} A_{i\beta}^{P}}(Y_1),\underline{\sum_{i=1}^{m} A_{i\beta}^{P}}(Y_2),\cdots,\underline{\sum_{i=1}^{m} A_{i\beta}^{P}}(Y_n)\right\}\tag{3-72}$$

若 $\delta_B^{\beta}(U,D)=\delta_A^{\beta}(U,D)$，则称 B 为 A 的 β 变精度悲观多粒度下近似分布一致集。

定义 3.65　设 $S=(U,\mathrm{AT}\cup D,V,f)$ 是一个完备决策信息系统，$A_1,A_2,\cdots,A_m\subseteq\mathrm{AT}$，$A=\{A_1,A_2,\cdots,A_m\}$，$\beta\in[0,1]$，$B\subseteq A$，$U/D=\{Y_1,Y_2,\cdots,Y_n\}$，若 B 为 A 的 β 变精度悲观多粒度下近似分布一致集，且对 $\forall B_1\subset B$，都有 $\delta_{B_1}^{\beta}(U,D)\neq\delta_A^{\beta}(U,D)$，则称 B 为 A 的 β 变精度悲观多粒度下近似分布约简。

定义 3.66　设 $S=(U,\mathrm{AT}\cup D,V,f)$ 是一个完备决策信息系统，$A_1,A_2,\cdots,A_m\subseteq\mathrm{AT}$，$A=\{A_1,A_2,\cdots,A_m\}$，$U/D=\{Y_1,Y_2,\cdots,Y_n\}$，$\beta\in[0,1]$，$\forall A_i\in A$，如果 $\delta_{A-\{A_i\}}^{\beta}(U,D)=\delta_A^{\beta}(U,D)$，则称 A_i 在粒度集 A 中是不必要的，否则称 A_i 在粒度集 A 中是必要的。

定理 3.11　设 $S=(U,\mathrm{AT}\cup D,V,f)$ 是一个完备决策信息系统，$A_1,A_2,\cdots,A_m\subseteq\mathrm{AT}$，$A=\{A_1,A_2,\cdots,A_m\}$，$U/D=\{Y_1,Y_2,\cdots,Y_n\}$，$\beta\in[0,1]$，则变精度悲观多粒度粗糙集下近似分布 $\delta_A^{\beta}(U,D)=\left\{\bigcap_{A_i\in A}\underline{A_{i\beta}}(Y_1),\bigcap_{A_i\in A}\underline{A_{i\beta}}(Y_2),\cdots,\bigcap_{A_i\in A}\underline{A_{i\beta}}(Y_n)\right\}$。

证明　因为 $\delta_A^{\beta}(U,D)=\left\{\underline{\sum_{i=1}^{m} A_{i\beta}^{P}}(Y_1),\underline{\sum_{i=1}^{m} A_{i\beta}^{P}}(Y_2),\cdots,\underline{\sum_{i=1}^{m} A_{i\beta}^{P}}(Y_n)\right\}$，由性质 3.15 可知对 $\forall Y_j\in U/D$，有 $\underline{\sum_{i=1}^{m} A_{i\beta}^{P}}(Y_j)=\bigcap_{i=1}^{m}\underline{A_{i\beta}}(Y_j)=\bigcap_{A_i\in A}\underline{A_{i\beta}}(Y_j)$，则 $\delta_A^{\beta}(U,D)=\left\{\bigcap_{A_i\in A}\underline{A_{i\beta}}(Y_1),\bigcap_{A_i\in A}\underline{A_{i\beta}}(Y_2),\right.$

$\cdots, \bigcap_{A_i \in A} \underline{A_{i\beta}}(Y_n) \Big\}$。

定义 3.67　设 $S=(U, \mathrm{AT} \cup D, V, f)$ 是一个完备决策信息系统，$A_1, A_2, \cdots, A_m \subseteq \mathrm{AT}$，$A=\{A_1, A_2, \cdots, A_m\}$，$\beta \in [0, 1]$，$U/D=\{Y_1, Y_2, \cdots, Y_n\}$，定义

$$G_\beta(A \mid D)=\frac{1}{|U|^2} \sum_{j=1}^{r} \left| \bigcap_{A_i \in A} \underline{A_{i\beta}}(Y_j) \right|^2 \tag{3-73}$$

为变精度悲观多粒度粗糙集中粒度集 A 的 β 下近似分布粒度熵。这里$|\cdot|$表示集合的基数。

性质 3.16　$0 \leqslant G_\beta(A \mid D) \leqslant 1$。

证明　由于对$\forall Y_j \in U/D$，有$\varnothing \subseteq \bigcap_{A_i \in A} \underline{A_{i\beta}}(Y_j) \subseteq U$，所以有$0 \leqslant \left| \bigcap_{A_i \in A} \underline{A_{i\beta}}(Y_j) \right| \leqslant |U|^2$，从而$0 \leqslant \frac{1}{|U|^2} \sum_{j=1}^{r} \left| \bigcap_{A_i \in A} \underline{A_{i\beta}}(Y_j) \right|^2 \leqslant |U|^2$，即$0 \leqslant G_\beta(A \mid D) \leqslant 1$。

定理 3.12　设 $S=(U, \mathrm{AT} \cup D, V, f)$ 是一个完备决策信息系统，$A_1, A_2, \cdots, A_m \subseteq \mathrm{AT}$，$A=\{A_1, A_2, \cdots, A_m\}$，$U/D=\{Y_1, Y_2, \cdots, Y_n\}$，$\beta \in [0, 1]$，$B \subseteq A$，则 $G_\beta(A \mid D) \leqslant G_\beta(B \mid D)$。

证明　因为 $B \subseteq A$，对$\forall A_i \in A$，$\forall Y_j \in U/D$，有$\bigcap_{A_i \in A} \underline{A_{i\beta}}(Y_j) \subseteq \bigcap_{A_i \in B} \underline{A_{i\beta}}(Y_j)$，则$\left| \bigcap_{A_i \in A} \underline{A_{i\beta}}(Y_j) \right| \leqslant \left| \bigcap_{A_i \in B} \underline{A_{i\beta}}(Y_j) \right|$，从而 $G_\beta(A \mid D) \frac{1}{|U|^2} \sum_{j=1}^{r} \left| \bigcap_{A_i \in A} \underline{A_{i\beta}}(Y_j) \right|^2 \leqslant \frac{1}{|U|^2} \sum_{j=1}^{r} \left| \bigcap_{A_i \in B} \underline{A_{i\beta}}(Y_j) \right|^2 = G_\beta(B \mid D)$。

定理3.12说明随着粒度集中粒度的增加，粒度集的下近似分布粒度熵逐渐变小，粒度集对对象决策分类的影响程度越高；粒度熵越大，粒度集对对象决策分类的影响程度越小。

定理 3.13　设 $S=(U, \mathrm{AT} \cup D, V, f)$ 是一个完备决策信息系统，$A_1, A_2, \cdots, A_m \subseteq \mathrm{AT}$，$A=\{A_1, A_2, \cdots, A_m\}$，$U/D=\{Y_1, Y_2, \cdots, Y_n\}$，$\beta_1, \beta_2 \in [0, 1]$，$\beta_1 \leqslant \beta_2$，则 $G_{\beta_2}(A \mid D) \leqslant G_{\beta_1}(B \mid D)$。

证明　因为 $\beta_1 \leqslant \beta_2$，所以对$\forall A_i \in A$，$\forall Y_j \in U/D$，由性质 3.14 有 $\underline{A_{i\beta_2}}(Y_j) \subseteq \underline{A_{i\beta_1}}(Y_j)$，从而有$\bigcap_{A_i \in A} \underline{A_{i\beta_2}}(Y_j) \subseteq \bigcap_{A_i \in A} \underline{A_{i\beta_1}}(Y_j)$，则$\left| \bigcap_{A_i \in A} \underline{A_{i\beta_2}}(Y_j) \right| \leqslant \left| \bigcap_{A_i \in A} \underline{A_{i\beta_1}}(Y_j) \right|$，从而 $G_{\beta_2}(A \mid D)=$

$$\frac{1}{|U|^2}\sum_{j=1}^{r}\left|\bigcap_{A_i\in A}\underline{A_i}_{\beta_2}(Y_j)\right|^2 \leqslant \frac{1}{|U|^2}\sum_{j=1}^{r}\left|\bigcap_{A_i\in A}\underline{A_i}_{\beta_1}(Y_j)\right|^2 = G_{\beta_1}(B|D)。$$

定理 3.14 设 $S=(U,\mathrm{AT}\cup D,V,f)$ 是一个完备决策信息系统，$A_1,A_2,\cdots,A_m\subseteq\mathrm{AT}$，$A=\{A_1,A_2,\cdots,A_m\}$，$U/D=\{Y_1,Y_2,\cdots,Y_n\}$，$\beta\in[0,1]$，$B\subseteq A$，则 $\delta_B^\beta(U,D)=\delta_A^\beta(U,D)$ 的充要条件是 $G_\beta(B|D)=G_\beta(A|D)$。

证明 对 $\forall Y_j\in U/D$，由于 $\underline{\sum_{i=1}^{m}A_{i\beta}^P(Y_j)}=\underline{\sum_{A_i\in A}A_{i\beta}^P(Y_j)}$，则当 $\delta_B^\beta(U,D)=\delta_A^\beta(U,D)$ 时，$\underline{\sum_{A_i\in A}A_{i\beta}^P(Y_j)}=\underline{\sum_{A_i\in B}A_{i\beta}^P(Y_j)}$，由性质 3.15，对 $\forall Y_j\in U/D$，有 $\underline{\sum_{A_i\in A}A_{i\beta}^P(Y_j)}=\bigcap_{i=1}^{m}\underline{A_{i\beta}}(Y_j)=\bigcap_{A_i\in A}\underline{A_{i\beta}}$，从而 $\bigcap_{A_i\in B}\underline{A_{i\beta}}(Y_j)=\bigcap_{A_i\in A}\underline{A_{i\beta}}(Y_j)$，则有 $G_\beta(B|D)=G_\beta(A|D)$。反之，当 $B\subseteq A$ 时，对 $\forall Y_j\in U/D$，有 $\bigcap_{A_i\in A}\underline{A_{i\beta}}(Y_j)\subseteq\bigcap_{A_i\in B}\underline{A_{i\beta}}(Y_j)$，所以当 $G_\beta(B|D)=G_\beta(A|D)$ 时，必有 $\bigcap_{A_i\in A}\underline{A_{i\beta}}(Y_j)=\bigcap_{A_i\in B}\underline{A_{i\beta}}(Y_j)$，即 $\underline{\sum_{A_i\in A}A_{i\beta}^P(Y_j)}=\underline{\sum_{A_i\in B}A_{i\beta}^P(Y_j)}$，从而 $\delta_B^\beta(U,D)=\delta_A^\beta(U,D)$。

定义 3.68 设 $S=(U,\mathrm{AT}\cup D,V,f)$ 是一个完备决策信息系统，$A_1,A_2,\cdots,A_m\subseteq\mathrm{AT}$，$A=\{A_1,A_2,\cdots,A_m\}$，$U/D=\{Y_1,Y_2,\cdots,Y_n\}$，$\beta\in[0,1]$，粒度 A_i 在粒度集 A 中的重要度定义为

$$\mathrm{SGF}(A_i,A)=G_\beta(A-\{A_i\}|D)-G_\beta(A|D)$$

性质 3.17 粒度 $A_i\in A$ 在粒度集 A 中是必要的，当且仅当 $\mathrm{SGF}(A_i,A)>0$。

证明 当 $\mathrm{SGF}(A_i,A)>0$ 时，即 $G_\beta(A-\{A_i\}|D)-G_\beta(A|D)>0$，$G_\beta(A-\{A_i\}|D)\neq G_\beta(A|D)$，从而由定理 3.14 可知 $\delta_{A-\{A_i\}}^\beta(U,D)\neq\delta_A^\beta(U,D)$，所以 $A_i\in A$ 在粒度集 A 中是必要的。反之，由定理 3.12 可知 $G_\beta(A|D)\leqslant G_\beta(A-\{A_i\}|D)$，若 $A_i\in A$ 在粒度集 A 中是必要的，则必有 $\delta_{A-\{A_i\}}^\beta(U,D)\neq\delta_A^\beta(U,D)$，从而 $G_\beta(A-\{A_i\}|D)\neq G_\beta(A|D)$，则 $G_\beta(A-\{A_i\}|D)-G_\beta(A|D)>0$，即 $\mathrm{SGF}(A_i,A)>0$。

定义 3.69 粒度集 A 的核定义为 $\mathrm{Core}(A)=\{A_i\in A\mid\mathrm{SGF}(A_i,A)>0\}$。

定理 3.15 设 $S=(U,\mathrm{AT}\cup D,V,f)$ 是一个完备决策信息系统，$A_1,A_2,\cdots,A_m\subseteq\mathrm{AT}$，$\{A_1,A_2,\cdots,A_m\}$，$U/D=\{Y_1,Y_2,\cdots,Y_n\}$，$B\subseteq A$，若 $G_\beta(B|D)=G_\beta(A|D)$ 且对 $\forall A_i\in B$，$\mathrm{SGF}(A_i,B)>0$，则 B 为 A 的一个变精度悲观下近似分布粒度约简。

证明 由定理 3.14 可知当 $G_\beta(B|D)=G_\beta(A|D)$ 时，有 $\delta_B^\beta(U,D)=\delta_A^\beta(U,D)$，即 B 为 A 的变精度悲观多粒度下近似分布一致集，而对 $\forall A_i\in B$，$\mathrm{SGF}(A_i,B)>0$，即 $G_\beta(B-\{A_i\}|D)-G_\beta(B|D)>0$，$G_\beta(B-\{A_i\}|D)\neq G_\beta(B|D)$，从而 $\delta_{B-\{A_i\}}^\beta(U,D)\neq\delta_B^\beta(U,D)$，

所以 B 为 A 的变精度悲观多粒度下近似分布粒度约简。

3.7.4 变精度悲观多粒度粗糙集粒度约简模型

本节基于粒度集的下近似分布粒度熵设计变精度悲观多粒度粗糙集的下近似分布粒度约简算法，将粒度集中不影响对象决策分类的不重要的粒度去除，基本思路是首先计算粒度集的核心粒度，并逐个选择粒度重要度最大的粒度加入核中，设计基于下近似分布粒度熵的变精度悲观多粒度粗糙集的粒度约简算法，其详细步骤如下。

算法 3.3

输入：决策信息系统 $S=(U, \mathrm{AT}\cup D, V, f)$，$A_1, A_2, \cdots, A_m\subseteq \mathrm{AT}$，$A=\{A_1, A_2, \cdots, A_m\}$

输出：决策信息系统的一个变精度悲观下近似分布粒度约简 C

步骤 1：对每一个 $A_i\in A$，计算 U/A_i 和 U/D。

步骤 2：对每一个基于单粒度的粒度空间 U/A_i 和 $\forall Y_j\in U/D$，求出 U/A_i 中各等价类包含在 Y_j 中的比例，即 $P([x]_{A_i}\mid Y_j)$，针对给定的 β，将 $P([x]_{A_i}\mid Y_j)\geqslant\beta$ 的 x 加入 $\underline{A_{i\beta}}(Y_j)$，对 $\forall A_i\in A$，$\forall Y_j\in U/D$，计算出 $\underline{A_{i\beta}}(Y_j)$。

步骤 3：令 $B=\varnothing$，对 $\forall A_i\in A$，计算 $\mathrm{SGF}(A_i, A)$，将使 $\mathrm{SGF}(A_i, A)>0$ 的 A_i 增加到粒度集 B。

步骤 4：如果 $G_\beta(B\mid D)=G_\beta(A\mid D)$，则 $C=B$，转步骤 5；否则令 $B_1=A-B$，对 $\forall A_i\in B_1$，计算 $G_\beta(B\mid D)-G_\beta(B\cup\{A_i\}\mid D)$，将使下近似分布粒度熵减少最多的粒度增加到属性集 B 中，$B_1=B_1-\{A_i\}$，转步骤 4。

步骤 5：输出粒度约简 C，算法结束。

算法时间复杂度分析：计算各个粒度对论域划分的时间复杂度为 $O(m|U|^2)$，计算一个粒度划分下的各等价类包含在决策分类 Y_i 中的比例的时间复杂度为 $O(|U|^2)$，则计算不同粒度划分下的等价类包含在决策分类 Y_i 中的比例的时间复杂度为 $O(m|U|^2)$；知道各对象在不同粒度下的等价类包含在决策分类 Y_i 中的比例后，计算 $\underline{A_{i\beta}}(Y_i)$ 的时间复杂度为 $O(|U|)$，则计算 $\bigcap_{A_i\in A}\underline{A_{i\beta}}(Y_i)$ 时，需计算 m 个 $\underline{A_{i\beta}}(Y_i)$ 的交集，其时间复杂度为 $O(m|U|^2)$；计算 $\mathrm{SGF}(A_i, A)$、$G_\beta(B|D)$、$G_\beta(A|D)$ 的时间复杂度为 $O(m|U|^2)$，从而对 m 个粒度，计算 $\mathrm{SGF}(A_i, A)$、$G_\beta(A-\{A_i\}|D)$ 的时间复杂度为 $O(m^2|U|^2)$，所以算法总的时间复杂度为 $O(m^2|U|^2)$。

3.7.5 实例分析

表 3.14 是一个决策信息系统，$A=\{A_1, A_2, A_3\}$ 表示三种独立的评价指标，$U=\{x_1, x_2, x_3, x_4, x_5, x_6\}$ 表示 6 个待评价的对象，D 表示决策属性。$U/D=\{Y_1, Y_2\}$，$Y_1=\{x_2, x_3, x_5, x_6\}$，$Y_2=\{x_1, x_4\}$。根据每个评价指标，对对象的评价分为三类$\{1, 2, 3\}$，分别表示{差，一般，好}，如表 3.14 所示。

表 3.14　决策信息系统

U	A_1	A_2	A_3	D
x_1	1	1	2	no
x_2	2	2	1	yes
x_3	1	3	2	yes
x_4	2	1	1	no
x_5	3	2	2	yes
x_6	3	2	3	yes

对象在不同评价指标下的等价类如表 3.15 所示。

表 3.15　不同评价指标下对象 x_i 的等价类

U	$[x_i]_{A_1}$	$[x_i]_{A_2}$	$[x_i]_{A_3}$
x_1	x_1, x_3	x_1, x_4	x_1, x_3, x_5
x_2	x_2, x_4	x_2, x_5, x_6	x_2, x_4
x_3	x_1, x_3	x_3	x_1, x_3, x_5
x_4	x_2, x_4	x_1, x_4	x_2, x_4
x_5	x_5, x_6	x_2, x_5, x_6	x_1, x_3, x_5
x_6	x_5, x_6	x_2, x_5, x_6	x_6

当 $U/D = \{Y_1, Y_2\}$、$Y_1 = \{x_2, x_3, x_5, x_6\}$，$Y_2 = \{x_1, x_4\}$时，各对象在不同评价指标下的等价类包含在 Y_i 中比例如表 3.16 所示。

表 3.16　各对象在不同评价指标下的等价类包含在 Y_i 中的比例

U	$P([x_i]_{A_1} \mid Y_1)$	$P([x_i]_{A_2} \mid Y_1)$	$P([x_i]_{A_3} \mid Y_1)$	$P([x_i]_{A_1} \mid Y_2)$	$P([x_i]_{A_2} \mid Y_2)$	$P([x_i]_{A_3} \mid Y_2)$
x_1	1/2	0	2/3	1/2	1	1/3
x_2	1/2	1	1/2	1/2	0	1/2
x_3	1/2	1	2/3	1/2	0	1/3
x_4	1/2	0	1/2	1/2	1	1/2
x_5	1	1	2/3	0	0	1/3
x_6	1	1	1	0	0	0

当 $\beta = 1/2$ 时，$\delta_A^\beta(U,D) = \{\{x_2, x_3, x_5, x_6\}, \{x_4\}\}$，根据算法 3.1 计算可得 $\underline{A_{1\beta}}(Y_1) = U$，$\underline{A_{2\beta}}(Y_1) = \{x_2, x_3, x_5, x_6\}$，$\underline{A_{3\beta}}(Y_1) = U$，$\underline{A_{1\beta}}(Y_2) = \{x_1, x_2, x_3, x_4\}$，$\underline{A_{2\beta}}(Y_2) = \{x_1, x_4\}$，$\underline{A_{3\beta}}(Y_2) = \{x_2, x_4\}$。由于 SGF$(A_2, A)>0$，SGF$(A_3, A)>0$，所以 $B = \{A_2, A_3\}$，此时 $\delta_B^\beta(U,D) = \{\{x_2, x_3, x_5, x_6\}, \{x_4\}\} = \delta_A^\beta(U,D)$，$G_\beta(B \mid D) = G_\beta(A \mid D)$，所以 $B = \{A_2, A_3\}$为精度为 1/2 时粒度集 A 的一个粒度约简；同理可计算出当 $\beta = 1$ 时，$\delta_A^\beta(U,D) = \{\{x_6\}, \varnothing\}$，当 $B = \{A_3\}$时，$\delta_B^\beta(U,D) = \{\{x_6\}, \varnothing\} = \delta_A^\beta(U,D)$，$G_\beta(B \mid D) = G_\beta(A \mid D)$，所以 $B = \{A_3\}$为精度为 1 时粒度集 A 的一个粒度约简。

3.7.6 小结

研究了变精度悲观多粒度粗糙集的下近似分布约简算法和下近似分布粒度熵，基于下近似分布粒度熵定义了变精度悲观多粒度粗糙集粒度的重要度，并设计了变精度悲观多粒度粗糙集启发式粒度约简算法，为变精度多粒度粗糙集的应用奠定了理论基础。

3.8 灰度相容粒度空间模型

3.8.1 引言

纹理表示像素周围灰度空间的分布规律，反映物体表面的结构安排与周围环境的关系，是描述图像的重要特征之一[106,107]。它也是通过人眼视觉和身体的触觉共同作用而形成的有质感的视觉信息。人眼视觉的认知及人体触觉的感受具有主观、随机的不确定性，使得从图像中提取出来的纹理特征也具有一定的不确定性。

粒计算融合了粗糙集、模糊集、人工智能等多学科研究成果，被用于处理不完全、不可靠、不确定等知识，是研究复杂问题、海量数据挖掘和不确定信息处理的一种有效工具[108]。到目前为止，很多研究者已经对粒计算理论及其应用做了大量有意义的探索，拓宽了粒计算的研究范围及其应用领域。粒计算以不同粒度层次上的粒和对象等为研究主体，进而对问题求解，即在问题求解过程中，通过将“粗粒度”的对象分成若干个“细粒度”的对象的组合或者将“细粒度”的对象合成“粗粒度”的对象的方式，对待求解问题进行层次粒化，进而从不同粒度上对问题进行求解，得到较为满意的解[109,110]。在图像处理中，纹理分析需要一定的尺度，也就是说，一幅图像的纹理可能在较粗的尺度上观察不到，而需要在更细的尺度上观察，这与相容粒度空间的构建原理不谋而合[111]。在相容空间模型中，网格点表示每层相容粒中所有可能的位置或中心[111]。模型构建是基于每层相容粒的网格点基础上的，因此，网格点的提取在模型构建中起着举足轻重的作用。但是现有的模型构建方法大多是基于空间位置提取出网格点的，忽略了纹理特征的随机性、模糊性、关联性等不确定性，不能很好地刻画图像的纹理。

云模型是李德毅院士在传统模糊集和概率统计理论的基础上提出的定性概念和定量数值之间的不确定性转换模型，且被广泛应用于数据挖掘、图像处理等领域。目前，用云模型理论处理图像问题受到国内外研究学者的关注，已成为图像处理领域研究的一个新热点。它可用三个数字特征整体表征定性概念的不确定性，即数据间随机性、模糊性、关联性等[17]。因此，利用云模型提取相容空间模型中每层相容粒的网格点，能很好地刻画图像的纹理特征。

针对以上讨论的问题，本书将云模型应用到图像检索中，提出基于云模型的图像纹理识别和检索方法[106]。首先，定义基于灰度的原始对象集和基于灰度的相容关系，构建灰度关系系统。其次，提出基于灰度的云模型网格点算法，构建基于云模型的灰度相容粒度空间模型。

3.8.2　灰度相容关系

定义 3.70　设 $h(x,y)$ 为图像 P 上位置在 (x,y) 处的像素的灰度值。在相容空间中，称图像 P 中对应位置 (x,y) 上像素为一个对象，记作 $Og_1^0=(x,y,h(x))$。则图像 P 可以表示为一个对象集 Og_1，可以形式化表示为

$$Og_1=\begin{bmatrix} Og_{11}^0 & Og_{12}^0 & \cdots & Og_{1n}^0 \\ Og_{21}^0 & Og_{22}^0 & \cdots & Og_{2n}^0 \\ \vdots & \vdots & & \vdots \\ Og_{m1}^0 & Og_{m2}^0 & \cdots & Og_{mn}^0 \end{bmatrix} \tag{3-74}$$

由定义 3.70 可知，图像的灰度信息是对象集中所有原始对象的灰度值组成的集合。图像的灰度信息可用于提取出图像每一层的网格点，具体提取方法将在后面详细介绍。基于图像的灰度信息，可定义新的相容关系，进而建立新的相容关系系统。

定义 3.71　设 Og_{xy}^0、Og_{ij}^0 为同一层相容粒中的任意两个对象，则对象 Og_{xy}^0 与 Og_{ij}^0 间的灰度距离为

$$\mathrm{dis}_g(Og_{xy}^0,Og_{ij}^0\mid\omega)=|h(x,y)-h(i,j)| \tag{3-75}$$

其中，$Og_{xy}^0=(x,y,h(x,y))$，$Og_{ij}^0=(i,j,h(i,j))$，且 $\omega=1$。

定义 3.72　由定义 3.71 的灰度距离导出的简单相容命题为

$$\mathrm{sp}_g(Og_{xy}^0,Og_{ij}^0|\mathrm{dis}_g,\omega)=\{\mathrm{dis}_g(Og_{xy}^0,Og_{ij}^0\mid\omega)\leqslant d\} \tag{3-76}$$

定义 3.73　复合相容命题 $\mathrm{cp}_g(Og_{xy}^0,Og_{ij}^0|\mathrm{DIS},D)$ 是用符号“∪”或“∩”将一定数量的 $\mathrm{sp}_g(Og_{xy}^0,Og_{ij}^0|\mathrm{dis}_{gk},\omega)$ 连接而成的。其中 $\mathrm{DIS}=\{\mathrm{dis}_{g1},\mathrm{dis}_{g2},\cdots,\mathrm{dis}_{gL}\}$，$D=\{d_1,d_2,\cdots,d_L\}$，$k=\{1,2,\cdots,L\}$。

由定义 3.71～定义 3.73 可知，如果满足 $(Og_{xy}^0,Og_{ij}^0)\in \mathrm{tr}_{g_{(\mathrm{cp}_g,\omega,\mathrm{DIS},D)}} \Leftrightarrow \mathrm{cp}_g(Og_{xy}^0,Og_{ij}^0\mid\mathrm{DIS},D)$，则相容关系 $\mathrm{tr}_{g_{(\mathrm{cp}_g,\omega,\mathrm{DIS},D)}}$ 可由复合相容命题 $\mathrm{cp}_g(Og_{xy}^0,Og_{ij}^0|\mathrm{DIS},D)$ 导出。从而，灰度相容关系系统 TR_g 可由导出的一组相容关系 $\mathrm{tr}_{g_{(\mathrm{cp}_g,\omega,\mathrm{DIS},D)}}$ 组成，可被形式化为 $\mathrm{TR}_g=\bigcup \mathrm{tr}_{g_{(\mathrm{cp}_g,\omega,\mathrm{DIS},D)}}$。

综上可知，在相容空间中图像每层中任意两个对象间的灰度距离小于相容粒的距离上限时，这两个对象属于同一个相容粒。这里通过不同的相容粒的距离上限(半径向量) $D=\{d_1,d_2,\cdots,d_L\}$ 来定义不同的灰度距离函数，从而得到一组新的简单相容

命题。在此基础上，给出了新的复合相容命题，进而导出新的相容关系，建立了灰度相容关系系统 TR_g，为下面构建基于云模型的灰度相容空间模型奠定了基础。

3.8.3 基于灰度的云模型网格点提取

图像的灰度直方图是包含图像的灰度信息，刻画了图像中像素灰度数据的分布规律[112]。图像的灰度直方图描述了图像中各灰度级的像素数量，反映了图像中各灰度级出现的概率。

定义 3.74 设图像 P 中含有 $M\times N$ 个像素，且具有 L_n 级灰度，n_i 为图像 P 中灰度值为 i 的像素的数量，则图像 P 的各灰度出现的概率为

$$H(i)=\frac{n_i}{M\times N},\quad i=0,2,\cdots,L_h-1 \tag{3-77}$$

则令横坐标为灰度级，纵坐标为各灰度级出现的频率，所形成的灰度级函数图像称为灰度直方图，记为 $H(x)$。

根据定义 3.70 的灰度原始对象集可得到图像的灰度信息，用概率统计方法得到图像的灰度直方图 $H(x)$，并将其用于提取图像每一层的网格点。首先，对图像的灰度直方图进行概念提升，得到一定数量的定性概念。其次，通过对邻近、较近的概念进行合并，得到粒度或数目符合用户主观感觉要求的定性概念。最后，找到这些概念对应对象集中的原始对象(图像中的像素)作为网格点。基于灰度的云模型网格点提取算法的具体步骤如下。

算法 3.4

输入：图像 P，误差阈值 ε，生成概念数 K

输出：网格点集 Gird_g

步骤 1：根据图像 P 灰度信息，统计得到图像的灰度直方图 $H(x)$。
步骤 2：查找出 $H(x)$ 的峰值，
　　while ($H(x)$ 的峰值大于 ε)
　　　{以 $H(x)$ 的峰值为云模型 $C_i(\mathrm{Ex}_i, \mathrm{En}_i, \mathrm{He}_i)$ 的期望 Ex_i，拟合 $H(x)$ 求得云模型的熵 En_i 和超熵 He_i，新的灰度直方图 $H(x)=H(x)-C_i(\mathrm{Ex}_i, \mathrm{En}_i, \mathrm{He}_i)$}
　　end
步骤 3：while (概念数目大于 K)
　　　{查找较近两个概念，对概念进行“软或”概念提升，生成较粗概念，统计概念数目}
　　end
步骤 4：初始化网格点集 Gird_g 为空集
　　for ($i=1$，$i\leqslant K$，i++)
　　查找生成的第 i 个概念对应的原始对象集中对象，并将其放入网格点集 Gird_g 中
　　end
步骤 5：输出网格点集 Gird_g。
步骤 6：结束。

本节基于灰度的云模型网格点，构建了一个基于云模型的灰度相容粒度空间模型。模型构建思想：首先，根据定义 3.70，对输入的图像 P 构建基于灰度的原始对象集；其次，定义 3.71～定义 3.73 给出了基于灰度距离的简单相容命题、复合相容命题，进而导出新的相容关系，建立了灰度相容关系系统 TR_g；再次，利用算法 3.4 提取相容空间模型中每层相容粒的网格点；最后，基于灰度相容关系系统和提取的网格点，自上而下构建一个基于云模型的灰度相容空间模型。

3.8.4　灰度相容粒度空间模型与算法

由于相容粒的内涵与其所在上下文、背景等因素有关，所以在模型构建中对内涵不做深入、详细的讨论[111,113]。这里将原始对象集 Og_1 作为第 0 层的 G_0^1 的外延，建立一个自上而下的基于云模型的灰度相容粒度空间模型。基于云模型的灰度相容空间模型构建算法的具体步骤如下。

算法 3.5

输入：图像 P，粒度层数 L

输出：L 层相容粒及其灰度指标 $(\mathrm{Ex}_i, \mathrm{En}_i, \mathrm{He}_i)$

步骤 1：根据定义 3.70 对图像 P 构建 Og_1，第 0 层的 $G_0^1=(IG_0^1,EG_0^1)$ 且 $EG_0^1=\{x\mid x\in Og_1\}$。

步骤 2：利用算法 3.4 提取第一层相容粒上的格点 Grid_{g1}^1。

步骤 3：根据 $G_1^1=(IG_1^1,EG_1^1(\eta_{g1}^1,\mathrm{tr}_{g1}^1))$ 计算第一层相容粒 G_1^1，其中 $EG_1^1(\eta_{g1}^1,\mathrm{tr}_{g1}^1)=\{x\mid(x,\eta_{g1}^1)\in \mathrm{tr}^1_{g1_{\left(\mathrm{cp}_{g1}^1,\omega_1^1,\mathrm{dis}_1^1,D_1^1\right)}}\wedge(x\in EG_0^1)\}$ 且 $\eta_{g1}^1\in\mathrm{Grid}_{g1}^1$。

步骤 4：for (粒度层数 $k=2$，k 小于 L，k++)

{利用算法 3.4 提取第 k 层相容粒 G_k^1 上的网格点 Grid_{gk}^1，计算第 k 层相容粒 G_k^1 由 $G_k^1=(IG_k^1,EG_k^1(\eta_{gk}^1,\mathrm{tr}_{gk}^1))$，其中 $EG_k^1(\eta_{gk}^1,\mathrm{tr}_{gk}^1)=\{x\mid(x,\eta_{gk}^1)\in\mathrm{tr}^1_{gk_{\left(\mathrm{cp}_{gk}^1,\omega_k^1,\mathrm{dis}_k^1,D_k^1\right)}}\wedge(x\in EG_{k-1}^1)\}$ 且 $\eta_{gk}^1\in\mathrm{Grid}_{gk}^1$ }

end

步骤 5：通过逆向云发生器计算相容粒的灰度指标 $(\mathrm{Ex}_i, \mathrm{En}_i, \mathrm{He}_i)$。

步骤 6：输出 L 层相容粒及其灰度指标 $(\mathrm{Ex}_i, \mathrm{En}_i, \mathrm{He}_i)$。

步骤 7：结束。

通过算法 3.5 可以将一幅图像分成 L 层，并且可以得到相应的相容粒和灰度指标。在基于云模型的灰度相容空间模型中，如果同层两相容粒的灰度期望相同，则可以把这两个相容粒合并为较粗粒度的相容粒。新的较粗相容粒包含的元素是这两个相容粒中元素的并集，其灰度指标可由逆向云发生器计算得到。这样，根据算法 3.5 对图像进行分层粒化，进而提取图像的纹理特征。由算法 3.5 提取的特征能很好地刻画图像纹理特征的不确定性，并且也比较符合人类对纹理特征的感知心理。从而算法 3.5 构建的模型可克服现有相容粒度空间模型的缺点。

3.8.5 小结

首先研究了基于灰度原始对象集和基于灰度的相容关系，构建了灰度关系系统。其次提取了基于灰度的云模型网格点，建立了基于云模型的灰度相容空间模型。再次定义了基于云模型的灰度相容粒度空间模型的灰度直方图和灰度距离，进而提出了基于云模型纹理识别的相似性度量。最后仿真对比实验，证明本节所提方法是有效的，并且具有实际的应用价值。

参 考 文 献

[1] van den Broek P. Using texts in science education: Cognitive processes and knowledge representation. Science, 2010, 328(5977): 453-456.

[2] 陈万里. 基于商空间理论和粗糙集理论的粒计算模型研究. 合肥: 安徽大学博士学位论文, 2005.

[3] 贾秀芳. 基于粒计算模型的知识推理理论与方法. 合肥: 中国科学技术大学博士学位论文, 2014.

[4] 苗夺谦, 李德毅, 姚一豫, 等. 不确定性与粒计算. 北京: 科学出版社, 2011.

[5] 张清华, 王国胤, 胡军. 多粒度知识获取与不确定性度量. 北京: 科学出版社, 2013.

[6] 徐久成, 孙林, 张倩倩. 粒计算及其不确定信息度量的理论与方法. 北京: 科学出版社, 2013.

[7] Zhang L, Zhang B. Fuzzy reasoning model under quotient space structure. Information Sciences, 2005, 173(4): 353-364.

[8] Babu V S, Viswanath P. Rough-fuzzy weighted *k*-nearest leader classifier for large data sets. Pattern Recognition, 2009, 42(9): 1719-1731.

[9] 周如旗, 陈忆, 冯嘉礼. 基于定性映射的粒逻辑及其 Petri 网推理算法. 计算机科学, 2012, 39(12): 221-225.

[10] Huang B, Guo C X. Hierarchical structures and uncertainty measures for intuitionistic fuzzy approximation space. Information Sciences, 2016, 336: 92-114.

[11] Zhang X Y, Xu W H. Ranking for objects and attribute reductions in intuitionistic fuzzy ordered information systems. Mathematical Problems in Engineering, 2012, 2: 243-253.

[12] Yue X D, Chen Y F, Miao D Q, et al. Tri-partition neighborhood covering reduction for robust classification. International Journal of Approximate Reasoning, 2017, 83: 371-384.

[13] Liu C H, Pedrycz W. Covering-based multi-granulation fuzzy rough sets. Journal of Intelligent and Fuzzy Systems, 2016, 30(1): 303-318.

[14] Kang X P, Miao D Q. A study on information granularity in formal concept analysis based on concept-bases. Knowledge-Based Systems, 2016, 105: 147-159.

[15] Xiao Q M, Li Q G, Guo L K. Rough sets induced by ideals in lattices. Information Sciences, 2014, 271: 82-92.

[16] Liao H M, Ding S F, Wang M M, et al. An overview on rough neural networks. Neural Computing and Applications, 2016, 27(7): 1805-1816.

[17] Ma X A, Wang G Y, Yu H, et al. Decision region distribution preservation reduction in decision-theoretic rough set model. Information Sciences, 2014, 278: 614-640.

[18] Liang D C, Liu D. A novel risk decision making based on decision-theoretic rough sets under hesitant fuzzy information. IEEE Transactions on Fuzzy Systems, 2015, 23(2): 237-247.

[19] Lang G M, Yang T. Decision-theoretic rough sets-based three-way approximations of interval-valued fuzzy sets. Fundamenta Informaticae, 2015, 142(1-4): 117-143.

[20] Li H X, Zhang L B. Sequential three-way decision and granulation for cost-sensitive face recognition. Knowledge-Based Systems, 2016, 91(C): 241-251.

[21] Hu B Q. Three-way decision spaces based on partially ordered sets and three-way decisions based on hesitant fuzzy sets. Knowledge-Based Systems, 2016, 91: 16-31.

[22] 胡清华, 于达仁, 谢宗霞. 基于邻域粒化和粗糙逼近的数值属性约简. 软件学报, 2008, 19(3): 640-649.

[23] 张灵均. 基于邻域的扩展粗糙集模型及其在特征基因选择中的应用研究. 郑州: 河南师范大学硕士学位论文, 2012.

[24] Kryszkiewicz M. Rough set approach to incomplete information systems. Information Sciences, 1998, 112(1-4): 39-49.

[25] 周献中, 黄兵. 基于粗集的不完备信息系统属性约简. 南京理工大学学报(自然科学版), 2003, 27(5): 630-635.

[26] Guan Y Y, Wang H K. Set-valued information systems. International Journal of Information Sciences, 2006, 176(17): 2507-2525.

[27] Lin T Y. Granular computing on binary relations I: Data mining and neighborhood systems. Rough Sets in Knowledge Discovery, 1998, 1: 107-121.

[28] Yao Y Y. Relational interpretation of neighborhood operators and rough set approximation operators. Information Sciences, 1998, 111(198): 239-259.

[29] Wu W Z. Neighborhood operator systems and approximations. Information Sciences, 2002, 144(1-4): 201-217.

[30] 胡清华, 赵辉, 于达人. 基于邻域粗糙集的符号与数值属性快速约简算法. 模式识别与人工智能, 2008, 21(6): 732-738.

[31] Hu Q H, Yu D R, Xie Z X. Neighborhood classifiers. Expert Systems with Applications, 2008,

34(2): 866-876.

[32] Stefanowski J, Tsoukeas A. On the extension of rough sets under incomplete information. International Journal of Intelligent System, 2000, 16(1): 29-38.

[33] 王国胤. Rough 集理论在不完备信息系统中的扩充. 计算机研究与发展, 2002, 39(10): 1238-1243.

[34] 徐久成, 张倩倩. 覆盖粗糙 Vague 集的不确定性度量研究. 计算机科学, 2010, 37(10): 225-227.

[35] Li T J, Leung Y, Zhang W X. Generalized fuzzy rough approximation operators based on fuzzy coverings. International Journal of Approximation Reasoning, 2008, 48(3): 836-856.

[36] Zhu W, Wang F Y. On three types of covering rough sets. IEEE Transactions on Knowledge and Data Engineering, 2007, 19(8): 1131-1144.

[37] 祝峰, 王飞跃. 关于覆盖广义粗集的一些基本结果. 模式识别与人工智能, 2002, 15(1): 6-13.

[38] 施玉杰, 杨宏志, 徐久成. α-先验概率优势关系下的粗糙集模型研究. 南京大学学报(自然科学版), 2016, 52(5): 899-907.

[39] Pawlak Z. Rough sets. International Journal of Computer and Information Science, 1982, 11(5): 341-356.

[40] Pawlak Z. Rough sets. Communication of the ACM, 1995, 38(1): 89-95.

[41] Lingras P J, Yao Y Y. Data mining using extensions of the rough set model . Journal of the American Society for Information Science, 1998, 49(5): 415-422.

[42] Li M, Deng S B, Wang L, et al. Hierarchical clustering algorithm for categorical date using a probabilistic rough set model. Knowledge-Based Systems, 2014, 65: 60-71.

[43] 张文修. 信息系统与知识发现. 北京: 科学出版社, 2003.

[44] Greco S, Matarazzo B, Slowinski R. Rough approximation by dominance relations. International Journal of Intelligent Systems, 2002, 17(2): 153-171.

[45] Greco S, Matarazzo B, Slowinski R. Rough approximation of a preference relation by dominance relation. ICS Research Report, 1999, 117(1): 63-83.

[46] Shao M W, Zhang W X. Dominance relation and rules in an incomplete system. International Journal of Intelligent Systems, 2005, 20(1): 13-27.

[47] Hu M L, Liu S F. An analysis method of rough decision based on the limited extended dominance relation. Systems Engineering, 2006, 24(4): 106-110.

[48] 胡明礼, 刘思峰. 基于广义扩展优势关系的粗糙决策分析方法. 控制与决策, 2007, 22(12): 1347-1351.

[49] Yang X B, Yang J Y, Wu C, et al. Dominance-based rough set approach and knowledge reduction in incomplete information system. Information Science, 2008, 178(4): 1219-1234.

[50] 骆公志, 杨晓江, 周德群. 基于限制扩展优势关系的粗糙决策分析模型. 系统管理学报,

2009, 18(4): 391-396.

[51] 莫京兰, 朱广生. 基于限制优势关系的集对粗糙决策分析模型. 科学技术与工程, 2011, 11(16): 3828-3832.

[52] 杨习贝, 窦慧莉, 宋晓宁, 等. 广义不完备序值系统中的优势关系粗糙集. 江苏科技大学学报(自然科学版), 2011, 25(3): 262-267.

[53] 王斌, 邵明文, 王金鹤, 等. 基于改进的优势关系下的不完备区间值信息系统评估模型. 计算机科学, 2014, 41(2): 253-256.

[54] 陶志, 卞文静. 基于先验概率优势关系的粗糙决策分析模型. 中国民航大学学报, 2013, 31(4): 60-64.

[55] 陶志, 胡树芹. 不完备偏好决策系统中一种扩展优势关系模型. 中国民航大学学报, 2015, 33(4): 51-55.

[56] Guan L H, Hu F, Han F Q. A rule induction algorithm in incomplete decision table based on attribute order. Journal of Intelligent and Fuzzy systems, 2016, 30(2): 961-969.

[57] 李亚鸽, 杨宏志, 徐久成. 基于不完备信息系统的三角模糊数决策粗糙集. 智能系统学报, 2016, 11(4): 449-458.

[58] Grzymala-Busse J W. On the unknown attribute values in learning from examples// The 6th International Symposium on Methodologies for Intelligent Systems, Charlotte, 1991: 368-377.

[59] 杨习贝, 杨静宇, 於东军, 等. 不完备信息系统中的可变精度分类粗模型. 系统工程理论与实践, 2008, 28(5): 116-121.

[60] Grzymala-Busse J W, Wang A Y. Modified algorithms LEM1 and LEM2 for rule induction from data with missing attribute values// The Fifth International Workshop on Rough Sets and Soft Computing(RSSC'97) at the Third Joint Conference on Information Sciences, 1997: 69-72.

[61] Stefanowski J, Tsoukias A. Incomplete information tables and rough classification. Computational Intelligence, 2001, 17(3): 545-566.

[62] Yao Y Y, Wong S K M. A decision theoretic framework for approximating concepts. International Journal of Man-Machine Studies, 1922, 37(6): 793-809.

[63] 贾修一, 商琳, 陈家骏. 决策风险最小化属性约简. 计算机科学与探索, 2011, 5(2): 155-160.

[64] 于洪, 王国胤, 姚一豫. 决策粗糙集理论研究现状与展望. 计算机学报, 2015, 38(8): 1628-1639.

[65] Li H X, Zhou X Z. Risk decision making based on decision-theoretic rough set: A three-way view decision model. International Journal of Computational Intelligence Systems, 2011, 4(1): 1-11.

[66] 束锦仪, 叶东毅. 基于模糊数风险最小化的拓展决策粗糙集模型. 计算机科学, 2014, 41(3): 50-54, 75.

[67] Liu D, Li H X, Zhou X Z. Two decades'research on decision-theoretic rough sets// The 9th IEEE International Conference on Cognitive Informatics, 2010: 968-973.

[68] 李华雄, 刘盾, 周献中. 决策粗糙集模型研究综述. 重庆邮电大学学报(自然科学版), 2010, 22(5): 624-630.

[69] 李华雄, 周献中, 李天瑞, 等. 决策粗糙集理论及其研究进展. 北京: 科学出版社, 2011.

[70] 刘盾, 姚一豫, 李天瑞. 三枝决策粗糙集. 计算机科学, 2011, 38(1): 246-250.

[71] Liang D C, Pedrycz W, Liu D, et al. Three-way decisions based on decision-theoretic rough sets under linguistic assessment with the aid of group decision making. Applied Soft Computing, 2015, 29: 256-269.

[72] 刘盾, 李天瑞, 李华雄. 区间决策粗糙集. 计算机科学, 2012, 39(7): 178-181, 214.

[73] 马兴斌, 鞠恒荣, 杨习贝, 等. 不完备信息系统中的多重代价决策粗糙集. 南京大学学报(自然科学版), 2015, 51(2): 335-342.

[74] Liu D, Liang D C, Wang C C. A novel three-way decision model based on incomplete information system. Knowledge-Based Systems, 2016, 91(1): 32-45.

[75] Yao Y Y. Decision-theoretic rough set models// International Conference on Rough Sets and Knowledge Technology, 2007: 1-12.

[76] 唐国春. 模糊排序中的面积模糊度. 上海第二工业大学学报, 1999, 48(2): 48-55.

[77] Kaufman A, Gupta M M. Introduction to Fuzzy Arithmetic: Theory and Application. New York: Van Nostrand Reinhold, 1991.

[78] 陈圣兵, 李龙澍, 纪霞, 等. 不完备信息系统中基于集对相似度的粗集模型. 计算机科学, 2010, 37(7): 186-190.

[79] Kumar A, Singh P, Kaur A. A new approach for ranking of L-R type generalized fuzzy numbers. Expert Systems with Application, 2011, 38(9): 10906-10910.

[80] Yao Y Y. The superiority of three-way decisions in probabilistic rough sets models. Information Sciences, 2011, 181(6): 1080-1096.

[81] 孟慧丽, 马媛媛, 徐久成. 基于信息量的悲观多粒度粗糙集粒度约简. 南京大学学报(自然科学版), 2015, 51(2): 343-348.

[82] Lin T Y. Granular computing on binary relations II: Rough set representations and belief functions. Rough Sets in Knowledge Discovery, 1998, 1: 122-140.

[83] Qian Y H, Liang J Y. Rough set method based on multigranulations// The Fifth IEEE International Conference on Cognitive Informatics, Beijing, 2006: 297-304.

[84] Qian Y H, Liang J Y, Yao Y Y, et al. MGRS: A multigranulation rough set. Information Sciences, 2010, 180(6): 949-970.

[85] Qian Y H, Liang J Y, Wei W. Pessimistic rough decision. 浙江海洋学院学报 (自然科学版), 2010, 29(5): 440-449.

[86] 张明, 唐振民, 徐维艳, 等. 可变多粒度粗糙集模型. 模式识别与人工智能, 2012, 25(4): 709-720.

[87] Qian Y H, Liang J Y, Dang C Y. Incomplete multi-granulation rough set. IEEE Transactions on Systems, Man and Cybernetics, Part A, 2010, 40(2): 420-431.

[88] Yang X B, Song X N, Chen Z H, et al. On multigranulation rough sets in incomplete information system. International Journal of Machine Learning and Cybernetics, 2012, 3(3): 223-232.

[89] 刘财辉. 一种元素最大描述下的多粒度覆盖粗糙集模型. 计算机科学, 2013, 40(12): 64-67.

[90] 梁吉业, 曲开社, 徐宗本. 信息系统的属性约简. 系统工程理论与实践, 2001, 21(12): 76-80.

[91] 张文修, 梁怡. 不确定性推理原理. 西安: 西安交通大学出版社, 1996.

[92] 黄兵, 周献中, 张蓉蓉. 基于信息量的不完备信息系统属性约简. 系统工程理论与实践, 2005, 25(4): 55-60.

[93] 马建敏, 张文修, 朱朝晖. 基于信息量的序信息系统的属性约简. 系统工程理论与实践, 2010, 30(9): 1679-1683.

[94] 马建敏, 张文修. 基于信息量的集值信息系统的属性约简. 模糊系统与数学, 2013, 27(2): 177-182.

[95] 桑妍丽, 钱宇华. 一种悲观多粒度粗糙集中的粒度约简算法. 模式识别与人工智能, 2012, 25(3): 361-366.

[96] 孟慧丽, 马媛媛, 徐久成. 基于下近似分布粒度熵的变精度悲观多粒度粗糙集粒度约简. 计算机科学, 2016, 43(2): 83-85, 104.

[97] 杨习贝, 窦慧莉, 杨静宇. 基于等价关系的混合多粒度粗糙集. 计算机科学, 2012, 39(11): 165-169.

[98] 沈家兰, 汪小燕, 申元霞. 可变程度多粒度粗糙集. 小型微型计算机系统, 2016, 28(3): 165-172.

[99] 吴志远, 钟培华, 胡建根. 程度多粒度粗糙集. 模糊系统与数学, 2014, 28(3): 165-172.

[100] Piegat A, Pluciński M. Fuzzy number division and the multi-granularity phenomenon. Bulletin of the Polish Academy of Sciences Technical Sciences, 2017, 65(4): 497-511.

[101] Qian Y H, Zhang H, Sang Y N, et al. Multigranulation decision-theoretic rough sets. International Journal of Approximate Reasoning, 2014, 55(1): 225-237.

[102] 窦慧莉, 吴陈, 杨习贝, 等. 可变精度多粒度粗糙集模型. 江苏科技大学学报(自然科学版), 2012, 26(1): 65 69.

[103] 翟永健, 张宏. 变精度多粒度粗糙集的约简研究. 金陵科技学院学报, 2013, 29(4): 1-8.

[104] Ziarko W. Variable precision rough set model. Journal of Computer and System Sciences, 1993, 46(1): 39-59.

[105] 张文修, 米据生, 吴伟志. 不协调目标信息系统的知识约简. 计算机学报, 2003, 26(1): 12-18.

[106] 任金玉. 基于云模型和相容粒的图像检索方法研究. 郑州: 河南师范大学硕士学位论文, 2014.

[107] 陈兆学, 喻海中, 陈浩. 基于灰度直方图多峰值选取的脑组织 MRI 图像 *K*-means 聚类分割方

法研究. 生物医学工程学杂志, 2013, 30(6): 1164-1170.

[108] 张禹, 丁世飞, 张力文, 等. 相容粒度空间模型研究与分析. 小型微型计算机系统, 2009, 30(5): 940-943.

[109] 葛寒娟, 邱桃荣, 王剑, 等. 一种基于相容信息粒原理的图像分类方法. 广西师范大学学报(自然科学版), 2008, 26(3): 222-225.

[110] Zheng Z, Hu H, Shi Z Z. Tolerance relation based granular space// International Workshop on Rough Sets, Fuzzy Sets, Data Mining, and Granular-Soft Computing, 2005: 682-691.

[111] 郑征. 基于相容粒度空间模型的图像纹理识别. 重庆邮电大学学报(自然科学版), 2009, 21(4): 484-489.

[112] Lin C H, Chen C C, Lee H L, et al. Fast *k*-means algorithm based on a level histogram for image retrieval. Expert Systems with Applications, 2014, 41(7): 3276-3283.

[113] 李双群, 徐久成, 张灵均, 等. 基于相容粒的彩色图像检索算法. 广西师范大学学报(自然科学版), 2011, 29(3): 173-178.

第 4 章 基于粒计算的知识获取方法

当前，人们已经逐步迈入了大数据时代，大数据的热潮促使人们对数据分析与知识获取的需求越来越迫切[1-3]，使人们对计算机处理信息能力的要求有所提高，如何从繁杂的数据中提取必要信息，成为许多人研究的新方向。粒计算是一种新的智能信息处理理论，它很大程度上模拟了人脑认识和解决问题的过程[4]。近年来，粗糙集在机器学习、知识发现、数据挖掘、决策支持与分析等方面的研究备受瞩目[5]。数据挖掘的重要性使人们针对如何获取知识进行了大量的研究，目前知识获取的主要方法有粗糙集方法、决策树方法、贝叶斯方法、支持向量机、遗传算法和关联规则方法等。信息系统作为数据库的表现形式，其中带有很多不确定性，直接影响了基于数据库的知识获取效率，也是粗糙集理论应用于属性约简、规则提取等若干知识获取的核心研究问题。如何在数据挖掘与分析阶段对数据的不确定性进行有效的处理，已成为大数据知识获取的一个重要课题，对该问题的研究有助于促进大数据环境中基于粒计算的知识获取方法对复杂问题的求解和完善[6]。

4.1 基于粒度划分的决策表属性约简方法

4.1.1 引言

粒计算是一种模拟人类思想和行为的理论方法，能够层次化地对问题进行分析，现已成为智能信息处理领域的一个重要研究分支[3]。近年来，关于粒计算问题的研究主要有两个方面，即粒空间的结构和粒计算，其中前者主要解决粒空间的形成、表示和解释，后者主要解决粒子的使用问题[7]。粗糙集理论是一种新的处理模糊和不确定性知识的数学工具[8-16]。粗糙集理论认为知识就是对论域的划分，而划分与等价关系是一一对应的。目前，它正被广泛应用于机器学习、决策分析、过程控制、模式识别和数据挖掘等领域[17-22]。粗糙集理论正是粒计算领域的主要研究方向之一，很多粗糙集理论的应用可以被看成粒计算的具体模型[23]。文献[4]讨论了粒计算中基于粗糙逻辑语义的粒及其相关性质，建立了这种粒的演绎推理，提出了基于粗糙逻辑语义的粒归结原理和归结策略。文献[15]基于粗糙集方法定义了决策规则粒，构造了决策规则粒库，定义了粒语言，构造了一种逻辑推理的新模型，提出了基于粗糙集理论的粒度模型。

知识约简是粗糙集理论研究的核心内容[20-37]，以粗糙集理论为基础并发展的粒

计算理论研究已经得到了很多学者的重视，但是粗糙集约简算法的低效性仍然限制了粗糙集理论的广泛应用，尤其是在大规模数据集上的应用[33]。目前，现有的属性约简算法的复杂度越来越低，文献[11]提出的属性约简算法的最坏时间复杂度为$O(|C|^3|U|^2)$；文献[12]给出了最坏时间复杂度为$O(|C|^2|U|^2)$的属性约简算法，使得算法的最坏时间复杂度降低一个数量级；文献[37]通过快速排序方法又将属性约简算法的最坏时间复杂度降为$O(|C|^2|U|\log_2|U|)$；文献[23]对启发函数和属性的重要性计算进行充分分析后，认为以近似质量为启发信息并不十分理想，设计了一个新的较为合理的度量属性重要性的计算公式，给出了该公式的递归计算公式，并用该公式作为启发信息，设计了一个时间复杂度为$\max(O(|C||U|),O(|C|^2|U/C|))$的快速属性约简算法[23]。

在粗糙集理论中用任意二元关系将全集U分类称为粒化，被粒化得到的类称为粒，用粗糙集方法处理这些粒称为粒计算[23]，而在全集U上经等价或不可区分关系的粒化，得到的粒是一种特殊的粒。本节从这种粒计算思想出发，在Yao等提出的粒度计算的划分模型[32]基础上，对知识的分类能力给予量化，定量地表示知识的分类能力，对一致或不一致简化决策表提出新的粒度划分模型，给出不一致决策表的新的核属性、不必要属性、属性重要性定义和知识约简判定定理，设计基于粒度划分的决策表约简算法。该算法表示形式简单，而且只用通过整数运算来完成，可有效地降低计算约简的时间和空间复杂度，更易于计算机实现。UCI机器学习数据库数据集和公开的基因表达数据集的仿真实验结果表明该算法是高效的，可以适用于较大规模数据集的知识获取。

4.1.2 主要概念

设五元组$S=(U,C,D,V,f)$是一个决策表，其中U为论域；C为条件属性集；D为决策属性集且$C\cap D=\varnothing$；$V=\bigcup\{V_a \mid a\in C\cup D\}$，$V_a$为属性$a$的值域；$f$: $U\times(C\cup D)\to V$是一个信息函数，它为一个对象的每一个属性赋予一个信息值，即$\forall a\in C\cup D, x\in U$，有$f(x,a)\in V_a$。每一个属性子集$P\subseteq C\cup D$决定了一个二元不可区分关系$\mathrm{IND}(P)$：

$\mathrm{IND}(P)=\{(x,y)\in U\times U \mid f(x,a)=f(y,a),\forall a\in P\}$，关系$\mathrm{IND}(P)$可确定$U$的一个划分，用$U/\mathrm{IND}(P)$表示，简记为$U/P$，$U/P$中的任何元素$[x]_P=\{y \mid f(x,a)=f(y,a),\forall a\in P\}$称为等价类(基本块)[38]。

在决策表$S=(U,C,D,V,f)$中，若$P,Q\subseteq C\cup D$，对任意$X\in U/P$，存在$Y\in U/Q$，使得$X\subseteq Y$，则表示$P\preccurlyeq Q$，这意味着P的划分比Q更精细，或者Q的划分比P更粗糙；对于任意$X\in U/P$，存在$Y\in U/Q$，使得$X\subseteq Y$，且存在$X_0\in U/P$，$Y_0\in U/Q$，使得$X_0\subseteq Y_0$，则表示$P\prec Q$。在决策表$S=(U,C,D,V,f)$中，对于P, $Q\subseteq C\cup D$，若$Q\subseteq P$，则$P\preccurlyeq Q$；若$Q\subset P$，则$P\prec Q$。

定理 4.1　在决策表 $S=(U,C,D,V,f)$ 中，如果 $\text{IND}(C)\subseteq\text{IND}(D)$，那么决策表 S 是一致决策表，否则 S 是不一致决策表。

在决策表 $S=(U,C,D,V,f)$ 中，$P\subseteq C$，设 $U/D=\{D_1,D_2,\cdots,D_m\}$ 表示决策属性集 D 对论域 U 的划分，$U/P=\{P_1,P_2,\cdots,P_n\}$ 表示条件属性集 P 对论域 U 的划分，$\underline{P}(X)=\bigcup\{[x]_P\mid[x]_P\subseteq X\subseteq U\}$ 表示 X 的 P 下近似集，则条件属性集 P 关于 D 的正区域定义为 $POS_P(D)=\bigcup\{\underline{P}(D_i)\mid D_i\in U/D\}$[23, 39]。

对任意属性 $a\in P\subseteq C$，若 $\text{POS}_P(D)=\text{POS}_{P-\{a\}}(D)$，则称属性 a 为 P 中相对于 D 是可省的(不必要的)；否则称属性 a 为 P 中相对于 D 是不可省的(必要的)[23]。对任意条件属性子集 $P\subseteq C$，若 P 中任意元素相对于 D 都是必要的，则称 P 相对于 D 是独立的。所以，根据不可区分关系和正区域的定义容易验证下面的定理。

定理 4.2　在决策表 $S=(U,C,D,V,f)$ 中，条件属性集 C 关于 D 的正区域 $\text{POS}_C(D)=\bigcup\{X\mid X\in U/C$ 且 $\forall x,y\in X\Rightarrow f(x,D)=f(y,D)\}$。

从定理 4.2 可知，条件属性集 C 关于 D 的正区域是由决策属性上取值唯一的基本块的并集组成的，即任何在决策属性上取值不唯一的基本块均不在正区域中[23]。

定理 4.3[40]　在决策表 $S=(U,C,D,V,f)$ 中，若 $\text{POS}_C(D)=U$，则称决策表 S 为一致决策表，否则称决策表 S 为不一致决策表。

下面结合正区域思想可以得到简化的决策表定义。

定义 4.1　在决策表 $S=(U,C,D,V,f)$ 中，记作 $U/(C\cup D)=\{[U_1']_{C\cup D},[U_2']_{C\cup D},\cdots,[U_n']_{C\cup D}\}$，其中 $U=\{U_1,U_2,\cdots,U_m\}$，有 $n\leqslant m$，且 $U_j'\in U$，于是 $U'=\{U_1',U_2',\cdots,U_n'\}$。$f':U'\times(C\cup D)\to V'$ 是一个新的信息函数。这样 $S'=(U',C,D,V',f')$ 称为简化的决策表，可记作 $S'=(U',C,D)$。

从定义 4.1 可知，通过条件属性和决策属性对论域的简化，可以有效地删除一些冗余的信息，也可有效降低空间搜索复杂度。从而可有效降低计算属性核和属性约简的复杂度。

4.1.3　粒度划分模型

在粒计算的划分模型基础上，Yao 等定义了一致决策表的核属性、不必要属性和约简，没有讨论不一致决策表的粒度计算，而不一致决策表是现实决策分析问题中经常遇到的信息系统，也是信息系统约简处理研究的重点[32,33,40]。于是，下面在文献[32]的粒度计算的划分模型基础上，对一致或不一致简化的决策表的粒度划分模型做进一步的深入研究。

定义 4.2[33]　在简化的决策表 $S'=(U',C,D,V',f')$ 中，论域 U' 的一个划分 $\pi=\{X_i\mid 1\leqslant i\leqslant n\}$ 对论域提供了简单的粒度观点，划分中的每个基本块 X_i 都是一个粒子

且满足：每一个 X_i 非空；对所有的 $i \neq j$，$X_i \cap X_j = \varnothing$；$\bigcup\{X_i \mid 1 \leqslant i \leqslant n\} = U'$。于是称该划分 π 为 U' 上的粒度划分。

定义 4.3 如果对任意的粒子 $X_i \in \pi_1$，存在粒子 $Y_i \in \pi_2$，使得 $X_i \subseteq Y_i$。这就意味着粒度划分 π_1 的所有块都包含在粒度划分 π_2 的块中，称粒度划分 π_1 是 π_2 的细化，记作 $\pi_1 \preccurlyeq \pi_2$。如果 $\pi_1 \preccurlyeq \pi_2$ 且 $\pi_2 \preccurlyeq \pi_1$，则称 $\pi_1 = \pi_2$，这说明 π_1 的粒度划分与 π_2 的粒度划分相同。对于任意的粒子 $X_i \in \pi_1$，存在粒子 $Y_i \in \pi_2$，使得 $X_i \subseteq Y_i$，且存在 $X_0 \in \pi_1$，$Y_0 \in \pi_2$，使得 $X_0 \subset Y_0$，则表示 $\pi_1 \prec \pi_2$。

根据上面不可区分关系及粒度划分的定义容易验证下面的定理。

定理 4.4 在简化的决策表 $S' = (U', C, D, V, f')$ 中，属性集合 P, $Q \subseteq C \cup D$，若 $Q \subseteq P$，则 $\pi_P \preccurlyeq \pi_Q$；若 $Q \subset P$，则 $\pi_P \prec \pi_Q$。

根据粒度划分的定义及定理 4.2，容易验证下面的定理。

定理 4.5 在简化的决策表 $S' = (U', C, D, V, f')$ 中，条件属性集 C 关于 D 的正区域 $\mathrm{POS}_C(D) = \bigcup\{X \mid X \in \pi_C \Rightarrow X \in \pi_D\}$。

定理 4.6 在简化的决策表 $S' = (U', C, D, V, f')$ 中，若满足 $\pi_C \preccurlyeq \pi_D$，则称简化的决策表 S' 为一致简化的决策表，否则称其为不一致简化的决策表[40]。

定义 4.4 在简化的决策表 $S' = (U', C, D, V, f')$ 中，对于任意属性 $c \in C$，若不满足 $\pi_{C-\{c\}} \preccurlyeq \pi_{(C-\{c\}) \cup D}$，则称属性 c 是 C 中相对于 D 的核属性；若满足 $\pi_{C-\{c\}} = \pi_{(C-\{c\}) \cup D}$，则称属性 c 是 C 中相对于 D 的不必要属性。

定义 4.5 在简化的决策表 $S' = (U', C, D, V, f')$ 中，条件属性子集 $P \subseteq C$，若 $\pi_P \preccurlyeq \pi_D$，并且不存在 $Q \subset P \Rightarrow \pi_Q \preccurlyeq \pi_D$，则称 P 是 C 的一个相对约简。

在简化的决策表 $S' = (U', C, D, V, f')$ 中，对于条件属性子集 $P \subseteq C$，则 P 上的二元不可区分关系 $\mathrm{IND}(P) = \{(x, y) \in U' \times U' \mid f(x, a) = f(y, a), \forall a \in P\}$，构成了 U' 上的一个划分，记为 $\pi_{\mathrm{IND}(P)}$，它的每一个等价类(基本块) $[x]_{\mathrm{IND}(P)}$ 可以看成一个可定义的粒子[33]。

定理 4.7 在简化的决策表 $S' = (U', C, D, V, f')$ 中，条件属性子集 $P \subseteq C$，若 $\pi_{\mathrm{IND}(P)} \preccurlyeq \pi_{\mathrm{IND}(D)}$（$\pi_{\mathrm{IND}(D)}$ 是 D 上的二元不可区分关系 $\mathrm{IND}(D)$ 在 U' 上构成的一个划分 $\pi_{\mathrm{IND}(D)}$），则在一致简化的决策表 S' 中，$\pi_{\mathrm{IND}(P)}$ 与属性集 $P \cup D$ 的联合粒度划分 $\pi_{\mathrm{IND}(P \cup D)}$ 相等，即 $\pi_{\mathrm{IND}(P)} = \pi_{\mathrm{IND}(P \cup D)}$。

证明 由定理 4.4 和定理 4.6 及定义 4.3 可知该定理显然成立。

定义 4.6 在一致简化的决策表 $S' = (U', C, D, V, f')$ 中，对任意属性 $c \in C$，若满足 $\pi_{\mathrm{IND}(C-\{c\})} \neq \pi_{\mathrm{IND}((C-\{c\}) \cup D)}$，则属性 c 称为 C 中相对于 D 的核属性；若满足 $\pi_{\mathrm{IND}(C-\{c\})} = \pi_{\mathrm{IND}((C-\{c\}) \cup D)}$，则属性 c 称为 C 中相对于 D 的不必要属性。

由定理 4.7 和定义 4.6 可以得到粒度划分知识约简的判定定理。

定理 4.8　在一致简化的决策表 $S'=(U',C,D,V,f')$ 中，条件属性子集 $P\subseteq C$，如果满足 $\pi_{\mathrm{IND}(P)}=\pi_{\mathrm{IND}(P\cup D)}$，并且不存在 $Q\subset P$ 满足 $\pi_{\mathrm{IND}(Q)}=\pi_{\mathrm{IND}(Q\cup D)}$，那么称条件属性子集 P 是 C 相对于 D 的一个约简。

由文献[34]分析可知，在决策表 $S=(U,C,D,V,f)$ 中，由粗糙集理论的代数观点可知，一个条件属性是否可以约简，取决于删除该条件属性后是否改变决策集合的下近似集；在粗糙集理论的信息观点中，一个条件属性是否可以约简，取决于删除该条件属性后决策表 S 产生的条件信息熵是否改变。由于决策表 S 中一致对象集 $\mathrm{POS}_C(D)$ 产生的条件信息熵为 0，所以决策表 S 的条件信息熵改变是由不一致对象集 $U-\mathrm{POS}_C(D)$ 产生的。对于决策表 S，增加新的不一致对象或原有不一致对象属于各个决策属性分类的条件概率分布改变，均会引起条件信息熵发生变化。也就是说，如果删除某条件属性，既不影响不一致部分的条件概率分布，又不影响一致部分的分类，那么该条件属性是可以约简的[38]。由此，从文献[8]中就得到了不一致决策表在条件信息熵下的属性核。

定理 4.9[41]　设 U 是一个论域，P 是 U 的一个条件属性集合，D 为决策属性，则 $a\in P$ 是核属性的充分必要条件为 $H(D|P)<H(D|P-\{a\})$，其中 $H(D|P)$ 为 D 相对于 P 的条件信息熵。

在上述理论分析的基础上，下面研究一致或不一致决策表的核属性的表示方法。

文献[34]指出在不一致决策表 $S=(U,C,D,V,f)$ 中，条件属性集 C 在 U 上导出的划分为 $\{C(D_0),C(D_1),C(D_2),\cdots,C(D_m)\}$，其中 $U/D=\{D_1,D_2,\cdots,D_m\}$ 表示 D 对论域 U 的划分。该导出的划分可将所有不一致对象从一致对象中分离出来，由此划分得到的等价关系记为 R_D，其中 $D_0=U-\mathrm{POS}_C(D)$ 为不一致对象集，显然有 $\underline{C}D_0=D_0$，若 S 是一致决策表，则 $\underline{C}D_0=\varnothing$。由此在简化的决策表 $S'=(U',C,D,V,f')$ 中，可以得到决策粒度划分 $\pi_{\mathrm{IND}(R_D)}=\{C(D_0),C(D_1),C(D_2),\cdots,C(D_m)\}$，用 $\pi_{\mathrm{IND}(R_D)}$ 来表示决策属性 D 上的二元不可区分关系 $\mathrm{IND}(R_D)$ 构成 U' 上的一个决策粒度划分。因此，可以得到一致或不一致简化的决策表 $S'=(U',C,D,V,f')$ 的核属性和属性约简的新定义。

定义 4.7　在不一致简化的决策表 $S'=(U',C,D,V,f')$ 中，对任意属性 $c\in C$，若满足 $\pi_{\mathrm{IND}(C-\{c\})}\neq\pi_{\mathrm{IND}((C-\{c\})\cup R_D)}$，则属性 c 称为 C 中相对于 D 的核属性。

文献[23]认为由于近似质量只关注正区域的变化情况，而完全包含于 $U-\mathrm{POS}_C(D)$（即不一致对象集）的对象对正区域的计算是没有影响的，从而在计算属性的重要性时可以同时将包含于 $U-\mathrm{POS}_C(D)$ 的对象去掉以进一步缩小搜索空间。也就是说，文献[23]在定义属性的重要性时已经去掉了 $U-\mathrm{POS}_C(D)$ 中的对象，即舍弃不一致对象。这样就改变了原始决策表的大小，致使其约简结果不一定是原始决策表的，且不一致对象集在求决策表约简时也是有用的[14]。因此，在一致和不一致对象分开的基础上，提出基于粒度划分的新的属性重要性定义。它不仅考虑一致对象集，而且考虑不一致对象集，也不会改变原始决策表的大小。基于上述思想，下面给出一种基于粒度划分的新的属性重要性定义。

定义 4.8　在不一致简化的决策表 $S'=(U',C,D,V,f')$ 中，条件属性子集 $P\subseteq C$，任意属性 $a\in P$ 在 P 中的重要性定义为

$$\mathrm{SIG}_{P-\{a\}}(a)=\frac{|\pi_{\mathrm{IND}((P-\{a\})\cup R_D)}-\pi_{\mathrm{IND}(P-\{a\})}|}{|U'|}=\frac{|\pi_{\mathrm{IND}((P-\{a\})\cup R_D)}|-|\pi_{\mathrm{IND}(P-\{a\})}|}{|U'|} \tag{4-1}$$

由定义 4.8 可以得到下面的性质。

性质 4.1　在不一致简化的决策表 $S'=(U',C,D,V,f')$ 中，$0\leqslant \mathrm{SIG}_{P-\{a\}}(a)<1$。

性质 4.2　在不一致简化的决策表 $S'=(U',C,D,V,f')$ 中，属性 $a\in P$ 在条件属性子集 P 中是必要的充要条件是 $\mathrm{SIG}_{P-\{a\}}(a)>0$，即 $\pi_{\mathrm{IND}(P-\{a\})}\neq\pi_{\mathrm{IND}((P-\{a\})\cup R_D)}$。

性质 4.3　在不一致简化的决策表 $S'=(U',C,D,V,f')$ 中，属性 $c\in C$ 在 S' 中是必要的，当且仅当 $\mathrm{SIG}_{C-\{c\}}(c)>0$，即 $\pi_{\mathrm{IND}(C-\{c\})}\neq\pi_{\mathrm{IND}((C-\{c\})\cup R_D)}$。因此，条件属性集 C 的核属性为 $\mathrm{Core}(C)=\{c\in C\mid \mathrm{SIG}_{C-\{c\}}(c)>0\}$。

从定义 4.7 和定义 4.8 容易验证上述性质。

在不一致简化的决策表 $S'=(U',C,D,V,f')$ 的核属性定义的基础上，进一步研究基于粒度划分模型的启发式信息。

定义 4.9　在不一致简化的决策表 $S'=(U',C,D,V,f')$ 中，条件属性子集 $P\subseteq C$，任意属性 $a\in C-P$ 关于 P 的重要性定义为

$$\mathrm{SIG}_{P\cup\{a\}}(a)=\frac{|\pi_{\mathrm{IND}((P\cup\{a\})\cup R_D)}-\pi_{\mathrm{IND}(P\cup\{a\})}|}{|U'|}=\frac{|\pi_{\mathrm{IND}(P\cup\{a\}\cup R_D)}|-|\pi_{\mathrm{IND}(P\cup\{a\})}|}{|U'|} \tag{4-2}$$

$\mathrm{SIG}_{P\cup\{a\}}(a)$ 的值越大，说明在已知 P 的条件下，属性 $a\in C-P$ 关于知识 P 就越重要。因此，可把 $\mathrm{SIG}_{P\cup\{a\}}(a)$ 作为搜索最小或次优属性约简的启发式信息，以减小搜索空间。所以，在不一致简化的决策表 $S'=(U',C,D,V,f')$ 中，由粒度划分的属性重要性定义可以得到粒度划分知识约简的判定定理[40]。

定理 4.10　在不一致简化的决策表 $S'=(U',C,D,V,f')$ 中，条件属性子集 $P\subseteq C$，如果满足 $\pi_{\mathrm{IND}(P)}=\pi_{\mathrm{IND}(P\cup R_D)}$，并且不存在 $Q\subset P$ 满足 $\pi_{\mathrm{IND}(Q)}=\pi_{\mathrm{IND}(Q\cup R_D)}$，那么称 P 是 C 相对于 D 的一个约简。

定理 4.10 从代数角度提供了粒度划分模型知识约简的判定方法，这是求一致和不一致决策表约简的基础。由性质 4.3 可以很容易求出条件属性集 C 的核属性 $\mathrm{Core}(C)$。由于核属性是唯一的且核属性为任何约简的子集，所以核属性可作为搜索最小或次优属性约简的起点。根据定义 4.9 中粒度划分的属性重要性，逐次选择最重要的属性添加到核属性中，直到约简集的粒度划分等于其与决策属性的联合粒度划分为止[40]。

4.1.4　基于粒度划分的决策表属性约简算法

由上述定义和定理分析可知，在简化的决策表 $S'=(U',C,D,V,f')$ 中，若以 $\mathrm{SIG}_{P\cup\{a\}}(a)$ 为启发式信息，必须计算 $\pi_{\mathrm{IND}(P\cup\{a\})}$ 和 $\pi_{\mathrm{IND}(P\cup\{a\}\cup R_D)}$，另外对任意给定的简化决策表 S'，U' 是固定不变的。因此，在计算 $\mathrm{SIG}_{P\cup\{a\}}(a)$ 时，可以不考虑分母(因为它们的分母都等于 $|U'|$)，只需要计算分子就可以了。这样所有的运算均可以化简为整数运算[42]。为此，要想降低该知识约简方法的时间和空间复杂度，必须研究计算 $\pi_{\mathrm{IND}(P)}$ 和 $\pi_{\mathrm{IND}(P\cup R_D)}$ 的高效方法。

引理 4.1　设 P 和 Q 为论域 U 上的两个等价关系集合，则有 $\pi_{\mathrm{IND}(P\cup Q)}=\pi_{\mathrm{IND}(P)}\cap\pi_{\mathrm{IND}(Q)}$ 成立。

引理 4.1 的证明可参考文献[37]。

定理 4.11　在简化的决策表 $S'=(U',C,D,V,f')$ 中，若条件属性子集 $P\subseteq C$，属性 $a\in C-P$，则有

$$\pi_{\mathrm{IND}(P\cup\{a\})}=\pi_{\mathrm{IND}(P)}\cap\pi_{\mathrm{IND}(\{a\})}=\bigcup\{[Y]_{\mathrm{IND}(\{a\})}\mid Y\in[X]_{\mathrm{IND}(P)}\in\pi_{\mathrm{IND}(P)}\}\tag{4-3}$$

证明　由引理 4.1 和文献[37]的性质 4.2 可知该定理显然成立。

从定理 4.11 分析可知，假设已经计算出 $\pi_{\mathrm{IND}(P)}=\{[X_1]_{\mathrm{IND}(P)},[X_2]_{\mathrm{IND}(P)},\cdots,[X_n]_{\mathrm{IND}(P)}\}$，依次对粒子 $[X_i]_{\mathrm{IND}(P)}$ 在属性 a 上做进一步划分，同时 $U=U-[X_i]_{\mathrm{IND}(P)}$，这样不仅使得被搜索的对象空间 U' 不断缩小，而且有利于提高算法的效率[23]。因此，深层次的划分可以使该知识约简方法的效率得到进一步提高。为此，对于启发式信息 $\mathrm{SIG}_{P\cup\{a\}}(a)$ 的计算，也就是寻求计算粒度划分的高效方法。

借鉴文献[35]的基数排序方法计算划分的思想，可以用同样的方法来计算粒度划分，在此基础上，给出计算 $\pi_{\mathrm{IND}(P\cup\{a\})}$、$\pi_{\mathrm{IND}(P\cup\{a\}\cup R_D)}$ 和 $\mathrm{SIG}_{P\cup\{a\}}(a)$ 的具体算法如下。

算法 4.1

输入：在决策表 $S=(U,C,D,V,f)$ 中，$P\subseteq C$，$a\in C-P$，$c\in C$
输出：$\pi_{\mathrm{IND}(P\cup\{a\})}$、$\pi_{\mathrm{IND}(P\cup\{a\}\cup R_D)}$、$\mathrm{SIG}_{P\cup\{a\}}(a)$ 和 $\mathrm{SIG}_{C-\{c\}}(c)$
步骤 1：计算 $\pi_{\mathrm{IND}(C\cup D)}$，可得 U'，即有简化的决策表 $S'=(U',C,D,V,f')$。
步骤 2：计算 $\pi_{\mathrm{IND}(D)}$，可得 $\mathrm{POS}_C(D)$，进而获得 $\pi_{\mathrm{IND}(R_D)}$。
步骤 3：计算 $\pi_{\mathrm{IND}(C-\{c\})}$ 和 $\pi_{\mathrm{IND}((C-\{c\})\cup R_D)}$，进而可得 $\mathrm{SIG}_{C-\{c\}}(c)$。
步骤 4：计算 $\pi_{\mathrm{IND}(P)}$，可得 $\pi_{\mathrm{IND}(P\cup\{a\})}$ 和 $\pi_{\mathrm{IND}(P\cup\{a\}\cup R_D)}$，进而可得 $\mathrm{SIG}_{P\cup\{a\}}(a)$。
步骤 5：输出 $\pi_{\mathrm{IND}(P\cup\{a\})}$、$\pi_{\mathrm{IND}(P\cup\{a\}\cup R_D)}$、$\mathrm{SIG}_{P\cup\{a\}}(a)$ 和 $\mathrm{SIG}_{C-\{c\}}(c)$，结束。

经分析计算可知，步骤 2 可以将决策等价类逐步细化和分离，算法 4.1 的时间复杂度为 $O(|C||U|)$。在算法 4.1 的基础上，以属性核为起点，自底向上逐步增加属

性，每次选择最重要的属性添加进约简集，当约简集的粒度划分等于其与决策属性集的联合粒度划分时，就可以获取最小或次优属性约简[39,40,42]。

算法 4.2

输入：一致或不一致简化的决策表 $S'=(U',C,D,V,f')$

输出：一个最小相对属性约简 $P\subseteq C$

步骤 1：计算 S' 的 $\mathrm{SIG}_{C-\{c\}}(c)>0$，进而得属性核 Core$(C)$。

步骤 2：初始化 $P=\mathrm{Core}(C)$，如果 $P=\varnothing$，那么就转步骤 4。

步骤 3：如果 $\pi_{\mathrm{IND}(P)}=\pi_{\mathrm{IND}(P\cup R_D)}$，那么就转步骤 6。

步骤 4：对任意属性 $a\in C-P$，选择使 $\mathrm{SIG}_{P\cup\{a\}}(a)$ 最大的属性 a，如果有多个属性同时使 $\mathrm{SIG}_{P\cup\{a\}}(a)$ 达到最大值，那么就从中选取一个属性 a 使其与 P 的等价类数 $|\pi_{\mathrm{IND}(P\cup\{a\})}|$ 最大，且 $P=P\cup\{a\}$。

步骤 5：如果 $\pi_{\mathrm{IND}(P)}\neq\pi_{\mathrm{IND}(P\cup R_D)}$，那么就转步骤 4，否则
{$P=P-\mathrm{Core}(C)$；
$t=|P|$；
for $(i=1;\ i\leqslant t;\ i{+}{+})$
{ $a_i\in P$；
$P=P-\{a_i\}$；
如果 $\pi_{\mathrm{IND}(P)}\neq\pi_{\mathrm{IND}(P\cup R_D)}$，那么 $P=P\cup\{a_i\}$；
}
$P=P\cup\mathrm{Core}(C)$ 为 C 的最小相对属性约简；
}

步骤 6：输出 P，结束。

算法 4.2 中步骤 5 保证该决策表约简方法是完备的，即条件属性子集 P 不能再被约简。但是很多算法是不完备的，不能保证一定能得到约简[43]。

经分析可知，算法 4.2 的复杂性主要在于计算粒度划分的复杂度，若能快速、高效地计算粒度划分，本算法的复杂度仍可相应地降低[42, 44]。因此，利用文献[23]的计算划分的方法来计算粒度划分，步骤 1 计算核属性的时间复杂度为 $O(|C||U'|)$，步骤 3 的时间复杂度为 $O(|P||U'|)$，该算法的主要运算集中在步骤 4 和步骤 5，在最坏情况下，步骤 4 要循环执行 $|C|$ 次，第 i 次循环中计算 $\mathrm{SIG}_{P\cup\{a\}}(p)$ 需要计算 $|C|-i+1$ 次划分，而计算每次划分的时间复杂度为 $O(|U'|)$，由此得到步骤 4 的最坏时间复杂度为 $O(|C||U'|)+O((|C|-1)|U'|)+O((|C|-2)|U'|)+\cdots+O(|U'|)=O(|C|^2|U'|)$，同样分析可知步骤 5 的最坏时间复杂度为 $O(|C|^2|U'|)$，于是总的时间复杂度为 $O(|C||U'|+2|C|^2|U'|)$。因此，算法 4.2 总的最坏时间复杂度为 $O(|C|^2|U'|)=O(|C|^2|U/C|)$。同时，不难分析，若 $|D|=1$，则算法 4.2 的最坏空间复杂度为 $O(|C||U|)$。

4.1.5　实验结果与分析

为了验证本节算法的有效性，从 UCI 机器学习数据库(http://ftp.ics.uci.edu/pub/machine-learning-database)中选择 8 个离散的数据集(表 4.1)作为实验样本集进行约简比较，在个人计算机(Inter(R) Pentium(R) Quad-core CPU 3.1 GHz, 4GB memory, Windows XP)上使用 JAVA 开发工具包 JDK1.6 来实现文献[45]的基于正区域的特征选择算法(简记为算法 PRFS)、文献[28]基于条件熵的约简算法(简记为算法 CIEFS)、文献[27]的基于不可区分矩阵的特征算法(简记为 DMFS)、文献[46]的基于基因算法的特征选择算法(简记为 GAFS)、文献[8]基于粒子群和粗糙集的特征选择算法(简记为 PSORSFS)与算法 4.2(简记为算法 FSGPM)的比较，其特征选择的实验结果如表 4.2 所示。

表 4.1　数据集描述

序号	数据集	样本数	属性数	决策类
1	lung	32	56	2
2	soybean-small	47	35	4
3	zoo	101	16	7
4	lymphography	148	18	4
5	vote	300	16	2
6	breast-canser	699	9	2
7	tic-tac-toe	958	9	2
8	mushroom	8124	22	7

表 4.2　特征选择结果比较

序号	数据集	PRFS	CIEFS	DMFS	GAFS	PSORSFS	FSGPM
1	lung	4	5	4	6	4	4
2	soybean-small	2	2	2	6	2	2
3	zoo	5	10	5	6	5	5
4	lymphography	6	8	7	8	7	7
5	vote	9	11	8	9	8	8
6	breast-canser	4	4	5	4	4	4
7	tic-tac-toe	8	7	8	8	8	8
8	mushroom	5	5	6	5	4	5

从表 4.2 可以看出，PSORSFS、PRFS 和 FSGPM 选择的特征子集结果相近，但是算法 4.2 和 PRFS 在特征选择上比 PSORSFS 略差。另外，从表中也可以看出，随着实例数的增加，算法 4.2 在效率上提高显著。针对上述 6 种特征选择算法，可以给出时间复杂度的粗糙排序为 $O(\text{FSGPM})<O(\text{PRFS})<O(\text{DMFS})<O(\text{CIEFS})<O(\text{PSORSFS})<O(\text{GAFS})$，其中 GAFS 算法的时间复杂度为 $O(|C|^2|U|^3)$[46],

PSORSFS 算法的时间复杂度略低于 GAFS，CIEFS 算法的时间复杂度为 $O(|C||U|^2+|U|^3)$[28]，DMFS 算法的时间复杂度为 $O((|C|+\log|U|)|U|^2)$[27]，PRFS 的时间复杂度为 $O(|C||U^2|)$[45]，FSGPM 的时间复杂度为 $O(|C|^2|U/C|)$。由于 $|C| \ll |U|$，所以算法 4.2 的复杂度是最低的，效率是最高的。

在生物信息学领域中，越来越多的科研工作者关注如何选用合适的理论方法对基因表达数据集进行分析，寻求与疾病关联的最重要的基因组[47]。对基因表达数据集进行离散化，如果可以归结为决策表(每一个记录对应着的一个样本，条件属性集包含每一个基因，决策属性对应着癌症的子类)，那么对基因表达数据集进行知识约简找出对疾病分类有较强区分能力的子集是非常重要的[33]。为验证选择的基因子集对疾病分类的有效性，下面选用 4 个公开的基因表达数据集在个人计算机上使用 JAVA 开发工具包 JDK1.6 来进行知识约简，以进一步验证本节算法 4.2 的有效性。实验数据集如表 4.3 所示。

表 4.3　基因表达数据集

基因表达数据集	属性数	样本数	决策类
breast-cancer	24481	78	2
ALL-AML leukemia	7129	38	2
colon tumor	2000	62	2
MLL-leukemia	12582	72	2

由于粗糙集的属性约简模型仅适用于离散值属性的约简，即连续属性必须先离散化，所以实验中先使用文献[3]中的基于一致性准则的约简模型对基因表达数据进行离散化，对离散化后的基因表达数据集进行约简，找出对疾病分类有较强区分能力的基因子集。为验证选择的基因子集对疾病分类的有效性，采用十折交叉检验用于检验分类器(约简对应的规则集用作分类器)的有效性。实验结果见表 4.4。对这 4 个基因表达数据集，挑选的基因子集均包含不到 10 个属性，但是均达到了高于 90% 的预测准确率。这说明本节算法能选择出高区分能力的特征子集，从而降低分类算法的计算代价。另外，从表 4.3 的实验结果中可以看出，具有 24481 个属性的 breast-cancer 数据集和具有 12582 个属性的 MLL-leukemia 数据集的分类正确率明显高于其他几个数据集。这说明随着数据集中属性数的增加，本节算法选择的基因子集的区分能力变强[33]。

表 4.4　基因表达数据集实验结果

基因表达数据集	约简后属性数	执行时间/s	预测正确率
breast-cancer	5	26	96.8%
ALL-AML leukemia	5	6	93.7%
colon tumor	7	2	92.8%
MLL-leukemia	6	13	97.6%

4.1.6 小结

现有的粗糙集约简算法的低效性限制了粗糙集理论的广泛应用，特别是在大规模的数据集上的应用[33]。为此，本节从新的粒度划分模型出发，定义了不一致决策表的核属性、不必要属性和约简判定定理，设计了基于粒度划分的决策表约简算法。该算法有效地降低了计算约简的时间复杂度和空间复杂度，可适用于较大规模数据集的知识选择。实验选用了 UCI 机器学习数据库上数据集验证了本节算法较其他约简算法具有较高的性能，利用公开的基因表达数据集验证了本节算法针对较大规模的数据集能够取得较高的分类正确率。因此，本节算法是有效的，可用于较大规模的数据集的知识约简。

4.2 序信息系统的贴近度及其属性约简方法

4.2.1 引言

粗糙集理论是近年来发展起来的一种处理不精确、不确定、不完整数据的数学工具[9]。粗糙集理论自波兰数学家 Pawlak 于 1982 年提出以来，已经成功应用于机器学习、数据挖掘、软计算等多个领域[48,49]。

属性约简是粗糙集理论的核心内容之一，它是在保持信息系统分类能力不变的前提下，删除其中不相关或不重要的属性[50]。目前，许多学者对经典完备信息系统的属性约简进行了深入的研究，并取得了许多成果[9,48-53]，但这些研究主要是基于等价关系(满足自反性、对称性、传递性)对论域划分进行研究的。在实际的生活中，有许多系统由于各种原因(如噪声、信息缺损等)不是基于等价关系的，而是基于优势关系的[54,55]。

近年来，基于优势关系的序信息系统逐渐引起人们的关注[54-58]。文献[54]～[58]分别从粗糙熵、信息量和信息粒度的角度对序信息系统中的不确定度量理论进行了研究，并设计了启发式属性约简算法[59]。目前对序信息系统中的不确定度量理论的研究还比较少，本节基于集合间的贴近度，对序信息系统中基于优势关系所得的分类间的贴近程度进行研究，并基于贴近度给出序信息系统中属性重要性的定义，设计基于贴近度的属性约简启发式算法[59]，进一步丰富序信息系统中不确定信息度量的理论，为基于优势关系的信息系统的知识发现提供理论基础。下面在文献[52]的基础上介绍基于优势关系的序信息系统的相关概念。

4.2.2 基于优势关系的序信息系统

定义 4.10[59]　称一个三元组 $S=(U,A,F)$ 为一个信息系统。其中 U 是非空有限对象集，$U=\{x_1,x_2,\cdots,x_n\}$；A 是有限属性集，$A=\{a_1,a_2,\cdots,a_m\}$；F 是 U 与 A 的关系集，$F=\{f_k:U\to V_k,k\leqslant m\}$，$V_k$ 是属性 a_k 的有限值域。

定义 4.11[55] 在一个信息系统中，如果在某个属性值域上建立了偏序关系，那么称这个属性为一个准则。当所有的属性都为准则时，该信息系统称为序信息系统。

设在信息系统 (U, A, F) 中属性 a 是一个准则，并且在 a 的值域上建立的偏序关系是“$\leqslant_a$”，于是对于对象 x，y，称 $x\leqslant_a y$ 表示 y 至少和 x 关于准则 a 是一样好的，或者说 y 优于 x。不失一般性，本节取属性的值域为实数，即 $V_k\subseteq\mathbf{R}$（$\mathbf{R}$ 表示实数集），定义 $x\leqslant_a y$ 为 $x\leqslant_a y\Leftrightarrow f(x,a)\leqslant f(y,a)$，于是对于属性集 $B\subseteq A$，$x\leqslant_a y$ 是指 y 关于属性集 B 中的所有准则都优于 x。

定义 4.12[55] 设 $S=(U, A, F)$ 为一信息系统，对于 $B\subseteq A$，令 $R_B=\{(x,y)\in U\times U: f_l(x)\leqslant f_l(y),\forall a_l\in B\}$，则 R_B 称为信息系统 $S=(U, A, F)$ 的优势关系，此时该信息系统称为基于优势关系的序信息系统。

记 $[x_i]_B=\{x_j\in U|(x_i,x_j)\in R_B\}=\{x_j\in U|f_l(x_i)\leqslant f_l(x_j),\forall a_l\in B\}$，$U/R_B=\{[x_i]_B|x_i\in U\}$，则称 $[x_i]_B$ 为对象 x_i 的优势类，U/R_B 为该信息系统对象集关于属性集 B 的一个分类。

易见，优势关系有如下性质。

性质 4.4[54, 55]

(1) R_B 是自反的和传递的，未必是对称的，因此一般不再是等价关系；

(2) 当 $B\subseteq A$ 时，有 $R_A\subseteq R_B$；

(3) 当 $B\subseteq A$ 时，有 $[x_i]_A\subseteq[x_i]_B$；

(4) 当 $x_j\in[x_i]_A$ 时，有 $[x_j]_B\subseteq[x_i]_A$；

(5) $|[x_j]_A|\subseteq|[x_i]_A|$ 当且仅当 $f(x_i, a)=f(x_j, a)$ $(\forall a\in A)$；

(6) 对于任意的 $x_i\in U$，有 $|[x_i]_A|\geqslant 1$；

(7) U/R_A 形成了 U 的一个覆盖，即对于任意的 $x\in U$，有 $[x]_A\neq\varnothing$ 且 $\bigcup_{x\in U}[x]_A=U$。

其中，$|\cdot|$ 表示集合的基数。

4.2.3 序信息系统的贴近度及其属性重要性

定义 4.13 序信息系统 $S=(U, A, F)$，$U=\{x_1,x_2,\cdots,x_n\}$，属性集 P，$Q\subseteq A$，且 P,Q 在 U 上基于优势关系导出的分类分别为 $U/R_P=\{[x_1]_P,[x_2]_P,\cdots,[x_n]_P\}$，$U/R_Q=\{[x_1]_Q,[x_2]_Q,\cdots,[x_n]_Q\}$，则对 $\forall x_i\in U$，定义

$$p([x_i]_P,[x_i]_Q)=\frac{\left|[x_i]_P\cap[x_i]_Q\right|}{\left|[x_i]_P\cup[x_i]_Q\right|} \tag{4-4}$$

称 $p([x_i]_P, [x_i]_Q)$ 为 x_i 在属性集 P, Q 下优势类的贴近度。这里$|\cdot|$表示集合的基数，$1/|U|\leqslant p([x_i]_P,[x_i]_Q)\leqslant 1$，$p([x_i]_P, [x_i]_Q)$ 越大，集合$[x_i]_P$与$[x_i]_Q$越贴近。

定义 4.14　设序信息系统 $S=(U, A, F)$，$U=\{x_1,x_2,\cdots,x_n\}$，属性集 P，$Q\subseteq A$，且 P,Q 在 U 上基于优势关系导出的分类分别为 $U/R_P=\{[x_1]_P,[x_2]_P,\cdots,[x_n]_P\}$，$U/R_Q=\{[x_1]_Q,[x_2]_Q,\cdots,[x_n]_Q\}$，则属性集 P，Q 的贴近度定义为

$$H(P,Q)=\frac{1}{|U|}\sum_{i=1}^{|U|}p([x_i]_P,[x_i]_Q) \tag{4-5}$$

称 $H(P, Q)$ 为属性集 P，Q 的贴近度。$1/|U\leqslant H(P,Q)\leqslant 1$，$H(P, Q)$ 越大，属性集 P，Q 在对象集 U 上导出的分类 U/R_P，U/R_Q 越贴近。

定理 4.12　设序信息系统 $S=(U, A, F)$，$U=\{x_1,x_2,\cdots,x_n\}$，属性集 P，$Q\subseteq A$，当 $H(P, Q)=1$ 时，有 $U/R_P=U/R_Q$。

证明　设 P,Q 在 U 上导出的分类分别为 $U/R_P=\{[x_1]_P,[x_2]_P,\cdots,[x_n]_P\}$，$U/R_Q=\{[x_1]_Q,[x_2]_Q,\cdots,[x_n]_Q\}$，当 $H(P,Q)=\frac{1}{|U|}\sum_{i=1}^{|U|}p([x_i]_P,[x_i]_Q)=1$ 时，有 $\sum_{i=1}^{|U|}p([x_i]_P,[x_i]_Q)=|U|$，又因为$\forall x_i\in U$，$1/|U|\leqslant p([x_i]_P,[x_i]_Q)\leqslant 1$，可知$\forall x_i\in U$，$p([x_i]_P, [x_i]_Q)=1$，即 $\frac{|[x_i]_P\cap[x_i]_Q|}{|[x_i]_P\cup[x_i]_Q|}=1$，所以有$[x_i]_P=[x_i]_Q$，即 $U/R_P=U/R_Q$。

定理 4.13　设序信息系统 $S=(U,A,F)$，$U=\{x_1,x_2,\cdots x_n\}$，属性集 $B_1\subseteq B_2\subseteq P\subseteq A$，则 $H(B_1, P)\leqslant H(B_2, P)$。

证明　由性质 4.4(3)可知对$\forall x_i\in U$，当 $B_1\subseteq B_2\subseteq P$ 时，有$[x_i]_P\subseteq[x_i]_{B2}\subseteq[x_i]_{B1}$，则 $\frac{|[x_i]_P\cap[x_i]_{B1}|}{|[x_i]_P\cup[x_i]_{B1}|}=\frac{|[x_i]_P|}{|[x_i]_{B1}|}$，$\frac{|[x_i]_P\cap[x_i]_{B2}|}{|[x_i]_P\cup[x_i]_{B2}|}=\frac{|[x_i]_P|}{|[x_i]_{B2}|}$，所以有 $\frac{|[x_i]_P|}{|[x_i]_{B1}|}\leqslant\frac{|[x_i]_P|}{|[x_i]_{B2}|}$，即 $H(B_1, P)\leqslant H(B_2, P)$。

定理 4.13 说明，当 $B\subseteq P$ 时，随着属性集 B 中属性的增加，属性集 B 越贴近属性集 P，则 B 对对象集 U 的分类越贴近于 P 对 U 的分类。

定义 4.15　设序信息系统 $S=(U, A, F)$，$U=\{x_1, x_2,\cdots, x_n\}$，属性集 $P\subseteq A$，对属性集 P 中任意属性 $a\in P$，属性 a 在 P 中的重要性为 $\mathrm{SGF}(a, P)=1-H(P-\{a\}, P)$。若 $\mathrm{SGF}(a, P)>0$，则说明 a 是 P 中必要的；若 $\mathrm{SGF}(a, P)=0$，则说明 a 是 P 中不必要的；若每一个 $a\in P$ 都为 P 中必要的，则称 P 为独立的，否则称 P 为依赖的。

定理 4.14[50]　设序信息系统 $S=(U, A, F)$，$\mathrm{Core}(A)=\{a|\ \mathrm{SGF}(a, A)>0\}$。

定理 4.15[50]　设序信息系统 $S=(U, A, F)$，$U=\{x_1, x_2,\cdots, x_n\}$，属性集 $B\subseteq P\subseteq A$，若 B 是独立的且 $H(B, P)=1$，则 B 为 P 的一个约简。

证明　由定理 4.12 可知，当 $H(B, P) = 1$ 时，$U/R_B = U/R_P$，又因为 $B \subseteq P$ 且 B 是独立的，所以 B 为 P 的一个约简。

4.2.4　基于贴近度的序信息系统属性约简算法

由定理 4.12 和定理 4.15 的证明可知，在序信息系统 $S = (U, A, F)$ 中，当属性集 $B \subseteq A$，且 $H(B, A) = 1$ 时，有 $U/R_B = U/R_A$，属性集 B 与 A 对对象集 U 基于优势关系的分类是相同的，即各个对象在属性集 B 和属性集 A 下的优势类是相同的。所以可以采用 $1-H(B-\{a_i\}, A)$ 作为启发信息，$1-H(B-\{a_i\}, A) = 0$，说明从 B 中去掉属性 a_i，在属性集 $B-\{a_i\}$ 与 A 下，U 中各对象的优势类仍然是相同的；$1-H(B-\{a_i\}, A)>0$，说明从 B 中去掉属性 a_i，在属性集 $B-\{a_i\}$ 下，U 中各对象的优势类与在属性集 A 下 U 中各对象的优势类是不同的。所以，可以依次去掉 A 中不影响各对象的优势类的属性，最后得到 A 的一个约简，其基于贴近度的序信息系统属性约简启发式算法步骤[50]如下。

算法 4.3

输入：序信息系统 $S = (U, A, F)$，其中 U 是非空有限对象集，$U = \{x_1, x_2, \cdots, x_n\}$，$A$ 是有限属性集，$A = \{a_1, a_2, \cdots, a_m\}$

输出：属性集 A 的一个约简 B_1

步骤 1：令 $B = A = \{a_1, a_2, \cdots, a_m\}$，$\mathrm{Att} = \varnothing$。
步骤 2：如果 $B-\mathrm{Att} = \varnothing$，则 $B_1 = B$，转步骤 5；否则任选 $B-\mathrm{Att}$ 中一个属性 a_i，计算 $1-H(B-\{a_i\}, A)$。
步骤 3：若 $1-H(B-\{a_i\}, A) = 0$，则 $B = B-\{a_i\}$，转步骤 2。
步骤 4：若 $1-H(B-\{a_i\}, A)>0$，则 $\mathrm{Att} = \mathrm{Att} \cup \{a_i\}$，转步骤 2。
步骤 5：终止。

算法时间复杂度：设序信息系统 $S = (U, A, F)$，$|U| = n$，$|A| = m$。

(1) 为了计算 $H(B-\{a_i\}, A)$，需要计算 U/R_A 和 $U/R_{B-\{a_i\}}$。因为计算根据一个属性 a 得到 U 中各对象的优势类 U/R_a 的时间复杂度为 $O(n^2)$，所以求 U/R_A 和 $U/R_{B-\{a_i\}}$ 需要计算 $|A|-1$ 和 $|B-\{a_i\}|-1$ 次交运算，所以计算 U/R_A 和 $U/R_{B-\{a_i\}}$ 的时间复杂度为 $(|A|-1+|B-\{a_i\}|-1) \times O(n^2) = O(mn^2)$。

(2) 因为 $B-\{a_i\} \subseteq A$，由性质 2.1 (2) 可知，对 $\forall x_i \in U$，$[x_i]_A \subseteq [x_i]_{B-\{a_i\}}$，有 $H(B-\{a_i\}, A) = \dfrac{\left|[x_i]_A \cap [x_i]_{B-\{a_i\}}\right|}{\left|[x_i]_A \cup [x_i]_{B-\{a_i\}}\right|} = \dfrac{\left|[x_i]_A\right|}{\left|[x_i]_{B-\{a_i\}}\right|}$，对 $\forall x_i \in U$，只需计算出 x_i 在属性集 A 和 $B-\{a_i\}$ 下的优势类 $[x_i]_A$ 和 $[x_i]_{B-\{a_i\}}$ 中的元素个数。计算 U/R_A 和 $U/R_{B-\{a_i\}}$ 中各对象优势类中元素个数的时间复杂度为 $O(n^2)$，计算 $H(B-\{a_i\}, A)$ 的时间复杂度为 $O(n)$。

综上，考察去掉一个属性后，贴近度是否变化的时间复杂度为 $O(mn^2)$，则考察 $|A|$ 个属性时间复杂度为 $O(m^2n^2)$。所以，算法的时间复杂度为 $O(m^2n^2)$。

4.2.5　实例分析

例 4.1　表 4.5 为文献[52]、[54]、[60]中的一个序信息系统，属性集 $A = \{a_1, a_2, a_3\}$。

表 4.5　序信息系统

U	a_1	a_2	a_3
x_1	1	2	1
x_2	3	2	2
x_3	1	1	2
x_4	2	1	3
x_5	3	3	2
x_6	3	2	3

按照优势关系的定义有

$$[x_1]_A = \{x_1, x_2, x_5, x_6\},\quad [x_2]_A = \{x_2, x_5, x_6\},\quad [x_3]_A = \{x_2, x_3, x_4, x_5, x_6\}$$

$$[x_4]_A = \{x_4, x_6\},\quad [x_5]_A = \{x_5\},\quad [x_6]_A = \{x_6\}$$

根据算法 4.3，当 $B = A = \{a_1, a_2, a_3\}$时，$H(B-\{a_i\}, A) = 1$，从 B 中依次去掉一个属性(顺序可以任意)，考察贴近度是否变化，这里假设按照 a_1, a_2, a_3 的顺序进行实验。

(1) 去掉 a_1：因为 $[x_1]_{B-\{a_1\}} = \{x_1,x_2,x_5,x_6\}$，$[x_2]_{B-\{a_1\}} = \{x_2,x_5,x_6\}$，$[x_3]_{B-\{a_1\}} = \{x_2,x_3,x_4,x_5,x_6\}$，$[x_4]_{B-\{a_1\}} = \{x_4,x_6\}$，$[x_5]_{B-\{a_1\}} = \{x_5\}$，$[x_6]_{B-\{a_1\}}=\{x_6\}$，$1-H(B-\{a_1\},A)=0$，即 a_1 为 B 中不必要的，可以去掉。

(2) 去掉 a_1 后，$B = \{a_2, a_3\}$，继续去掉 a_2，B 中只剩下属性 a_3。因为 $[x_1]_{a_3} = U, [x_2]_{a_3} = [x_3]_{a_3} = \{x_2,x_3,x_4,x_5,x_6\}$，$[x_4]_{a_3} = \{x_4,x_6\}, [x_5]_{a_3} = \{x_5\}$，$[x_6]_{a_3} = \{x_4,x_6\}$，则$1-H(B-\{a_2\}, A) > 0$，所以 a_2 为 B 中必要的，不能去掉，$B = \{a_2, a_3\}$，$\mathrm{Att} = \{a_2\}$。

(3) 从 B 中继续去掉 a_3，B 中只剩下属性 a_2。因为 $[x_1]_{a_2} = [x_2]_{a_2} = \{x_1,x_2,x_5,x_6\}$，$[x_3]_{a_2} = U, [x_4]_{a_2} = U$，$[x_5]_{a_2} = \{x_5\}, [x_6]_{a_2} = \{x_1,x_2,x_5,x_6\}$，则 $1-H(B-\{a_3\},A) > 0$，所以 a_3 为 B 中必要的，也不能去掉，$B = \{a_2, a_3\}$，$\mathrm{Att} = \{a_2, a_3\}$。

(4) 此时 $B-\mathrm{Att} = \varnothing$，算法终止，所求约简即 $B_1 = B = \{a_2, a_3\}$，与文献[52]的结果一致。

4.2.6　小结

本节在基于优势关系的序信息系统中引入了贴近度的概念，研究了不同属性集对对象集分类之间的贴近度，并基于贴近度设计了序信息系统属性约简的启发式算法，这些结论为序信息系统的知识发现和知识获取提供了一定的理论基础。

4.3 基于贴近度的协调序决策系统属性约简方法

4.3.1 引言

粗糙集理论是波兰数学家 Pawlak 于 1982 年提出的一种能有效处理不精确、不确定信息的分析方法[9]，受到了许多研究者的广泛关注。属性约简是粗糙集理论研究的重要内容，通过删除信息系统中不必要的属性，可以从信息系统中获取更加简洁的规则。经典粗糙集理论主要基于等价关系对论域进行划分，在保持分类能力不变的情况下对属性集进行约简。但实际的生产生活中所产生的信息系统并不都是基于等价关系的，一些信息系统由于各种原因是基于优势关系的，优势关系放松了对命题的条件和结论的要求，有着更广泛的应用范围[52]。

目前，许多研究者针对基于优势关系的序信息系统、序决策系统进行了大量研究，提出了多种不同的属性约简算法[52,58-67]，但这些算法主要针对序信息系统及不协调序决策系统。文献[52]定义了基于优势关系的协调序决策系统的属性约简，在保持论域中各对象在条件属性集下的优势等价类完全包含在该对象的优势决策类中的条件下，从条件属性集中去掉不必要的属性，对条件属性集进行约简。协调序决策系统的属性约简既不同于序信息系统的属性约简，也不同于不协调序决策系统的属性约简，针对协调序决策系统的属性约简的研究较少[68]。文献[69]定义了完备信息系统的划分贴近度，并设计了基于划分贴近度的属性约简算法，但文献[69]中的划分贴近度并不直接适用于基于优势关系的序决策系统。本节将文献[69]中的贴近度思想引入基于优势关系的协调序决策系统，定义协调序决策系统中条件属性集相对于决策属性集的贴近度，设计基于贴近度的协调序决策系统的属性约简算法[68]。

4.3.2 基于优势关系的协调序决策系统

定义 4.16[68] 四元组 $S=(U,A,V,f)$ 称为信息系统，其中 $U=\{x_1,x_2,\cdots,x_n\}$ 表示非空有限对象集；$A=C\cup D$ 表示非空属性集，其中 C 表示条件属性集合，D 表示决策属性集，且 $C\cap D=\varnothing$；$V=\bigcup\limits_{a\in A}V_a$，$V_a$ 表示属性 a 的值域；f 表示 $U\times A\rightarrow V$ 的一个信息函数，它为每个对象在每个属性上赋予一个信息值。若 $D=\varnothing$，则称 $S=(U,A,V,f)$ 为信息系统；若 $D\neq\varnothing$，则称 $S=(U,A,V,f)$ 为决策系统。

定义 4.17[68] 设 $S=(U,C\cup D,V,f)$ 为决策系统，C 为条件属性集，D 为决策属性集。对于 $B\subseteq C$，令 $R_B=\{(x,y)\in U\times U: f_a(x)\leqslant f_a(y),\forall a\in B\}$，$R_D=\{(x,y)\in U\times U: f_d(x)\leqslant f_d(y),\forall d\in D\}$，称 R_B 为决策系统 $S=(U,C\cup\{d\},V,f)$ 条件属性集上的优势关系，R_D 为决策属性上的优势关系，此时该信息系统称为基于优势关系的序决策系统。

记

$$[x_i]_B^{\leqslant} = \{x_j \in U | (x_i, x_j) \in R_B\} = \{x_j \in U \mid f_a(x_i) \leqslant f_a(x_j),\ \forall a \in B\}$$

$$[x_i]_D^{\leqslant} = \{x_j \in U | (x_i, x_j) \in R_D\} = \{x_j \in U \mid f_d(x_i) \leqslant f_d(x_j),\ \forall d \in D\}$$

$$U/R_B = \{[x_i]_B^{\leqslant} \mid x_i \in U\}$$

$$U/R_D = \{[x_i]_D^{\leqslant} \mid x_i \in U\}$$

则称 $[x_i]_B^{\leqslant}$ 为对象 x_i 在条件属性集 B 下的优势等价类，$[x_i]_D^{\leqslant}$ 为对象 x_i 在决策属性集 D 下的优势决策类，U/R_B 为该序决策系统关于属性集 B 的一个优势分类，U/R_D 为该序决策系统关于决策属性 D 的一个优势决策分类。

性质 4.5[52]

(1) R_B 是自反的和传递的，未必是对称的，一般不再是等价关系；

(2) 当 $B \subseteq C$ 时，有 $[x_i]_C^{\leqslant} \subseteq [x_i]_B^{\leqslant}$；

(3) 当 $x_j \in [x_i]_C^{\leqslant}$ 时，有 $[x_j]_C^{\leqslant} \subseteq [x_i]_C^{\leqslant}$。

定义 4.18[52]　设 $S=(U, C \cup D, V, f)$ 为序决策系统，C 为条件属性集，D 为决策属性集。若优势关系 $R_C \subseteq R_D$ 成立，则称 $S=(U, C \cup D, V, f)$ 为协调的，否则称 $S=(U, C \cup D, V, f)$ 为不协调的。

定义 4.19[38]　设 $S=(U, C \cup D, V, f)$ 为协调序决策系统，C 为条件属性集，D 为决策属性集。$B \subseteq C$，若有 $R_B \subseteq R_D$，且对于 $\forall b \in B$，优势关系 $R_{B-\{b\}} \subseteq R_D$ 不成立，则称 B 是协调序决策系统 $S=(U, C \cup D, V, f)$ 在优势关系下的一个约简。

4.3.3　基于贴近度的协调序决策系统约简模型

定义 4.20　设 $S=(U, C \cup D, V, f)$ 为协调序决策系统，C 为条件属性集，D 为决策属性集，$B \subseteq C$，对 $\forall x \in U$，定义

$$t([x]_B^{\leqslant} \mid [x]_D^{\leqslant}) = \begin{cases} 1, & [x]_B^{\leqslant} \subseteq [x]_D^{\leqslant} \\ 0, & \text{其他} \end{cases} \tag{4-6}$$

为对象 x 在条件属性集 B 下的优势等价类相对于 x 在决策属性 D 下的优势决策类中的贴近度。

定义 4.21　设 $S=(U, C \cup D, V, f)$ 为协调序决策系统，C 为条件属性集，D 为决策属性集，$B \subseteq C$，定义

$$T(B|D) = \frac{1}{|U|}\sum_{i=1}^{|U|} t([x_i]_B^{\leqslant} \mid [x_i]_D^{\leqslant}) \tag{4-7}$$

为条件属性集 B 相对于决策属性 D 的贴近度。

性质 4.6　$0 \leqslant T(B|D) \leqslant 1$。

定理 4.16　设 $S=(U, C \cup D, V, f)$ 为协调序决策系统，C 为条件属性集，D 为决策属性集，$B_1 \subseteq B_2 \subseteq C$，则 $T(B_1|D) \leqslant T(B_2|D)$。

证明 由于 $S=(U,C\cup D,V,f)$ 为协调序决策系统，则由定义 4.18 可知，$R_C\subseteq R_D$，即对 $\forall x\in U$，$[x]_C^{\leqslant}\subseteq[x]_D^{\leqslant}$，由于 $B_1\subseteq B_2\subseteq C$，则对 $\forall x\in U$，由性质 4.5(2) 可知，有 $[x]_C^{\leqslant}\subseteq[x]_{B_2}^{\leqslant}\subseteq[x]_{B_1}^{\leqslant}$。若 $[x]_{B_1}^{\leqslant}\subseteq[x]_D^{\leqslant}$，则必有 $[x]_C^{\leqslant}\subseteq[x]_{B_2}^{\leqslant}\subseteq[x]_{B_1}^{\leqslant}\subseteq[x]_D^{\leqslant}$，$t([x]_{B1}^{\leqslant}|[x]_D^{\leqslant})=t([x]_{B2}^{\leqslant}|[x]_D^{\leqslant})=1$；若 $[x]_{B_1}^{\leqslant}\subsetneq[x]_D^{\leqslant}$，$[x]_{B_2}^{\leqslant}\subseteq[x]_D^{\leqslant}$，则 $t([x]_{B1}^{\leqslant}|[x]_D^{\leqslant})<t([x]_{B2}^{\leqslant}|[x]_D^{\leqslant})=1$；若 $[x]_{B_1}^{\leqslant}\subsetneq[x]_D^{\leqslant}$，$[x]_{B_2}^{\leqslant}\subsetneq[x]_D^{\leqslant}$，则 $t([x]_{B1}^{\leqslant}|[x]_D^{\leqslant})=t([x]_{B2}^{\leqslant}|[x]_D^{\leqslant})=0$。综上可得，对 $\forall x\in U$，有 $t([x]_{B1}^{\leqslant}|[x]_D^{\leqslant})\leqslant t([x]_{B2}^{\leqslant}|[x]_D^{\leqslant})$，从而有 $T(B_1|D)\leqslant T(B_2|D)$。

定理 4.17 设 $S=(U,C\cup D,V,f)$ 为协调序决策系统，C 为条件属性集，D 为决策属性集，$B_1\subseteq B_2\subseteq C$，$T(B|D)=1$ 当且仅当 $R_B\subseteq R_D$。

证明 当 $T(B|D)=1$ 时，即 $\dfrac{1}{|U|}\sum_{i=1}^{|U|}t([x_i]_B^{\leqslant}|[x_i]_D^{\leqslant})=1$，则有 $\sum_{i=1}^{|U|}t([x_i]_B^{\leqslant}|[x_i]_D^{\leqslant})=|U|$，即对 $\forall x_i\in U$，$t([x_i]_B^{\leqslant}|[x_i]_D^{\leqslant})=1$，即在属性集 B 下，$[x_i]_B^{\leqslant}\subseteq[x_i]_D^{\leqslant}$，所以有 $R_B\subseteq R_D$。反之，若有 $R_B\subseteq R_D$，则对 $\forall x_i\in U$，有 $[x_i]_B^{\leqslant}\subseteq[x_i]_D^{\leqslant}$，所以 $t([x_i]_B^{\leqslant}|[x_i]_D^{\leqslant})=1$，从而 $T(B|D)=1$。

定理 4.18 设 $S=(U,C\cup D,V,f)$ 为协调序决策系统，C 为条件属性集，D 为决策属性集，$B\subseteq C$，$T(B|D)=1$，且对于 $\forall b\in B$，$T(B-\{b\}|D)\neq 1$，则 B 是 C 的一个约简。

证明 若 $T(B|D)=1$，则由定理 4.17 有 $R_B\subseteq R_D$，对于 $\forall b\in B$，$T(B-\{b\}|D)\neq 1$，则可知 $R_{B-\{b\}}\subseteq R_D$ 不成立，从而由定义 4.19 知 B 是 C 的一个约简。

定义 4.22 设 $S=(U,C\cup D,V,f)$ 为协调序决策系统，C 为条件属性集，D 为决策属性集，$B_1\subseteq B_2\subseteq C$，且对于 $\forall b\in B$，定义 $\mathrm{sig}(b,B)=1-T(B-\{b\}|D)$ 为属性 b 在属性集 B 中的重要度。当 $\mathrm{sig}(b,B)=0$ 时，说明属性 b 在 B 中是可以约简的。

4.3.4 基于贴近度的协调序决策系统属性约简算法

本节基于协调序决策系统中条件属性集相对于决策属性集的贴近度，设计协调序决策系统的属性约简算法，算法从条件属性集中依次选择一个属性，计算从条件属性集中去掉该属性后，条件属性集相对于决策属性集的贴近度，如果贴近度不变，则从条件属性集中去掉该属性。基于贴近度的协调序决策系统属性约简算法的详细步骤如下。

算法 4.4

输入：协调序决策系统 $S=(U,C\cup D,V,f)$，$U=\{x_1,x_2,\cdots,x_n\}$，$C=\{c_1,c_2,\cdots,c_m\}$
输出：协调序决策系统条件属性集 C 的一个约简 B
步骤 1：令 $B=C$，$B_1=\varnothing$，对条件属性集 B 和决策属性集 D，分别计算 U/B，U/D 和 $T(B\|D)$。 步骤 2：如果 $C-B_1=\varnothing$，则转步骤 5；否则从 $C-B_1$ 中任选一个属性 c_i，计算 $U/B-\{c_i\}$ 和 $T(B-\{c_i\}\|D)$。 步骤 3：如果 $T(B-\{c_i\}\|D)=1$，则 $B=B-\{c_i\}$，$B_1=B_1\cup\{c_i\}$，转步骤 2。 步骤 4：如果 $T(B-\{c_i\}\|D)<1$，则 $B_1=B_1\cup\{c_i\}$，转步骤 2。 步骤 5：输出约简 B，算法结束。

算法时间复杂度分析：计算一个对象在条件属性集及决策属性集下的优势类的时间复杂度为 $O(m|U|^2)$，计算一个对象的优势等价类是否包含在其优势决策类中的时间复杂度为 $O(|U|^2)$，计算$|U|$个对象的优势等价类是否包含在其优势决策类中的时间复杂度为 $O(|U|^3)$，分别计算从条件属性集中去掉不同属性时，条件属性集相对于决策属性集的贴近度的时间复杂度为 $O(m|U|^3)$，所以算法总的时间复杂度为 $O(m|U|^3)$。

4.3.5 实例分析

表 4.6 是文献[52]中的一个协调序决策系统，$U=\{x_1,x_2,x_3,x_4,x_5,x_6\}$,$C=\{c_1,c_2,c_3\}$, $D=\{d\}$，根据文献[52]中的区分矩阵可以得到该协调序决策系统的约简为$\{c_1\}$或$\{c_2,c_3\}$，根据算法 4.4 同样可以计算得到该系统的一个约简。

表 4.6　协调序决策系统

U	c_1	c_2	c_3	d
x_1	1	2	1	1
x_2	3	2	2	3
x_3	1	1	2	1
x_4	2	1	3	2
x_5	3	3	2	3
x_6	3	2	3	3

根据算法 4.4 首先计算 U/B、U/D 和 $T(B|D)$，可知$[x_1]_B^{\leqslant}=\{x_1,x_2,x_5,x_6\}$，$[x_2]_B^{\leqslant}=\{x_2,x_5,x_6\}$，$[x_3]_B^{\leqslant}=\{x_2,x_3,x_4,x_5,x_6\}$，$[x_4]_B^{\leqslant}=\{x_4,x_6\}$，$[x_5]_B^{\leqslant}=\{x_5\}$，$[x_6]_B^{\leqslant}=\{x_6\}$；$[x_1]_D^{\leqslant}=\{x_1,x_2,x_3,x_4,x_5,x_6\}$，$[x_2]_D^{\leqslant}=\{x_2,x_5,x_6\}$，$[x_3]_D^{\leqslant}=\{x_1,x_2,x_3,x_4,x_5,x_6\}$，$[x_4]_D^{\leqslant}=\{x_2, x_4, x_5, x_6\}$，$[x_5]_D^{\leqslant}=\{x_2,x_5,x_6\}$，$[x_6]_D^{\leqslant}=\{x_2,x_5,x_6\}$；$T(B|D)=1$ 为协调序决策系统。

如果按照 c_1、c_2、c_3 的顺序选择属性，则算法 4.4 首先计算 $U/B-\{c_1\}$，可得$[x_1]_{B-c_1}^{\leqslant}=\{x_1,x_2,x_5,x_6\}$，$[x_2]_{B-c_1}^{\leqslant}=\{x_2,x_5,x_6\}$，$[x_3]_{B-c_1}^{\leqslant}=\{x_2,x_3,x_4,x_5,x_6\}$，$[x_4]_{B-c_1}^{\leqslant}=\{x_4,x_6\}$，$[x_5]_{B-c_1}^{\leqslant}=\{x_5\}$，$[x_6]_{B-c_1}^{\leqslant}=\{x_6\}$，则 $T(B-\{c_1\}|D)=1$，c_1 属性可以去掉，$B=\{c_2,c_3\}$；同理可以计算从 B 中继续去掉 c_2 后的各对象的优势等价类，计算的结果使得 $T(B-\{c_2\}|D)<1$，所以 c_2 不能约简，$B=\{c_2,c_3\}$；继续从 B 中去掉 c_3，可得 $T(B-\{c_3\}|D)<1$，所以 c_3 不能约简，所以得到原属性集 C 的一个约简为 $B=\{c_2,c_3\}$。

4.3.6 小结

本节将贴近度引入基于优势关系的协调序决策系统，针对基于优势关系的协调序决策系统的属性约简进行了研究，提出了基于贴近度的协调序决策系统的启发式属性约简算法，丰富了基于优势关系的粗糙集理论，为基于优势关系的协调序决策系统的知识发现与获取提供了理论基础。

4.4 基于概念背景的概念格属性约简方法

4.4.1 引言

概念格理论是一种新的数学分析方法，由德国数学家 Wille[70]于 1982 年提出。概念格的属性约简是概念格理论的一个重要方面，目前概念格属性约简的方法大多基于区分矩阵[71-74]。本节提出概念格的概念背景，并引入粗糙集理论中的等价关系，以等价关系为基础，通过等价关系将概念背景的论域划分，在保持原概念格中各概念外延不变的情况下，即新的概念背景上保持论域划分不变的情况下，提出概念格的启发式属性约简算法[60]，为概念格的属性约简提供新的理论基础和方法。

4.4.2 形式背景与概念格

定义 4.23[68]　称(U, A, I)为形式背景，U为对象集，A为属性集，I为U和A之间的二元关系，$I\subseteq UA$，xIa表示x具有属性a。在对象集$X\subseteq U$和属性集$B\subseteq A$上定义

$$X^* = \{a \mid a\in A, \forall x\in X, xIa\}, B^* = \{x \mid xU, \forall a\in B, xIa\} \tag{4-8}$$

如果二元组(X, B)满足$X^*=B$且$B^*=X$，称(X, B)是一个概念，X为概念的外延，B为概念的内涵。记(U, A, I)所有概念构成的集合为$L(U, A, I)$，称$L(U, A, I)$为形式背景(U, A, I)的概念格。

定义 4.24[71]　设$L(U, A_1, I_1)$和$L(U, A_2, I_2)$是两个概念格，若任意概念$(X, B)\in L(U, A_2, I_2)$，总存在概念$(X', B')\in L(U, A_1, I_1)$，使得$X'=X$成立，则称$L(U, A_1, I_1)$细于$L(U, A_2, I_2)$，记作$L(U, A_1, I_1)\leqslant L(U, A_2, I_2)$，若$L(U, A_1, I_1)\leqslant L(U, A_2, I_2)$且$L(U, A_2, I_2)\leqslant L(U, A_1, I_1)$，则称两个概念格同构，记作$L(U, A_1, I_1)\cong L(U, A_2, I_2)$。

性质 4.7[71]　设(U, A, I)为形式背景，$\forall D\subseteq A, D\neq\varnothing$，总有$L(U, A, I)\leqslant L(U, D, I_D)$。

定义 4.25[71]　设形式背景(U, A, I)，属性集$D\subseteq A$，如果有$L(U, D, I_D)\cong L(U, A, I)$，则称$D$是$(U, A, I)$的协调集。

定义 4.26[9]　设$S=(U, A)$为信息系统，$\forall P\subseteq A$，定义

$$\mathrm{IND}(P) = \{(x, y)\in U\times U \mid \forall a\in P, f(x,a)=f(y,a)\} \tag{4-9}$$

为属性集P的不可区分关系，$U/\mathrm{IND}(P)$(简记为U/P)表示$\mathrm{IND}(P)$在U上导出的划分，$U/\mathrm{IND}(P)$中的元素称为等价类。

4.4.3　基于概念背景的概念格属性约简模型

定义 4.27　设 $L(U, A, I)$ 为形式背景 (U, A, I) 的概念格，对于任意 $(X_i, B_i) \in L(U, A, I)$，记 $\mathrm{Lu} = \{X_i \mid (X_i, B_i) \in L(U, A, I)\}$，称 $(\mathrm{Lu}, A, \mathrm{Iu})$ 为概念格 $L(U, A, I)$ 的概念背景。其中 Lu 为概念背景的对象集，A 为属性集，Iu 为 Lu 和 A 之间的二元关系，$\mathrm{Iu} \subseteq \mathrm{Lu} \times A$，若 $(X, a) \in \mathrm{Iu}$，称 X 具有属性 a，记为 $X\mathrm{Iu}a$。

为了表示方便，用 1 表示 X_i 具有属性 a，用 0 表示 X_i 不具有属性 a。

表 4.7　形式背景 (U, A, I)

U	a	b	c	d	e
1	1	1	0	1	1
2	1	1	1	0	0
3	0	0	0	1	0
4	1	1	1	0	0

表 4.7 为文献[71]中的形式背景，其概念格为 $L(U, A, I) = \{(X_1, abde), (X_2, abc), (X_3, d), (X_4, ab), (X_5, \varnothing), (X_6, A)\}$，其中 $X_1 = \{1\}$，$X_2 = \{2, 4\}$，$X_3 = \{1, 3\}$，$X_4 = \{1, 2, 4\}$，$X_5 = U$，$X_6 = \varnothing$。则该概念格的概念背景为 $(\mathrm{Lu}, A, \mathrm{Iu})$，其中 $\mathrm{Lu} = \{X_1, X_2, X_3, X_4, X_5, X_6\}$，如表 4.8 所示。

表 4.8　概念格 $L(U, A, I)$ 的概念背景 $(\mathrm{Lu}, A, \mathrm{Iu})$

Lu	a	b	c	d	e
X_1	1	1	0	1	1
X_2	1	1	1	0	0
X_3	0	0	0	1	0
X_4	1	1	0	0	0
X_5	0	0	0	0	0
X_6	1	1	1	1	1

定理 4.19　设概念格 $L(U, A, I)$ 的概念背景为 $L(U, A, I)$，$\mathrm{Lu} = \{X_1, X_2, \cdots, X_n\}$，则必有等价关系 IND (A) 在 Lu 上导出的划分为 $\mathrm{Lu}/A = \{\{X_1\}, \{X_2\}, \cdots, \{X_n\}\}$。

证明　因为 $\mathrm{Lu} = \{X_1, X_2, \cdots, X_n\}$ 为概念格 $L(U, A, I)$ 中所有概念的外延构成的集合，对任意的两个概念外延 X_i，$X_j \in \mathrm{Lu}$，因为 X_i、X_j 为概念格 $L(U, A, I)$ 中不同概念的外延，必有 $X_i^* \neq X_j^*$，即 X_i、X_j 具有属性集 A 中不同的属性，则 X_i、X_j 在属性集 A 上的取值必不相同，所以必有 $\mathrm{Lu}/A = \{\{X_1\}, \{X_2\}, \cdots, \{X_n\}\}$。

定理 4.20　设概念格 $L(U, A, I)$ 的概念背景为 $(\mathrm{Lu}, A, \mathrm{Iu})$，$\mathrm{Lu} = \{X_1, X_2, \cdots, X_n\}$，对任意的属性集 $D \subseteq A$，记 $L(D) = \{(X_i, X_i^{*A} \cap D) \mid X_i \in \mathrm{Lu}\}$，当 $\mathrm{Lu}/D = \mathrm{Lu}/A$ 时，$L(D)$ 是概念格且 $L(D) \cong L(U, A, I)$。

证明　若 $Lu/D = Lu/A = \{\{X_1\}, \{X_2\}, \cdots, \{X_n\}\}$，则说明对任意 X_i，$X_j \in Lu$，X_i、X_j 在属性集 D 上的取值必不相同，则 X_i、X_j 具有属性集 D 中不同的属性，即 $X_i^{*A} \cap D$、$X_j^{*A} \cap D$ 必不相同，说明从属性集 A 中去掉部分属性得到属性集 D 后，各外延仍具有不同的属性，在属性集 D 下 $X_i^* = X_i^{*A} \cap D$，$(X_i^{*A} \cap D)^* = X_i$，所以 $(X_i, X_i^{*A} \cap D)$ 是概念且 $L(D) = \{(X_i, X_i^{*A} \cap D) \mid X_i \in Lu\}$ 中概念个数和概念格 $L(U, A, I)$ 中概念个数相同，各概念外延对应相同，即对于 $L(D)$ 中任意概念 $(X_i, X_i^{*A} \cap D)$，在 $L(U, A, I)$ 中总存在概念 (X_i, X_i^{*A}) 与之对应，且两个概念外延相同，同样，对于 $L(U, A, I)$ 中任意概念 (X_i, X_i^{*A})，在 $L(D)$ 中总存在对应概念 $(X_i, X_i^{*A} \cap D)$，两概念外延相同，所以 $L(D)$ 是概念格且 $L(D) \cong L(U, A, I)$。

定理 4.21　设形式背景 (U, A, I) 的概念格为 $L(U, A, I)$，$L(U, A, I)$ 的概念背景为 (Lu, A, Iu)，$Lu = \{X_1, X_2, \cdots, X_n\}$，$D \subseteq A$，若 $Lu/D = Lu/A$，则对于形式背景 (U, D, I_D) 的概念格 $L(U, D, I_D)$，有 $L(U, A, I) \cong L(U, D, I_D)$。

证明　当 $Lu/D = Lu/A = \{\{X_1\}, \{X_2\}, \cdots, \{X_n\}\}$ 时，对于任意的概念 $(X_i, X_i^{*A} \cap D) \in L(D)$，因为各个外延具有 D 中不同的属性，所以在属性集 D 下，$X_i^{*A} \cap D \subseteq D$，$(X_i^{*A} \cap D)^* = X_i$，$X_i^* = X_i^{*A} \cap D$，所以 $(X_i, X_i^{*A} \cap D) \in L(U, D, I_D)$，即 $L(U, D, I_D) \leqslant L(D)$。由定理 4.20 可知，当 $Lu/D = Lu/A$ 时，$L(D) \cong L(U, A, I)$，所以 $L(U, D, I_D) \leqslant L(U, A, I)$，又因为 $D \subseteq A$，由性质 4.7 可知 $L(U, A, I) \leqslant L(U, D, I_D)$，所以由定义 4.24 可知 $L(U, A, I) \cong L(U, D, I_D)$。

定理 4.22　设概念格 $L(U, A, I)$ 的概念背景为 (Lu, A, Iu)，$Lu = \{X_1, X_2, \cdots, X_n\}$，对任意的属性集 $D \subseteq A$，若 $Lu/D = Lu/A$，则属性集 D 为形式背景 (U, A, I) 的一个协调集。

证明　因为当 $Lu/D = Lu/A = \{\{X_1\}, \{X_2\}, \cdots, \{X_n\}\}$ 时，由定理 4.21 可知 $L(U, D, I_D) \cong L(U, A, I)$，所以由定义 4.25 可知 D 为形式背景 (U, A, I) 的一个协调集。

定义 4.28　设概念格 $L(U, A, I)$ 的概念背景为 (Lu, A, Iu)，$Lu = \{X_1, X_2, \cdots, X_n\}$，对任意 $a \in A$，若 $Lu/A - \{a\} = Lu/A$，则称 a 为不必要属性，否则称 a 为必要属性。若 A 中每一个属性都为必要属性，则称 A 为独立的。

定理 4.23　设概念格 $L(U, A, I)$ 的概念背景为 (Lu, A, Iu)，$Lu = \{X_1, X_2, \cdots, X_n\}$，属性集 $D \subseteq A$，若 $Lu/D = Lu/A$ 且 D 是独立的，则 D 是形式背景 (U, A, I) 的约简集。

证明　由定理 4.22 可知，当 $Lu/D = Lu/A$ 时，D 为形式背景 (U, A, I) 的一个协调集，且 D 是独立的，即 D 中所有属性都是必要的，所以 D 是形式背景 (U, A, I) 的约简集.

定义 4.29　形式背景 (U, A, I) 的核为 A 中所有必要属性构成的集合，$Core(A) = \{a \in A, Lu/A - \{a\} \neq Lu/A\}$。

4.4.4　概念格启发式属性约简算法

由以上理论，可以将概念格的属性约简转化为对概念格的概念背景的属性约简，在保持划分 Lu/D = Lu/A 不变，即保持原概念中各概念外延不变的情况下对概念格属性进行约简，算法 4.5 分别考察属性集 A 中每个属性对划分的影响，从而去掉 A 中不必要的属性，得到概念格属性集的一个约简。基于概念背景的概念格启发式属性约简算法详细步骤如下。

算法 4.5

输入：形式背景(U, A, I)的概念格 $L(U, A, I)$，$A=\{a_1, a_2, \cdots, a_n\}$

输出：形式背景属性集的一个约简 D_1

步骤 1：由概念格 $L(U, A, I)$得到概念外延集合 Lu 及概念背景(Lu, A, Iu)，令 $D=A$, Att = 0, T = |Lu/A |。

步骤 2：如果 D = Att，则 $D_1=D$，转步骤 5；否则选 D−Att 中任意属性 a_i，计算|Lu/ $(D-\{a_i\})$|。

步骤 3：如果|Lu/ $(D-\{a_i\})$| = T，则 $D=D-\{a_i\}$，转步骤 2。

步骤 4：如果|Lu/ $(D-\{a_i\})$| ≠ T，则 Att = Att ∪ $\{a_i\}$，转步骤 2。

步骤 5：终止。

算法中|·|表示划分等价类的个数。

算法时间复杂度分析：设概念格 $L(U, A, I)$的概念个数为 n，$|A|=m$。

(1) 为了计算|Lu/A|和|Lu/ $(D-\{a_i\})$|，需要计算 Lu/A 和 Lu/ $(D-\{a_i\})$，因为根据单个属性 a 计算划分的时间复杂度为 $O(n^2)$，所以求 Lu/A 和 Lu/ $(D-\{a_i\})$需要计算 $|A|-1$ 和 $|D-\{a_i\}|-1$ 次交，所以计算 Lu/A 和 Lu/ $(D-\{a_i\})$的时间复杂度为$(|A|-1+|D-\{a_i\}|-1)\times O(n^2)=O(mn^2)$。

(2) 因为属性集 $D\subseteq A$，所以 D 对 Lu 的划分要等于或粗于 A 对 Lu 的划分，若划分 Lu/D = Lu/A，则必有|Lu/D| = |Lu/A|。若 Lu/D ≠ Lu/A，则 Lu/D 中等价类的个数必小于 Lu/A 中等价类的个数，即|Lu/D| < |Lu/A|。所以步骤 3 和步骤 4 中只需要计算出划分后的等价类个数并进行比较即可。而计算划分|Lu/D|和|Lu/A|中等价类个数的时间复杂度为 $O(n)$。

综上所述，算法的时间复杂度为 $O(m^2n^2)$。

4.4.5　实例分析

对算法的有效性在表 4.7 所示的形式背景上作了一个测试，该形式背景的概念格 $L(U, A, I)=\{(X_1, abde), (X_2, abc), (X_3, d), (X_4, ab), (X_5, \varnothing), (X_6, A)\}$，其中 $X_1=\{1\}$，$X_2=\{2, 4\}$，$X_3=\{1, 3\}$，$X_4=\{1, 2, 4\}$，$X_5=U$，$X_6=\varnothing$。根据算法，以 Lu = $\{X_1, X_2, X_3, X_4, X_5, X_6\}$作为概念背景的对象集，Lu/$A$ = $\{\{X_1\}, \{X_2\}, \{X_3\}, \{X_4\}, \{X_5\}, \{X_6\}\}$。当 $D=A=\{a, b, c, d, e\}$时，Lu/D = $\{\{X_1\}, \{X_2\}, \{X_3\}, \{X_4\}, \{X_5\}, \{X_6\}\}$，Lu/$A$

$=\text{Lu}/D$，$T=|\text{Lu}/A|=6$，从 D 中依次去掉一个属性(顺序可以任意)，考察划分是否变化，这里假设按照 b, a, c, d, e 的顺序进行实验：

(1) 去掉 b 后，$D=\{a, c, d, e\}$，因为 $\text{Lu}/D=\{\{X_1\}, \{X_2\}, \{X_3\}, \{X_4\}, \{X_5\}, \{X_6\}\}=\text{Lu}/A$，$|\text{Lu}/D|=T=6$，所以 b 可以去掉，此时 $D=\{a, c, d, e\}$，$\text{Att}=0$。

(2) 从 D 中继续去掉 a，$D=\{c, d, e\}$，因为 $\text{Lu}/D=\{\{X_1\}, \{X_2\}, \{X_3\}, \{X_4, X_5\}, \{X_6\}\}\neq\text{Lu}/A$，$|\text{Lu}/D|=5$，$T=6$，所以 a 不能去掉，此时 $D=\{a, c, d, e\}$，$\text{Att}=\{a\}$。

(3) 从 D 中继续去掉 c，$D=\{a, d, e\}$，因为 $\text{Lu}/D=\{\{X_1\ X_6\}, \{X_2, X_4\}, \{X_3\}, \{X_5\}\}\neq\text{Lu}/A$，$|\text{Lu}/D|=4$，$T=6$，所以 c 不能去掉，此时 $D=\{a, c, d, e\}$，$\text{Att}=\{a, c\}$。

(4) 从 D 中继续去掉 d，$D=\{a, c, e\}$，因为 $\text{Lu}/D=\{\{X_1\}, \{X_2\}, \{X_3, X_5\}, \{X_4\}, \{X_6\}\}\neq\text{Lu}/A$，$|\text{Lu}/D|=5$，$T=6$，所以 d 不能去掉，此时 $D=\{a, c, d, e\}$，$\text{Att}=\{a, c, d\}$。

(5) 从 D 中继续去掉 e，$D=\{a, c, d\}$，因为 $\text{Lu}/D=\{\{X_1\}, \{X_2\}, \{X_3\}, \{X_4\}, \{X_5\}, \{X_6\}\}=\text{Lu}/A$，$|\text{Lu}/D|=T=6$，所以 e 可以去掉，此时 $D=\{a, c, d\}$，$\text{Att}=\{a, c, d\}$。

(6) 此时 $D-\text{Att}=\varnothing$，算法终止，所求约简即 $D_1=D=\{a, c, d\}$。

此时，约简属性后概念背景如表 4.9 所示。

表 4.9　约简属性后的概念背景

Lu	a	c	d
X_1	1	0	1
X_2	1	1	0
X_3	0	0	1
X_4	1	0	0
X_5	0	0	0
X_6	1	1	1

约简属性后的概念格为$\{(X_1, ad), (X_2, ac), (X_3, d), (X_4, a), (X_5, \varnothing), (X_6, D)\}$，即表 4.9 中各对象 X_i 与其属性值为 1 的属性共同构成一个概念，在保持原概念格中各概念外延不变的情况下对属性集进行了约简。

文献[71]利用区分矩阵得到的约简分别是$\{a, c, d\}$和$\{b, c, d\}$。利用本节算法，在执行过程中选择属性的顺序可以不同，所以得到的约简也不同，为$\{a, c, d\}$或$\{b, c, d\}$。且约简后的概念格$\{(X_1, ad), (X_2, ac), (X_3, d), (X_4, a), (X_5, \varnothing), (X_6, D)\}$，$X_1=\{1\}$，$X_2=\{2, 4\}$，$X_3=\{1, 3\}$，$X_4=\{1, 2, 4\}$，$X_5=U$，$X_6=\varnothing$与文献[54]中所给形式背景，即表 4.7 中形式背景(U, A, I)的子形式背景(U, D, I_D)，$D=\{a, c, d\}$上的概念格相同。

4.4.6　小结

本节将对概念格的属性约简转化为对其概念背景的属性约简，基于粗糙集中等价关系对概念背景中所有概念外延进行了划分，在保持划分不发生变化的情况下对属性集中属性进行约简，算法可以很好地计算出概念格属性集的一个约简，为概念格的属性约简提供了新的方法和理论基础。

4.5　广义邻域关系下的不完备混合型属性约简方法

4.5.1　引言

目前，基于邻域粗糙集模型的约简算法大多基于正区域和区分矩阵[75,76]。基于正区域的约简是依据集合包含关系确定知识的不确定性程度，其本质含义不易被理解。为此，一些学者从信息论角度出发，通过信息熵来描述知识的不确定性程度[77-86]。苗夺谦等讨论了知识粗糙性与信息熵的关系，得到偏序关系和粗糙熵的单调性相反的结论[77]。王国胤等证明了在不一致决策系统中[28]，基于条件熵的属性重要性定义包含基于正区域的属性重要性定义，但这是在等价关系下进行讨论的。黄兵等提出基于一般二元关系的知识粗糙熵和粗集粗糙熵，但仅研究了信息系统的约简[78]。赵佰亭等提出一种广义邻域粗糙集模型，用于不完备混合决策系统约简[79,80]，重点研究同时包含丢失型和遗漏型共存的不完备决策系统，对不完备数值型属性的约简算法改进较少，只是简单融合了邻域关系下的基于正域的属性约简算法。因此，本节研究基于条件熵的不完备混合决策系统的属性约简算法[86]。

4.5.2　经典属性约简算法

决策表的属性约简就是在保持条件属性相对于决策属性的分类能力不变的条件下，去除其中不必要的属性。经典的属性约简算法包括基于正区域的算法、基于分类质量的算法、基于条件熵的算法和基于差别矩阵的算法等[51,81-85]。下面介绍两个典型的属性约简算法：基于正区域的属性约简算法和基于条件熵的属性约简算法。

1. 基于正区域的属性约简算法

定义 4.30　给定决策系统 $T=<U, C\cup D, V, f>$，$B\subseteq C$，则决策属性 D 对条件属性子集 B 的依赖性定义为

$$\gamma_B(D)=\frac{|\mathrm{POS}_B(D)|}{|U|} \tag{4-10}$$

依赖性反映了决策属性对条件属性的依赖程度，当属性的依赖性等于零时，该属性就是冗余属性。决策属性对条件属性的依赖程度越高，该条件属性的重要性越高，因此可以进一步给出属性重要性的定义[83]。

定义 4.31　给定决策系统 $T=<U, C\cup D, V, f>$，$B\subseteq C$，则$\forall a\in C-B$ 相对于决策属性 D 的重要性定义为

$$\mathrm{SGF}_{\gamma}(a,B,D)=\gamma_{B\cup\{a\}}(D)-\gamma_{B}(D) \tag{4-11}$$

定义 4.32　给定决策系统 $T=<U, C\cup D, V, f>$，对$\forall a\in C-B$，则 B 是 C 的一个相对约简，如果 B 满足以下两个条件：

$$\gamma_{B}(D)=\gamma_{C}(D) \tag{4-12}$$

$$\mathrm{SGF}_{\gamma}(a,B,D)>0 \tag{4-13}$$

2. 基于条件熵的属性约简算法

定义 4.33[28]　给定决策系统 $T=<U, C\cup D, V, f>$，$B\subseteq C$，属性子集 B 对 U 的划分为 $B=\{X_1, X_2,\cdots, X_k\}$，则 B 的信息熵定义为

$$H(B)=-\sum_{i=1}^{k}\frac{|X_i|}{|U|}\log_2\frac{|X_i|}{|U|} \tag{4-14}$$

定义 4.34[28]　给定决策系统 $T=<U, C\cup D, V, f>$，$B\subseteq C$，属性子集 B 对 U 的划分为 $D=\{Y_1, Y_2,\cdots, Y_k\}$，则 D 相对于 B 的条件熵定义为

$$H(D\,|\,B)=-\sum_{i=1}^{k}\frac{|X_i|}{|U|}\sum_{i=1}^{k}\frac{|Y_i\cap X_i|}{|X|}\log_2\frac{|Y_i\cap X_i|}{|X_i|} \tag{4-15}$$

定义 4.35　给定决策系统 $T=<U, C\cup D, V, f>$，$B\subseteq C$，则$\forall a\in C-B$ 相对于决策属性 D 的重要性定义为

$$\mathrm{SGF}_{H}(a,B,D)=H(D\,|\,B)-H(D\,|\,B\cup\{a\}) \tag{4-16}$$

基于正区域的属性重要性考虑的是该属性对论域中确定分类子集的影响，而基于条件熵的属性重要性考虑的是该属性对论域中不确定分类子集的影响。如果一个属性的增加不改变论域中本身已确定分类的样本，且所有本身不能确定分类的样本仍不能确定分类，只是不确定性有所变化，那么该属性基于正区域的属性重要性为 0，该属性基于条件熵的属性重要性不为 0。

定理 4.24[28]　给定决策系统 $T=<U, C\cup D, V, f>, a\in B\subseteq C$，若 $\mathrm{SGF}_H(a, B, D)=0$，则 $\mathrm{SGF}_{\gamma}(a, B, D)=0$。

证明见文献[28]。由上述定理可以看出，在完备的决策系统中，基于条件熵的属性重要性包含基于正区域的属性重要性。下面研究不完备混合型数据中基于正区域的属性约简算法和基于条件熵的属性约简算法及两者在属性重要性上的关系。

4.5.3　基于广义邻域关系的条件熵及其属性重要性

信息熵利用等价关系对论域的划分进行定义。如果将等价关系放宽为广义邻域关系，邻域类对论域的划分变成覆盖，则利用分块大小衡量信息量大小就不再恰当。

将每一个样本单独看待，其所在的等价类则可以看成它的邻域，那么可以用一个样本在所有样本的邻域中出现的次数来定义信息熵[87]。广义邻域关系是对称的，一个样本的邻域中有哪些样本，它就在相应的那些样本的邻域中出现，那么在广义邻域关系下，可以利用样本的邻域大小来定义信息熵。决策系统可以看成信息表的特殊情况，因此可以在信息熵的基础上通过属性的并来构造决策系统的条件熵[78]。

定义 4.36 给定不完备混合决策系统 $\mathrm{IMT}=<U, C\cup D, V, f>$，$B\subseteq C$，$\omega_B(x_i)$ 表示在 B 下样本 x_i 生成的广义邻域，则在广义邻域关系下 B 的信息熵定义为

$$H(B)=-\sum_{i=1}^{|U|}\frac{1}{|U|}\log_2\frac{|\omega_B(x_i)|}{|U|} \tag{4-17}$$

性质 4.8[88] 给定不完备混合决策系统 $\mathrm{IMT}=<U, C\cup D, V, f>$，$P, Q\subseteq C\cup D$，$U/\mathrm{TN}_P=\{\omega_P(x_1),\omega_P(x_2),\cdots,\omega_P(x_{|U|})\}$ 和 $U/\mathrm{TN}_Q=\{\omega_Q(x_1),\omega_Q(x_2),\cdots,\omega_Q(x_{|U|})\}$ 分别表示 P 和 Q 对论域构成的两个分类，则这两个分类的交运算满足：$U/\mathrm{TN}_P\cap U/\mathrm{TN}_Q=U/\mathrm{TN}_{Q\cup P}$。

性质 4.8 中分类 U/TN_P 和 U/TN_Q 可分别简记作 U/P 和 U/Q，$U/\mathrm{TN}_P\cap U/\mathrm{TN}_Q=U/\mathrm{TN}_{Q\cup P}$ 可简记作 $U/P\cap U/Q=U/(P\cup Q)$。

定义 4.37 给定不完备混合决策系统 $\mathrm{IMT}=<U, C\cup D, V, f>$，$P, Q\subseteq C\cup D$，$U/P$ 和 U/Q 分别表示 P 和 Q 对论域构成的两个分类，则分类 $U/(P\cup Q)$ 的条件熵定义为

$$H(P\cup Q)=-\sum_{i=1}^{|U|}\sum_{j=1}^{|U|}\frac{1}{|U|}\log_2\frac{|\omega_P(x_i)\cap\omega_Q(x_j)|}{|U|} \tag{4-18}$$

依据性质 4.8，式(4-18)可变形得到如下定义。

由

$$\begin{aligned}U/P\cap U/Q&=\{\omega_P(x_1)\cap\omega_Q(x_1),\omega_P(x_1)\cap\omega_Q(x_2),\cdots,\omega_P(x_{|U|})\cap\omega_Q(x_{|U|-1}),\omega_P(x_{|U|})\cap\omega_Q(x_{|U|})\}\\&=U/(P\cup Q)\\&=\{\omega_{Q\cup P}(x_1),\omega_{Q\cup P}(x_2),\cdots,\omega_{Q\cup P}(x_{|U|})\}\\&=U/P\cap U/Q\\&=\{\omega_P(x_1)\cap\omega_Q(x_1),\omega_P(x_2)\cap\omega_Q(x_2),\cdots,\omega_P(x_U)\cap\omega_Q(x_{|U|})\}\end{aligned}$$

从而有

$$H(P\cup Q)=-\sum_{i=1}^{|U|}\sum_{j=1}^{|U|}\frac{1}{|U|}\log_2\frac{|\omega_P(x_i)\cap\omega_Q(x_j)|}{|U|}=\sum_{i=1}^{|U|}\frac{1}{|U|}\log_2\frac{|\omega_P(x_i)\cap\omega_Q(x_i)|}{|U|} \tag{4-19}$$

定义 4.38 给定不完备混合决策系统 $\mathrm{IMT}=<U, C\cup D, V, f>$，$B\subseteq C$，$U/B$ 和 U/D 分别表示 B 和 D 对论域构成的两个分类，则分类 $U/(D\cup B)$ 的条件熵定义为

$$H(D\cup B)=-\sum_{i=1}^{|U|}\sum_{j=1}^{|U|}\frac{1}{|U|}\log_2\frac{|\omega_D(x_i)\cap\omega_B(x_j)|}{|U|}=\sum_{i=1}^{|U|}\frac{1}{|U|}\log_2\frac{|\omega_D(x_i)\cap\omega_B(x_i)|}{|U|} \tag{4-20}$$

定义 4.39 给定不完备混合决策系统 IMT = <$U, C\cup D, V, f$>，$P, Q\subseteq C\cup D$，如果 $\forall\omega_P(x_i)\in U/P\Rightarrow\exists\omega_Q(x_i)\in U/Q$，满足 $\delta_P(x_i)\subseteq\delta_Q(x_i)$，那么称 U/P 比 U/Q 分类细，记作 $U/P\prec U/Q$。

定理 4.25 给定不完备混合决策系统 IMT = <$U, C\cup D, V, f$>，$M, N\subseteq C$。如果记作 $U/M\prec U/N$，则 $H(D\cup N)<H(D\cup M)$。

证明 假设 $U/M=\{\omega_M(x_1),\omega_M(x_2),\cdots,\omega_M(x_{|U|})\}$，$U/N=\{\omega_N(x_1),\omega_N(x_2),\cdots,\omega_N(x_{|U|})\}$，$U/D=\{\omega_D(x_1),\omega_D(x_2),\cdots,\omega_D(x_{|U|})\}$。如果 $U/M\prec U/N$，则 $\forall x_i\,(x_i\in U)$ 满足 $\omega_M(x_i)\subset\omega_N(x_i)$ 且 $\omega_D(x_i)\cap\omega_M(x_i)\subset\omega_D(x_i)\cap\omega_N(x_i)$，即 $1\leqslant|\omega_M(x_i)|\leqslant|\omega_N(x_i)|$ 且 $1\leqslant|\omega_D(x_i)\cap\omega_M(x_i)|\leqslant|\omega_D(x_i)\cap\omega_N(x_i)|$。因此，可以进行如下推导：

$$\begin{aligned}H(D\cup N)-H(D\cup M)&=-\sum_{i=1}^{|U|}\frac{1}{|U|}\log_2\frac{|\omega_D(x_i)\cap\omega_N(x_i)|}{|U|}+\sum_{i=1}^{|U|}\frac{1}{|U|}\log_2\frac{|\omega_D(x_i)\cap\omega_M(x_i)|}{|U|}\\&=\sum_{i=1}^{|U|}\frac{1}{|U|}\log_2\frac{|\omega_D(x_i)\cap\omega_M(x_i)|}{|\omega_D(x_i)\cap\omega_N(x_i)|}<0\end{aligned}$$

推论 4.1 给定不完备混合决策系统 IMT = <$U, C\cup D, V, f$>，$B\subseteq C$，$a\in C-B$，则 $H(D\cup B)<H(D\cup B\cup\{a\})$。

定义 4.40[88] 给定不完备混合决策系统 IMT = <$U, C\cup D, V, f$>，$B\subseteq C$，则任意属性 $a\in C-B$ 相对于决策属性 D 的重要性定义为

$$\mathrm{SGF}_H(a,B,D)=H(D\cup B\cup\{a\})-H(D\cup B) \tag{4-21}$$

正区域的大小反映了各类样本的可分离程度，正区域越大，表明确定分类样本和不确定分类样本的重叠区域越小。基于正区域的属性重要性考虑对确定分类样本的影响。如果添加一个属性，不改变确定分类样本，则该属性相对于属性集的重要性为 0。在等价关系下，如果添加一个属性，不改变原本确定分类和不确定分类的样本，仅改变不确定性，则该属性基于正区域的重要性为 0，但基于条件熵的重要性不为 0，因此基于条件熵的属性重要性包含基于正区域的属性重要性[28]。如果不存在等价关系，那么这种包含关系还存在么?下面讨论在广义邻域关系下，这两种观点的属性重要性的关系。

定理 4.26 给定不完备混合决策系统 IMT = <$U, C\cup D, V, f$>，$B\subseteq C$，$a\in C-B$，若 $\mathrm{SGF}_H(a, B, D)=0$，则 $\mathrm{SGF}_\gamma(a, B, D)=0$。

证明 设 $U/(B\cup\{a\})=\{\omega_{B\cup\{a\}}(x_1),\omega_{B\cup\{a\}}(x_2),\cdots,\omega_{B\cup\{a\}}(x_{|U|})\}$，则 U/B 可由 $U/(B\cup\{a\})$ 中某两个邻域的合并得到。如果 $\omega_{B\cup\{a\}}(x_i)$ 和 $\omega_{B\cup\{a\}}(x_j)$ 合并，那么在

$\omega_{B\cup\{a\}}(x_i)$ 中添加 x_j，$\omega_{B\cup\{a\}}(x_j)$ 中也要相应地添加 x_i。因此，$U/B=\{\{\omega_{B\cup\{a\}}(x_1), \omega_{B\cup\{a\}}(x_2),\cdots,\omega_{B\cup\{a\}}(x_i)\}\cup\{\{x_j\},\omega_{B\cup\{a\}}(x_j)\}\cup\{\{x_i\},\cdots,\omega_{B\cup\{a\}}(x_{|U|})\}\}$，进而可以得到推导：

$$H(D\cup B\cup\{a\})=-\frac{1}{|U|}\left(\log_2\frac{|\omega_{B\cup\{a\}}(x_1)\cap\omega_D(x_1)|}{|U|}+\cdots+\log_2\frac{|\omega_{B\cup\{a\}}(x_i)\cap\omega_D(x_i)|}{|U|}\right.$$
$$\left.+\log_2\frac{|\omega_{B\cup\{a\}}(x_j)\cap\omega_D(x_j)|}{|U|}+\cdots+\log_2\frac{|\omega_{B\cup\{a\}}(x_{|U|})\cap\omega_D(x_{|U|})|}{|U|}\right)$$

$$H(D\cup B)=-\frac{1}{|U|}\left(\log_2\frac{|\omega_{B\cup\{a\}}(x_1)\cap\omega_D(x_1)|}{|U|}+\cdots+\log_2\frac{|\omega_{B\cup\{a\}}(x_i)\cup\{x_j\}\cap\omega_D(x_i)|}{|U|}\right.$$
$$\left.+\log_2\frac{|\omega_{B\cup\{a\}}(x_j)\cup\{x_i\}\cap\omega_D(x_j)|}{|U|}+\cdots+\log_2\frac{|\omega_{B\cup\{a\}}(x_{|U|})\cap\omega_D(x_{|U|})|}{|U|}\right)$$

如果 $\mathrm{SGF}_H(a,B,D)=0$，则 $H(D\cup B\cup\{a\})=H(D\cup B)$，因此可以得到

$$\log_2\frac{|\omega_{B\cup\{a\}}(x_i)\cup\{x_j\}\cap\omega_D(x_i)|}{|U|}-\log_2\frac{|\omega_{B\cup\{a\}}(x_i)\cap\omega_D(x_i)|}{|U|}$$
$$+\log_2\frac{|\omega_{B\cup\{a\}}(x_j)\cup\{x_i\}\cap\omega_D(x_j)|}{|U|}-\log_2\frac{|\omega_{B\cup\{a\}}(x_j)\cap\omega_D(x_j)|}{|U|}=0$$

所以

$$\log_2\frac{|\omega_{B\cup\{a\}}(x_i)\cup\{x_j\}\cap\omega_D(x_i)|}{|\omega_{B\cup\{a\}}(x_i)\cap\omega_D(x_i)|}+\log_2\frac{|\omega_{B\cup\{a\}}(x_j)\cup\{x_i\}\cap\omega_D(x_j)|}{|\omega_{B\cup\{a\}}(x_j)\cap\omega_D(x_j)|}=0$$

由对数函数的性质可得

$$\frac{|\omega_{B\cup\{a\}}(x_i)\cup\{x_j\}\cap\omega_D(x_i)|}{|\omega_{B\cup\{a\}}(x_i)\cap\omega_D(x_i)|}=\frac{|\omega_{B\cup\{a\}}(x_j)\cup\{x_i\}\cap\omega_D(x_j)|}{|\omega_{B\cup\{a\}}(x_j)\cap\omega_D(x_j)|}=1$$

因此，$\gamma_{B\cup\{a\}}(D)=\gamma_B(D)$，即 $\mathrm{SGF}_\gamma(a,B,D)=0$。

由定理 4.26 可以看出，当属性基于条件熵的重要性为 0 时，其基于正区域的重要性也为 0，但反过来未必满足，即基于条件熵的属性重要性包含基于正区域的属性重要性定义。

例 4.2　给出一个不完备混合决策系统(表 4.10)，属性 a 为完备的数值型属性，属性 b 为完备的符号型属性，属性 c 为不完备的数值型属性，属性 d 为不完备的符号型属性，属性 D 是决策属性。依据广义邻域定义，求各条件属性对论域的分类。

表 4.10 不完备混合决策系统

U	a	b	c	d	D
x_1	0.94	1	0.54	1	1
x_2	0.56	0	*	0	0
x_3	0.39	0	0.17	1	0
x_4	0.86	0	*	*	1
x_5	1	1	0.60	*	0

处理属性 b 和 d 时，令 $H=\infty$；处理属性 a 和 c 时，令 $H=5/4$，可得

$U/\{a\}=\{\{\omega_a(x_i)\}\mid x_i\in U\}=\{\{x_1,x_4,x_5\},\{x_2\},\{x_3\},\{x_4,x_1\},\{x_5,x_1\}\}$

$U/\{b\}=\{\{\omega_b(x_i)\}\mid x_i\in U\}=\{\{x_1,x_5\},\{x_2,x_3,x_4\},\{x_2,x_3,x_4\},\{x_2,x_3,x_4\},\{x_5,x_1\}\}$

$U/\{c\}=\{\{\omega_c(x_i)\}\mid x_i\in U\}=\{\{x_1,x_2,x_4,x_5\},\{x_2,x_1,x_3,x_4,x_5\},\{x_3,x_2,x_4\},\{x_4,x_1,x_2,x_3,x_5\},\{x_5,x_1,x_2,x_4\}\}$

$U/\{d\}=\{\{\omega_d(x_i)\}\mid x_i\in U\}=\{\{x_1,x_3,x_4,x_5\},\{x_2,x_4,x_5\},\{x_3,x_1,x_4,x_5\},\{x_4,x_1,x_2,x_3,x_5\},\{x_5,x_1,x_2,x_3,x_4\}\}$

例 4.3 以例 4.2 中属性 a 为例，分别计算属性 a 相对于 D 的基于正区域的属性重要性和基于条件熵的属性重要性，并对比两者的关系：

$U/D=\{\{x_1,x_2\},\{x_2,x_1\},\{x_3,x_4\},\{x_4,x_3\}\}$

$U/B=\{\{x_1,x_2\},\{x_2,x_1,x_3\},\{x_3,x_2,x_4\},\{x_4,x_3\}\}$

$U/B\cup\{a\}=\{\{x_1\},\{x_2,x_3\},\{x_3,x_2,x_4\},\{x_4,x_3\}\}$

属性 a 相对于 D 的基于正区域的属性重要性为

$$\mathrm{SGF}_{\gamma}(a,B,D)=\gamma_{B\cup\{a\}}(D)-\gamma_B(D)=0$$

属性 a 相对于 D 的基于条件熵的属性重要性为

$$\mathrm{SGF}_H(a,B,D)=H(D\cup B\cup\{a\})-H(D\cup B)=2-1=1$$

因此，可以得到以下结论：当该属性基于正区域的重要性为 0 时，其基于条件熵的重要性不为 0，则后者的定义是包含前者的。

4.5.4 基于条件熵的不完备混合型属性约简算法

依据上述定义和定理，将条件熵作为启发因子，构造基于条件熵的启发式前向属性约简算法。首先通过属性的重要性降序排序，从大到小依次计算条件熵的属性重要性。然后求最大的 $\mathrm{SGF}_H(a,B,D)$，实际上是求最大的 $H(D\cup B\cup\{a\})$，因为每轮计算 $\mathrm{SGF}_H(a,B,D)$ 时都可以省去计算 $H(D\cup B)$ 的时间。该算法考虑了约简的完备性，时间复杂度为 $O(|C|^2|U|\log_2|U|)$。

基于条件熵的启发式前向属性约简算法的详细步骤如下。

算法 4.6

输入：IMT = $<U, C\cup D, V, f>$，$C = \{c_1, c_2, \cdots, c_{|C|}\}$，$D = \{d\}$

输出：约简 B

步骤 1：计算每个样本 $x_i\in U$ 的 $\omega_C(x_i)$ 和 $\mathrm{TN}_D(x_i)$，利用快速排序求出 $H(D\cup C)$。

步骤 2：按条件熵 $H(D\cup\{c_i\})$ 的值从大到小对 $c_i\in C$ 进行排序，组成新的序列 $S = \{a_1, a_2, \cdots, a_{|C|}\}$。

步骤 3：令 $B = \varnothing$。

步骤 4：对任意 $a_i\in S-B$，计算 $\mathrm{SGF}_H(a_i, B, D) = H(D\cup B\cup\{a_i\})-H(D\cup B)$。

步骤 5：求 $\max(\mathrm{SGF}_H(a_i, B, D))$，实际上是求 $H = \{a_i\in S-B|\max(H(D\cup B\cup\{a_i\}))\}$；

　　if $H\neq 1$

　　then 选择 $a_i\in H$ 满足 $\min(|U/\mathrm{TN}(B\cup\{a_i\})|)$；

步骤 6：$B = B\cup\{a_i\}$；

步骤 7：if $H(D\cup B)\neq H(D\cup C)$

　　go to 步骤 5

　else　//此处考虑算法的完备性

　令 $B = S\cap B = \{a_1, a_2, \cdots, a_{|B|}\}$

　for ($i = 1$; $i\leqslant|B|$; i++)

　$\{a_i\in B$;

　$B = B-\{a_i\}$;

　　if $H(D\cup B)\neq H(D\cup C)$

　　$B = B\cup\{a_i\}$; }

步骤 8：返回属性约简子集 B。

步骤 9：结束。

4.5.5 实验结果与分析

为验证该算法的合理性和有效性，采用 6 组 UCI 机器学习数据库中的数据进行了属性约简和分类的仿真实验。为了充分验证算法效果，在数据中随机删除了部分样本的邻域值，增大了样本的不完备性。数据约简程度是比较不同属性约简算法的一个指标，但对于分类问题，更重要的是选择的属性不能显著降低分类能力。一个优秀的约简算法要在保持或提高分类能力的基础上，尽可能减少分类建模所需的属性数目。表 4.11 描述了 6 组 UCI 数据集及其对应的样本数和属性数，文献[89]中基于邻域粗糙集的属性约简算法标记为 F1，本节算法标记为 F2，约简后的属性数目、分类精度和运行时间分别由 r、a 和 t 表示。依据实验结果，表 4.11 显示出算法 F2 和算法 F1 的对比结果，算法 F2 与算法 F1 的约简后属性数目大致相同，算法 F2 的分类精度比算法 F1 高，算法 F2 的运行时间比算法 F1 短。综合来看，算法 F2 较算法 F1 在以上三方面都有更好的表现。图 4.1～图 4.3 分别描述了方法 F1 和 F2 在约简后各样本集对应的属性数目、分类精度和运行时间。

表 4.11　属性约简的测试结果

编号	数据集	样本数	属性数	F1			F2		
				r	*a*	*t*	*r*	*a*	*t*
1	zoo	101	17	5	92.39	0.09	5	93.56	0.01
2	iono	351	34	16	95.17	0.3	15	95.78	0.09
3	diabetes	768	20	8	77.47	2	7	81.23	0.4
4	image	2310	19	8	73.4	10	8	80.42	2
5	abalone	4177	8	1	16.55	16	1	17.86	4
6	mushroom	8124	22	5	96.65	23	4	96.50	6

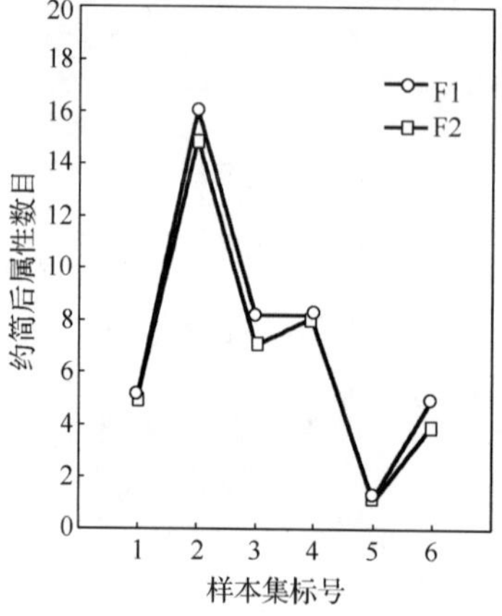

图 4.1　属性数目对比图

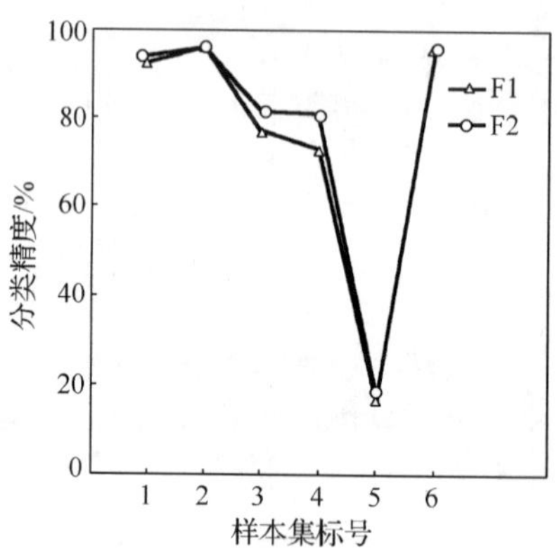

图 4.2　分类精度对比图

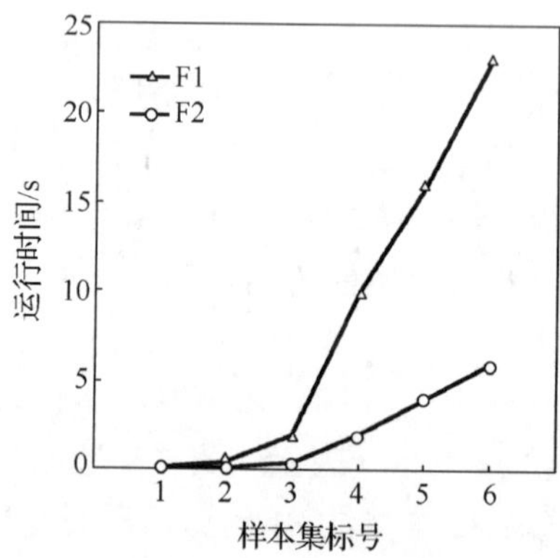

图 4.3　运行时间对比图

4.5.6 小结

在广义邻域关系下，本节基于信息熵提出了一种用于不完备混合型数据的条件熵，并提出了基于条件熵的属性重要性，对比分析基于正区域的属性重要性，证明了基于条件熵的属性重要性包含基于正区域的属性重要性，进而构造了基于条件熵的不完备混合型数据属性约简算法。

4.6 不完备决策系统中基于粗糙熵的属性约简方法

4.6.1 引言

近年来，大规模数据处理问题的不断出现，使数据挖掘技术的发展对大数据处理的研究提出了迫切的要求，而属性约简可以提高数据的质量，加快数据挖掘的速度[90]。因此，属性约简方面的研究引起了数据挖掘领域学者的高度重视。属性约简一般针对两类数据进行研究，即符号型数据与数值型数据。近年来，面向符号型数据的属性约简逐渐受到人们的关注。特别是波兰学者 Pawlak 等提出的粗糙集理论在符号型数据的属性约简领域中得到了广泛应用[9,86,91-93]。应用粗糙集方法进行属性约简的过程，实质就是对决策系统进行属性约简。但是，寻找一个决策系统的最小约简已被证明是一个 NP 难问题，在处理大规模数据集时计算时间代价过大[94-97]。针对该问题，一些学者提出了许多有效的约简算法[98]。王国胤等对基于粗糙集理论的属性约简和规则获取策略进行了详细分析和研究[28,53,93,99-101]；徐章艳等以快速缩小搜索空间为目的设计了一个新的较为合理的度量属性重要性的计算公式，并给出了该公式的递归计算方法，计算该公式算法的复杂度降低到 $O(|C \quad P||U' \quad U'_P|)$，然后以新的度量属性重要性的计算公式作为启发信息设计了一个时间复杂度为 $\max(O(|C||U|),O(|C|^2|U/C|))$ 的快速属性约简算法[23]。但是，目前很多算法都致力于降低属性约简过程中的时间消耗，提高计算效率，并且很多属性约简算法都以完备意义下的决策系统为研究对象。现实生活中，信息的不完备(对象的属性值缺损)现象是广泛存在的，那么，如何从不完备信息系统中获取有用知识就显得极为重要，经典粗糙集理论的等价关系不再适合[102]。于是，完备信息系统被推广到不完备信息系统，专家学者提出了多种直接对不完备信息系统进行处理的粗糙集扩充模型和方法，如将等价关系放宽为容差关系、非对称相似关系、限制容差关系，甚至为一般二元关系(自反性)[94]。而不完备的信息系统与完备信息系统相比，其存在更多的不确定因素，其条件属性值的缺失使得对数据进行不确定性分析更加困难[103-105]。Kryszkiewicz 等详细讨论了不完备信息系统的相关性质，并提出如何利用不完备信

息系统来推导出规则，但是对如何度量其规则的不确定性并没有深入研究[104]。Leung 等将离散数学中的极大相容块思想引入不完备信息系统中，讨论了相容关系下知识基本粒度的构造方法，为在不完备信息系统中度量所有类型的粗糙性提供了可能[94,106]。梁吉业等在完备和不完备信息系统中定义了信息熵、粗糙熵和知识粒度，用于度量完备和不完备信息系统的不确定性。钱宇华等在粗糙集理论中引入组合熵和组合粒度的概念，其信息增益函数具有直观的知识含量特性，并用于不完备信息系统的不确定度量[101]。针对不完备意义下的信息系统或决策系统的属性约简，近年来一些学者也做了初步探索[90,94]。黄兵等基于信息量和条件信息量对不完备信息系统中属性的重要性进行了定义，针对不完备数据表和不完备决策系统提出了基于信息量和条件信息量的属性约简启发式算法[103]。蒙祖强等基于正域给出了不完备决策系统的属性约简快速算法，能够有效地提高计算效率[107]。钱宇华等针对不完备决策系统中现有属性约简算法计算耗时过大的缺陷，提出了一种基于正向近似的通用属性约简加速算法，该算法不仅对候选属性具有保序性，而且通过在属性约简过程中减少样本数据的规模来降低计算耗时，加速属性约简过程[90]。李仁璞等针对不完备信息系统，在相似关系基础上提出了不完备熵和不完备条件熵，由此提出了相应的知识约简算法[108]。孙林等针对不完备信息系统和不完备决策系统，在容差关系的基础上提出了新的信息熵和决策熵，并此基础上研究了相应的属性约简算法[109,110]。张文修等在不相容信息系统中研究了分配约简、分布约简和最大分布约简等相关概念和度量方法[111]。Kryszkiewicz 等在不相容信息系统中提出了广义决策约简、可能性约简和分配约简等概念[94,112,113]。黄兵等提出了不完备信息系统下的分配约简和最大分布约简和分配序约简[114]。综上分析，对大规模数据集，现有基于不完备决策系统的属性约简方法都不同程度地存在耗时较大的问题[90]。因此，在不完备决策系统中属性约简的加速机制、分类能力、时空效率都是目前急需解决的问题。

显然，学者对基于粗糙集理论的属性约简算法有很深入的研究工作及相关成果，但目前仍旧缺乏普遍适用的有效且高效的属性约简算法，尤其缺乏不完备决策系统的属性约简高效算法，特别是在不改变原信息系统的前提下如何从不完备信息系统或不完备决策系统中获取知识的理论与方法的系统研究还鲜有报道[94]。因此，构造不完备信息系统和不完备决策系统的不确定度量方法具有重要的现实意义，但相关的研究方法还比较匮乏，尤其对于不完备决策系统。

目前，属性约简的过程需要采用一些不确定性度量和已有的学习算法来评测所选特征子集的性能[95,96]，而基于粗糙集理论的属性约简正是应用不确定性度量方法评价特征子集和确定终止条件的约简算法[95,115,116]。然而，知识空间中知识粒的不确定性直接影响了粒计算方法解决复杂问题的效率和精确程度[117]。根据不确定性度量的对象不同，知识的不确定性度量从数量上反映了近似空间的知识含量，如知识熵、知识粒度等即对知识不确定性的度量；概念的不确定度量反映的是概念在给定近似空间中对象与概念的不确定性，对此研究者提出了粗糙集的粗糙度、粗糙熵、模糊度和模糊熵等；决策的不确定度量有近似分类精度和条件信息熵等，它反映了近似空间对决策的分类能力；粗糙集的不确定性是由粗糙集的边界域引起的，当边界域中的对象不为空时，存在不确定性[118]。对于粗糙集理论，不确定性主要来自两个方面：一个是由不可分辨关系引起的，另一个是由粗糙集的近似域引起的。当近似域中的上、下近似不相等时，其边界域不为空，即存在不确定性[117]。关于粗糙集的不确定度量，目前主要包括粗糙度、粗糙熵、模糊度和模糊熵等[118]。

因此，针对不完备决策系统，为了克服现有的一些不确定性度量理论与方法的不足，进一步加强有效的数据分析，本节在基于相容关系的粗糙熵基础上提出条件粗糙熵、互信息等一些不确定性度量方法，并对其性质及度量之间的关系进行深入探究，采用推理与实例分析等方法论证这些度量的合理性，并给出其性质及定理；在不完备决策系统中，分析上述度量方法如何刻画知识和决策的粗糙性；在完备决策系统中，分析它们与信息熵、粗糙熵、信息粒度等相关度量的内在关系；结合增量式技术，基于不完备条件粗糙熵构建粗糙集约简模型，研究其与现有正域约简、分布约简之间的关系；为解决现有不完备决策系统中的属性约简算法计算耗时过大的问题，借助分解、基数排序、Hash 表等数据处理技术，在启发式迭代中不断减少样本规模来降低计算量，加速特征子集的求解过程，提出面向不完备数据的启发式增量属性约简算法，使其更适合选择大规模不完备数据集的特征子集。通过 UCI 数据库中的完备和不完备的数据集对本节属性约简算法进行仿真实验，进一步验证所提算法的有效性。

4.6.2　相关概念

形式上，$\mathrm{IS}=(U,A)$ 称为信息系统，其中 U 表示对象的非空有限集合，称为论域；A 表示属性的非空有限集合；$V=\bigcup_{a\in A}V_a$，V_a 表示属性 a 的值域，a：$U\times A\to V$ 为一个信息函数，它为每个对象在每个属性上赋予一个信息值，即任意的 $a\in A$，$u\in U$，$a(u)\in V_a$[50]。

对任意的 $P\subseteq A$，如果 $(u,v)\in\mathrm{IND}(P)$，则称 u 和 v 是 P 不可区分的，对任意的 $P\subseteq A$，不可区分关系 $\mathrm{IND}(P)$ 是 U 上的等价关系，$U/\mathrm{IND}(P)=\{X_1,X_2,\cdots,X_m\}$（简记为 U/P）表示不可区分关系 $\mathrm{IND}(P)$ 在 U 上导出的划分，$X_i\subseteq U$，$X_i\neq\varnothing$，$X_i\cap X_j=\varnothing$，对于 $i\neq j$，其中 $i,j=1,2,\cdots,m$，称 X_i 为 U/P 中的等价类[119]。对于任意的 $u\in U$，$[u]_P$ 表示包含元素 u 的 P 等价类，这里每个等价类被看成一个信息粒。信息粒度则是对关系（或属性集）P 下信息粒（等价类）大小的平均度量[120]。在一些情况下，对一个对象而言，一些属性值可能是缺损的，一种解决方法是这些缺损值可以通过对应属性的所有可能值的集合来表示。为了表示这种情况，通常将一个区分值（即空值）分配给这些属性[120]。

在信息系统 IS = (U, A) 中，如果至少存在一个属性 $a\in A$，V_a 包含空值，则称其是一个不完备信息系统 IIS = (U, A)，用*表示空值，否则称其为完备信息系统 CIS = (U, A)。设 $P\subseteq A$ 是一个属性子集，由 P 确定的相容关系 $\mathrm{SIM}(P) = \{(u, v)\in U\times U | \forall a\in P, a(u) = a(v)$ 或 $a(u) = *$ 或 $a(v) = *\}$。简记由属性 $a\in A$ 确定的相容关系为 $\mathrm{SIM}(\{a\})$。显然，$\mathrm{SIM}(P) = \bigcap_{a\in P}\mathrm{SIM}(\{a\})$。令 $S_P(u) = \{u\in U | (u, v)\in \mathrm{SIM}(P)\}$，表示在属性集 P 下与 u 相容的所有对象的全体，称为 u 在属性集 P 下的相容类，相容类一般不构成 U 的划分，它们构成 U 的覆盖。令 $U/\mathrm{SIM}(P) = \{S_P(u_1), S_P(u_2), \cdots, S_P(u_n)\}$，表示不完备信息系统中属性集 P 对 U 的分类[50]。

特别地，如果 $U/\mathrm{SIM}(P) = \omega = \{S_P(u) | S_P(u) = \{u\}, u\in U\}$，称其为恒等关系；如果 $U/\mathrm{SIM}(P) = \delta = \{S_P(u) | S_P(u) = \{U\}\}$，称其为全域关系。

例 4.4　考虑表 4.12 中几个汽车的描述[105,120]，这是一个不完备信息系统 IIS = (U, A)，其中 $U = \{u_1, u_2, \cdots, u_6\}$，$A = \{P, M, S, X\}$，这里 P、M、S 和 X 分别表示 Price、Mileage、Size 和 Max-Speed。

表 4.12　一个关于汽车的不完备信息系统

car	P	M	S	X
u_1	High	Low	Full	Low
u_2	Low	*	Full	Low
u_3	*	*	Compact	Low
u_4	High	*	Full	High
u_5	*	*	Full	High
u_6	Low	High	Full	*

通过计算可得，$U/\mathrm{SIM}(A) = \{S_A(u_1), S_A(u_2), S_A(u_3), S_A(u_4), S_A(u_5), S_A(u_6)\}$，其中 $S_A(u_1) = \{u_1\}$，$S_A(u_2) = \{u_2,u_6\}$，$S_A(u_3) = \{u_3\}$，$S_A(u_4) = \{u_4,u_5\}$，$S_A(u_5) = \{u_4,u_5,u_6\}$，$S_A(u_6) = \{u_2,u_5,u_6\}$。

不完备决策系统 IDS = (U, C, D) 是不完备信息系统 IIS = (U, A) 的一个特例，其中 U 为论域；C 为条件属性集；D 为决策属性集且 $C\cap D = \varnothing$；$V = \bigcup\{V_a | a\in C\cup D\}$，$V_a$ 为属性 a 的值域；$a: U\times(C\cup D)\to V$ 是一个信息函数。在不完备决策系统 IDS = (U, C, D) 中，$a\in P\subseteq C$，若任意的 $u\in U$，$S_P(u) = S_{P-\{a\}}(u)$，则称 a 在 P 中是不必要的，否则称 a 在 P 中是必要的；若 $P\subseteq C$ 中每一属性在 P 中都是必要的，则称 P 是独立的，否则称 P 是依赖的；对于任意的 $B\subseteq P\subseteq C$，若对任意的 $u\in U$，$S_B(u) = S_P(u)$ 且 B 是独立的，则称 B 是 P 的一个约简[119,121]。

在不完备决策系统 IDS = (U, C, D) 中，对于任意的 $P\subseteq C$，$D = \{d\}$，对任意的 $i\in U$，定义 $D_P(i) = \{k | k = d(j), j\in S_P(i)\}$，其中 $d(j)$ 表示对象 j 在决策属性 d 上的取

值，$D_P(i)$为 i 在条件属性集 P 下形成的相容类中各对象的不同决策属性值构成的集合，称 $D_P(i)$为 i 在条件属性集 P 下相容类的决策集[50,119]。

在不完备决策系统 $\mathrm{IDS} = (U, C, D)$中，对于任意的 $a\in P\subseteq C$，若任意的 $u\in U$，$D_P(u) = D_{P-\{a\}}(u)$，则称 a 在 P 中是相对决策属性 D 不必要的，否则称 a 在 P 中是相对决策属性 D 必要的。若 P 中每个属性都是相对必要的，则称 P 是相对决策属性 D 独立的，否则称 P 是相对决策属性 D 依赖的。对于任意的 $B\subseteq P\subseteq C$，若对任意的 $u\in U$，$D_B(u) = D_P(u)$且 B 是相对决策属性 D 独立的，则称 B 是 P 相对决策属性 D 的一个相对约简[50]。

设 $\mathrm{IS} = (U, A)$是一个信息系统，可以把信息系统中的信息统一表示为向量 $K(A) = \{S_A(u_1), S_A(u_2),\cdots, S_A(u_{|U|})\}$。对于任意 $P, Q\subseteq A$，$K(P) = \{S_P(u_1), S_P(u_2),\cdots, S_P(u_{|U|})\}$，$K(Q) = \{S_Q(u_1), S_Q(u_2), \cdots ,S_Q(u_{|U|})\}$，下面定义一个偏序关系[100] $K(P) \preccurlyeq K(Q) \Leftrightarrow$ 如果任意的 $i\in\{1, 2,\cdots, |U|\}$，都有 $S_P(u_i) \subseteq S_Q(u_i)$，其中 $S_P(u_i) \in K(P)$，$S_Q(u_i) \in K(Q)$，这里简记为 $P\preccurlyeq Q$；进一步，$K(P) = K(Q) \Leftrightarrow$ 如果任意的 $i\in\{1, 2,\cdots, |U|\}$，都有 $S_P(u_i) = S_Q(u_i)$，其中 $S_P(u_i) \in K(P)$，$S_Q(u_i) \in K(Q)$，这里简记为 $P\approx Q$；$K(P) \prec K(Q) \Leftrightarrow K(P) \preccurlyeq K(Q)$且 $K(P)\neq K(Q)$，这里简记为 $P\prec Q$[120]。

4.6.3　粗糙熵与互信息

在粗糙集理论中，粗糙度、粗糙熵、模糊度、模糊熵和信息熵等虽然都是度量粗糙集的不确定性的，但它们之间有一定的联系和区别；这些度量方法从不同的角度给出了粗糙集的不确定性，有各自的优势和特点[118]。下面给出不完备信息系统下的粗糙熵度量的描述。

定义 4.41[120]　设 $\mathrm{CIS} = (U, A)$是一个完备信息系统，对于任意 $P\subseteq A$，$U/P = \{X_1, X_2,\cdots, X_m\}$，则知识 P 的粗糙熵定义为

$$E_r(P) = -\sum_{i=1}^{m}\frac{|X_i|}{|U|}\log_2\frac{1}{|X_i|} \tag{4-22}$$

在完备信息系统中，由定义 4.41 可以得到如下性质[120]。

性质 4.9[120]　设 $\mathrm{CIS} = (U, A)$是一个完备信息系统，对于任意 $P\subseteq A$，则有：

(1) 如果 $U/P = \omega = \{X|X = \{u\}, u\in U\}$，那么知识 P 的粗糙熵达到最小值 0；

(2) 如果 $U/P = \delta = \{X|X = \{U\}\}$，那么知识 P 的粗糙熵达到最小值 $\log_2|U|$。

显然，在完备信息系统 $\mathrm{CIS} = (U, A)$的粗糙熵满足 $0 \leqslant E_r(P) \leqslant \log_2|U|$。

同时，由文献[120]知该粗糙熵是完备信息系统中的一个信息粒。

定义 4.42　设 $\mathrm{IIS} = (U, A)$是一个不完备信息系统，对于任意 $P\subseteq A$，$U/\mathrm{SIM}(P) = \{S_P(u_1), S_P(u_2),\cdots, S_P(u_{|U|})\}$，则知识 P 的粗糙熵定义为

$$\mathrm{IE}(P)=-\frac{1}{|U|}\sum_{i=1}^{|U|}\log_2\frac{1}{|S_P(u_i)|} \tag{4-23}$$

在不完备信息系统中，由定义 4.42 可以得到如下性质[120]。

性质 4.10[120]　设 $\mathrm{IIS}=(U,A)$ 是一个不完备信息系统，如果 $U/\mathrm{SIM}(A)=\omega$，那么 A 的粗糙熵达到最小值 0；如果 $U/\mathrm{SIM}(A)=\delta$，那么 A 的粗糙熵达到最大值 $\log_2|U|$。

定理 4.27　设 $\mathrm{IIS}=(U,A)$ 是一个不完备信息系统，对于任意 $P,Q\subseteq A$，若 $P\prec Q$，则 $\mathrm{IE}(P)<\mathrm{IE}(Q)$。

证明　假设 $U/\mathrm{SIM}(P)=\{S_P(u_1),S_P(u_2),\cdots,S_P(u_{|U|})\}$，$U/\mathrm{SIM}(Q)=\{S_Q(u_1),S_Q(u_2),\cdots,S_Q(u_{|U|})\}$，如果 $P\prec Q$，则对任意的 $i\in\{1,2,\cdots,|U|\}$，有 $S_P(u_i)\subseteq S_Q(u_i)$，且存在 $u_0\in U$ 使 $S_P(u_0)\subset S_Q(u_0)$。因此，可以得到

$$\begin{aligned}
\mathrm{IE}(P)&=-\frac{1}{|U|}\sum_{i=1}^{|U|}\log_2\frac{1}{|S_P(u_i)|}\\
&=\frac{1}{|U|}\sum_{i=1,u_i\neq u_0}^{|U|}\log_2|S_P(u_i)|+\frac{1}{|U|}\log_2|S_P(u_0)|\\
&<\frac{1}{|U|}\sum_{i=1,u_i\neq u_0}^{|U|}\log_2|S_Q(u_i)|+\frac{1}{|U|}\log_2|S_Q(u_0)|\\
&=-\frac{1}{|U|}\sum_{i=1}^{|U|}\log_2\frac{1}{|S_Q(u_i)|}\\
&=\mathrm{IE}(Q)
\end{aligned}$$

即 $\mathrm{IE}(P)<\mathrm{IE}(Q)$ 成立。

定理 4.28　设 $\mathrm{IIS}=(U,A)$ 是一个不完备信息系统，对于任意 $P,Q\subseteq A$，若 $\mathrm{SIM}(P)=\mathrm{SIM}(Q)$，则 $\mathrm{IE}(P)=\mathrm{IE}(Q)$。

证明　假设 $U=\{u_1,u_2,\cdots,u_{|U|}\}$，且 $P,Q\subseteq A$。若 $\mathrm{SIM}(P)=\mathrm{SIM}(Q)$，则对任意 $u_i\in U$ 有 $S_P(u_i)=S_Q(u_i)$，于是可得

$$-\frac{1}{|U|}\sum_{i=1}^{|U|}\log_2\frac{1}{|S_P(u_i)|}=-\frac{1}{|U|}\sum_{i=1}^{|U|}\log_2\frac{1}{|S_Q(u_i)|}$$

即 $\mathrm{IE}(P)=\mathrm{IE}(Q)$。

定理 4.29　设 $\mathrm{IIS}=(U,A)$ 是一个不完备信息系统，对于任意 $P\subseteq Q\subseteq A$，若 $\mathrm{IE}(P)=\mathrm{IE}(Q)$，则 $\mathrm{SIM}(P)=\mathrm{SIM}(Q)$。

证明　假设 $U=\{u_1,u_2,\cdots,u_{|U|}\}$，且 $P\subseteq Q\subseteq A$，对任意的 $i\in\{1,2,\cdots,|U|\}$，可得 $S_Q(u_i)\subseteq S_P(u_i)$。如果 $\mathrm{IE}(P)=\mathrm{IE}(Q)$，根据式(4-23)，对任意 $u_i\in U$ 很容易得到 $S_P(u_i)=S_Q(u_i)$，进而可得 $\mathrm{SIM}(P)=\mathrm{SIM}(Q)$。

定理 4.30　设 IIS = (U, A) 是一个不完备信息系统，对于任意 $P\subseteq A$，$U/\mathrm{SIM}(P) = U/\mathrm{SIM}(A)$ 的充分必要条件是 $\mathrm{IE}(P) = \mathrm{IE}(A)$。

证明　(1) 充分条件：假设 $P\subseteq A$，且 $\mathrm{IE}(P) = \mathrm{IE}(A)$，由定理 4.29 可得 $\mathrm{SIM}(P) = \mathrm{SIM}(A)$。由此对任意的 $i,j,k\in\{1, 2,\cdots, |U|\}$ 得到 $S_P(u_i) = \{u_j\in U|(u_i, u_j)\in\mathrm{SIM}(P)\} = \{u_k\in U|(u_i, u_k)\in\mathrm{SIM}(A)\} = S_A(u_i)$，于是对任意的 $i\in\{1, 2,\cdots, |U|\}$ 有 $\bigcup\{S_P(u_i)|u_i\in U\} = \bigcup\{S_A(u_i)|u_i\in U\}$，即由相容关系定义可知 $U/\mathrm{SIM}(P) = U/\mathrm{SIM}(A)$ 成立。

(2) 必要条件：如果 $U/\mathrm{SIM}(P) = U/\mathrm{SIM}(A)$，则对任意 $i\in\{1, 2,\cdots, |U|\}$ 有 $S_P(u_i) = S_A(u_i)$，进而有 $\mathrm{SIM}(P) = \mathrm{SIM}(A)$，于是由定理 4.28 可得 $\mathrm{IE}(P) = \mathrm{IE}(A)$。

因而，上述命题成立。

定义 4.43　设 IIS = (U, A) 是一个不完备信息系统，对于任意 $P, Q\subseteq A$，$U/\mathrm{SIM}(P) = \{S_P(u_1), S_P(u_2),\cdots, S_P(u_{|U|})\}$，$U/\mathrm{SIM}(Q)=\{S_Q(u_1), S_Q(u_2),\cdots, S_Q(u_{|U|})\}$，则知识 $P\bigcup Q$ 的联合粗糙熵定义为

$$\begin{aligned}\mathrm{IE}(P\bigcup Q) &= -\frac{1}{|U|}\sum_{i=1}^{|U|}\sum_{j=1}^{|U|}\log_2\frac{1}{|S_P(u_i)\bigcap S_Q(u_j)|}\\ &= -\frac{1}{|U|}\sum_{i=1}^{|U|}\log_2\frac{1}{|S_P(u_i)\bigcap S_Q(u_i)|}\end{aligned}\tag{4-24}$$

在不完备信息系统中，由定义 4.43 可以得到如下性质与推论。

性质 4.11 设 IIS = (U, A) 是一个不完备信息系统，对于任意 $P, Q\subseteq A$，则有：

(1) $\mathrm{IE}(P\bigcup Q)\leqslant\mathrm{IE}(P)$；

(2) $\mathrm{IE}(P\bigcup Q)\leqslant\mathrm{IE}(Q)$。

推论 4.2　设 IIS = (U, A) 是一个不完备信息系统，对于任意 $P, Q\subseteq A$，若 $P\preceq Q$，则有 $\mathrm{IE}(P\bigcup Q) = \mathrm{IE}(P)$。

定义 4.44　设 IDS = (U, C, D) 是一个不完备决策系统，对于任意 $P\subseteq C$，$U/\mathrm{SIM}(P) = \{S_P(u_1), S_P(u_2),\cdots, S_P(u_{|U|})\}$，$U/\mathrm{SIM}(D)=\{S_D(u_1), S_D(u_2),\cdots, S_D(u_{|U|})\}$，则知识 $P\bigcup D$ 的联合粗糙熵定义为

$$\begin{aligned}\mathrm{IE}(P\bigcup D) &= -\frac{1}{|U|}\sum_{i=1}^{|U|}\sum_{j=1}^{|U|}\log_2\frac{1}{|S_P(u_i)\bigcap S_D(u_j)|}\\ &= -\frac{1}{|U|}\sum_{i=1}^{|U|}\log_2\frac{1}{|S_P(u_i)\bigcap S_D(u_i)|}\end{aligned}\tag{4-25}$$

定义 4.45　设 IIS = (U, A) 是一个不完备信息系统，对于任意 $P, Q\subseteq A$，$U/\mathrm{SIM}(P) = \{S_P(u_1), S_P(u_2),\cdots, S_P(u_{|U|})\}$，$U/\mathrm{SIM}(Q) = \{S_Q(u_1), S_Q(u_2),\cdots, S_Q(u_{|U|})\}$，则知识 Q 和 P 的互信息定义为

$$\mathrm{IE}(P; Q) = \mathrm{IE}(Q) - \mathrm{IE}(P) + \mathrm{IE}(P\bigcup Q)\tag{4-26}$$

4.6.4 条件粗糙熵

定义 4.46 设 IIS = (U, A) 是一个不完备信息系统，对于任意 $P, Q\subseteq A$，$U/\mathrm{SIM}(P) = \{S_P(u_1), S_P(u_2), \cdots, S_P(u_{|U|})\}$，$U/\mathrm{SIM}(Q) = \{S_Q(u_1), S_Q(u_2), \cdots, S_Q(u_{|U|})\}$，则知识 Q 关于知识 P 的条件粗糙熵定义为

$$\mathrm{IE}(Q \mid P) = \frac{1}{|U|}\sum_{i=1}^{|U|}\log_2\frac{|S_P(u_i)|}{|S_P(u_i)\cap S_Q(u_i)|} \tag{4-27}$$

定理 4.31 设 IIS = (U, A) 是一个不完备信息系统，对于任意 $P, Q\subseteq A$，则有 $\mathrm{IE}(Q|P) = \mathrm{IE}(P) - \mathrm{IE}(P\cup Q)$。

证明 由定义 4.46 显然可知

$$\begin{aligned}\mathrm{IE}(Q \mid P) &= \frac{1}{|U|}\sum_{i=1}^{|U|}\log_2\frac{|S_P(u_i)|}{|S_P(u_i)\cap S_Q(u_i)|}\\ &= \frac{1}{|U|}\sum_{i=1}^{|U|}(\log_2|S_P(u_i)| - \log_2|S_P(u_i)\cap S_Q(u_i)|)\\ &= -\frac{1}{|U|}\sum_{i=1}^{|U|}\log_2\frac{1}{|S_P(u_i)|} - \left(-\frac{1}{|U|}\sum_{i=1}^{|U|}\log_2\frac{1}{|S_P(u_i)\cap S_Q(u_i)|}\right)\\ &= \mathrm{IE}(P) - \mathrm{IE}(P\cup Q)\end{aligned}$$

定理 4.32 设 IIS = (U, A) 是一个不完备信息系统，对于任意 $P, Q\subseteq A$，则有 $\mathrm{IE}(P; Q) = \mathrm{IE}(Q) - \mathrm{IE}(Q|P) = \mathrm{IE}(P) - \mathrm{IE}(P|Q)$。

证明 由定义 4.45 和定理 4.31 显然可得

$$\begin{aligned}\mathrm{IE}(P; Q) &= \mathrm{IE}(Q) - \mathrm{IE}(P) + \mathrm{IE}(P\cup Q)\\ &= \mathrm{IE}(Q) - (\mathrm{IE}(P) - \mathrm{IE}(P\cup Q))\\ &= \mathrm{IE}(Q) - \mathrm{IE}(Q|P)。\end{aligned}$$

同理，可得 $\mathrm{IE}(P; Q) = \mathrm{IE}(P) - \mathrm{IE}(P|Q)$。

定理 4.33 设 IIS = (U, A) 是一个不完备信息系统，对于任意 $P, Q\subseteq A$，若 $P\prec Q$，则有 $\mathrm{IE}(Q|P) = 0$。

证明 由推论 4.2 和定理 4.31 可知该定理显然成立。

定义 4.47 设 IDS = (U, C, D) 是一个不完备决策系统，对于任意 $P\subseteq C$，$U/\mathrm{SIM}(P) = \{S_P(u_1), S_P(u_2), \cdots, S_P(u_{|U|})\}$，$U/\mathrm{SIM}(D) = \{S_D(u_1), S_D(u_2), \cdots, S_D(u_{|U|})\}$，则知识 D 关于知识 P 的条件粗糙熵定义为

$$\mathrm{IE}(D \mid P) = \frac{1}{|U|}\sum_{i=1}^{|U|}\log_2\frac{|S_P(u_i)|}{|S_P(u_i)\cap S_D(u_i)|} \tag{4-28}$$

在不完备决策系统中，由定义 4.47 可以得到如下性质。

性质 4.12　设 IDS = (U, C, D) 是一个不完备决策系统，如果 $U/\mathrm{SIM}(C)=\omega$，那么 IE(D|C) 达到最小值 0；如果 $U/\mathrm{SIM}(C)=\delta$ 和 $U/\mathrm{SIM}(D)=\omega$，那么 IE(D|C) 达到最大值 $\log_2|U|$。于是，对于任意的 $P\subseteq C$，可以得到 $0\leqslant \mathrm{IE}(D|P)\leqslant \log_2|U|$。

定理 4.34　设 IDS = (U, C, D) 是一个不完备决策系统，对于任意 $P\subseteq C$，则有 $\mathrm{IE}(D|P)=\mathrm{IE}(P)-\mathrm{IE}(P\cup D)$。

证明　由定义 4.44 显然可知

$$\begin{aligned}\mathrm{IE}(D\mid P)&=\frac{1}{|U|}\sum_{i=1}^{|U|}\log_2\frac{|S_P(u_i)|}{|S_P(u_i)\cap S_D(u_i)|}\\&=\frac{1}{|U|}\sum_{i=1}^{|U|}(\log_2|S_P(u_i)|-\log_2|S_P(u_i)\cap S_D(u_i)|)\\&=-\frac{1}{|U|}\sum_{i=1}^{|U|}\log_2\frac{1}{|S_P(u_i)|}-\left(-\frac{1}{|U|}\sum_{i=1}^{|U|}\log_2\frac{1}{|S_P(u_i)\cap S_D(u_i)|}\right)\\&=\mathrm{IE}(P)-\mathrm{IE}(P\cup D)\end{aligned}$$

事实上，现有的大多数不确定性度量方法都不能用在不完备决策系统上，为了克服现有不确定性度量的缺陷，本节基于粗糙熵提出一些新的不确定性度量方法。值得注意的是，上文提出的条件粗糙熵不仅能度量不完备决策系统的不确定性度量，而且能度量完备决策系统的不确定性度量。下面研究完备决策系统下的一些不确定性方法。

定义 4.48　设 CDS = (U, C, D) 是一个完备决策系统，对于任意 $P\subseteq C$，$U/P=\{X_1, X_2,\cdots, X_m\}$，$U/D=\{Y_1, Y_2,\cdots, Y_n\}$，则知识 D 关于知识 P 的条件粗糙熵定义为

$$E_r(D\mid P)=\sum_{i=1}^{m}\frac{|X_i|}{|U|}\sum_{j=1}^{n}\frac{|Y_j\cap X_i|}{|X_i|}\log_2\frac{|X_i|}{|Y_j\cap X_i|}\tag{4-29}$$

对于任意 $P\subseteq C$，则知识 $P\cup D$ 的联合粗糙熵定义为

$$E_r(P\cup D)=-\sum_{i=1}^{m}\sum_{j=1}^{n}\frac{|Y_j\cap X_i|}{|U|}\log_2\frac{1}{|Y_j\cap X_i|}\tag{4-30}$$

引理 4.2　设 CDS = (U, C, D) 是一个完备决策系统，$P\subseteq C$，$U/P=\{X_1, X_2,\cdots, X_m\}$，$U/D=\{Y_1, Y_2,\cdots, Y_n\}$，对于任意 $i\in\{1, 2,\cdots, m\}$，则有 $\sum_{j=1}^{n}\frac{|Y_j\cap X_i|}{|X_i|}=1$。

证明　对任意 $X_i\in U/P$，$Y_j\in U/D$，可得 $X_i\subseteq U$ 和 $\bigcup_{j=1}^{n}Y_j=U$，即 $X_i\subseteq\bigcup_{j=1}^{n}Y_j$。于是

可知存在一个或多个 $Y_j\in U/D$ 以至于 $Y_j\cap X_i\neq\varnothing$。因此，可以得到 $\bigcup_{j=1}^{n}\{X_i\cap Y_j\}=X_i$，即 $\sum_{j=1}^{n}|Y_j\cap X_i|=|X_i|$，也就是说 $\sum_{j=1}^{n}\frac{|Y_j\cap X_i|}{|X_i|}=1$。

定理 4.35　设 CDS = (U, C, D) 是一个完备决策系统，对于任意 $P\subseteq C$，$U/P=\{X_1, X_2,\cdots, X_m\}$，$U/D=\{Y_1, Y_2,\cdots, Y_n\}$，则有 $E_r(D|P)=E_r(P)-E_r(P\cup D)$。

证明　由定义 4.48 和引理 4.2 显然可知

$$
\begin{aligned}
E_r(D|P)&=\sum_{i=1}^{m}\frac{|X_i|}{|U|}\sum_{j=1}^{n}\frac{|Y_j\cap X_i|}{|X_i|}\log_2\frac{|X_i|}{|Y_j\cap X_i|}\\
&=\sum_{i=1}^{m}\frac{|X_i|}{|U|}\log_2|X_i|\left(1-\sum_{j=1}^{n}\frac{|Y_j\cap X_i|}{|X_i|}\right)+\sum_{i=1}^{m}\frac{|X_i|}{|U|}\sum_{j=1}^{n}\frac{|Y_j\cap X_i|}{|X_i|}\log_2\frac{|X_i|}{|Y_j\cap X_i|}\\
&=-\sum_{i=1}^{m}\frac{|X_i|}{|U|}\log_2\frac{1}{|X_i|}+\sum_{i=1}^{m}\frac{|X_i|}{|U|}\sum_{j=1}^{n}\frac{|Y_j\cap X_i|}{|X_i|}\log_2\frac{|X_i|}{|Y_j\cap X_i|}\\
&\quad+\sum_{i=1}^{m}\frac{|X_i|}{|U|}\log_2\frac{1}{|X_i|}\sum_{j=1}^{n}\frac{|Y_j\cap X_i|}{|X_i|}\\
&=-\sum_{i=1}^{m}\frac{|X_i|}{|U|}\log_2\frac{1}{|X_i|}+\sum_{i=1}^{m}\frac{|X_i|}{|U|}\sum_{j=1}^{n}\frac{|Y_j\cap X_i|}{|X_i|}\log_2\frac{|X_i|}{|Y_j\cap X_i|}\\
&\quad+\sum_{i=1}^{m}\frac{|X_i|}{|U|}\sum_{j=1}^{n}\frac{|Y_j\cap X_i|}{|X_i|}\log_2\frac{1}{|X_i|}\\
&=-\sum_{i=1}^{m}\frac{|X_i|}{|U|}\log_2\frac{1}{|X_i|}+\sum_{i=1}^{m}\frac{|X_i|}{|U|}\sum_{j=1}^{n}\frac{|Y_j\cap X_i|}{|X_i|}\left(\log_2\frac{|X_i|}{|Y_j\cap X_i|}+\log_2\frac{1}{|X_i|}\right)\\
&=-\sum_{i=1}^{m}\frac{|X_i|}{|U|}\log_2\frac{1}{|X_i|}+\sum_{i=1}^{m}\frac{|X_i|}{|U|}\sum_{j=1}^{n}\frac{|Y_j\cap X_i|}{|X_i|}\log_2\frac{|X_i|}{|Y_j\cap X_i|}\frac{1}{|X_i|}\\
&=-\sum_{i=1}^{m}\frac{|X_i|}{|U|}\log_2\frac{1}{|X_i|}-\left(-\sum_{i=1}^{m}\sum_{j=1}^{n}\frac{|Y_j\cap X_i|}{|X_i|}\log_2\frac{1}{|Y_j\cap X_i|}\right)\\
&=E_r(P)-E_r(P\cup D)
\end{aligned}
$$

定理 4.36　设 CDS = (U, C, D) 是一个完备决策系统，对于任意 $P\subseteq C$，$U/D=\{Y_1, Y_2,\cdots, Y_n\}$，某个等价关系 A_1 形成的划分为 $U/A_1=\{X_1, X_2,\cdots, X_m\}$，而另一等价关系 A_2 形成的划分为 $U/A_2=\{X_1, X_2,\cdots, X_{p-1}, X_{p+1},\cdots, X_{q-1}, X_{q+1},\cdots, X_n, X_p\cup X_q\}$ 是将划分 U/A_1 中的某两个等加块 X_p 和 X_q 合并为 $X_p\cup X_q$ 得到的新划分，且记

$$E_r(D|A_1)=\sum_{i=1}^{m}\frac{|X_i|}{|U|}\sum_{j=1}^{n}\frac{|Y_j\cap X_i|}{|X_i|}\log_2\frac{|X_i|}{|Y_j\cap X_i|}$$

$$\begin{aligned}E_r(D|A_2)=E_r(D|A_1)&-\frac{|X_P|}{|U|}\sum_{j=1}^{n}\frac{|Y_j\cap X_P|}{|X_P|}\log_2\frac{|X_P|}{|Y_j\cap X_P|}\\&-\frac{|X_q|}{|U|}\sum_{j=1}^{n}\frac{|Y_j\cap X_q|}{|X_q|}\log_2\frac{|X_q|}{|Y_j\cap X_q|}\\&+\frac{|X_P\cup X_q|}{|U|}\sum_{j=1}^{n}\frac{|Y_j\cap(X_P\cup X_q)|}{|X_P\cup X_q|}\log_2\frac{|X_P\cup X_q|}{|Y_j\cap(X_P\cup X_q)|}\end{aligned}$$

则有 $E_r(D|A_1)\leqslant E_r(D|A_2)$ 成立。

证明　与文献[122]中的引理 4.1 证明过程类似，这里不再赘述。

在完备决策系统中，由定理 4.36 和文献[122]中的引理 4.1 很容易得到如下推论。

推论 4.3　设 CDS = (U, C, D) 是一个完备决策系统，对于任意 $A_1, A_2\subseteq C$，有 $E_r(D|A_1)\leqslant E_r(D|A_2)$ 当且仅当 $H(D|A_1)\leqslant H(D|A_2)$。

定理 4.37　设 CDS = (U, C, D) 是一个完备决策系统，对于任意 $P\subset Q\subseteq C$，有 $E_r(D|Q)< E_r(D|P)$ 成立。

证明　假设 $U/P=\{X_1, X_2,\cdots, X_n\}$，$U/Q=\{Z_1, Z_2,\cdots, Z_k\}$。由于 $P\subset Q$，可知 $k>n$，于是存在一个 $\{1, 2,\cdots, k\}$ 的划分 $\{I_1, I_2,\cdots, I_n\}$，使得 $Z_i=\bigcup\{X_j|j\in I_i, i=1, 2,\cdots, n\}$。由定理 4.36 可知，$Z_i$ 产生的条件粗糙熵必小于 X_j 产生的条件粗糙熵。所以，$E_r(D|Q)< E_r(D|P)$ 成立。

在完备决策系统中，由定理 4.37 可以得到如下推论。

推论 4.4　设 CDS = (U, C, D) 是一个完备决策系统，对于任意 $P\subseteq C$，有 $E_r(D|C)< E_r(D|P)$ 成立。

定理 4.38　设 IDS = (U, C, D) 是一个不完备决策系统，对于任意 $P\subset Q\subseteq C$，有 IE$(D|Q)<$ IE$(D|P)$ 不成立。

证明　假设 $U/\mathrm{SIM}(P)=\{S_P(u_1), S_P(u_2),\cdots, S_P(u_{|U|})\}$，$U/\mathrm{SIM}(Q)=\{S_Q(u_1), S_Q(u_2),\cdots, S_Q(u_{|U|})\}$，$U/\mathrm{SIM}(D)=\{S_D(u_1), S_D(u_2),\cdots, S_D(u_{|U|})\}$，由于 $P\subset Q\subseteq C$，可以得到 $Q\prec P$，则对任意的 $i\in\{1, 2,\cdots, |U|\}$，有 $S_P(u_i)\subseteq S_Q(u_i)$，存在 $j\in\{1, 2,\cdots, |U|\}$ 使 $S_P(u_j)\subset S_Q(u_j)$。在这种情况下，假设两种情况：

(1) 任意的 $i\in\{1, 2,\cdots, t\}$ 有 $S_Q(u_i)\subseteq S_P(u_i)$；

(2) 任意的 $j\in\{t+1, t+2,\cdots, |U|\}$ 有 $S_P(u_j)\subset S_Q(u_j)$，其中 $0\leqslant t<|U|$。

第一种情况：假设任意的 $i\in\{1, 2,\cdots, t\}$，则有 $S_Q(u_i)\subseteq S_P(u_i)$ 和 $S_D(u_i)\cap S_Q(u_i)\subseteq S_D(u_k)\cap S_P(u_k)$。也就得到 $1\leqslant|S_Q(u_i)|\leqslant|S_P(u_i)|$ 和 $1\leqslant|S_D(u_i)\cap S_Q(u_i)|\leqslant|S_D(u_i)\cap S_P(u_i)|$。于是对任意的 $i\in\{1, 2,\cdots, t\}$，有

$$\frac{|S_Q(u_i)|}{|S_P(u_i)|}\leqslant 1,\quad \frac{|S_P(u_i)\cap S_D(u_i)|}{|S_Q(u_i)\cap S_D(u_i)|}\geqslant 1$$

由上式显然可知，只有当任意的 $i\in\{1,2,\cdots,t\}$ 且存在 $S_Q(u_i)=S_P(u_i)$ 时，上述等号才成立。

第二种情况：假设任意的 $j\in\{t+1,t+2,\cdots,|U|\}$，则有 $S_Q(u_j)\subset S_P(u_i)$ 和 $S_D(u_j)\cap S_Q(u_j)\subset S_D(u_j)\cap S_P(u_j)$，由此可得 $1\leqslant|S_Q(u_j)|<|S_P(u_j)|$ 和 $1\leqslant|S_D(u_j)\cap S_Q(u_j)|<|S_D(u_j)\cap S_P(u_j)|$。于是对任意的 $j\in\{t+1,t+2,\cdots,|U|\}$，有

$$\frac{|S_Q(u_j)|}{|S_P(u_j)|}<1,\quad \frac{|S_P(u_j)\cap S_D(u_j)|}{|S_Q(u_j)\cap S_D(u_j)|}>1$$

由定义 4.47 可以得到

$$\begin{aligned}\mathrm{IE}(D|Q)-\mathrm{IE}(D|P)&=\frac{1}{|U|}\sum_{k=1}^{|U|}\log_2\frac{|S_Q(u_k)|}{|S_Q(u_k)\cap S_D(u_k)|}-\frac{1}{|U|}\sum_{k=1}^{|U|}\log_2\frac{|S_P(u_k)|}{|S_P(u_k)\cap S_D(u_k)|}\\&=\frac{1}{|U|}\sum_{k=1}^{|U|}\log_2\frac{|S_Q(u_k)||S_P(u_k)\cap S_D(u_k)|}{|S_P(u_k)||S_Q(u_k)\cap S_D(u_k)|}\\&=\frac{1}{|U|}\sum_{k=1}^{t}\log_2\frac{|S_Q(u_k)||S_P(u_k)\cap S_D(u_k)|}{|S_P(u_k)||S_Q(u_k)\cap S_D(u_k)|}\\&\quad+\frac{1}{|U|}\sum_{k=t+1}^{|U|}\log_2\frac{|S_Q(u_k)||S_P(u_k)\cap S_D(u_k)|}{|S_P(u_k)||S_Q(u_k)\cap S_D(u_k)|}\end{aligned}$$

由上式可知，对于任意的 $u_k\in U$，由于 $Q\prec P$，存在 $\frac{|S_Q(u_k)|}{|S_P(u_k)|}<1$ 和 $\frac{|S_P(u_k)\cap S_D(u_k)|}{|S_Q(u_k)\cap S_D(u_k)|}>1$，可得 $\mathrm{IE}(D|Q)-\mathrm{IE}(D|P)>0$ 或 $\mathrm{IE}(D|Q)-\mathrm{IE}(D|P)<0$。综上所述，对于 $P\subset Q\subseteq C$，有 $\mathrm{IE}(D|Q)<\mathrm{IE}(D|P)$ 不成立。

为了验证定理 4.38，给出下面一个实例。

例 4.5　考虑表 4.12 中几个汽车的描述，这是一个不完备决策信息系统 $\mathrm{IDS}=(U,C,D)$，其中 $U=\{u_1,u_2,\cdots,u_6\}$，$C=\{P,M,S,X\}$，$D=\{\text{Acceleration}\}$，这里 P、M、S 和 X 分别表示 Price、Mileage、Size 和 Max-Speed。

通过计算，可得

$$U/\mathrm{SIM}(D)=\{S_D(1),S_D(2),S_D(3),S_D(4),S_D(5),S_D(6)\}$$

其中，$S_D(1)=S_D(2)=S_D(4)=S_D(6)=\{1,2,4,6\}$，$S_D(3)=\{3\}$，$S_D(5)=\{5\}$。

$$U/\mathrm{SIM}(C)=\{S_C(1),S_C(2),S_C(3),S_C(4),S_C(5),S_C(6)\}$$

其中，$S_C(1)=\{1\}$，$S_C(2)=\{2,6\}$，$S_C(3)=\{3\}$，$S_C(4)=\{4,5\}$，$S_C(5)=\{4,5,6\}$，$S_C(6)=\{2,5,6\}$。

假设 $B=\{S,X\}$，计算可得 $U/\mathrm{SIM}(B)=\{S_B(1),S_B(2),S_B(3),S_B(4),S_B(5),S_B(6)\}$，其中 $S_B(1)=S_B(2)=\{1,2,6\}$，$S_B(3)=\{3\}$，$S_B(4)=S_B(5)=\{4,5,6\}$，$S_B(6)=\{1,2,4,5,6\}$。于是，计算可得

$$\mathrm{IE}(D|C)-\mathrm{IE}(D|B)=\frac{1}{|U|}\sum_{k=1}^{|U|}\log_2\frac{|S_C(u_k)||S_B(u_k)\cap S_D(u_k)|}{|S_B(u_k)||S_C(u_k)\cap S_D(u_k)|}$$
$$=\frac{1}{6}\log_2\frac{8}{5}>0$$

由此结果显示，当 $B=\{S,X\}\subset C=\{P,M,S,X\}$时，可以得到 $\mathrm{IE}(D|C)>\mathrm{IE}(D|B)$。

4.6.5 基于条件粗糙熵的属性约简模型

引理 4.3 设 $\mathrm{CDS}=(U,C,D)$是一个完备决策系统，$P\subseteq C\cup D$，则对任意的 $u\in U$，有$[u]_P=S_P(u)$。

定理 4.39 设 $\mathrm{CDS}=(U,C,D)$是一个完备决策系统，$P\subseteq C$，$U/P=\{X_1,X_2,\cdots,X_m\}$，$U/D=\{Y_1,Y_2,\cdots,Y_n\}$，则知识 D 关于知识 P 的条件粗糙熵可退化为

$$E(D|P)=\sum_{i=1}^{m}\frac{|X_i|}{|U|}\sum_{j=1}^{n}\frac{|Y_j\cap X_i|}{|X_i|}\log_2\frac{|X_i|}{|Y_j\cap X_i|} \tag{4-31}$$

即

$$\begin{aligned}E(D|P)&=\frac{1}{|U|}\sum_{i=1}^{|U|}\log_2\frac{|S_P(u_i)|}{|S_P(u_i)\cap S_D(u_i)|}\\&=\sum_{i=1}^{m}\frac{|X_i|}{|U|}\sum_{j=1}^{n}\frac{|Y_j\cap X_i|}{|X_i|}\log_2\frac{|X_i|}{|Y_j\cap X_i|}\\&=E_r(D|P)\end{aligned} \tag{4-32}$$

证明 假设 $U/\mathrm{SIM}(P)=\{S_P(u_1),S_P(u_2),\cdots,S_P(u_{|U|})\}$，$X_i=\{u_{i_1},u_{i_2},u_{is_i}\}$，其中 $i\in\{1,2,\cdots,m\}$，$|X_i|=s_i$，且$\sum_{i=1}^{m}s_i=|U|$，则可以建立 $U/\mathrm{SIM}(P)$和 U/P 中对象之间的关系：$X_i=S_P(u_{i1})=S_P(u_{i2})=\cdots=S_P(u_{is_i})$，即 $|X_i|=|S_P(u_{i1})|=|S_P(u_{i2})|=\cdots=|S_P(u_{is_i})|=S_i$。同样，假设 $U/\mathrm{SIM}(D)=\{S_D(u_1),S_D(u_2),\cdots,S_D(u_{|U|})\}$，$Y_j=\{u_{j1},u_{j2},\cdots,u_{jt_j}\}$，其中 $j\in\{1,2,\cdots,n\}$，$|Y_j|=t_j$，且$\sum_{j=1}^{n}t_j=|U|$，则可以建立 $U/\mathrm{SIM}(D)$和 U/D 中对象之间的关系：

$Y_j = S_D(u_{j1}) = S_D(u_{j2}) = \cdots = S_D(u_{jt_j})$，即$|Y_j| = |S_D(u_{j1})| = |S_D(u_{j2})| = \cdots = |S_D(u_{jt_j})| = t_j$。由此，可以得到

$$\begin{aligned}
E(D|P) &= \frac{1}{|U|}\sum_{k=1}^{|U|}\log_2\frac{|S_P(u_k)|}{|S_P(u_k)\cap S_D(u_k)|} \\
&= \frac{1}{|U|}\sum_{i=1}^{n}\sum_{j=1}^{m}\sum_{u_k\in Y_j\cap X_i}\log_2\frac{|S_P(u_k)|}{|S_P(u_k)\cap S_D(u_k)|} \\
&= \frac{1}{|U|}\sum_{i=1}^{n}\sum_{j=1}^{m}|Y_j\cap X_i|\log_2\frac{|X_i|}{|Y_j\cap X_i|} \\
&= \sum_{i=1}^{n}\frac{|X_i|}{|U|}\sum_{j=1}^{m}\frac{|Y_j\cap X_i|}{|X_i|}\log_2\frac{|X_i|}{|Y_j\cap X_i|} \\
&= E_r(D|P)
\end{aligned}$$

在完备信息系统中，由定理 4.39 可以得到如下推论。

推论 4.5　设 CIS = (U, A)是一个完备信息系统，$P\subseteq A$，$U/A = \{X_1, X_2,\cdots, X_m\}$，则知识 P 的粗糙熵可退化为

$$E(P) = -\sum_{i=1}^{n}\frac{|X_i|}{|U|}\log_2\frac{1}{|X_i|} \tag{4-33}$$

即

$$E(P) = -\frac{1}{|U|}\sum_{i=1}^{|U|}\log_2\frac{1}{|S_P(u_i)|} = -\sum_{i=1}^{n}\frac{|X_i|}{|U|}\log_2\frac{1}{|X_i|} = E_r(P) \tag{4-34}$$

通过推论 4.5 和定理 4.39 可知，上述两种不确定性度量(粗糙熵和条件粗糙熵)统一了完备信息系统和不完备信息系统、完备决策系统和不完备决策系统中的粗糙熵度量。同时上述众多定理也建立了这些不确定性度量方法之间的相应关系：不完备信息系统中 $E(Q|P) = E(P) - E(P\cup Q)$ 和 $E(P;Q) = E(Q) - E(Q|P) = E(P) - E(P|Q)$，不完备决策系统中 $\mathrm{IE}(D|P) = \mathrm{IE}(P) - \mathrm{IE}(P\cup D)$ 以及完备决策系统中 $E_r(D|P) = E_r(P) - E_r(P\cup D)$、$\mathrm{IE}(D|P) = E_r(D|P)$ 和 $\mathrm{IE}(P) = E_r(P)$。这些关系在其他研究中并未见到报道。因此，这些度量方法进一步发展了不完备信息系统和不完备决策系统中的熵理论，这些结果为不完备数据中不确定性问题的研究提供了有效的度量工具。

令 CDS = (U, C, D)是一个完备决策系统，$P\subseteq C$，$U/P = \{X_1, X_2,\cdots, X_m\}$，$U/D = \{Y_1, Y_2,\cdots, Y_n\}$，$U/\mathrm{SIM}(P) = \{S_P(u_1), S_P(u_2),\cdots, S_P(u_{|U|})\}$，则由定理 4.38 可得

$$
\begin{aligned}
\mathrm{IE}(D|P) &= \sum_{i=1}^{m}\frac{|X_i|}{|U|}\sum_{j=1}^{n}\frac{|Y_j\cap X_i|}{|X_i|}\log_2\frac{|X_i|}{|Y_j\cap X_i|}\\
&= \sum_{i=1}^{m}\left(\frac{1}{|U|}\sum_{j=1}^{n}\frac{|Y_j\cap S_P(u_{i1})|}{|S_P(u_{i1})|}\log_2\frac{|S_P(u_{i1})|}{|Y_j\cap S_P(u_{i1})|}\right.\\
&\quad+\frac{1}{|U|}\sum_{j=1}^{n}\frac{|Y_j\cap S_P(u_{i2})|}{|S_P(u_{i2})|}\log_2\frac{|S_P(u_{i2})|}{|Y_j\cap S_P(u_{i2})|}+\cdots\\
&\quad\left.+\frac{1}{|U|}\sum_{j=1}^{n}\frac{|Y_j\cap S_P(u_{is_i})|}{|S_P(u_{is_i})|}\log_2\frac{|S_P(u_{is_i})|}{|Y_j\cap S_P(u_{is_i})|}\right)\\
&= \sum_{i=1}^{m}\sum_{k=1}^{s_i}\frac{1}{|U|}\sum_{j=1}^{n}\frac{|Y_j\cap S_P(u_{ik})|}{|S_P(u_{ik})|}\log_2\frac{|S_P(u_{ik})|}{|Y_j\cap S_P(u_{ik})|}\\
&= \frac{1}{|U|}\sum_{i=1}^{|U|}\sum_{j=1}^{n}\frac{|Y_j\cap S_P(u_i)|}{|S_P(u_i)|}\log_2\frac{|S_P(u_i)|}{|Y_j\cap S_P(u_i)|}
\end{aligned}
$$

由此，可以给出不完备决策系统中知识 D 关于知识 P 的条件粗糙熵的变换形式为

$$
\mathrm{IE}(D|P)=\frac{1}{|U|}\sum_{i=1}^{|U|}\sum_{j=1}^{n}\frac{|Y_j\cap S_P(u_i)|}{|S_P(u_i)|}\log_2\frac{|S_P(u_i)|}{|Y_j\cap S_P(u_i)|} \tag{4-35}
$$

定义 4.49 设 IDS = (U, C, D) 是一个不完备决策系统，$U=\{u_1, u_2,\cdots, u_{|U|}\}$，$P\subseteq C$，$U/\mathrm{SIM}(P)=\{S_P(u_1), S_P(u_2),\cdots, S_P(u_{|U|})\}$，$U/D=\{Y_1, Y_2,\cdots, Y_n\}$，则知识 D 关于知识 P 的条件粗糙熵对任意的 $u\in U$ 可定义为

$$
\mathrm{IE}(D|P)_{u_i}=\frac{1}{|U|}\sum_{j-1}^{n}\frac{|Y_j\cap S_P(u_i)|}{|S_P(u_i)|}\log_2\frac{|S_P(u_i)|}{|Y_j\cap S_P(u_i)|} \tag{4-36}
$$

于是，知识 D 关于知识 P 的条件粗糙熵对论域 U 可定义为

$$
\mathrm{IE}(D|P)=\sum_{i=1}^{|U|}\mathrm{IE}(D|P)_{u_i} \tag{4-37}
$$

定义 4.50 设 IDS = (U, C, D) 是一个不完备决策系统，$U=\{u_1, u_2,\cdots, u_{|U|}\}$，则 $P\subseteq C$ 是 IDS 的一个约简当且仅当：

(1) 任意的 $i\in\{1,2,\cdots,|U|\}$，$\mathrm{IE}(D|P)_{u_i}\leqslant\mathrm{IE}(D|C)_{u_i}$；

(2) 任意的 $Q\subset P$，必定存在 $u_j\in U$ 使 $\mathrm{IE}(D|Q)_{u_i}>\mathrm{IE}(D|C)_{u_i}$。

定理 4.40 设 IDS = (U, C, D) 是一个不完备决策系统，$U=\{u_1, u_2,\cdots, u_{|U|}\}$，若 $P\subseteq C$ 是 IDS 的一个 C 关于 D 约简，则有 $\mathrm{IE}(D|P)\leqslant\mathrm{IE}(D|C)$ 成立。

证明 由于 $P\subseteq C$，如果 P 是 IDS 的一个 C 关于 D 约简，则由定义 4.50 可知，对任意 $u\in U$ 可得 $\mathrm{IE}(D|P)_{u_i}<\mathrm{IE}(D|C)_{u_i}$，于是有

$$\mathrm{IE}(D\,|\,P)=\sum_{i=1}^{|U|}\mathrm{IE}(D\,|\,P)_{u_i}\leqslant\sum_{i=1}^{|U|}\mathrm{IE}(D\,|\,C)_{u_i}=\mathrm{IE}(D\,|\,C)$$

为了设计一种快速有效的属性约简算法，借助分解策略，设计出如下计算相容类的快速算法。

算法 4.7　计算相容类 $S_P(u)$ 和 $U/\mathrm{SIM}(P)$

输入：$\mathrm{IDS}=(U,C,D)$、$U=\{u_1,u_2,\cdots,u_{|U|}\}$ 和 $P\subseteq C\cup D$，其中 $P=\{p_1,p_2,\cdots,p_m\}$

输出：$S_P(u)$ 和 $U/\mathrm{SIM}(P)$，其中任意的 $u\in U$

步骤 1：初始化 $U/\mathrm{SIM}(P)=\varnothing$ 和 $S_P(u)=\varnothing$，其中任意的 $u\in U$。
步骤 2：利用文献[108]中的算法 3 计算 $\sigma(U,\langle P_1,P_2,\cdots,P_m\rangle)$。
步骤 3：for each　$X\in\sigma(U,\langle P_1,P_2,\cdots,P_m\rangle)$　do
{
　for each $x\in X$ do
　　令 $S_P(x)=S_P(x)\cup x$ 和 $U/\mathrm{SIM}(P)=U/\mathrm{SIM}(P)\cup S_P(x)$；
}
步骤 4：返回 $S_P(u)$ 和 $U/\mathrm{SIM}(P)$，其中任意的 $u\in U$。
步骤 5：结束。

利用文献[23]的基数排序法分析可得算法 4.7 的时间复杂度为 $O(|C||U|)$。

算法 4.8　计算 $U/\mathrm{SIM}(P\cup\{a\})$

输入：$\mathrm{IDS}=(U,C,D)$，$P\subseteq C\cup D$，$U/\mathrm{SIM}(P)=\{S_P(u_1),S_P(u_2),\cdots,S_P(u_{|U|})\}$（用算法 4.7 计算可得），其中 $a\in C\cup D-P$

输出：$U/\mathrm{SIM}(P\cup\{a\})$

步骤 1：初始化 $U/\mathrm{SIM}(P\cup\{a\})=\varnothing$。
步骤 2：for each $S_P(u_i)\in U/\mathrm{SIM}(P)$（$i\in\{1,2,\cdots,|U|\}$）do
{
　利用文献[108]中的算法 1′ 计算 $S_P(u_i)/\mathrm{SIM}(\{a\})$；
　令 $U/\mathrm{SIM}(P\cup\{a\})=(U/\mathrm{SIM}(P\cup\{a\}))\cup(S_P(u_i)/\mathrm{SIM}(\{a\}))$；
}
步骤 3：返回 $U/\mathrm{SIM}(P\cup\{a\})$。
步骤 4：结束。

利用文献[108]中的算法 1′ 有助于降低算法 4.8 的时间复杂度，计算分析可得算法 4.8 的时间复杂度为 $O(|U|)$。

算法 4.9　计算 $\mathrm{IE}(D\,|\,P)_{u_i}$ 和 $\mathrm{IE}(D\,|\,P)$

输入：$\mathrm{IDS}=(U,C,D)$、$P\subseteq C$ 和 $D=\{d\}$

输出：$E(D\,|\,P)_{u_i}$（$i\in\{1,2,\cdots,|U|\}$）和 $E(D|P)$

续表

步骤1：初始化 $E(D|P)_{u_i}=0$（$i\in\{1,2,\cdots,|U|\}$）、$E(D|P)=0$ 和 $N=0$。

步骤2：利用算法4.8计算 $U/\mathrm{SIM}(P)$ 和文献[108]中的算法1′计算 $U/\{d\}$。

步骤3：初始化Hash表 H，令 $h_j=h_j\bigcup \mathrm{hash}(V_j)$，其中 V_j 表示 $Y_j\in U/\{d\}$ 的决策值，$1\leqslant j\leqslant |U/\{d\}|$。

步骤4：for each $S_P(u_i)\in U/\mathrm{SIM}(P)$（$i\in\{1,2,\cdots,|U|\}$）do

{

令 h_j.count = 0 和 h_j.cons = false；

for each $x\in S_P(u_i)$

如果 $D(h_j)==D(x)$，则令 h_j.count++和 h_j.cons = true；

for each $h_j\in H$

{

如果 h_j.cons == true 和 h_j.count < $|S_P(u_i)|$，则令 $N=\dfrac{h_j.\mathrm{count}}{|S_P(u_i)|}$；

令 $\mathrm{IE}(D|P)_{u_i}=\mathrm{IE}(D|P)_{u_i}-N\log_2(N)$；

}

令 $\mathrm{IE}(D|P)=\mathrm{IE}(D|P)+\mathrm{IE}(D|P)_{u_i}$；

}

步骤5：返回 $\mathrm{IE}(D|P)_{u_i}$（$i\in\{1,2,\cdots,|U|\}$）和 $\mathrm{IE}(D|P)$。

步骤6：结束。

利用Hash表技术有助于降低算法4.9的时间复杂度，计算分析可得算法4.9的时间复杂度不超过 $\max(O(|U||U/\{d\}||S_P(u_i)|))$，其中 $i\in\{1,2,\cdots,|U|\}$。

算法4.10　基于条件粗糙熵的属性约简算法(FSCE)

输入：$\mathrm{IDS}=(U,C,D)$，其中 $C=\{c_1,c_2,\cdots,c_l\}$，$D=\{d\}$，$l=|C|$

输出：特征子集 R

步骤1：初始化 $S=\varnothing$，Core $=\varnothing$ 和 $P=\varnothing$；

步骤2：利用文献[108]中的算法1′计算 $U/\mathrm{SIM}(\{c_i\})$（$i\in\{1,2,\cdots,l\}$）和 $U/\{d\}$。

步骤3：利用算法4.9计算 $\mathrm{IE}(D|\{c_i\})$，$i\in\{1,2,\cdots,l\}$。

步骤4：计算 $\mathrm{IE}(D|\{c_i\})$，$i\in\{1,2,\cdots,l\}$，根据 $\mathrm{IE}(D|\{c_i\})$ 生成特征 $c_1,c_2,\cdots,c_l$ 的降序，构建一个输入序列 $\langle a_1,a_2,\cdots,a_l\rangle$。

步骤5：令 $S=\{a_1,a_2,\cdots,a_l\}$。

步骤6：利用算法4.7计算 $U/\mathrm{SIM}(C)$；

步骤7：利用算法4.9计算 $\mathrm{IE}(D|C)_{u_i}$（$i\in\{1,2,\cdots,|U|\}$）和 $\mathrm{IE}(D|C)$。

步骤8：for i = 1 to l do

{

令 $a_i\in S$；

利用算法4.7计算 $U/\mathrm{SIM}(C-\{a_i\})$；

利用算法4.9计算 $\mathrm{IE}(D|C-\{a_i\})$；

如果 $\mathrm{IE}(D|C-\{a_i\})>\mathrm{IE}(D|C)$，则令 Core = Core $\bigcup\{a_i\}$，否则令 $P=P\bigcup\{a_i\}$；

}

续表

步骤 9：令 R = Core。
步骤 10：利用算法 4.7 计算 $U/\text{SIM}(R)$。
步骤 11：构建一个输入排序特征子集 $P=\{a_1, a_2, \cdots, a_t\}\subseteq C$，其中 $t\leqslant l$。
步骤 12：for j = 1 to t do
{
　令 $a_j\in P$；
　利用算法 4.8 增量式计算 $U/\text{SIM}(R\cup\{a_j\})$；
　利用算法 4.9 增量式计算 $\text{IE}(D\mid R\cup\{a_j\})_{u_i}$，$i\in\{1, 2, \cdots, |U|\}$；
　如果 $\text{IE}(D\mid R\cup\{a_j\})_{u_i}>\text{IE}(D\mid C)_{u_i}$，$i\in\{1, 2, \cdots, |U|\}$，则令 $R=R\cup\{a_j\}$，否则退出；
}
步骤 13：令 $k=|R|$。
步骤 14：for m = 1 to k do
{
　令 $a_m\in R$；
　利用算法 4.8 增量式计算 $U/\text{SIM}(R-\{a_m\})$；
　利用算法 4.9 增量式计算 $\text{IE}(D\mid R-\{a_m\})_{u_i}$，$i\in\{1, 2, \cdots, |U|\}$；
　如果 $\text{IE}(D\mid R-\{a_m\})_{u_i}\leqslant\text{IE}(D\mid C)_{u_i}$，$i\in\{1, 2, \cdots, |U|\}$，则 $R=R-\{a_m\}$；
}
步骤 15：返回 R。
步骤 16：结束。

利用算法 4.7～算法 4.9 来计算算法 4.10，由此可知算法 4.10 的时间复杂度是一个多项式：

(1) 步骤 2～步骤 7 的时间复杂度为 $O(4|U|+|C|^2+2|C||U|)$；

(2) 由于 $|C|$ 是最大的循环值，于是步骤 8 的时间复杂度为 $O(|C|(|C||U|+|U|))$；

(3) 步骤 10 的时间复杂度为 $O(|C||U|)$；

(4) 由于 $|C|$ 是最大的循环值，于是步骤 12 的时间复杂度为 $O(3|C||U|)$；

(5) 与上述步骤相同，步骤 14 的时间复杂度为 $O(3|C||U|)$。

因此，算法 FSCE 的总的时间复杂度为 $O(4|U|+|C|^2+2|C||U|)+O(|C|(|C||U|+|U|))+O(6|C||U|)=O(4|U|+|C|^2+|C|^2|U|+9|C||U|)$，计算可知算法 4.10 的时间复杂度为 $O(|C|^2|U|)$，不超过 $O(|C||U|\log_2|U|)$，其空间复杂度为 $O(|C||U|)$。

4.6.6 实验结果与分析

为了验证本节算法的有效性，首先从 UCI 机器学习数据库 (http://ftp.ics.uci. edu) 中选择 6 个离散的不完备数据集 (表 4.13) 作为实验样本集进行约简比较，在个人计算机 (Inter(R) Pentium(R) Quad-core CPU 3.1GHz, 4GB memory, Windows XP) 实现文献[123]的基于近似约简的属性约简算法(简记为算法 AR)、文献[107]的基于信息量的属性约简算法(简记为算法 IQ)、文献[124]的基于信息熵的属性约简算法(简记为算法 IE)、文献[108]的基于正域的属性约简算法(简记为算法 PR)与本节算法 4.10(简记为算法 FSCE)的比较，上述 5 种算法选择特征的实验结果如表 4.14 所示。从表 4.14 可以看出，在不完备数据集上算法 FSCE 执行得到的结果最好，另外，算法 FSCE 和 PR 选择的特征子集结果相近，但是本节所提出的算法 FSCE 在属性约简上仍比 PR 略好一些。另外，从表 4.14 也可以看出，随着实例数的增加，算法 FSCE 在效率上的提高显著。

表 4.13　不完备数据集描述

数据集	样本数	特征数	分类数
lung cancer	32	56	2
soybean (large)	307	35	19
dermatology	366	34	6
congressional voting records	435	16	2
breast cancer wisconsin (original)	683	9	2
mushroom	8124	23	7

表 4.14　属性约简算法选择特征结果比较

数据集	样本数	特征数	AR	IQ	IE	PR	FSCE
lung cancer	32	56	6	5	5	4	4
soybean (large)	307	35	11	10	10	9	9
dermatology	366	34	10	8	10	7	7
congressional voting records	435	16	14	9	11	9	8
breast cancer wisconsin (original)	683	9	5	4	4	4	4
mushroom	8124	23	6	5	5	5	4

针对上述 5 种属性约简算法，可以给出时间复杂度的粗糙排序为 $O(\text{FSCE}) < O(\text{PR}) < O(\text{AR}) < O(\text{IQ}) < O(\text{IE})$，其中 IE 算法的时间复杂度不低于 $O(|C|^3|U|^2)$[124]，IQ 算法的时间复杂度为 $O(|C|^3|U|^2)$[107]，AR 算法总的时间复杂度不低于 $O(|C|^2|U|^2+\sum_{i=1}^{|C|}(|C|-i+1)^2|U|^2)$[123]，PR 算法的时间复杂度为 $O(|C|^2|U|\log_2|U|)$[108]，FSCE 算法的时间复杂度为 $O(|C|^2|U|)$。由于$|C|\ll|U|$，所以算法 4.10 的复杂度是最低的，效率是最高的。为了更清楚地说明 FSCE 算法的有效性，图 4.4 和图 4.5 给出了 FSCE、AR 和 PR 这 3 个算法在上述 6 个离散的不完备数据集上的运行效果和时间比值(AR/PR、AR/FSCE 和 PR/FSCE)。

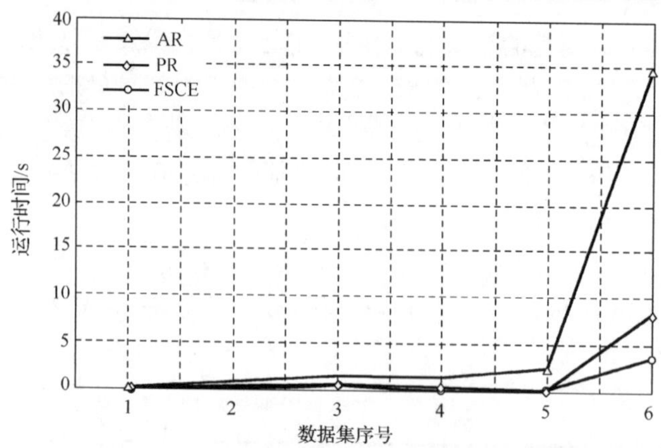

图 4.4 三种属性约简算法在 UCI 数据集上的运行时间

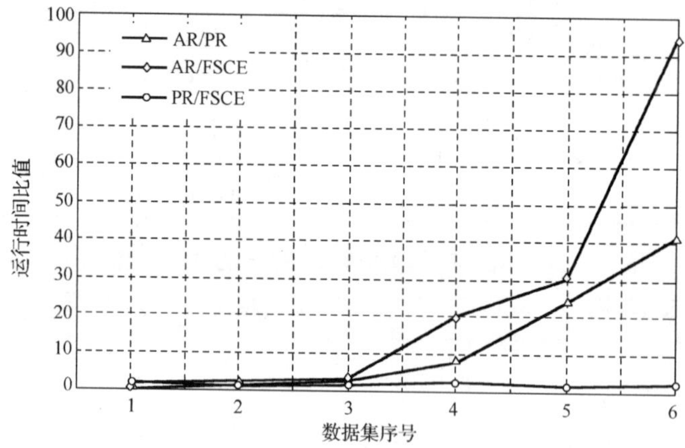

图 4.5 三种属性约简算法在 UCI 数据集上的运行时间比值

为了进一步验证本节算法在完备数据集上的有效性，从 UCI 机器学习数据库中选择 6 个离散的完备数据集(表 4.15)作为实验样本集进行约简比较，在个人计算机上实现文献[28]的基于条件信息熵的属性约简算法(简记为算法 CE)、文献[46]的基于 GA 的约简算法(简记为算法 GA)、文献[19]的基于幂集树的特征算法(简记为算法 PST)、文献[45]的基于正域的属性约简算法(简记为算法 POS)、文献[8]的基于粗糙集和粒子群优化的属性约简算法(简记为算法 RSP)与算法 4.10(简记为算法 FSCE)的比较，其属性约简的实验结果如表 4.16 所示。

表 4.15 完备数据集描述

数据集	样本数	特征数	分类数
soybean-small	47	35	4
zoo	101	16	7
lymphography	148	18	4

续表

数据集	样本数	特征数	分类数
liver disorders	345	7	2
chess（KR vs. KP）	3196	36	2
nursery	12960	8	5

表 4.16　属性约简算法选择特征结果比较

数据集	样本数	特征数	CE	GA	PST	POS	RSP	FSCE
soybean-small	47	35	2	6	2	2	2	2
zoo	101	16	10	6	5	5	5	5
lymphography	148	18	8	8	7	6	7	7
liver disorders	345	7	4	4	4	3	3	3
chess（KR vs. KP）	3196	36	30	29	29	29	29	29
nursery	12960	8	8	8	8	7	8	7

从表 4.16 可以看出，算法 POS、RSP 和 FSCE 选择的特征子集结果相近，但是本节算法 FSCE 在属性约简上比 POS 略差。针对上述 6 种属性约简算法，可以给出时间复杂度的粗糙排序为 $O(\text{FSCE})<O(\text{POS})<O(\text{PST})<O(\text{CE})<O(\text{RSP})<O(\text{GA})$，其中 GA 算法的时间复杂度为 $O(|C|^2|U|^3)$[46]，RSP 算法的复杂度略低于 GA，CE 算法的时间复杂度为 $O(|C||U|^2+|U|^3)$[28]，PST 算法的时间复杂度为 $O((|C|+\log_2|U|)|U|^2)$[19]，POS 的时间复杂度为 $O(|C||U|^2)$[45]，FSCE 算法的时间复杂度为 $O(|C|^2|U/C|)$，低于上述所有算法。

为了验证本节算法的分类能力，从 UCI 机器学习数据库中选择 7 个离散的高维数据集(表 4.17)作为实验样本集进行实验比较，在个人计算机上实现算法 AR、CE、GA、POS 和 RSP 与本节算法 FSCE 性能比较。下面引入 RSES(Rough Set Exploration System)软件，该软件由波兰华沙大学数学学院的逻辑组于 1994 年开发完成，它是一个粗糙集理论应用工具箱，提供了多种数据预处理功能，如决策表补齐、决策表离散化等，同时提供粗糙集中常见的约简和规则的获取算法，支持从数据预处理到预测和分析规则的全过程，是一个著名的粗糙集理论软件和实验平台[125]。下面利用 RSES 软件从简化的训练集上提取决策规则，并由此作为其分类测试集。按照文献[8]和[26]的实验技术步骤，采用十折交叉验证测试上述 6 种约简算法的分类精度。实验结果如表 4.18 所示。

表 4.17　UCI 数据集描述

数据集	样本数	特征数
zoo	101	16
vote	300	16
lymphography	148	18
mushroom	8124	23

续表

数据集	样本数	特征数
led	2000	24
soybean-small	47	35
lung cancer	32	56

表 4.18　属性约简算法的分类精度比较

数据集	分类正确率/%					
	AR	CE	GA	POS	RSP	FSCE
zoo	94.00	94.00	92.00	96.00	96.00	97.70
vote	93.67	92.33	94.00	94.33	95.33	98.50
lymphography	74.29	72.14	70.00	85.71	75.71	83.05
mushroom	100	90.83	100	100	99.70	100
led	78.85	83.10	100	100	100	100
soybean-small	100	100	97.50	100	100	100
lung cancer	73.30	73.33	70.00	86.67	90.00	90.30

从表 4.18 可以看出，除了 lymphography 数据集，算法 FSCE 在其余 6 个高维数据集上均获得了良好的分类精度。

4.6.7　小结

针对现有面向不完备决策系统的属性约简算法计算耗时过大的缺陷，本节在基于相容关系的粗糙熵基础上提出条件粗糙熵、互信息等一些不确定性度量方法，并对其性质以及度量之间的关系进行了探究，采用推理与实例分析等方法论证这些度量的合理性，给出其性质及定理，用来评估知识的粗糙度和精度；在不完备决策系统中，分析上述度量方法如何刻画知识和决策的粗糙性；在完备决策系统中，分析它们与信息熵、粗糙熵、信息粒度等相关度量的内在关系；结合增量式技术，基于不完备条件粗糙熵构建粗糙集约简模型，研究其与现有正域约简、分布约简之间的关系；借助分解、基数排序、Hash 表等数据处理技术，提出了面向不完备数据的启发式增量属性约简算法，为从不完备决策系统中选择最优或相对最优特征子集提供了有效的工具。该算法通过不断地缩小论域的规模，在启发式迭代中不断减少样本规模来降低样本的计算量[90]，有效地降低了属性约简求解中的计算时间复杂度和空间复杂度，有效地完成并实现了属性约简算法的加速，其时间复杂度被降低到 $O(|C|^2|U|)$，使其更适合处理大规模数据集的属性约简。最后，本节选取了 UCI 数据库中 2 组常用的 6 项完备数据集、7 项不完备数据集进行实验分析，还有 1 组部分高维数据集进行分类精度比较，所有的实验结果都可以有效地验证该属性约简算法的有效性和高效性。特别地，通常随着数据规模的增大，本节提出的属性约简算法的高效性变明显，可以有效地用于大规模、海量数据的属性约简。

4.7　决策概念格及其决策规则提取方法

4.7.1　引言

概念格也称为形式概念分析，是德国数学家 Wille 于 1982 年提出的一种有效的数据分析和知识提取的工具[70]。国内外许多学者对概念格做了深入研究，并取得了一定的成果，概念格的研究主要集中在概念格的构造算法及改进[126,127]、概念格模型的扩展[128,129]、基于概念格的关联规则的挖掘[130,131]等。

目前对概念格的研究主要基于一般的形式背景，对基于决策形式背景的含有决策信息的决策概念格研究较少。决策规则是一种重要的数据挖掘任务，对象具有的属性不同，所属的决策类别也会有所不同，从决策概念格中挖掘的决策规则可以为用户提供有意义的决策知识。文献[128]针对决策形式背景提出了粗糙概念格理论，但在所构造的概念格中没有具体区分条件属性和决策属性，而是将条件属性和决策属性一起作为概念的内涵。本节主要针对含有决策信息的决策形式背景，给出一种决策概念格结构，在决策概念中将对象具有的条件属性和决策属性分开表示，进而由决策概念得到决策规则，表示对象具有规则前件中的属性时可能属于的决策分类，通过置信度对规则的确定性进行描述[132]。用户可根据实际的需求设定规则的置信度及支持度，提取所需要的规则。

4.7.2　基本理论

定义 4.51[132]　称三元组 (U, A, R) 为一个形式背景，其中 $U=\{x_1,\cdots,x_n\}$ 为对象集，$A=\{a_1,\cdots,a_m\}$ 为属性集，R 为 U 和 A 之间的二元关系，$R\subseteq U\times A$，若 $(x,a)\in R$，则称 x 具有属性 a，记为 xRa。对于形式背景 (U, A, R)，在对象集 $X\subseteq U$ 和属性集 $B\subseteq A$ 上分别定义运算：

$$X^* = \{a \mid a\in A, \forall x\in X, xRa\},\quad B^* = \{x \mid x\in U, \forall a\in B, xRa\}$$

定义 4.52[132]　一个形式概念定义为一个二元组 (X, B)，满足 $X^*=B$ 且 $B^*=X$，X 称为概念的外延，B 称为概念的内涵。用 $L(U, A, R)$ 表示形式背景 (U, A, R) 的所有概念的集合，记 $(X_1,B_1)<(X_2,B_2)\Leftrightarrow B_1\subset B_2$（或 $X_1\supset X_2$），则"<"是 $L(U, A, R)$ 上的偏序关系。若 (X_1,B_1) 和 (X_2,B_2) 是概念，则

$$(X_1, B_1)\wedge(X_2, B_2)=(X_1\cap X_2, (B_1\cup B_2)^{**})$$

$$(X_1, B_1)\vee(X_2, B_2)=((X_1\cup X_2)^{**}, B_1\cap B_2)$$

也是概念，从而 $L(U, A, R)$ 是格，并且是完备格。

性质 4.13 对于形式背景(U, A, R)，$\forall X_1$，X_2，$X\subseteq U$且$\forall B_1$，B_2，$B\subseteq A$有以下基本性质[70]：

(1) $X_1\subseteq X_2 \Rightarrow X_2^* \subseteq X_1^*$，$B_1\subseteq B_2 \Rightarrow B_2^* \subseteq B_1^*$；

(2) $X\subseteq X^{**}, B\subseteq B^{**}$；

(3) $X\subseteq B^* \Leftrightarrow B\subseteq X^*$；

(4) $(X_1\cup X_2)^* = X_1^* \cap X_2^*$, $(B_1\cup B_2)^* = B_1^* \cap B_2^*$；

(5) $(X_1\cap X_2)^* \supseteq X_1^* \cup X_2^*$, $(B_1\cap B_2)^* \supseteq B_1^* \cap B_2^*$。

4.7.3 决策概念格

定义 4.53 称$(U, C\cup D, R)$为决策形式背景，其中$U=\{x_1,\cdots,x_n\}$为非空有限对象集，$C=\{c_1,\cdots,c_m\}$为条件属性集，D为决策属性，$C\cap D=\varnothing$，R为U和C之间的二元关系，$R\subseteq U\times C$。

若$(x, c_i)\in R$，则称x具有条件属性c_i，记为xRc_i。用1表示x具有条件属性c_i，用0表示x不具有条件属性c_i。$D(x)=v$表示x在决策属性D上的取值为v，不同的对象在决策属性上的取值不同，表示对象所属的决策分类不同，V_D表示决策属性值集。

表4.19是文献[128]中的一个决策形式背景，$U=\{x_1,x_2,x_3,x_4,x_5\}$，$C=\{c_1,c_2,c_3,c_4,c_5,c_6,c_7\}$，$D$表示决策分类属性，决策属性值域$V_D=\{1,2,3,4\}$。

表 4.19 决策形式背景

U	c_1	c_2	c_3	c_4	c_5	c_6	c_7	D
	发热	咳嗽	头痛	乏力	食欲不振	恶心	胸闷	结论
x_1	1	0	1	1	0	0	0	1(流行性感冒)
x_2	1	1	0	0	1	0	0	2(水痘)
x_3	1	1	1	0	0	1	0	3(麻疹)
x_4	0	0	1	0	0	1	1	4(中暑)
x_5	1	0	0	1	0	0	0	1(流行性感冒)

定义 4.54 设$(U, C\cup D,R)$为一个决策形式背景，则对于三元组(X,Y,M)，$Y\subseteq C$，若$X^*=Y$且$Y^*=X$，$M=H(X)$，这里$H(X)=\{D(x)|x\in X\}$，$H(X)$表示对象集X中所有对象的决策属性值构成的集合，称(X,Y,M)为一个决策形式概念，或决策概念，其中X是外延，Y是内涵，M为决策分类集。

定理 4.41 设$(U, C\cup D,R)$为一个决策形式背景，(X,Y,M)为一个决策形式概念，则(X,Y)为形式背景(U,C,R)上的概念；若概念(X,Y)为形式背景(U,C,R)上的概念，则(X,Y,M)为$(U, C\cup D,R)$的一个决策形式概念。

证明 由定义4.54可知，决策形式背景$(U, C\cup D,R)$的决策概念(X,Y,M)中，$X^*=Y$且$Y^*=X$，$Y\subseteq C$，所以(X,Y)是形式背景(U,C,R)的一个概念。同理，因为(X,Y)

为形式背景(U,C,R)上的概念，必满足$X^*=Y$且$Y^*=X$，所以存在(X,Y,M)，$M=H(X)$为决策背景$(U, C\cup D,R)$上的决策概念。

定义 4.55 设$(U, C\cup D, R)$为决策形式背景，用$\mathrm{DL}(U, C\cup D, R)$表示形式背景$(U, C\cup D, R)$的所有决策概念的集合，记$(X_1,Y_1,M_1)<(X_2,Y_2,M_2) \Leftrightarrow Y_1\subset Y_2$（或$X_1\supset X_2$），则“<”是$\mathrm{DL}(U, C\cup D, R)$上的偏序关系。若$(X_1,Y_1,M_1)$和$(X_2,Y_2,M_2)$是决策概念，则

$$(X_1,Y_1,M_1)\wedge(X_2,Y_2,M_2)=(X_1\cap X_2,\ (Y_1\cup Y_2)^{**},\ M_1\cap M_2)$$

$$(X_1,Y_1,M_1)\vee(X_2,Y_2,M_2)=((X_1\cup X_2)^{**}\ \ Y_1\cap Y_2, H((Y_1\cap Y_2)^{*}))$$

也是决策概念，从而$\mathrm{DL}(U, C\cup D, R)$是格，并且是带有决策分类信息的完备格。

定理 4.42 设(X_1,Y_1,M_1)、(X_2,Y_2,M_2)是决策概念格的任意节点，若$X_1\subseteq X_2$，则有$M_1\subseteq M_2$。

证明 因为$M_1=H(X_1)=\{D(x)|x\in X_1\}$，$M_2=H(X_2)=\{D(x)|x\in X_2\}$，若$X_1\subseteq X_2$，则$\{D(x)|x\in X_1\}\subseteq\{D(x)|x\in X_2\}$，即$M_1\subseteq M_2$。

定理 4.43 设(X_1,Y_1,M_1)、(X_2,Y_2,M_2)是决策概念格的任意节点，若$X_1\subseteq X_2$，则有

(1) $(X_1,Y_1,M_1)\wedge(X_2,Y_2,M_2)=(X_1,Y_1,M_1)$；

(2) $(X_1,Y_1,M_1)\vee(X_2,Y_2,M_2)=(X_2,Y_2,M_2)$。

证明 (1) 由定理 4.42 可知，当$X_1\subseteq X_2$时，$M_1\subseteq M_2$，所以$(X_1,Y_1,M_1)\wedge(X_2,Y_2,M_2)=(X_1\cap X_2,\ (Y_1\cup Y_2)^{**},\ M_1\cap M_2)=(X_1,\ (Y_1\cup Y_2)^{**},M_1)$，由性质 4.13(4)可知，$(Y_1\cup Y_2)^{**}=(Y_1^*\cap Y_2^*)^*$，而由定义 4.54 可知$Y_1^*=X_1$，$Y_2^*=X_2$，则$(Y_1\cup Y_2)^{**}=(X_1\cap X_2)^*=X_1^*=Y_1$，所以有$(X_1,Y_1,M_1)\wedge(X_2,Y_2,M_2)=(X_1,Y_1,M_1)$。

(2) 当$X_1\subseteq X_2$时，由性质 4.13(1)可知$Y_2\subseteq Y_1$，所以$(X_1,Y_1,M_1)\vee(X_2,Y_2,M_2)=((X_1\cup X_2)^{**},\ Y_1\cap Y_2,\ H((Y_1\cap Y_2)^*))=(X_2^{**},Y_2,\ H(Y_2^*))=(Y_2^*,Y_2,H(X_2))=(X_2,Y_2,M_2)$。

定义 4.56 设$C_1=(X_1,Y_1,M_1)$、$C_2=(X_2,Y_2,M_2)$是决策概念格的两个不同节点，$C_1<C_2\Leftrightarrow Y_1\subset Y_2$，称$C_1$为$C_2$的后继，$C_2$为$C_1$的前驱，若不存在$C_3(X_3,Y_3,M_3)$，使$C_1<C_3<C_2$，则$C_1$是$C_2$的父节点，$C_2$是$C_1$的子节点。如果一个节点是(除自身外)所有节点的后继，称该节点为决策概念格的根节点，如果一个节点是(除自身外)所有节点的前驱，称该节点为决策概念格的终端节点。

定义 4.57 对决策概念格中每一个决策概念(X, Y, M)（除根节点和终端节点），由决策概念得到的决策规则定义为r: $\mathrm{des}(Y)\Rightarrow v, v\in M$，$\mathrm{des}(Y)$表示对$Y$中属性的描述，$v$表示决策分类值为$v$。规则的置信度定义为$\mu(Y, v)=|X\cap h(v)|/|X|$，这里$h(v)=\{x|D(x)=v, x\in U\}$，表示决策属性分类为$v$的对象构成的集合。规则的支持度定义为$\sigma(Y, v)=|X\cap h(v)|/|U|$。

定理 4.44 决策概念格中决策规则的置信度$0<\mu(Y, v)<1$时，规则是不确定的，当$\mu(Y, v)=1$时，规则是确定的。

证明 因为 $\mu(Y, v) = |X \cap h(v)|/|X|$，当 $0<\mu(Y, v)<1$ 时，即 $X \cap h(v) \subset X$ 中，所以 X 中只有部分对象的决策分类为 v，即由 Y 属性描述的对象集中只有部分对象决策分类为 v，所以规则是不确定的。当 $\mu(Y, v) = 1$ 时，即 $X \cap h(v) = X$，所以 $X \subseteq h(v)$，即由 Y 属性描述的对象全部决策分类都为 v，所以规则是确定的。

4.7.4 决策规则提取算法

算法 4.11 决策规则的提取算法

输入：决策形式背景 $(U, C \cup D, R)$

输出：决策规则集 T

步骤 1：利用文献[126]中的方法，在形式背景 (U, C, R) 上生成所有的概念 (X,Y)，对所有概念，根据概念外延 X，依次扫描形式背景 $(U, C \cup D, R)$ 的决策属性，得到每个对象的决策分类，进而得到与概念 (X,Y) 对应的决策概念 (X,Y,M)。

步骤 2：根据决策概念间的父子关系，可构造相应的决策概念格。

步骤 3：对除根节点和终端节点的其他节点对应的概念 (X,Y,M)，根据 $\text{des}(Y) => v, v \in M$ 得到该概念的所有规则，并计算规则的置信度和支持度，对给定的置信度 θ 和支持度阈值 φ，将相应的满足 $\mu(Y,v) \geqslant \theta$，$\sigma(Y,v) \geqslant \varphi$ 的规则加入 T。

4.7.5 实例分析

决策形式背景 $(U, C \cup D, R)$，如表 4.19 所示，对象集 $U = \{x_1, x_2, x_3, x_4, x_5\}$，条件属性集 $C = \{c_1,c_2,c_3,c_4,c_5,c_6,c_7\}$，根据算法 4.11 中步骤 1 可得所有决策概念为#1 $(U, \varnothing, 1234)$，#2 $(x_1x_2x_3x_5, c_1, 123)$，#3 $(x_1x_3x_4, c_3, 134)$，#4 $(x_1x_5, c_1c_4, 1)$，#5 $(x_2x_3, c_1c_2, 23)$，#6 $(x_1x_3, c_1c_3, 13)$，#7 $(x_3x_4, c_3c_6, 34)$，#8 $(x_2, c_1c_2c_5, 2)$，#9 $(x_1, c_1c_3c_4, 1)$，#10 $(x_3, c_1c_2c_3c_6, 3)$，#11 $(x_4, c_3c_6c_7, 4)$，#12 $(\varnothing, c_1c_2c_3c_4c_5c_6c_7, \varnothing)$。

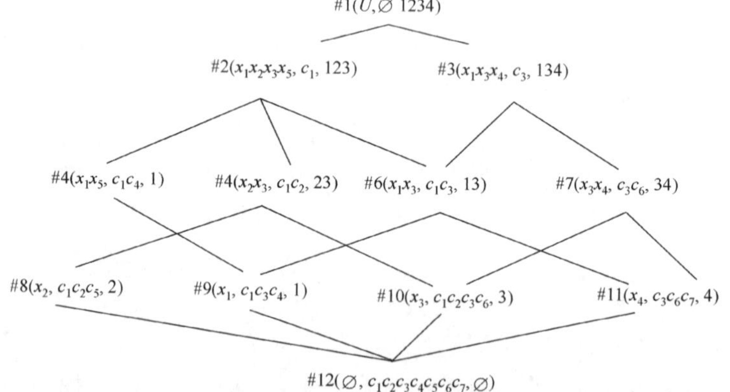

图 4.6 表 4.19 的决策概念格

根据决策概念间的父子关系，可构造决策概念格，由表 4.19 决策背景所构造的决策概念格如图 4.6 所示。#1、#12 为根节点和终端节点。在概念#2～#11 中，得到的决策规则及规则的置信度和支持度如表 4.20 所示。

表 4.20　决策规则及置信度和支持度

概念	规则	置信度	支持度
#2 ($x_1x_2x_3x_5$，c_1,123)	1.$c_1 \Rightarrow 1$	1/2	2/5
	2.$c_1 \Rightarrow 2$	1/4	1/5
	3.$c_1 \Rightarrow 3$	1/4	1/5
#3 ($x_1x_3x_4$, c_3, 134)	4.$c_3 \Rightarrow 1$	1/3	1/5
	5.$c_3 \Rightarrow 3$	1/3	1/5
	6.$c_3 \Rightarrow 4$	1/3	1/5
#4 (x_1x_5, c_1c_4, 1)	7.$c_{1\wedge}\ c_4 \Rightarrow 1$	1	1/5
#5 (x_2x_3, c_1c_2,23)	8.$c_{1\wedge}\ c_2 \Rightarrow 2$	1/2	1/5
	9.$c_{1\wedge}\ c_2 \Rightarrow 3$	1/2	1/5
#6 (x_1x_3,c_1c_3, 13)	10.$c_{1\wedge}\ c_3 \Rightarrow 1$	1/2	1/5
	11.$c_{1\wedge}\ c_3 \Rightarrow 3$	1/2	1/5
#7 (x_3x_4,c_3c_6,34)	12.$c_{3\wedge}\ c_6 \Rightarrow 3$	1/2	1/5
	13.$c_{4\wedge}\ c_6 \Rightarrow 4$	1/2	1/5
#8 (x_2, $c_1c_2c_5$, 2)	14.$c_{1\wedge}\ c_{2\wedge}\ c_5 \Rightarrow 2$	1	1/5
#9 (x_1, $c_1c_3c_4$, 1)	15.$c_{1\wedge}\ c_{3\wedge}\ c_4 \Rightarrow 1$	1	1/5
#10 (x_3,$c_1c_2c_3c_6$, 3)	16.$c_{1\wedge}\ c_{2\wedge}\ c_{3\wedge}\ c_6 \Rightarrow 3$	1	1/5
#11 (x_4,$c_3c_6c_7$,4)	17.$c_{3\wedge}\ c_{6\wedge}\ c_7 \Rightarrow 4$	1	1/5

当规则的置信度大于 0 小于 1 时，如概念#2($x_1x_2x_3x_5$,c_1,123)所得到的规则 $c_1 \Rightarrow 1$，$c_1 \Rightarrow 2$，$c_1 \Rightarrow 3$，置信度均大于 0 小于 1，说明只根据属性 c_1(发热)无法准确确定对象所得的疾病，感冒、水痘、麻疹均有可能，此时可进一步考察对象是否具有其他属性，以提高确定对象决策分类的能力。

4.7.6　小结

本节主要基于决策形式背景，构造了含有决策信息的概念格。当决策概念中的决策分类不唯一时，从概念中可知具有该概念属性内涵的对象可能的决策分类，在概念中表示了不精确、不确定的知识；当决策概念中的决策分类唯一时，说明根据该概念内涵可确定对象的决策分类。用户可根据实际需要设置最小支持度及置信度，从而提取满足需要的决策规则。

4.8　基于知识决策度的决策树规则提取方法

4.8.1　引言

粒计算是一种基于问题概念空间划分的新的智能计算理论和方法[10,133,134]，目前在国际上逐步得到了人工智能有关研究人员的重视。关于粒计算问题，可以从两个方面进行研究：一是粒空间的结构；二是粒计算。前者主要是解决粒空间的形成、表示和解释，后者主要是解决粒子的使用问题。粗糙集理论[36,135-140]由波兰逻辑学家 Pawlak 教授于 1982 年提出，它能有效地分析和处理不精确、不一致、不完整等各种不完备信息，并能从中揭示潜在的规律，近年来在机器学习、数据挖掘等多个领域得到了广泛应用[141]。

目前，在数据挖掘的诸多技术中，粗糙集方法是一种广泛使用的解决分类问题的模型。粗糙集理论主要研究不完整数据和不精确知识的表达、学习、归纳等方法，把知识理解为关于论域的划分，并引入代数理论中的等价关系来讨论知识[142]，为智能信息处理提供了一种新的可以分析模糊和不确定知识的数学工具。这种技术在人工智能、机器学习与知识发现、模式识别与分类、故障诊断等方面已经得到了成功的应用[143]。

决策树学习是以实例为基础的归纳学习算法，它着眼于从一组无次序、无规则的事例中推理出决策树表示形式的分类规则，通常用来形成分类器和预测模型，可以对未知数据进行分类或预测[144-148]。决策树分类规则学习方法在机器学习等多个领域中得到了广泛的应用。决策树学习不需要任何除训练数据集和测试数据集以外的附加信息，与其他分类方法相比具有更高的分类速度和准确率，并且分类原理简单易懂，很容易被使用人员理解和接受。在各种决策树算法中最有影响的是 Quinlan 于 1986 年提出的 ID3 算法，但这种算法不是最优的，因此，出现了许多决策树的优化算法[148-153]。在多种决策树构造算法中，Quinlan 提出的经典 ID3 算法[153]，用信息增益作为属性选择的标准，构造的决策树平均深度较小，分类速度较快，但这种算法偏向于选择属性值较多的属性，事实上属性值较多的属性并不总是最优的[38]。近年来，一些学者对决策树的优化进行了深入的研究，并取得了大量的成果[144-156]。文献[152]给出了基于粗糙集模型的剪枝方法，该方法先构造出庞大的决策树，再剪枝，这样虽然效果不错，但计算量过大。决策树的好坏不仅影响分类的效率，而且影响分类的准确率，但是构造最优决策树已被证明是 NP 完全问题，所以要构造尽可能小的决策树，关键在于选择恰当的属性[38]。因此，许多学者致力于寻找更优的启发式策略和评价函数来选择好的属性。

在此基础上，将决策树方法引入粗糙集理论中，从决策规则的可信度和覆盖度出发，引入决策度的概念，以条件属性和决策属性之间的决策度作为属性选择的标准，评测各个候选属性的划分能将决策类进行正确区分的能力，重点考虑被选择属性在其相关对象集上是最重要的，进而弥补 ID3 算法偏向于选择取值多，且在实际分类中意义不大的属性作为测试属性的不足。因此，在简化的决策表中，首先深入分析现有代数约简反映决策表决策能力的局限性[38]，对传统启发式方法进行改进，构建并优化决策树，最后设计规则约简过程简化决策树规则。仿真实验结果表明利用该方法构建的决策树较经典的 ID3 算法和 C4.5 算法有较小的规模和较高的分类精度[148]，可获取最小的决策规则集。

4.8.2 基本概念

设五元组 $S=(U,C,D,V,f)$ 是一个决策表，其中 U 为论域；C 为条件属性集；D 为决策属性集且 $C\cap D=\varnothing$；$V=\bigcup\{V_a\mid a\in C\cup D\}$，$V_a$ 为属性 a 的值域；f: $U\times(C\cup D)\to V$ 是一个信息函数，它对每个对象的每个属性赋予一个信息值，即 $\forall a\in C\cup D$，$x\in U$，有 $f(x,a)\in V_a$。每一个属性子集 $P\subseteq C\cup D$ 决定了一个二元不可区分关系 $\mathrm{IND}(P)$：

$$\mathrm{IND}(P)=\{(x,y)\in U\times U\mid f(x,a)=f(y,a),\forall a\in P\} \tag{4-38}$$

关系 $\mathrm{IND}(P)$ 可确定 U 的一个划分，用 $U/\mathrm{IND}(P)$ 表示，简记为 U/P，U/P 中的任何元素 $[x]_P=\{y\mid f(x,a)=f(y,a),\forall a\in P\}$ 称为等价类(基本块)[38]。

在决策表 $S=(U,C,D,V,f)$ 中，若 P，$Q\subseteq C\cup D$，对任意 $X\in U/P$，存在 $Y\in/Q$，使 $X\subseteq Y$，则表示 $P\preccurlyeq Q$，这意味着 P 的划分比 Q 更精细，或者 Q 的划分比 P 更粗糙；对于任意 $X\in U/P$，存在 $Y\in U/Q$，使 $X\subseteq Y$，且存在 $X_0\in U/P$，$Y_0\in U/Q$，使得 $X_0\subseteq Y_0$，则表示 $P\prec Q$。

根据上面不可区分关系的定义，容易验证下面的定理。

定理 4.45 在决策表 $S=(U,C,D,V,f)$ 中，对于 $P,Q\subseteq C\cup D$，若 $Q\subseteq P$，则 $P\preccurlyeq Q$；若 $Q\subset P$，则 $P\prec Q$。

证明 假设 $U/P=\{P_1,P_2,\cdots,P_n\}$，$U/D=\{Q_1,Q_2,\cdots,Q_m\}$，任取 $P_i=[x]_P\in U/P$，由于 $Q\subseteq P$，则任意 $P_i=[x]_P=\{y\mid\forall a\in P,f(x,a)=f(y,a)\}\subseteq Q_j=[x]_Q=\{y\mid\forall a\in Q,f(x,a)=f(y,a)\}$。由于 P_i 的任意性，可知 $P\preccurlyeq Q$。同理，若 $Q\subset P$，可得 $P\prec Q$。

定理 4.46 在决策表 $S=(U,C,D,V,f)$ 中，如果 $\mathrm{IND}(C)\subseteq\mathrm{IND}(D)$，那么决策表 S 是一致决策表，否则 S 是不一致决策表。

在决策表 $S=(U,C,D,V,f)$ 中，$P\subseteq C$，设 $U/D=\{D_1,D_2,\cdots,D_m\}$ 表示决策属性集 D 对论域 U 的划分，$U/P=\{P_1,P_2,\cdots,P_n\}$ 表示条件属性集 P 对论域 U 的划分[23]，$\underline{P}(X)=\bigcup\{[x]_P\mid[x]_P\subseteq X\subseteq U\}$ 表示 X 的 P 下近似集，则 P 关于 D 的正区域为 $\mathrm{POS}_P(D)=\bigcup\{\underline{P}(D_i)\mid D_i\in U/D\}$。

记 $\gamma_P(D)=\sum_{i=1}^{m}|\underline{P}(D_i)|/|U|$ 为条件属性集 P 关于决策属性集 D 的近似质量。对任意属性 $p\in P\subseteq C$，若 $\mathrm{POS}_P(D)=\mathrm{POS}_{P-\{p\}}(D)$，则称属性 p 为 P 中相对于 D 是可省的(不必要的)；否则称属性 p 为 P 中相对于 D 是不可省的(必要的)[23]。对任意条

件属性子集 $P \subseteq C$，若 P 中任一元素相对于 D 都是必要的，则称 P 相对于 D 是独立的。所以，根据不可区分关系和正区域的定义容易验证下面的定理。

定理 4.47 在决策表 $S=(U,C,D,V,f)$ 中，条件属性集 C 关于 D 的正区域 $\mathrm{POS}_C(D) = \bigcup\{X \mid X \in U/C$ 且 $\forall x, y \in X \Rightarrow f(x, D) = f(y, D)\}$。

从定理 4.47 分析可知，条件属性集 C 关于 D 的正区域是由决策属性上取值唯一的基本块的并集组成的，即任何在决策属性上取值不唯一的基本块均不在正区域中[23]。

定理 4.48[38] 在决策表 $S=(U,C,D,V,f)$ 中，若 $\mathrm{POS}_C(D)=U$，则称决策表 S 为一致决策表，否则称决策表 S 为不一致决策表。

下面结合正区域思想可以得到简化的决策表定义。

定义 4.58 在决策表 $S=(U,C,D,V,f)$ 中，记作 $U/(C\cup D)=\{[U_1']_{C\cup D}, [U_2']_{C\cup D}, \cdots, [U_n']_{C\cup D}\}$ 其中 $U=\{U_1, U_2, \cdots, U_m\}$，则有 $n \leqslant m$，且 $U_i' \in U$，于是 $U'=\{U_1', U_2', \cdots, U_n'\}$。$f': U' \times (C \cup D) \to V'$ 也是一个新的信息函数。这样 $S'=(U',C,D,V',f')$ 称作简化的决策表，可记作 $S'=(U',C,D)$。

从定义 4.58 可知，通过条件属性和决策属性对论域的简化，可以有效地删除一些冗余的信息，也可有效降低空间搜索的复杂度。这样可有效降低计算属性核和属性约简的复杂度。

4.8.3 现有约简方法的局限性

在决策表中，经典属性约简的最终目标是在保持决策表决策能力不变的前提下，去除多余的条件属性。由文献[35]、[122]、[157]中基于正区域的约简算法分析可知，在决策表 $S=(U,C,D,V,f)$ 中，一个条件属性是否可以约简，取决于去除该条件属性后，决策表 S 中对应决策集的下近似集是否改变。也就是说，条件属性子集 $P \subseteq C$ 为条件属性集 C 的一个属性约简的充要条件是 $\gamma_P(D) = \gamma_C(D)$，且不存在 $P^* \subseteq P$，使得 $\gamma_{P^*}(D)=\gamma_C(D)$。文献[35]、[122]、[157]的约简算法只考虑决策表是否会产生新的不一致对象，而没有考虑原有不一致对象属于各个决策分类的概率分布是否发生变化。所以，文献[35]、[122]、[157]衡量决策表决策能力不变的标准是产生确定性决策规则的数目（一致对象的数目）不变；若产生的确定性决策规则数目不变，就意味着这些决策规则的可信度不变。由此可见，文献[35]、[122]、[157]只考虑了确定性决策规则在约简后其可信度是否发生变化。然而，在决策应用中，规则的对象覆盖度也是衡量其决策能力的重要指标。因此，文献[35]、[122]、[157]基于正区域的约简算法存在局限性，不能客观地反映决策能力的真实变化情况[39]。

在决策表 $S=(U,C,D,V,f)$ 中，属性约简的最终目标是在保持决策表 S 决策能力不变的前提下，去除多余的条件属性。由文献[122]和[157]中基于条件信息熵的决策表约简算法分析可知，一个条件属性是否可以约简，取决于去除该条件属性后决策表 S 产生的条件熵是否改变。由于决策表 S 中一致对象集 $\mathrm{POS}_C(D)$ 产生的条件熵为 0，所以决策表 S 的条件熵改变是由不一致对象集 $U-\mathrm{POS}_C(D)$ 产生的，那么对于决策表 S，增加新的不一致对象或原有不一致对象属于各个决策属性分类的条件概率分布改变，均会引起条件熵发生变化。因此，文献[122]和[157]的决策表约简算法对决策表决策能力衡量的标准表现在以下两个方面：产生的确定性决策规则数目不变和产生的不确定性决策规则可信度不变。若决策表产生的确定性决策规则数目不变，则意味着这些决策规则的可信度不变(可信度仍为 1)。所以，在经典粗糙集理论中文献[122]和[157]的约简算法只考虑了所有决策规则在约简后其可信度是否发生变化。然而，在决策应用中，决策规则除了其可信度外，规则的对象覆盖度也是衡量其决策能力的重要指标。因此，现有基于条件信息熵的约简算法存在局限性，不能客观地反映决策能力的实质[38]。

4.8.4　知识决策度

在决策表 $S=(U,C,D,V,f)$ 中，$S'=(U',C,D,V,f)$ 为其简化的决策表，设 $U'/C=\{X_1,X_2,\cdots,X_n\}$，$U'/D=\{Y_1,Y_2,\cdots,Y_m\}$。如果 $X_i\cap Y_j\neq\varnothing$，$r_{i,j}:\mathrm{Des}_C(X_i)\rightarrow\mathrm{Des}_D(Y_j)$ 表示简化的决策表 S' 中 $(C,\ D)$ 的决策规则，其中 $\mathrm{Des}_C(X_i)$ 和 $\mathrm{Des}_D(Y_j)$ 分别是类 X_i 和 $Y_j(i=1,2,\cdots,n;j=1,2,\cdots,m)$ 的唯一描述。对于每一个决策类 $Y_j(j=1,2,\cdots,m)$，决策规则集定义为 $\{r_{i,j}\}=\{\mathrm{Des}_C(X_i)\rightarrow\mathrm{Des}_D(Y_j)\ |\ X_i\cap Y_j\neq\varnothing,i=1,2,\cdots,n\}$。

一个决策规则 $r_{i,j}$ 是确定的当且仅当 $X_i\cap Y_j=X_i$，否则 $r_{i,j}$ 是不确定的。

决策规则的可信度和覆盖度[122]分别定义为

$$\alpha_{X_i}(Y_j)=\frac{|Y_j\cap X_i|}{|X_i|} \tag{4-39}$$

$$\kappa_{X_i}(Y_j)=\frac{|Y_j\cap X_i|}{|Y_j|} \tag{4-40}$$

值得注意的是，$\alpha_{X_i}(Y_j)$ 度量了命题 $\mathrm{Des}_C(X_i)\rightarrow\mathrm{Des}_D(Y_j)$ 的充分程度，而 $\kappa_{X_i}(Y_j)$ 度量了它的必要程度。

定理 4.49　设 P、Q 为论域 U 上的两个等价关系集合，则有 $\mathrm{IND}(P)\cap\mathrm{IND}(Q)=\mathrm{IND}(P\cup Q)$ 成立。

证明　假设 $\mathrm{IND}(P)=\bigcap_{a\in P}\mathrm{IND}(\{a\})$ 和 $\mathrm{IND}(Q)=\bigcap_{a\in Q}\mathrm{IND}(\{a\})$，则有

$$
\begin{aligned}
&\mathrm{IND}(P)\cap \mathrm{IND}(Q)\\
&=(\bigcap_{a\in P}\mathrm{IND}(\{a\}))\cap(\bigcap_{a\in Q}\mathrm{IND}(\{a\}))\\
&=(\bigcap_{a\in P-P\cap Q} IND(\{a\}))\cap(\bigcap_{a\in P\cap Q}\mathrm{IND}(\{a\}))\\
&\quad\cap(\bigcap_{a\in Q-P\cap Q}\mathrm{IND}(\{a\}))\cap(\bigcap_{a\in P\cap Q}\mathrm{IND}(\{a\}))\\
&=(\bigcap_{a\in P-P\cap Q}\mathrm{IND}(\{a\}))\cap(\bigcap_{a\in Q-P\cap Q}\mathrm{IND}(\{a\}))\\
&\quad\cap(\bigcap_{a\in P\cap Q}\mathrm{IND}(\{a\}))\\
&=\bigcap_{a\in(P-P\cap Q)\cup(Q-P\cap Q)\cup(P\cap Q)}\mathrm{IND}(\{a\})\\
&=\bigcap_{a\in P\cup}\mathrm{IND}(\{a\})\\
&=\mathrm{IND}(P\cup Q)
\end{aligned}
$$

定理 4.50　设 P、Q 为论域 U 上的两个等价关系集合，则有 $U/(P\cup Q)=U/P\cap U/Q$ 成立。

证明　由定理 4.49 可证。

根据不可区分关系的定义及定理 4.50，容易验证下面的性质。

性质 4.14　在决策表 $S=(U,C,D,V,f)$ 中，$S'=(U',C,D,V,f)$ 为其简化的决策表，若 $R\subseteq C$，$a\in C-R$，$U'/R=\{R_1,R_2,\cdots,R_m\}$，则有 $U'/(R\cup\{a\})=U'/R\cap U'/\{a\}=R_1/\{a\}\cup R_2/\{a\}\cup\cdots\cup R_m/\{a\}$，即有 $U'/(R\cup\{a\})=U'/R\cap U'/\{a\}=\cup\{X/\{a\}\mid X\in U'/R\}$。

由定理 4.47 分析可知，依次对 $[R_i]_R$ 在属性 a 上进一步划分，同时 $U'=U'-[R_i]_R$，这样不仅使被搜索的对象空间 U 不断地缩小，而且还有利于提高计算效率。

定义 4.59　在决策表 $S=(U,C,D,V,f)$ 中，$S'=(U',C,D,V,f)$ 为其简化的决策表，属性集合 $P\subseteq C$，D 在 U' 上导出的划分分别为 $U'/P=\{X_1,X_2,\cdots,X_n\}$，$U'/D=\{Y_1,Y_2,\cdots,Y_m\}$，则简化的决策表 S' 的决策度定义为

$$
S(D\mid P)=\sum_{i=1}^{n}\sum_{j=1}^{m}\left(\frac{|Y_j\cap X_i|}{|X_i|}\times\frac{|Y_j\cap X_i|}{|Y_j|}\right)=\sum_{i=1}^{n}\sum_{j=1}^{m}\left(\frac{|Y_j\cap X_i|^2}{|X_i||Y_j|}\right)=\sum_{i=1}^{n}\sum_{j=1}^{m}\alpha_{X_i}(Y_j)\kappa_{X_i}(Y_j)\quad(4\text{-}41)
$$

其中，$\alpha_{X_i}(Y_j)$ 代表决策表产生某一决策规则的可信度，$\kappa_{X_i}(Y_j)$ 代表该决策规则的覆盖度。这样，决策度可以更客观地反映决策表的决策能力。同时，决策度 $S(D|P)$ 表示划分 U'/P 对划分 U'/D 的决策程度，$S(D|P)$ 的值越大，U'/P 越接近 U'/D，表明子集 P 对分类的贡献越大，那么选择条件属性集 P 进行分类的确定性就越大。

根据上面定义 4.59，很容易验证决策度 $S(D|P)$ 具有以下性质。

性质 4.15　$0 < S(D|P) \leqslant |U'|$。

性质 4.16　当 $U/P=\{U_1,U_2,\cdots,U_{|U|}\}$ 且 $U/P=\{U_1,U_2,\cdots,U_{|U|}\}$ 时，$S(D|P)=|U|$。

性质 4.17　当 $U/P=\{U_1,U_2,\cdots,U_{|U|}\}$ 且 $U/D=\{U\}$ 时，$S(D|P)=1$。

性质 4.18　当 $U/P=\{U\}$ 且 $U/D=\{U\}$ 时，$S(D|P)=1$。

定理 4.51[39]　在决策表 $S=(U,C,D,V,f)$ 中，$S'=(U',C,D,V,f)$ 为其简化的决策表，条件属性子集 $P\subseteq C$，$U'/P=\{X_1,X_2,\cdots,X_t\}$，去除 P 中任意属性 a 后，可以通过将 U/P 中的部分划分块合并得到新划分 $U'/(P-\{a\})$，故假设 $U'/(P-\{a\})=\{X_1, X_2,\cdots,X_{p-1},X_{p+1},\cdots,X_{q-1},X_{q+1},\cdots,X_t,X_p\cup X_q\}$ 是将 U'/P 中的两个划分块 X_p 和 X_q 合并为 $X_p\cup X_q$ 得到的新划分，$U'/D=\{Y_1,Y_2,\cdots,Y_m\}$，则 $S(D|P)\geqslant S(D|P-\{a\})$。

证明　由式(4-41)可知

$$S(D|P)=\sum_{i=1}^{t}\sum_{j=1}^{m}\left(\frac{|Y_j\cap X_i|^2}{|X_i||Y_j|}\right),\quad S(D|P-\{a\})=\sum_{i=1}^{t-1}\sum_{j=1}^{m}\left(\frac{|Y_j\cap X_i|^2}{|X_i||Y_j|}\right)$$

则有

$$\begin{aligned}
S_\Delta &= S(RD|P)-S(RD|P-\{a\})\\
&=\sum_{i=1}^{t}\sum_{j=1}^{m}\left(\frac{|Y_j\cap X_i|^2}{|X_i||Y_j|}\right)-\sum_{i=1}^{t-1}\sum_{j=1}^{m}\left(\frac{|Y_j\cap X_i|^2}{|X_i||Y_j|}\right)\\
&=\sum_{i=1}^{t}\sum_{j=1}^{m}\left(\frac{|Y_j\cap X_i|^2}{|X_i||Y_j|}\right)-\left(\sum_{i=1}^{t}\sum_{j=1}^{m}\left(\frac{|Y_j\cap X_i|^2}{|X_i||Y_j|}\right)-\sum_{j=1}^{m}\left(\frac{|Y_j\cap X_p|^2}{|X_p||Y_j|}\right)\right.\\
&\quad\left.-\sum_{j=1}^{m}\left(\frac{|Y_j\cap X_q|^2}{|X_q||Y_j|}\right)+\sum_{j=1}^{m}\left(\frac{|Y_j\cap(X_p\cup X_q)|^2}{|X_p\cup X_q||Y_j|}\right)\right)\\
&=\sum_{j=1}^{m}\left(\frac{|Y_j\cap X_p|^2}{|X_p||Y_j|}\right)+\sum_{j=1}^{m}\left(\frac{|Y_j\cap X_q|^2}{|X_q||Y_j|}\right)-\sum_{j=1}^{m}\left(\frac{|(Y_j\cap X_p)\cup(Y_j\cap X_q)|^2}{|X_p\cup X_q||Y_j|}\right)
\end{aligned}$$

令$|X_p|=x$，$|X_q|=y$，$|Y_j\cap X_p|=ax$，$|Y_j\cap X_q|=by$，显然有 $x>0$，$y>0$，$0\leqslant a\leqslant 1$，$0\leqslant b\leqslant 1$，则

$$S_\Delta=\sum_{j=1}^{m}\left(\frac{a^2x^2}{x|Y_j|}+\frac{b^2y^2}{y|Y_j|}-\frac{(ax+by)^2}{(x+y)|Y_j|}\right)=\sum_{j=1}^{m}\left(\frac{xy(a-b)^2}{(x+y)|Y_j|}\right)$$

对于任意 $j(j=1,2,\cdots,m)$，有函数 $f_j=\dfrac{xy(a-b)^2}{(x+y)|Y_j|}$。显然，如果 $a=0$ 或 $b=0$，

均有 $f_j>0$；当 $a=b=0$ 时，有 $f_j=0$；下面来讨论 $0<a\leqslant 1$ 并且 $0<b\leqslant 1$，若取 $\theta=\dfrac{a}{b}$，则 $f_j=\dfrac{xy(\theta-1)^2}{(x+y)|Y_j|}$。因此，显然当 $\theta=\dfrac{a}{b}=1$，即 $\dfrac{|Y_j\cap X_p|}{|X_p|}=\dfrac{|Y_j\cap X_q|}{|X_q|}$ 时，函数 f_j 取最小值 0。

综上所述，只有在对于任意 $j(j=1,2,\cdots,m)$ 都有 $\dfrac{|Y_j\cap X_p|}{|X_p|}=\dfrac{|Y_j\cap X_q|}{|X_q|}$ 的情况下，$S_\Delta=0$，在其他任何情况下均有 $S_\Delta>0$。也就是说，当决策表去除某一条件属性 a 后，有 $S_\Delta\geqslant 0$，即 $S(D|P)\geqslant S(D|P-\{a\})$。故定理 4.51 得证。

由定理 4.51 分析可知，当 P 去除任意属性 a 后合并的划分块可能不仅仅是 X_p 和 X_q，由于选择 X_p 和 X_q 的任意性，所以对多个划分块的合并可以分解为两两划分块合并的过程。因此，删除条件属性 a 后，若有多个划分块合并，则条件属性子集 $P-\{a\}$ 在论域 U 上形成的新划分比划分 U/P 的粒度更大。所以，知识的决策度是随着信息粒度变小(通过更精细的划分)而非单调递减[39]。

定理 4.52　在决策表 $S=(U,C,D,V,f)$ 中，$S'=(U',C,D,V,f)$ 为其简化的决策表，条件属性子集 $P\subset Q\subseteq C$，则 $S(D|P)>S(D|Q)$。

证明　假设 $U'/P=\{X_1,X_2,\cdots,X_n\}$，$U'/Q=\{Z_1,Z_2,\cdots,Z_k\}$。由于 $P\subset Q$，可知 $k>n$，于是存在一个 $\{1,2,\cdots,k\}$ 的划分 $\{I_1,I_2,\cdots,I_n\}$，使 $Z_i=\bigcup\{X_j:j\in I_i,i=1,2,\cdots,n\}$。由定理 4.51 可知，$Z_i$ 产生的决策度必小于 X_j 产生的决策度。所以，$S(D|P)>S(D|Q)$ 成立。

定理 4.53　在决策表 $S=(U,C,D,V,f)$ 中，$S'=(U',C,D,V,f)$ 为其简化的决策表，条件属性子集 $P\subseteq C$，则 $S(D|P)>S(D|C)$。

证明　由定理 4.51 和定理 4.52 可知，定理 4.53 显然成立。

定义 4.60　在决策表 $S=(U,C,D,V,f)$ 中，$S'=(U',C,D,V,f)$ 为其简化的决策表，条件属性子集 $P\subseteq C$，对于任意属性 $a\in P$，如果 $S(D|P)=S(D|P-\{a\})$，则称 a 在 P 中是不必要的。如果 P 中所有属性都是必要的，则称 P 是独立的。

在决策表 $S=(U,C,D,V,f)$ 中，$S'=(U',C,D,V,f)$ 为其简化的决策表，条件属性子集 $P\subseteq C$，知识(属性集合)P 的熵记为 $H(P)$，定义为

$$H(P)=-\sum_{i=1}^{n}p(X_i)\log_2 p(X_i) \tag{4-42}$$

知识(属性集合) $Q(U/Q=\{Y_1,Y_2,\cdots,Y_m\})$ 相对于知识(属性集合) $P(U/P=\{X_1,X_2,\cdots,X_n\})$ 的条件熵记为 $H(Q|P)$，定义为

$$H(Q|P)=-\sum_{i=1}^{n}p(X_i)\sum_{j=1}^{m}p(Y_j|X_i)\log_2 p(Y_j|X_i) \tag{4-43}$$

其中，$p(Y_j \mid X_i) = |X_i \cap Y_j| / |X_i|$，$i = 1,2,\cdots,n$，$j = 1, 2,\cdots,m$。

定理 4.54　在决策表 $S=(U,C,D,V,f)$ 中，$S'=(U',C,D,V,f)$ 为其简化的决策表，若任意条件属性子集 $A_1 \subseteq A_2 \subseteq C$，则有决策属性 D 相对于 A_1 的条件熵 $H(D|A_1)$ 不小于 D 相对于 A_2 的条件熵 $H(D|A_2)$，其中当且仅当 $X_i, X_j \in U'/A_2$，$X_i^1 X_j$，$X_i \cup X_j \subseteq U'/A_1$，则有 $\frac{|X_i \cap D_r|}{|X_i|} = \frac{|X_j \cap D_r|}{|X_j|}$，$D_r \in U'/D$。

定理 4.55　在决策表 $S=(U,C,D,V,f)$ 中，$S'=(U',C,D,V,f)$ 为其简化的决策表，条件属性子集 $P \subseteq C$，则有 $H(D \mid P) \geqslant H(D \mid C)$ 的充要条件是 $S(D \mid P) \leqslant S(D \mid C)$。

证明　由定理 4.53 和定理 4.54 可知该定理显然成立。

根据上面定理 4.55，很容易验证以下性质。

性质 4.19　在决策表 $S=(U,C,D,V,f)$ 中，$S'=(U',C,D,V,f)$ 为其简化的决策表，对于任意属性 $a \in P \subseteq C$，若 $S(D \mid P) = S(D \mid P-\{a\})$，则 $\mathrm{POS}_P(D) = \mathrm{POS}_{P-\{a\}}(D)$。

性质 4.20　在决策表 $S=(U,C,D,V,f)$ 中，$S'=(U',C,D,V,f)$ 为其简化的决策表，对于任意属性 $a \in P \subseteq C$，若 $H(D \mid P) = H(D \mid P-\{a\})$，则 $\mathrm{POS}_P(D) = \mathrm{POS}_{P-\{a\}}(D)$。

性质 4.21　在决策表 $S=(U,C,D,V,f)$ 中，$S'=(U',C,D,V,f)$ 为其简化的决策表，对于任意属性 $a \in P \subseteq C$，则有 $S(D \mid P) = S(D \mid P-\{a\}) \Leftrightarrow H(D \mid P) = H(D \mid P-\{a\})$。

从定理 4.51 和性质 4.21 可知，在简化的决策表中，决策度是在集合运算上定义的粗糙集代数观点。文献[138]对粗糙集知识约简在信息论观点和传统的代数观点下的关系进行了研究，发现对于一致决策表，约简计算的代数定义和信息定义是等价的；对于普通(可能含有矛盾、冲突)的决策表，属性重要性概念和知识约简在这两种观点下是不等价的[28]；知识约简的信息论观点包含了其代数观点。因此，基于决策度的代数观点与条件信息熵的信息论观点是等价的，且也包含了正区域的代数定义，并且对于决策度不需要大量的数学计算，尤其是对数计算，运算方法简单。

4.8.5　决策树及规则提取模型

ID3 算法选择信息增益最大的属性作为产生决策树的节点，由该属性的不同取值建立相应的分枝，再对各分枝的训练实例数据集递归建立决策树的下一级节点和分枝，直到某一子集中的实例属于同一类。尽管 ID3 算法计算速度较快、容易实现而且适用于处理规模较大的学习问题[158]，但是在选择测试属性时存在偏向于选择属性较多的属性，而属性较多的属性并不总是最优的属性。

针对 ID3 算法的多值偏向问题，以属性的决策度作为测试属性的选择标准，在构造决策树的过程中，定义新的启发式信息来选择新的属性时，不仅要考虑它基于所有训练样本集是最重要的，而且要考虑它在相关对象集(与该分枝节点相关的训练样本集)上也是最重要的，且重点考虑决策树中不同分枝节点上决策度的计算。这样可以弥补 ID3 算法偏向于选择取值多的属性作为测试属性的不足，以这种思路来避免 ID3 算法中子树重复和某些属性被多次选择的缺点，以便得到更优的决策树。

定理 4.56 在决策表 $S=(U,C,D,V,f)$ 中，$S'=(U',C,D,V,f)$ 为其简化的决策表，条件属性子集 $P\subseteq C$，$U/P=\{X_1,X_2,\cdots,X_t\}$，$U/D=\{Y_1,Y_2,\cdots,Y_m\}$，且 $U/(P\cup D)=U/P\cap U/D=\{Z_1,Z_2,\cdots,Z_k\}$，若任意取 $Z_t\in U/(P\cup D)$，存在 $X_i\in U/P$，$Y_j\in U/D$，则有 $Z_t=X_i\cap Y_j$。

证明 根据不可区分关系的定义及定理 4.47，容易验证该定理。

定义 4.61 在决策表 $S=(U,C,D,V,f)$ 中，$S'=(U',C,D,V,f)$ 为其简化的决策表，设 U' 为训练样本集，条件属性子集 $P\subseteq C$，测试属性 $a\in C-P$，若 $U'/\{a\}=\{U_1',U_2',\cdots,U_t'\}$，$U/(\{a\}\cup D)=\{Z_1,Z_2,\cdots,Z_k\}$，则测试属性 a 关于 U_i' (与分枝节点相关的训练样本集)的重要性定义为

$$\mathrm{Sig}(a,P,U_i',D)=\frac{S(D\mid P\cup\{a\})-S(D\mid P)}{k} \tag{4-44}$$

其中，$U_i'\in U'/\{a\}$ 是测试属性 a 为子树分枝节点产生的相关的训练样本集(若测试属性 a 为根节点，则其对应的相关的训练样本集为 U'。k 为等价划分 $\{Z_1,Z_2,\cdots,Z_k\}$ 中划分块的数目，表示以测试属性 a 为根节点所产生总的决策规则数目。

$\mathrm{Sig}\{a,P,U_i',D\}$ 反映了测试属性 a 关于 P 的重要性，在计算 $\mathrm{Sig}\{a,P,U_i',D\}$ 的过程中，每次循环时 $S(D\mid P)$ 均不变，这使计算 $\mathrm{Sig}\{a,P,U_i',D\}$ 最大值对应的属性 a 就是计算 $S(D\mid P\cup\{a\})/k$ 最大值对应的属性；为了弥补 ID3 算法的不足，通过测试属性 a 构造子树分枝节点时，子树的所有前辈节点所对应的属性不再参与子树节点的生成[159]。因此，测试属性 a 的前辈节点所对应的属性 P 及 P 相关的训练样本集均不考虑，那么可知计算 $S(D\mid P\cup\{a\})/k$ 的最大值就是计算 $S(D\mid\{a\})/k$ 的最大值。这样不仅减少了计算量，而且减小了搜索空间的复杂度，进而提高了正确分类的效率。

下面给出构建决策树的基本思想：从空树开始，选择决策度最大的属性作为分枝节点(包括根节点)[160]，该属性的每一个属性值对应一颗子树，自顶向下递归构建决策树，子树中节点的生成规则与根节点的生成规则一样，但子树的所有前辈节点所对应的属性不再参与子树节点的生成[159]，当一个节点的所有实例均为同一类别时，生成叶节点，从叶节点返回快速遍历，以少的属性提取有用的决策规则，去除所有不影响规则表达的冗余条件及其属性值，简化并提取最小决策规则集。

为了降低该方法的时间复杂度和空间复杂度，若以决策度为启发式信息就必须寻求计算划分的高效方法，用文献[35]的基数排序和 Hash 方法来计算划分；另外，对于任意给定的决策表，U' 是固定不变的。因此，所有的运算都化为整数运算。该方法的具体操作步骤描述如下。

算法 4.12

输入：训练样本集 U，条件属性集 C，决策属性集 D

输出：最简决策树 T 和决策规则集

步骤 1：利用基数排序方法计算 U/C，得到简化的训练样本集 U'。

步骤 2：初始化 T 为空树。

步骤 3：创建根节点 N(对应相关的训练样本集为 U')。

if U' 在决策属性上取值完全相同

then 用该决策属性值来标记节点 N 并返回；

if C 为空

then 用占训练样本集中大多数的决策属性取值的值来标记 N 为叶节点并返回(N 为 U' 中出现最多的类)；

从被标记的叶节点 N 返回遍历到根节点(每个叶节点对应一个分类，从根节点到叶节点的一条路径对应一条决策规则)；

if 去掉任意非叶节点后，在该分枝中仍能唯一表示

then 继续去掉第 2,3,… 个非叶节点，直到其在该分枝中不能唯一表示，标记其为最简决策规则；

步骤 4：计算 $\max\left\{\dfrac{S(D\mid\{a\})}{k}\mid a\in C,k=|U_i'/(\{a\}\cup D)|\right\}$ 对应的 a 标记为 T 的根节点或分枝节点，

其中，a 对应子树的测试属性，k 为对应子树所产生总的决策规则数目。

if 有多个 a 同时使其决策度达到最大值

then 从中选取使 k 最小的属性 a，使其能够覆盖更多的对象；

if 仍有多个属性使 k 达到最小值

then 选择顺序靠前的属性；

步骤 5：记 $U'/\{a\}=\{U_1',U_2',\cdots,U_t'\}$，根节点标记为 a，弧标记为 $u_1,u_2,\cdots,u_m$ (令 U_i' 对应的相应的条件属性值为 u_i, 其中 $i=1, 2,\cdots,t$)，弧对应的子树分别为 $T_1(U_1',C-\{a\},D),T_2(U_2',C-\{a\},D),\cdots,T_t(U_t',C-a,D)$，开始创建子树，返回步骤 3。

步骤 6：if　$C=\varnothing$，或者 U' 被决策树分枝完全分类

then 输出决策树 T 及其相应的最小决策规则集，结束；

else　返回步骤 3。

经分析可知，该算法的复杂性主要在于划分的计算和决策树的遍历[42]，若能快速、高效地计算划分和遍历决策树，可有效降低本算法的计算成本。因此，步骤 1 计算简化的训练样本集的时间复杂度为 $O(|C||U|)$；步骤 3 生成叶节点的最坏时间复杂度为 $O(|C||U'|)$，遍历决策树所有路径的最坏时间复杂度为 $O(|C|^2|U'|)$ (因生成的决策树最坏情况下的深度为$|C|$，每层最多的实例数是$|U'|$，去除节点最坏为$|C|$次)；该算法的主要运算集中在步骤 4 和步骤 5，在最坏情况下，步骤 4 要循环执行$|C|$次，第 i 次循环中计算决策度需要计算$|C|-i+1$次划分，而计算每次划分的时间复杂度为 $O(|U'|)$，于是得到步骤 4 的最坏时间复杂度为 $O(|C||U'|)+O((|C|-1)|U'|)+O((|C|-2)|U'|)+\cdots+O(|U'|)=O(|C|^2|U'|)$；同样分析可知步骤 5 的最坏时间复杂

度为 $O(|C|^2|U'|)$。所以，该算法总的最坏时间复杂度为 $O(|C|^2|U|)$。同时，不难分析，若 $|D|=1$，则该算法总的的最坏空间复杂度为 $O(|C||U|)$。

例 4.6　表 4.21 给出了一致决策表 $S=(U,C,D,V,f)$，其中 $U=\{1, 2,\cdots,14\}$，$C=\{a_1,a_2,a_3,a_4\}$，$D=\{d\}$。

表 4.21　一致决策表 S

论域 U		1	2	3	4	5	6	7	8	9	10	11	12	13	14
条件属性集 C	a_1	1	1	2	3	3	3	2	1	1	3	1	2	2	3
	a_2	1	1	1	2	3	3	3	2	3	2	2	2	1	2
	a_3	1	1	1	1	0	0	0	1	0	0	0	1	0	1
	a_4	0	1	0	0	0	1	1	0	0	0	1	1	0	1
决策属性 d		0	0	1	1	1	0	1	0	1	1	1	1	1	0

用一致决策表 4.21 来验证上述算法的有效性，可以得到一个与最小确定性决策规则集对应的最小决策树(图 4.7)。

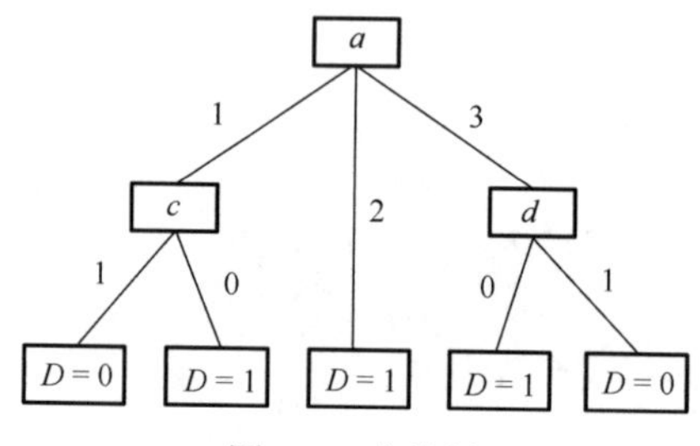

图 4.7　决策树

与图 4.7 对应的决策规则集如下：

$$\text{Des}_C(\{1, 2, 8\}) \to \text{Des}_D(D_0),\ 即(a=1,c=1) \to (D=0)$$

$$\text{Des}_C(\{9, 11\}) \to \text{Des}_D(D_1),\ 即(a=1,c=0) \to (D=1)$$

$$\text{Des}_C(\{3, 7, 12, 13\}) \to \text{Des}_D(D_1),\ 即(a=2) \to (D=1)$$

$$\text{Des}_C(\{4, 5, 10\}) \to \text{Des}_D(D_1),\ 即(a=3,d=0) \to (D=1)$$

$$\text{Des}_C(\{6,14\}) \to \text{Des}_D(D_0),\ 即(a=3,d=1) \to (D=0)$$

由图 4.7 可知，算法 4.12 可得到一个单变量决策树。对于表 4.21 所示的一致决策表，文献[153]和[154]的算法得到的规则集往往要比算法 4.12 得到的规则集数目多；对于不一致决策表，在算法 4.12 得到的决策树中，不一致对象对应的决策属性值为两个，算法 4.12 得到的不一致对象对应简化后的不确定性决策规则的可信度均小于 1。

4.8.6　实验结果与分析

下面以某高校就业情况表(表 4.22)中在外资企业行业里的就业层次统计表为例，为了计算方便，将成绩划分为 2 个区间，就业层次划分为 2 个区间。其中，政治面貌 *A* 取值[1, 2, 3]分别代表[群众，团员，党员]，专业成绩 *B* 取值[1, 2]分别代表[一般，好]，实践能力 *C* 取值[1, 2]分别代表[一般，好]，外语水平 *D* 取值[1, 2]分别代表[一般，好]，就业层次类别 *E* 取值[1, 2]分别代表[一般，好][159]。

表 4.22　某高校就业情况表

学生信息	1	2	3	4	5	6	7	8	9	10	11	12	13	14	15	16	17	18	19	20	21	22	23	24
A	1	1	1	1	1	1	1	1	2	2	2	2	2	2	2	2	3	3	3	3	3	3	3	3
B	1	1	1	1	2	2	2	2	1	1	1	1	2	2	2	2	1	1	1	1	2	2	2	2
C	1	1	2	2	1	1	2	2	1	1	2	2	1	1	2	2	1	1	2	2	1	1	2	2
D	2	1	2	1	2	1	2	1	2	1	2	1	2	1	2	1	2	1	2	1	2	1	2	1
E	2	1	2	1	2	1	2	1	2	1	2	1	2	1	2	2	2	2	2	1	2	1	2	2

利用算法 4.12 和 ID3 算法分别构建的决策树如图 4.8 和图 4.9 所示。

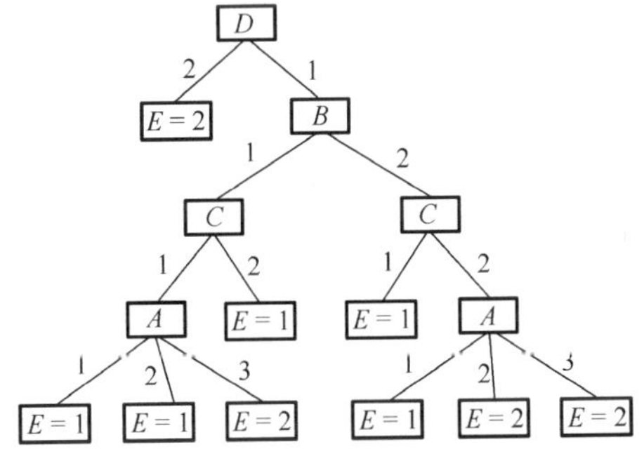

图 4.8　基于决策度的决策树

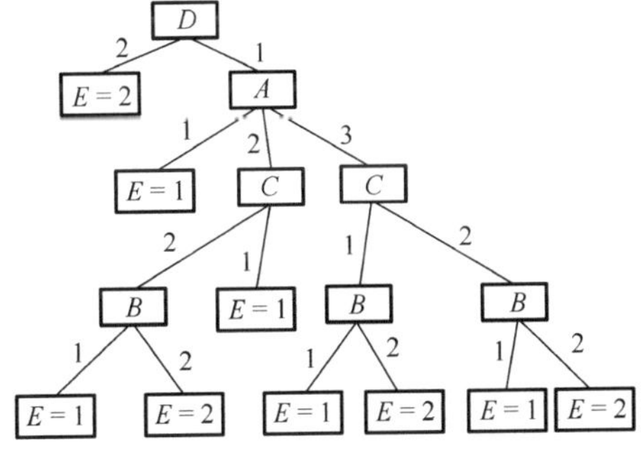

图 4.9　基于 ID3 算法的决策树

通过比较决策树生成的 9 条决策规则可以发现，图 4.9 先判断属性 D 的值，紧接着判断属性 A 的值。通过分析图 4.8 可知，属性 B 和 C 对于一个人在外企的就业层次的影响要远超过属性 A；而 ID3 算法却在属性 B 和 C 前先判断属性 A。因此，ID3 算法存在偏向多值属性 A 的问题，图 4.8 正好避免了该问题的发生，这样可说明本节算法 4.12 有效地解决了多值偏向问题。

为了进一步验证算法 4.12(简记为 RE-DT)的有效性，在个人计算机(AMD Dual Core 5200+，2.0GB RAM，WinXP)上使用 JAVA 开发工具包 JDK1.6 来实现与粗糙集算法(简记为 RS)、C4.5 算法(简记为 C4.5)的比较，使用 UCI(http://ftp.ics.uci.edu/ pub/machine- learning-database)中的部分离散数据集(若为连续值属性则先经过已有方法进行离散化)作为实验样本集(表 4.23)，采用十折交叉验证测试 3 种算法的性能。实验结果如表 4.24 所示，其中 NR 表示产生的平均规则数，RT 表示每个算法 CPU 的平均运行时间(单位：ms)，Accu 表示分类精度。为进一步说明算法的效率，图 4.10 给出了 3 个算法在 4 个数据集上的运行时间比值(C4.5/RS 和 C4.5/RE-DT)。

表 4.23　UCI 离散数据集

数据集	训练集	属性个数	类别个数
iris	150	4/1	3
soybean	683	35/1	19
breast cancer wisconsin	699	9/1	2
tic-tac-toe	958	9/1	2

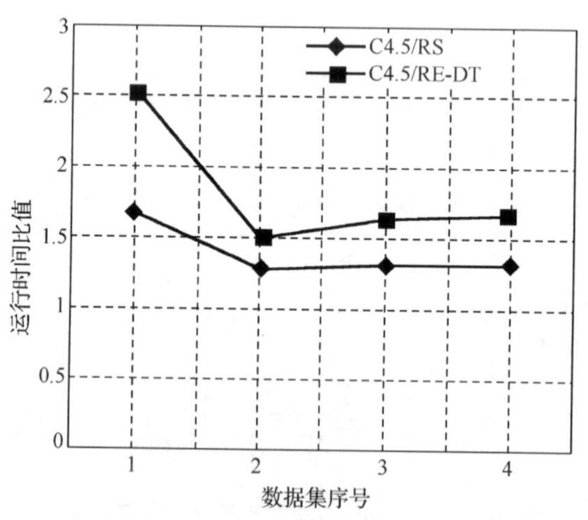

图 4.10　算法运行时间的比值

表 4.24　算法性能测试比较

数据集	C4.5			RS			RE-DT		
	NR	RT	Accu	NR	RT	Accu	NR	RT	Accu
iris	4.8	810	94.73	2.1	482	95.53	2.1	320	96.26
soybean	48.2	3100	91.78	41.5	2410	94.54	38.4	2080	95.12
breast cancer wisconsin	21.6	3010	95.01	20.8	2300	96.08	18.9	1850	98.00
tic-tac-toe	32.6	3610	84.02	31.5	2758	92.16	30.8	2180	95.70

4.8.7　小结

本节将决策树引入粗糙集方法中，从决策规则的可信度和覆盖度出发，利用不可区分关系定义决策度的概念，通过决策度来找到对正确决策贡献最大的属性作为测试属性，提出了基于决策度的决策树规则构建方法。对该方法进行详细分析可得如下结论。

(1) 从所构建的决策树的节点数和分类精度来看[161]，本节基于决策度构建的决策树相对于 ID3 算法、C4.5 算法可以降低生成决策树的复杂度，构建规模小的决策树，计算简单，计算量小，能够生成最小决策规则集，有效提高分类效果，使其分类精度变高。

(2) 在选择一个新的测试属性时，不仅考虑了其对于所有对象集是最重要的，而且考虑了在其相关对象集上也是最重要的。因此，基于决策度构建的决策树弥补了 ID3 算法的多值偏向的不足，从决策树学习简单的逻辑表达式能力和可理解性来看，该方法优于 ID3 算法和 C4.5 算法，具有更好地刻画条件属性对数据正确区分的能力，并进一步改善了决策树模型的复杂程度，提高了决策规则的泛化能力。

参考文献

[1] Tenenbaum J B, Kemp C, Griffiths T L, et al. How to grow a mind: Statistics, structure, and abstraction. Science, 2011, 331(6022): 1279-1285.

[2] Hu Q H, Mi J S, Chen D G. Granular computing based machine learning in the era of big data. Information Sciences, 2017, 378: 242-243.

[3] 胡帅鹏. 基于粗糙集的多粒度知识获取方法研究. 重庆: 重庆邮电大学硕士学位论文, 2016.

[4] 刘清, 孙辉, 王洪发. 粒计算研究现状及基于 Rough 逻辑语义的粒计算研究. 计算机学报, 2008, 31(4): 543-555.

[5] 陈玉明, 吴克寿, 孙金华. 基于幂树的决策表最小属性约简. 南京大学学报(自然科学版), 2012, 48(2): 164-171.

[6] 罗川. 不完备数据的动态知识获取方法研究. 成都: 西南交通大学博士学位论文, 2015.

[7] 胡峰，代劲，蒋学文，等. 粗集中的粒计算模型. 计算机工程与设计，2006，27(20)：3747-3750.

[8] Wang X Y, Yang J, Teng X L, et al. Feature selection based on rough sets and particle swarm optimization. Pattern Recognition Letters, 2007, 28(4): 459-471.

[9] Pawlak Z. Rough Sets: Theoretical Aspects of Reasoning about Data. Dordrecht: Kluwer Academic Publishers, 1991.

[10] Sun L, Xu J C, Xue Z A, et al. Rough entropy-based feature selection and its application. Journal of Information and Computational Science, 2011, 8(9): 1525-1532.

[11] Miao D Q, Wang J. Information-based algorithm for reduction of knowledge//IEEE International Conference on Intelligent Processing Systems, 1997: 1155-1158.

[12] Ye D Y. An improvement to Jelonek's attribute reduction algorithm. Acta Electronica Sinica, 2000, 28(12): 81-82.

[13] Starzyk J, Nelson D E, Sturtz K. Reduct generation in information systems. Bulletin of International Rough Set Society, 1998, 3(1): 19-22.

[14] Skowron A. Extracting laws from decision tables: A rough set approach. Computational Intelligence, 1995, 11(2): 371-388.

[15] 刘清，刘群. 粒及粒计算在逻辑推理中的应用. 计算机研究与发展，2004, 41(4): 546-551.

[16] 叶军，王磊. 一种对角矩阵快速求正区域的方法. 计算机工程与应用，2013，49(8)：129-132.

[17] Shao M W, Zhang W X. Dominance relation and rules in an incomplete ordered information system. International Journal of Intelligent Systems, 2005, 20(1): 13-27.

[18] Kryszkiewicz M, Lasek P. FUN: Fast discovery of minimal sets of attributes functionally determining a decision attribute. Transactions on Rough Sets, 2008, 9: 76-95.

[19] Chen Y M, Miao D Q, Wang R Z, et al. A rough set approach to feature selection based on power set tree. Knowledge-Based Systems, 2011, 24(2): 275-281.

[20] Mi J S, Leung Y, Wu W Z. Approaches to attribute reduction in concept lattices induced by axialities. Knowledge-Based Systems, 2010, 23(6): 504-511.

[21] Hu X, Cercone N. Learning in relational databases: A rough set approach. Computational Intelligence, 1995, 11(2): 323-338.

[22] Susmaga R. Reducts and constructs in attribute reduction. Fundamental Informaticae, 2004, 61(2): 159-181.

[23] 徐章艳，刘作鹏，杨炳儒，等. 一个复杂度为 $\max(O(|C||U|), O(|C|2|U/C|))$ 的快速属性约简算法. 计算机学报，2006, 29(3): 391-399.

[24] Miao D Q, Hou L. A comparison of rough set methods and representative inductive learning algorithms. Fundamenta Informaticae, 2004, 59(2-3): 203-219.

[25] Inuiguchi M, Yoshioka Y, Kusunoki Y. Variable-precision dominance-based rough set approach and attribute reduction. International Journal of Approximate Reasoning, 2009, 50(8): 1199-1214.

[26] Zhou L, Jiang F. A rough set approach to feature selection based on relative decision entropy//International Conference on Rough Sets and Knowledge Technology, 2011: 110-119.

[27] Hu K Y, Lu Y C, Shi C Y. Feature ranking in rough sets. AI Communication, 2003, 16(1): 41-50.

[28] 王国胤, 杨大春. 基于条件信息熵的决策表约简. 计算机学报, 2002, 25(7):759-766.

[29] Sun L, Xu J, Li S. Knowledge reduction based on granular computing from decision information systems//International Conference on Rough Sets and Knowledge Technology, 2010: 46-53.

[30] Sun L, Xu J C, Song Y P. Information quantity-based decision rule acquisition from decision tables. Journal of Convergence Information Technology, 2012, 7(2): 57-67.

[31] Sun L, Xu J C, Xue Z A, et al. Decision degree-based decision tree technology for rule extraction. Journal of Computers, 2012, 7(7): 1769-1779.

[32] Yao Y Y, Yao J T. Granular computing as a basis for consistent classification problems//The Pacific-Asia Conference on Knowledge Discovery and Data Mining, Workshop on Foundations of Data Mining, 2002, 2: 101-106.

[33] 孙丽君, 苗夺谦. 基于粒度计算的特征选择方法. 计算机科学, 2008, 35(4): 14-15.

[34] Xu J C, Sun L. A new knowledge reduction algorithm based on decision power in rough set. Transactions on Rough Sets, 2010, 12: 76-89.

[35] 刘勇, 熊蓉, 褚健. Hash 快速属性约简算法. 计算机学报, 2009, 32(8): 1493-1499.

[36] Sun L, Xu J C, Zhang L J. Approaches to knowledge reduction of decision systems based on conditional rough entropy. International Journal of Advancements in Computing Technology, 2011, 3(9): 129-139.

[37] 刘少辉, 盛秋戬, 吴斌, 等. Rough 集高效算法的研究. 计算机学报, 2003, 26(5): 524-529.

[38] 孙林, 徐久成, 马媛媛. 基于新的条件熵的决策树规则提取方法. 计算机应用, 2007, 27(4): 884-887.

[39] 徐久成, 孙林, 马媛媛. 决策强度的决策表约简设计与比较. 微计算机应用, 2007, 28(8): 791-796.

[40] 孙林, 徐久成, 马媛媛. 基于包含度的不一致决策表约简新方法. 计算机工程与应用, 2007, 43(24): 166-168, 211.

[41] 王国胤. 决策表核属性的计算方法. 计算机学报, 2003, 26(5): 611-615.

[42] 冯琴荣, 苗夺谦, 程昳. 基于知识划分粒度的信息系统约简算法. 计算机工程与应用, 2007, 43(34): 19-21, 24.

[43] 徐久成, 孙林, 马媛媛. 基于新的条件熵的决策表约简方法. 计算机工程与设计, 2008, 29(9): 2313-2316.

[44] 徐章艳, 舒文豪, 钱文彬, 等. 基于序关系的快速计算正区域核的算法. 计算机科学, 2010, 37(7): 208-211.

[45] Hu X H. Knowledge discovery in databases: An attribute-oriented rough set approach. Regina: University of Regina, 1995.

[46] Wroblewski J. Finding minimal reducts using genetic algorithms//The Second Annual Join Conference on Infromation Science, 1995: 186-189.

[47] 王加阳, 吴祖剑. 基于粗糙信息熵的基因分析与选择研究. 计算机应用研究, 2008, 25(6): 1713-1716.

[48] Lingras P J, Yao Y Y. Data mining using extensions of the rough set model. Journal of the Association for Information Science and Technology, 1998, 49(5): 415-422.

[49] Li Y C, Fang T J. Rough set methods for constructing support vector machines//The 9th International Conference Rough Sets, Fuzzy Sets, Data Mining and Granular Computing, 2003: 334-338.

[50] 徐久成, 孟慧丽, 郭林鹏. 基于划分贴近度的不完备信息系统属性约简. 计算机工程与应用, 2008, 44(30): 163-166.

[51] 张文修, 吴伟志, 梁吉业, 等. 粗糙集理论与方法. 北京: 科学出版社, 2001.

[52] 张文修, 梁怡, 吴伟志. 信息系统与知识发现. 北京: 科学出版社, 2003.

[53] 王国胤. Rough 集理论与知识获取. 西安: 西安交通大学出版社, 2001.

[54] 徐伟华, 张晓燕, 钟坚敏, 等. 序信息系统中属性约简的启发式算法. 计算机工程, 2010, 36(17): 69-71.

[55] 张晓燕, 徐伟华. 序信息系统的知识粗糙熵与粗集粗糙熵. 计算机工程与应用, 2007, 43(27): 62-65.

[56] 桂现才. 序信息系统属性约简的一种启发式算法. 计算机工程与应用, 2008, 44(27): 168-171.

[57] 马建敏, 张文修, 朱朝晖. 基于信息量的序信息系统的属性约简. 系统工程理论与实践, 2010, 30(9): 1679-1683.

[58] 王锋, 钱宇华, 梁吉业. 序信息系统的启发式属性约简算法. 计算机科学, 2010, 37(1): 258-260.

[59] 孟慧丽, 赵晓焱, 徐久成. 序信息系统的贴近度及属性约简算法. 计算机科学, 2014, 41(12): 189-191.

[60] 孟慧丽, 李双群, 徐久成. 基于概念背景的概念格启发式属性约简. 河南师范大学学报(自然科学版), 2012, 40(1): 154-157.

[61] 韦碧鹏, 吕跃进, 李金海. 基于优势关系粗糙集模型的属性约简. 智能系统学报, 2014, 9(1): 1-9.

[62] 廖帆, 滕书华, 邵世雷. 基于优势关系的启发式属性约简算法. 计算机工程, 2011, 37(24): 52-54.

[63] 吕跃进，韦碧鹏，胡明明. 基于相对优势类差量的序信息系统属性约简算法. 模糊系统与数学, 2013, 27(1): 142-148.

[64] 鲍忠奎，杨善林. 基于新特征优势关系的知识约简模型. 小型微型计算机系统, 2013, 34(8): 1858-1861.

[65] 莫京兰，朱广生，吕跃进. 不协调优势目标信息系统的启发式下近似约简. 计算机工程, 2012, 38(17): 52-55

[66] 陈娟，王国胤，胡军. 优势关系下不协调信息系统的正域约简. 计算机科学, 2008, 35(3): 216-218.

[67] 徐伟华，张晓燕，张文修. 优势关系下不协调目标信息系统的部分一致约简. 模糊系统与数学, 2009, 23(6): 155-161.

[68] 孟慧丽，张倩倩，徐久成. 基于贴近度的协调序决策系统属性约简算法. 郑州大学学报(理学版), 2016, 48(3): 90-93.

[69] 徐久成，孟慧丽，郭林鹏. 粗糙集的划分贴近度及基于划分贴近度的属性约简算法. 计算机科学, 2008, 35(3): 213-215.

[70] Wille R. Restructuring Lattice Theory: An Approach Based on Hierarchies of Concepts. Reidel: Dordrecht-Boston, 1982.

[71] 张文修，魏玲，祁建军. 概念格的属性约简理论与方法. 中国科学: 技术科学, 2005, 35(6): 628-639.

[72] 苗夺谦，王国胤，刘清，等. 粒计算: 过去、现在与展望. 北京: 科学出版社, 2007.

[73] 葛方斌，杨林，刘伟，等. 基于支撑函数的概念格属性约简. 计算机科学, 2008, 35(5): 169-171.

[74] 王霞，张文修. 概念格的属性约简与属性特征. 计算机工程与应用, 2008, 44(12): 1-4.

[75] 林俊伟，叶东毅. 基于邻域辨识矩阵的属性约简增量式算法. 计算机应用, 2009, 29(6): 119-121.

[76] 舒文豪，徐章艳，钱文彬，等. 不完备决策表的差别矩阵属性约简算法. 计算机工程与应用, 2011, 47(24): 103-105.

[77] 苗夺谦，王珏. 粗糙集理论中知识粗糙性与信息熵关系的讨论. 模式识别与人工智能, 1998, 11(1): 34-40.

[78] 黄兵，周献中，史迎春. 基于一般二元关系的知识粗糙熵与粗集粗糙熵. 系统工程理论与实践, 2004, 24(1): 93-96.

[79] 赵佰亭，陈希军，曾庆双. 广义不完备混合决策系统的知识约简. 四川大学学报, 2009, 41(6): 178-182.

[80] Zhao B T, Chen X J, Zeng Q H. Incomplete hubrid attributes reduction based on neighborhood granulation and approximation//IEEE International Conference on Mechatronics and Automation, 2009: 2066-2071.

[81] 张文修, 吴伟志. 粗糙集理论介绍和研究综述. 模糊系统与数学, 2000, 14(4): 1-12.
[82] 梁吉业, 曲开社, 徐宗本. 信息系统的属性约简. 系统工程理论与实践, 2001, 21(12): 76-80.
[83] 苗夺谦, 胡桂荣. 知识约简的一种启发式算法. 计算机研究与发展, 1999, 36(6): 681-684.
[84] 李秀红, 史开泉. 一种基于知识粒度的属性约简算法. 计算机应用, 2006, 26(S1): 76-77.
[85] 刘清. Rough 集及 Rough 推理. 北京: 科学出版社, 2001.
[86] 张灵均. 基于邻域的扩展粗糙集模型及其在特征基因选择中的应用研究. 新乡: 河南师范大学硕士学位论文, 2012.
[87] 周献中, 黄兵. 基于粗集的不完备信息系统属性约简. 南京理工大学学报, 2003, 27(5): 630-635.
[88] 徐久成, 张灵均, 孙林, 等. 广义邻域关系下不完备混合决策系统的约简. 计算机科学, 2013, 40(4): 244-248.
[89] 胡清华, 于达仁. 基于邻域粒化和粗糙逼近的数值属性约简. 软件学报, 2008, 19(3): 640-649.
[90] 钱宇华, 梁吉业, 王锋. 面向非完备决策表的正向近似特征选择加速算法. 计算机学报, 2011, 34(3): 435-442.
[91] Pawlak Z. Rough sets. International Journal of Computer and Information Sciences, 1982, 11(5): 341-356.
[92] Pawlak Z, Skowron A. Rudiments of rough sets. Information Sciences, 2007, 177(1): 3-27.
[93] 王国胤, 姚一豫, 于洪. 粗糙集理论与应用研究综述. 计算机学报, 2009, 32(7): 1229-1246.
[94] 滕书华. 基于粗糙集理论的不确定性度量和属性约简方法研究. 长沙: 国防科技大学博士学位论文, 2010.
[95] 王锋. 基于粒化机理的粗糙特征选择高效算法研究. 太原: 山西大学博士学位论文, 2013.
[96] 刘华文. 基于信息熵的特征选择算法研究. 长春: 吉林大学博士学位论文, 2010.
[97] Pawlak Z, Skowron A. Rough sets: Some extensions. Information Sciences, 2007, 177(1): 28-40.
[98] 鞠恒荣, 马兴斌, 杨习贝, 等. 不完备信息系统中测试代价敏感的可变精度分类粗糙集. 智能系统学报, 2014, 9(2): 219-223.
[99] 徐久成, 孙林, 张倩倩. 粒计算及其不确定信息度量的理论与方法. 北京: 科学出版社, 2013.
[100] 胡峰, 王国胤. 属性序下的快速约简算法. 计算机学报, 2007, 30(8): 1429-1435.
[101] 钱宇华, 梁吉业. 基于粗糙集的粒度计算理论与方法研究. 太原: 山西大学硕士学位论文, 2005.
[102] 王锋, 梁吉业, 钱宇华. 非完备信息系统的相容类快速计算. 计算机工程与应用, 2009, 45(27): 133-136.
[103] 黄兵, 周献中, 张蓉蓉. 基于信息量的不完备信息系统属性约简. 系统工程理论与实践, 2005, 25(4): 55-60.
[104] Kryszkiewicz M. Rough set approach to incomplete information systems. Information Sciences, 1998, 112(1-4): 39-49.

[105] 李萍，瞿英，王芳，等. 不完备信息系统中决策规则的不确定性表示. 计算机科学，2009, 36(9): 193-195.

[106] Leung Y, Li D Y. Maximal consistent block technique for rule acquisition in incomplete information systems. Information Sciences, 2003, 153(1): 85-106.

[107] Meng Z Q, Shi Z Z. A fast approach to attribute reduction in incomplete decision systems with tolerance relation-based rough sets. Information Sciences, 2009, 179(16): 2774-2793.

[108] 李仁璞，黄道，高茂庭. Extension of information entropy-based measures in incomplete information systems. Journal of Harbin Institute of Technology, 2005, 12(05): 78-84.

[109] Sun L, Xu J, Tian Y. Feature selection using rough entropy-based uncertainty measures in incomplete decision systems. Knowledge-Based Systems, 2012, 36(6): 206-216.

[110] Sun L, Xu J, Xu T. Information entropy and information granulation-based uncertainty measures in incomplete information systems. Applied Mathematics and Information Sciences, 2014, 8(4): 2073-2083.

[111] 张文修，米据生，吴伟志. 不协调目标信息系统的知识约简. 计算机学报，2003, 26(1): 12-18.

[112] Kryszkiewicz M. Comparative study of alternative types of knowledge reduction in inconsistent systems. International Journal of Intelligent Systems, 2001, 16(1): 105-120.

[113] Kryszkiewicz M, Cichon K. Towards scalable algorithms for discovering rough set reducts. Transactions on Rough Sets, 2004: 120-143.

[114] 黄兵，周献中，胡作进. 不一致决策表的 k 阶分配序约简. 计算机工程, 2007, 33(5): 16-19.

[115] 胡清华. 混合数据知识发现的粗糙计算模型和算法. 哈尔滨: 哈尔滨工业大学博士学位论文, 2008.

[116] 钱宇华. 复杂数据的粒化机理与数据建模. 太原: 山西大学博士学位论文, 2011.

[117] 王国胤，张清华，马希骜，等. 知识不确定性问题的粒计算模型. 软件学报，2011, 22(4): 676-694.

[118] 胡军. 基于覆盖的粒计算模型及其应用研究. 西安: 西安电子科技大学博士学位论文, 2010.

[119] 孟慧丽. 粗糙集的不确定度量理论及启发式属性约简算法研究. 新乡: 河南师范大学硕士学位论文, 2008.

[120] 梁吉业，钱宇华. 信息系统中的信息粒与熵理论. 中国科学: 信息科学，2008, 38(12): 2048-2065.

[121] 陶志，刘庆拯，李卫民. 基于遗传算法的不完备信息系统属性约简方法. 系统工程与电子技术, 2007, 29(9): 1484-1487.

[122] Wang G Y. Rough reduction in algebra view and information view. International Journal of Intelligent Systems, 2003, 18(6): 679-688.

[123] Qian Y H, Liang J Y, Li D Y, et al. Approximation reduction in inconsistent incomplete decision tables. Knowledge-Based Systems, 2010, 23(5): 427-433.

[124] 滕书华, 周石琳, 孙即祥, 等. 基于条件熵的不完备信息系统属性约简算法. 国防科技大学学报, 2010, 32(1): 90-94.

[125] 刘永文. 基于覆盖粗糙集模型下的近似集动态更新方法研究. 成都: 西南交通大学硕士学位论文, 2011.

[126] Godin R, Missaoui R. An incremental concept formation approach for learning from database. Theoretical Computer Science, 1994, 133(2): 387-419.

[127] 谢志鹏, 刘宗田. 概念格的快速渐进式构造算法. 计算机学报, 2002, 25(5): 490-495.

[128] 杨海峰, 张继福. 粗糙概念格及构造算法. 计算机工程与应用, 2007, 43(24): 172-175.

[129] 刘保相, 张春英. 一种新的概念格结构——区间概念格. 计算机科学, 2012, 39(8): 273-277.

[130] 郭显娥, 王俊红. 多维概念格与关联规则发现. 计算机应用, 2010, 30(4): 1072-1075.

[131] 智慧来, 智东杰. 关系粒度的概念格增量维护与关联规则更新. 计算机科学, 2013, 40(4): 256-258.

[132] 孟慧丽, 马媛媛, 徐久成. 决策概念格及决策规则的提取. 河南师范大学学报(自然科学版), 2013, 41(6): 134-137.

[133] Skowron A, Stepaniuk J, Swiniarski R. Modeling rough granular computing based on approximation spaces. Information Sciences, 2012, 184(1): 20-43.

[134] Sun L, Xu J C, Li S Q. Knowledge reduction based on granular computing from decision information systems. Lecture Notes in Computer Science, 2010, 6401: 46-53.

[135] An L P, Tong L Y. Binary relations as a basis for rule induction in presence of quantitative attributes. Journal of Computers, 2010, 5(3): 440-447.

[136] Chang R Q, Pei Z, Zhang C. A modified editing *k*-nearest neighbor rule. Journal of Computers, 2011, 6(7): 1493-1500.

[137] Qian Y H, Liang J Y, Dang C Y. Converse approximation and rule extraction from decision tables in rough set theory. Computers and Mathematics with Applications, 2008, 55(8): 1754-1765.

[138] Ziarko W. Acquisition of hierarchy-structured probabilistic decision tables and rules from data. Expert Systems, 2003, 20(5): 305-310.

[139] Mi J S, Leung Y, Wu W Z. Dependence-space-based-attribute reduction in consistent decision tables. Soft Computing, 2011, 15(2): 261-268.

[140] Li D Y, Zhang B, Leung Y. On knowledge reduction in inconsistent decision information systems. International Journal of Uncertainty, Fuzziness and Knowledge-Based Systems, 2004, 12(5): 651-672.

[141] 代劲, 胡峰. 决策表的粒计算方法研究. 计算机工程与应用, 2006, 42(36): 167-171.

[142] 黄海. 基于粗糙集理论的知识约简算法研究. 重庆: 重庆邮电大学硕士学位论文, 2005.

[143] 张长胜. 基于决策表的区分矩阵增量属性约简算法. 计算机工程与应用, 2012, 48(35): 110-113.

[144] Greco S, Pawlak Z, Slowinski R. Can Bayesian confirmation measures be useful for rough set decision rules? Engineering Applications of Artificial Intelligence, 2004, 17(4): 345-361.

[145] Rückert U, Raedt L D. An experimental evaluation of simplicity in rule learning. Artificial Intelligence, 2008, 172(1): 19-28.

[146] Chen G H, Tang Y, Pan Y, et al. Question classification using multiple kernel learning and semantic information. Journal of Computers, 2011, 6(11): 2325-2334.

[147] Pang S N, Kasabov N. Encoding and decoding the knowledge of association rules over SVM classification trees. Knowledge and Information Systems, 2009, 19(1): 79-105.

[148] 关晓蔷, 梁吉业, 钱宇华, 等. 基于决策支持度的决策树生成算法. 计算机工程与应用, 2008, 44(27): 148-150.

[149] Badr S, Bargiela A. Case study of inaccuracies in the granulation of decision trees. Soft Computing, 2011, 15(6): 1129-1136.

[150] Zhai J H. Fuzzy decision tree based on fuzzy-rough technique. Soft Computing, 2011, 15(6): 1087-1096.

[151] Jiang L X, Li C Q. Scaling up the accuracy of decision tree classifiers: A naive Bayes combination. Journal of Computers, 2011, 6(7): 1325-1331.

[152] Wei J M, Wang S Q, Wang M Y, et al. Rough set based approach for inducing decision trees. Knowledge- Based Systems, 2007, 20(8): 695-702.

[153] Quinlan J R. C4.5: Programs for Machine Learning. San Francisco: Morgan Kaufmann Publishers, 1993.

[154] Huang Y S, Huang B C. Recognition of multi-interval rules in dataset with continuous-valued attributes. Expert Systems with Applications, 2009, 36(2): 1485-1492.

[155] Wei J M. Rough set based approach to selection of node. International Journal of Computational Cognition, 2003, 1(2): 25-40.

[156] 刘兴文, 王典洪, 陈分雄. 一种基于变精度粗糙集的C4.5决策树改进算法. 计算机应用研究, 2011, 28(10): 3649-3651.

[157] 王国胤. 粗糙集理论与知识获取. 西安: 西安交通大学出版社, 2001.

[158] 陆秋, 程小辉. 基于 MapReduce 的决策树算法并行化. 计算机应用, 2012, 32(9): 2463-2465.

[159] 陆秋, 程小辉. 基于属性相似度的决策树算法. 计算机工程, 2009, 35(6): 82-84.

[160] 韩松来, 张辉, 周华平. 基于关联度函数的决策树分类算法. 计算机应用, 2005, 25(11): 2655-2657.

[161] 唐一, 马征. 改进的 ID3 算法在高校就业系统中的应用分析. 科技情报开发与经济, 2011, 21(4): 155-157.